해양 미소생물의 신비 세계 (1)

와편모조류 시스트

(DINOFLAGELLATE CYSTS)

해양 미소생물의 신비 세계 (1)

와편모조류 시스트

(DINOFLAGELLATE CYSTS)

윤양호 · 신현호 공저

전남대학교출판부

머리말

우리는 무엇인가 풀리지 않은 문제가 있어 답답하거나, 일상의 스트레스를 풀기 위해 종종 바닷가를 찾는다. 바다는 광활하고 변화무상하지만 우리들에게 무한한 마음의 위안과 안식처를 제공한다. 이와 같은 것은 바다가 지구 생명의 모체로서 어머니와 같은 포근함으로 우리를 감싸주고 있기 때문일 것이다. 이와 같은 바다는 지구 표면적의 약 71%를 차지하는 곳으로 마음의 안식처 이외에도 지구환경의 조절자로서 우리 생활의 많은 곳에 직·간접적으로 밀접하게 영향을 주고 있다. 뿐만 아니라 매우 다양한 자원을 인류에게 공급하는 역할도 한다.

바다가 인류에게 주는 자원 중에는 수산업의 근간이 어패류 및 해조류와 같은 되는 유용생물 자원, 모든 음식의 맛을 제공하는 소금과 같은 해수의 용존 자원, 조류, 온도차, 파력, 풍력 등과 같은 해양에너지 자원, 해저평원에 대량으로 존재하는 망간단괴나 해저에 매장된 석유, 천연가스와 같은 부존자원은 물론, 인류의 여가 장소로서의 공간 자원 제공 등 매우 다양하다.

바다의 공간은 육상의 2차원적 평면과는 달리, 평균 수심 3,800m를 나타내는 3차원 공간을 하기에, 바다로 유입되는 태양광을 표층해수에 빠르게 흡수되는 특성을 보인다. 그러기에 바다에 태양광이 투과할 수 있는 수심은 100m 전후로 전체 해양의 약 1/40 정도의 공간에 한정된다. 이런 환경 특성이 바다가 육지와 다른 생태구조를 나타내는 출발점이 되고 있다. 심해저의 열수분출광산과 같은 특수 환경을 제외하면, 지구에서 광 에너지를 고정하여 동물의 삶을 유지할 수 있는 생물은 광합성 식물과 일부 세균에 한정된다. 바다에서 광합성에 의한 광 에너지의 고정을 위해서는 빛을 필요로 하지만, 빛은 극히 표층에 한정되고 있다. 이 때문에 바다는 토양에 뿌리를 내리고 태양광을 향해 높게 성장하는 육상의 식물과는 달리, 태양광이 존재한 표층에서 떠다니면서 광합성을 할 수 있는 식물이 필요하게 된다. 그러나 이들 식물은 바다의 표층에서 오래 동안 빛을 받고 광합성을 하기 위해서는 쉽게 바다 밑의 빛의 없는 수층으로 침강되지 않고, 오래 머무를 수 있어야만 된다. 때문에 매우 작은 크기로 존재할 수밖에 없게 된다. 이와 같이 미소한 크기로 바다 표층에서 광합성 하는 식물을 식물플랑크톤, 또는 미세조류라고 하여, 우리의 시각으로 확인이 불가능하고 현미경을 통해서만 확인이 가능한 현미경적 크기를 하게 된다. 식물플랑크톤은 오랫동안 빛의 있는 표층에 머물고, 생태계 기반인 생산이라 기능을 수행하기 위해 매우 다양한 크기와 모양으로 우리가 쉽게 경험할 수 있는 신비롭고, 환상적인 생물의 세계를 만들고 있다.

미소생물인 미세조류는 현재 지구에 존재하는 식물분류군 중 양치식물이나 현화식물을 제외한 모든 식물군에 거쳐 10만종 이상이 분포한다. 뿐만 아니라 지구의 동물의 호흡은 물론, 대기를 구성하는 주요 성분인 산소의 약 70%도 바다 표층에서 광합성을 하는 미세조류에 의해 생산되고 있다. 그리고 미세조류는 인간 활동에 의한 수권의 환경오염으로 녹조, 적조, 패류독화 등 다양한 환경문제를 발생시키는 원인생물이지만, 한편으로는 기능성 물질을 포함하는 신약 탐색물질 개발, 건강보조 식품은 물론 바이오디젤 등의 바이오연료 개발의 대상 물질로서, 인구 증가에 따른 식량문제, 환경문제 및 화석연료의 고갈을 대처할 에너지 문제 등으로 침몰 직전의 "지구호"를 구하고, 미래에 이들 문제를 해결할 수 있는 유일의 미래 유용생물 자원으로 평가되기도 한다.

본 도서는 이와 같은 바다의 미소생물의 신비 세계를 간접적으로 경험할 수 있게 하기 위해 집필되었다. 가능한 많은 미소생물의 세계를 소개하고자 기획하고 있으며, 제1편으로 "와편모조류 시스트"라는 다소 생소한 생물을 선택하였다. 와편모조류란 생물군집은 바다의 기초생산자로서 규조류 다음으로 많은 종과 생물량을 가지며, 특히 수온이 높은 열대 및 아열대 해역에서 주요한 생산자 역할을 하는 단세포 생물이다. 단세포이지만 육상의 코스모스와 같은 단년생 초목처럼 형태를 달리하는 생활사를 통한 생존전략으로 종간경쟁을 피하면서 오랜 기간 생존을 유지하는 신비로운 생물군이기에 제1편의 대상으로 하였다. 즉, 코스모스처럼 봄에 발아하여 성장하면서 가을에 꽃을 피워 씨앗을 만들고, 씨앗은 혹한 환경을 이길 수 있는 피낭을 만들어 혹한 겨울 환경을 토양의 표피층에서 보내고, 다음 해 봄에 재차 발아하는 과정을 반복한다.

와편모조류는 종에 따라 바다에서 독립영양, 혼합영양 및 종속영양을 하는 다양한 종으로 구성되어 있지만, 일부 종에서 육상의 코스모스와 같은 생활사를 가지며, "씨앗"에 해당하는 것이 "시스트"이다. 와편모조류는 육상의 코스모스처럼 뚜렷한 계절변화를 보이는 것은 아니지만, 종에 따라 서식환경이 좋을 때에는 바다의 표영 환경에서, 서식환경이 나빠지면 "씨앗"으로 해저의 표층퇴적층에 침강하여 보낸다. 이러한 생존전략은 서식환경이 좋을 때에는 급속하게 대량 발생하여, 연안해역의 적조는 물론, 홍합, 굴과 같은 패류를 독화시켜 다양한 사회문제를 발생시키기도 한다. 때문에 최근까지도 와편모조류의 연구는 이원화되어 있었다. 같은 생물이면서도 표영환경의 유영세포와 저서환경의 씨앗으로서 시스트의 형태가 전혀 다르기에, 유영세포는 생물학자, 시스트는 미고생물을 연구하는 지질학자의 연구 대상이 되고 있어, 동일한 하나의 생물에 두 개의 학명을 가지는 아이러니한 생물군이기도 하다.

본 도서의 구성은 와편모조류 시스트의 세계를 살펴보기 위해 제1장에서는 해양생태계의 기초생산자를 담당하는 전체 식물플랑크톤 군집에서 와편모조류의 위치를 살펴보았다. 제2장에서는 와편모조류의 생물학적 특성을 살펴보고, 생활사를 통해 와편모조 시스트의 생존전략과 함께 시스트의 발아, 형성에 작용하는 환경인자, 시스트 연구의 활용과 현황 등을 기술하였다. 제3장은 와편모조 시스트 연구는 아직 일반화된 분야가 아니기에 새롭게 연구를 시도하고자 하는 연구자와 예비 연구자를 위한 시스트의 연구방법 전반을 검토하였다. 제4장도 제3장의 연장선에서 현미경을 이용하여 와편모조 시스트의 종 동정을 하기 위한 지침서로서 분류 형질에 대하여 설명하였다. 제5장은 시간이 경과에 따라 많은 새로운 시스트 종과 새로운 내용들이 보고되고 있지만, 현생 표층 퇴적물에서 보고되는 와편모조류 시스트 종 특성에 대하여 사진과 함께 간략하게 정리하고 있다. 마지막으로 제6장은 국내의 와편모조 시스트 연구 현황을 정리하였다. 참고문헌에 대해서도 인터넷 등을 통해 쉽게 접할 수도 있지만, 각 내용에 부합되는 문헌을 가능한 정확하게 정리하여 새롭게 시스트 분야에 관심을 가지려는 사람들에게 도움을 줄 수 있도록 노력하였다.

바다의 미세조류는 생태계의 출발점에 위치하고 있기에, 최근 지구에서 발생하는 다양한 환경문제, 즉 지구온난화에 따른 생물다양성 훼손, 산업발달에 동반되는 대기와 수질 환경문제에 따른 연안생태계의 파괴, 해양생물의 난획에 따른 자원생물과 생물다양성 감소와 유해생물의 발생, 물동량 증가에 동반하여 증가하는 선박 균형수에 의한 외래종 유입과 해양 생태교란 등의 원인 파악과 근본적인 문제 해결에 대한 대책 수립에 필수적으로 이해하여야만 하는 분야이다. 그렇지만 미세조류, 특히 와편모조류의 유영세포는 물론 시스트에 관한 국내 · 외의 정보는 매우 제한적이다. 본 도서는 이와 같은 한정된 정보의 벽을 넘어, 많은 사람들에게 객관적 정보의 제공을 목적으로 하였다. 그러나 가능한 일반이도 쉽게 이해할 수 있는 용어와 설명을 시도하였지만, 대상 생물이 너무 세부적인 내용으로 일부에서는 전문용어를 그대로 사용하였고, 한글로 표현하기 어려운 용어도 있다. 그렇지만, 해양생물, 특히 조류학, 해양환경 및 수산분야에 관심을 가지는 독자들에게 본 도서가 조금이나마 새로운 정보를 제공할 수 있는 계기가 되기를 기원하여 본다.

2013년 겨울

여수 양지골에서

윤 양 호 씀

목차

제1장 ▮ 식물플랑크톤과 와편모조류

§ 1. 식물플랑크톤 ········ 16
1. 정의와 기능 ········ 16
2. 분포와 생태 ········ 17
3. 주요 분류군 ········ 18

§ 2. 와편모조류 ········ 20
1. 어원과 역사 ········ 20
2. 크기와 형태 ········ 20
3. 영양과 분류 ········ 22
4. 생태 ········ 22
5. 유해/유독 와편모조류 ········ 23
6. 분류형질 ········ 26
7. 생식 ········ 27

§ 3. 와편모조류의 다양성과 유영세포의 주요종 ········ 29
1. 프로로센트럼 목 ········ 31
2. 디노피시스 목 ········ 32
3. 짐노디니움 목 ········ 32
4. 녹티루카 목 ········ 34
5. 피로시스티스 목 ········ 34
6. 페리디니움 목 ········ 35

제2장 ▎와편모조 시스트

§ 1. 생활사와 시스트의 정의 ········ 38

1. 와편모조류의 생활사 ········ 38
2. 시스트의 정의 ········ 40

§ 2. 와편모조 시스트의 출현과 관찰 ········ 41

1. 시스트의 출현 기록 ········ 41
2. 시스트의 관찰 ········ 42

§ 3. 와편모조 시스트의 역할 ········ 43

1. 시스트의 형성과 발아 ········ 43
2. 시스트 연구의 응용 ········ 46

§ 4. 와편모조 시스트의 연구 현황 ········ 48

1. 해역별 연구 현황 ········ 49
2. 주요종의 생물지리 ········ 52

제3장 ▎와편모조 시스트의 연구방법

§ 1. 채집과 운반 ········ 58

1. 표본의 채집 ········ 59
2. 표본의 고정, 운반 및 보존 방법 ········ 64

§ 2. 농축, 검경 그리고 계수 ········ 66

1. 농축 방법 ········ 66
2. 검경 표본의 제작 ········ 71
3. 와편모조 시스트의 동정과 계수 ········ 76

§ 3. 와편모조 시스트의 배양 78

1. 분리와 접종 78
2. 주요배지 조성 80

제4장 ❙ 와편모조 시스트의 분류

§ 1. 분류의 기본 개념 86

1. 와편모조 시스트의 기본 특성 86
2. 와편모조류 화석종과 현생종 사이의 분류학적 문제 87
3. 와편모조 시스트와 아크리타크 88

§ 2. 시스트의 분류 형질 89

1. 유영세포와 대응한 와편모조 시스트의 형태 90
2. 세포벽의 구조와 특징 92
3. 발아공의 형태 94

§ 3. 시스트 상위 분류군의 특징 및 유영세포와의 대응 99

§ 4. 시스트 주요 분류군의 검색 102

1. 형태 기준의 현생 시스트 검색 103
2. 발아공의 모양에 따른 시스트 검색 105
3. 주요 시스트의 종 검색 107

제5장 ❙ 와편모조 시스트의 주요종

§ 1. 짐노디니움 목(Order Gymnodiniales) 112

1. 암피디니움 속(Genus *Amphidinium*) 113

2. 코클로디니움 속(Genus *Cochlodinium*) ··· 114
3. 짐노디니움 속(Genus G*ymnodinium*) ··· 115
4. 지로디니움 속(Genus *Gyrodinium*) ··· 119
5. 카토디니움 속(Genus *Katodinium*) ··· 120
6. 폴리크리코스 속(Genus *Polykrikos*) ··· 121

§ 2. 고니아우락스 목(Order Gonyaulacales) ··· 123

1. 알렉산드리움 속(Genus *Alexandrium*) ··· 126
2. *Ceratium* 속(Genus *Ceratium*) ··· 137
3. *Fragilidium* 속(Genus *Fragilidium*) ··· 138
4. *Gonyaulax* 속(Genus *Gonyaulax*) ··· 139
5. *Linglodinium* 속(Genus *Linglodinium*) ··· 147
6. 오스트래오프시스 속(Genus *Ostreopsis*) ··· 149
7. 페리디니엘라 속(Genus *Peridiniella*) ··· 149
8. 프로토세라티움 속(Genus *Protoceratium*) ··· 150
9. 피로디니움 속(Genus *Pyrodinium*) ··· 151
10. 피로파커스 속(Genus *Pyrophacus*) ··· 153

§ 3. 페리디니움 목(Order Peridiniales) ··· 154

1. 아키페리디니움 속(Genus *Archaeperidinium*) ··· 158
2. 카초니나 속(Genus *Cachonina*) ··· 159
3. 코오리나 속(Genus *Coolia*) ··· 159
4. 디프로펠타 속(Genus *Diplopelta*) ··· 160
5. 디프로프살리스 속(Genus *Diplopsalis*) ··· 161
6. 디프로프살로프시스 속(Genus *Diplopsalopsis*) ··· 162
7. 디소디움 속(Genus *Dissodium*) ··· 162
8. 엔시쿠리페라 속(Genus *Ensiculifera*) ··· 163
9. 고토이우스 속(Genus *Gotoius*) ··· 164
10. 헤테로캅사 속(Genus *Heterocapsa*) ··· 164
11. 레보우라이아 속(Genus *Lebouraia* Abe ex Sournia 1986) ··· 165
12. 오브레아 속(Genus *Oblea*) ··· 166
13. 펜타파소디니움 속(Genus *Pentapharsodinium*) ··· 167
14. 페리디니움 속(Genus *Peridinium*) ··· 168

15. 프레페리디니움 속(Genus *Preperidinium*) ……… 169
16. 프로토페리디니움 속(Genus *Protoperidinium*) ……… 171
17. 스크리프시엘라 속(Genus *Sccrippsiella*) ……… 188

§ 4. 프로로센트럼 목(Order Prorocentrales) ……… 195

§ 5. 디노피시스 목(Order Dinopysiales) ……… 195

§ 6. 토라코스파에라 목(Order Thoracosphaerales) ……… 196
1. 휘스테리아 속(Genus *Pfiesteria*) ……… 196
2. 슈도휘스테리나 속(Genus *Pseudopfiesteria*) ……… 196

§ 7. 디노코커스 목(Order Dinococcales) ……… 197

§ 8. 기타 목이 불명확 분류군 ……… 197
1. 엔치디니움 속(Genus *Echinidinium*) ……… 198
2. 토벨리아 속(Genus *Tovellia*) ……… 200

제6장 ▮ 한국연안해역의 와편모조 시스트

§ 1. 자료의 범위 ……… 204

§ 2. 결과 및 분포해역 ……… 204
1. 와편모조 시스트의 연구변화와 특성 ……… 204
2. 와편모조 시스트의 출현종 ……… 208
3. 한국주변해역의 와편모조 시스트 출현 특성 ……… 239

참고문헌 ······ 242
맺음말 ······ 294
색인 ······ 296
학명 색인 ······ 300

제1장

■

식물플랑크톤과 와편모조류

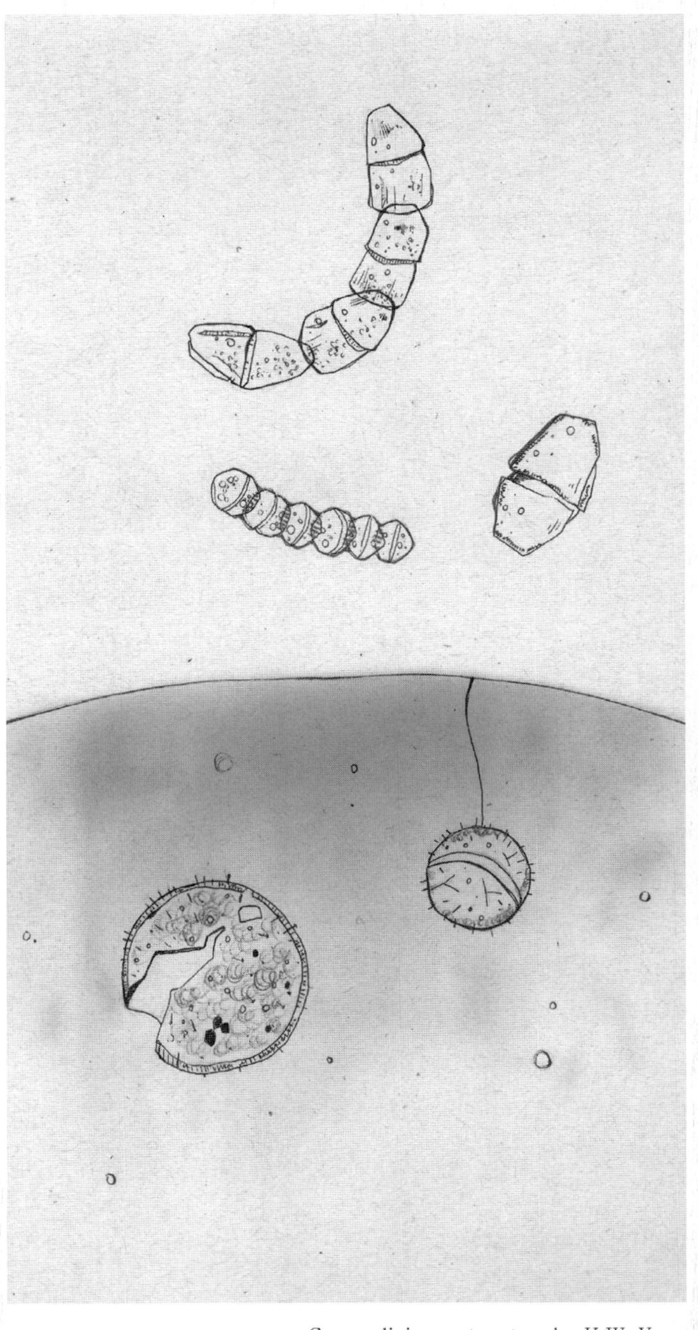

Gymnodinium catenatum by K.W. Yoon

§ 1. 식물플랑크톤

약 45억년전 빅뱅이란 대폭발 이후 미행성의 중력으로 주변의 작은 행성과 파편들을 흡수하여 지구가 만들어 지고 10억년의 오랜 시간 뒤, 지구에는 생명을 태생할 수 있는 바다가 만들어 진다. 바다가 만들어지고 유해가스로 가득한 대기에 산소를 공급하면서 생물의 서식장소로 적합한 대기환경으로 탈바꿈하게 만든 주역은 우리 눈으로 확인 되지 않은 아주 미소한 크기의 미생물의 세계에서 시작된다. 약 30억 년 이전에 지구에 출현한 것으로 보이는 남조류가 최초로 광합성을 통해 지구 대기에 산소를 방출하기 시작한 이들 생물은 지금도 지구 환경에 남아 다양한 신비의 세계를 연출하고 있다(井上, 2007). 이들 미소 생물의 화려한 세계를 여행하여 본자.

1. 정의와 기능

식물플랑크톤(Phytoplankton)은 그리스어의 식물(plant)이란 의미를 나타내는 phyto-와 방랑자(errant, wanderer, drifter)라는 의미를 가진 planktos가 합성된 용어로서 '수권(水圈, hydrosphere)에서 떠다니는 생물(floating organisms)'에서 광합성 능력을 가지는 미소생물을 말한다. 일반적으로 플랑크톤(plankton)이란 '운동력이 없거나, 있더라도 미약하여 바람, 풍랑, 조류와 해류 등 해수의 흐름에 수동적으로 움직이는 생물'을 총체적으로 나타내는 용어로서 크기, 서식지 등을 기준으로 다양하게 구분하며, 광합성의 가능 여부에 따라서는 식물플랑크톤과 동물플랑크톤(zooplankton)으로 구분한다.

식물플랑크톤은 단세포 생물(unicellular organisms)로 주색소인 엽록소(chlorophyll)와 피코비린이나 크산토필과 같은 다양한 보조색소를 가지고 바다나 호수 등의 수권에서 광합성(photosynthesis)을 수행하여 물리적 에너지를 생체 에너지 형태로 전화하는 기초생산자(primary producer)의 역할을 담당한다. 그러나 수권의 식물플랑크톤은 육상의 거대 형태의 식물과는 달리 사람의 눈으로 직접 확인할 수 없고, 현미경을 통해서만 확인이 가능한 미소한 식물체로 숨겨진 식물(hidden flora)로 표현되기도 한다(Boney, 1975). 식물플랑크톤은 지구 전체의 광합성의 절반 이상(NASA, 2009a)과 대기의 산소 절반 이상을 만들고 있다(NASA, 2009b). 식물플랑크톤은 초미세플랑크톤(nanoplankton)의 크기 2～20 ㎛[1])와 미소플랑크톤(microplankton)의 크기 20～200㎛ 범위에 속하지만 야광충을 제외하면 100 ㎛ 이상의 크기를 가지는 종은 거의 없다. 바다의 기초생산은 식물플랑크톤 이외에 미역, 다

1) 1㎛는 1/1,000,000 m에 해당한다.

시마와 같은 대형 해조류(macroalage)에서도 가능하지만, 광활한 바다 전체의 공간을 고려하면, 식물플랑크톤이 바다 전체 기초생산량의 97% 이상을 나타낸다(양 등, 1984). 때문에 일반적으로 바다의 기초생산자(peimary producer)라고 하면 식물플랑크톤을 말한다.

바다나 호수와 같은 수권에서 식물플랑크톤과 같은 미소생물이 기초생산을 담당하게 되는 것은 바다라는 특수한 환경조건에서 유래한다. 해양생태계는 평면적 특성을 보이는 육상생태계와는 달리 3차원의 입체공간을 하고 있고, 중력에 반작용하는 부력이 존재한다. 뿐만 아니라 지구 표면 어디에나 도달 할 수 있는 태양광은 바다로 입사하면, 표층에서 급속히 흡수되어 일정 수심 이하에서는 빛이 존재하지 않게 된다. 일반적으로 바다 표층에 입사한 광량의 1%가 존배하는 수심을 보상수심(compensation depth)이라고 하며, 보상수심보다 위의 수층에서만 빛이 존재하여 광합성을 할 수 있게 된다. 바다는 11km 이상의 깊이를 나타내는 곳도 있지만, 평균 약 3,800m의 수심을 나타내며, 이와 같은 광대한 공간에서 식물체에 의해 광합성을 할 수 있는 보상수심까지의 수층, 즉 유광층(photic zone)은 바다 평균으로 110m[2] 전후가 된다. 때문에 바다에서 광합성을 하기 위해서는 표층에서 태양광을 받아야만 하기에 떠다니는 식물이 필요하게 된다. 표층을 떠다니면서 광합성을 하기 위해서는 거대한 크기가 되면 쉽게 빛이 없는 수심, 즉 무광층(aphotic zone)으로 침강되어 버리기에 표층에 오랜 시간 머물 수 있는 생물이 필요하였고, 그렇게 하기 위해 바다의 기초생산자는 단위 체적에 대한 표면적을 최소로 할 수 있는 미소한 구형의 크기로 존재할 필요성이 있게 되었다. 이에 부응한 식물체가 식물플랑크톤이다.

식물플랑크톤은 오랜 시간 무광층으로 침강하지 않고 유광층인 표층에 머물기 위해서는 크기를 작게 하는 것 이외에도 여러 세포가 연결된 군체(colony)를 만들거나, 부속돌기에 의해 물의 저항을 증가시키거나, 세포 내의 액포나 지방질 함량을 증가시켜 비중을 낮게 하는 방법으로 침강 속도를 낮추고 있다. 또한 일부 규조류는 세포의 생리변화에 반응하여 부력이 변화되고, 편모조류는 미약하지만 운동력으로 오랜 시간 표층에 머무를 수 있게 된다.

2. 분포와 생태

식물플랑크톤은 수권의 표층인 유광층에 주로 서식하지만, 수분이 존재하는 곳이면 지구의 어느 곳이나 존재한다. 극지방의 빙하 밑의 얼음조류(ice algae)에서 온천, 또는 육상생물의 표피 등에서도 발견된다. 다만 서식과 분포 장소는 분류군에 따라 다르게 나타난다.

---

2) 한국 남해나 서해의 내만 해역에서는 수m 전후로 매우 낮다.

또한 식물플랑크톤은 바다의 기초생산자로서 태양에너지를 이용하여 유기물을 합성하여, 소비자인 모든 해양 동물의 생존에 필요한 에너지를 공급한다. 때문에 광합성에 의한 유기물 합성에는 해수에 용존된 다양한 미네랄 원소를 영양염류(nutrients)[3]로 요구한다. 기본적인 광합성 필요 성분은 해수 중 용존량이 필요량에 비해 많기에 문제가 되지 않지만, 필요량에 비해 공급량이 부족한 성분에 의해 성장이 제한되다. 식물플랑크톤이 광합성에 의한 성장에 비교적 많은 양을 필요로 하는 성분은 질소(nitrogen), 인(phosphorus)과 규소(silicon)로서 대량영양염류(macro-nutrients)라 한다. 이외에도 미소하지만 식물플랑크톤의 성장에는 철, 망간, 세슘 등과 같은 중금속 원소와 비타민 B_{12}와 같은 유기물 성분을 필요로 하게 된다(Parsons *et al*., 1983). 이들을 미량영양염류(micro-nutrients)라고 한다.

바다 표층에서 광합성에 필요한 영양염류는 주로 표영 환경 (pelagic environment)[4]에 서식하는 생물의 분해와 배설 등의 생리활동에 의해 재순환되거나, 물리적 작용에 의해 바다 심층해수가 표층으로 이동하는 용승(upwelling)에 의해 공급된다. 다만, 연안 해역은 인간 활동에 의한 생활하수나 산업배수 등을 포함하는 하천수에 의해 주로 공급되면서, 과다한 유입으로 부영양화(eutrophication)가 진행되기도 한다.

연안이나 내만해역에 부영양양과 진행되면 일시적으로는 광합성을 하는 식물플랑크톤의 증식에 아주 적합한 환경을 만들어, 높은 기초생산을 나타내기도 하지만, 시간의 경과와 함께 잉여 생산물의 분해 등으로 부영양화는 급진되어 식물플랑크톤의 대량발생에 의헤 바닷물의 색을 나타내는 적조(red tide) 발생으로 해양생물의 대량폐사를 동반한 해양환경오염현상으로 사회적 문제를 발생시키기도 한다(윤, 2010). 그러나 한편으로는 식물플랑크톤의 가지는 다양한 기능성 물질 및 특수 단백질을 이용한 신약개발과 기능성 물질의 탐색은 물론 최근에는 바이오디젤을 위한 주요 원료로 사용하는 등 미래의 식량자원, 에너지자원은 물론 환경문제 해결을 위한 주요 산업적 대상 생물군이기도 하다(윤 등, 2011).

3. 주요 분류군

식물플랑크톤 종은 연구자에 의해 많은 차이를 보이나, 약 112,000종으로 보고하고 있다(Sheehan *et al*., 1998). 이는 매우 다양한 분류군으로 구성된 종으로 지구의 일부 양치식물

---

3) 식물은 질소, 인 등의 영양물질을 원소 형태로 요구하는 것이 아니라, 해수에 용존된 질소, 인의 화합물이나 이온 형태로 요구한다. 질소는 해수에 암모니아염(ammonia)이나 질산(nitrate)염, 인은 인산염(phosphate) 그리고 규소는 규산염(silicate) 등 염류(salt)로 존재하며, 이들 물질을 영양염류하고 한다.

4) 바다의 물 부분을 나타내는 용어이다. 이에 반해 바닷물을 담고 있는 밑바닥 부분을 저서환경(benthic environment)라고 한다.

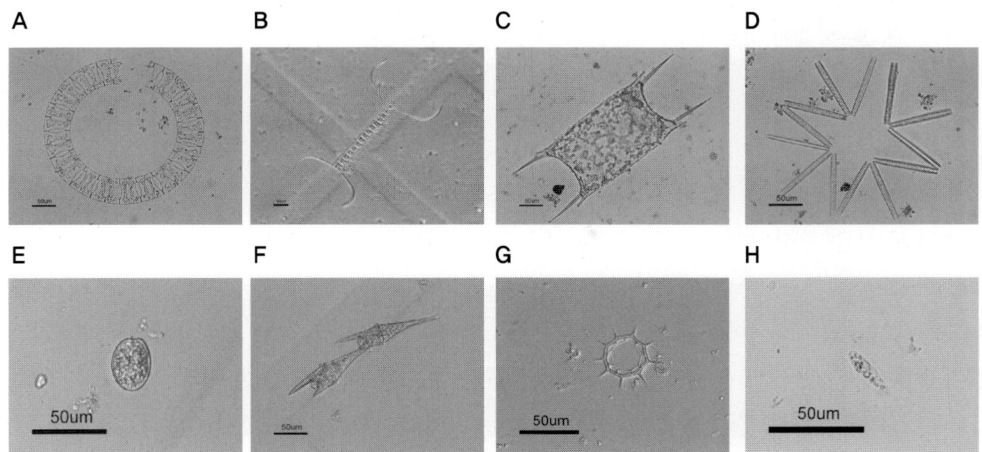

그림 1-1. 다양한 식물플랑크톤의 형태

(A～D: 규조류, A: *Eucampia zodiacus*, B: *Chaetoceros curvisetus*, C: *Odontella sinensis*, D: *Thalassionema nitzschioides*, E, F: 와편모조, E: *Prorocentrun micans,* F: *Ceratium furca*, G: *Dictyocha speculum* (규질편모조류), H: *Eutreptiella cf. gymnastica* (유글레나조류))

과 현화식물을 제외한 모든 식물 분류군이 식물플랑크톤으로 출현한다. 식물플랑크톤으로 출현하는 주요 분류군은 규조류(diatoms), 와편모조류(dinoflagellates)와 남조류(blue-green algae)이다(그림 1-1). 이 중 규조류는 약 100,000종에 달하는 다양한 종 구성으로 바다 환경에서는 해역에 관계없이 가장 중요한 기초생산자가 된다. 이외에도 은편모조류, 착편모조류, 황갈편모조류, 규질편모조류, 침편모조류, 녹조류, 유글레나조류 등의 분류군이 식물플랑크톤을 구성한다.

착편모조류에 속하는 인편모조류(coccolithophoids)는 휘발성 화합물인 디메칠설파이드(dimethyl sulfide, DMS)을 대기로 방출하여 구름의 강우 핵을 형성하여 지구 기상 현상의 발전기의 역할을 하며(Charlson *et al.*, 1987; Quinn and Bates, 2011), 남조류의 일부는 대기의 질소가스(N_2)를 고정하여 영양원으로 이용하는 질소고정(nitrogen fixation) 능력을 가진다(Bergman *et al.*, 2012). 이 두 개의 분류군은 빈영양(oligothrophic) 해역인 대양에서 중요한 기초생산자의 역할을 한다.

식물플랑크톤에서 규조류 다음으로 다양한 생물군은 와편모조류(dinoflagellates)이다. 주로 수온이 상대적으로 높은 계절과 해역에서 주요 플랑크톤 군으로 출현한다. 한편으로는 인간의 산업 활동에 의해 부영양화(eutrophication)가 진행된 연안과 내만해역에서 적조(red tides)발생과 유해/유독생물에 의한 패류독화와 해양생물의 폐사 등을 발생시킨다.

§ 2. 와편모조류

1. 어원과 역사

수권의 식물플랑크톤을 구성하는 분류군에서 규조류 다음으로 중요한 와편모조류(dinoflagellate)는 소용돌이치다, 선회하다(whirling)라는 뜻을 가지는 그리스어의 dinos-와 편모를 나타내는 라틴어 flagellum의 합성어의 어원을 가진다. 즉 두 개의 편모로 약하지만 운동력을 가진 단세포 생물 그룹이다. 현생 와편모조는 18세기 중반 영국의 Henry Baker(1698-1774)가 바다에서 빛을 발생하는 동물체로서 처음 기록되었지만(Baker, 1753), 명칭은 1773년 Otto Friendrich Müller(1730-1784)에 의해 처음 사용되었다(Müller, 1973). 이후 1830년대에 동물학자이자 지질학자이며 현미경 관찰자인 Christian Gottfried Ehrenberg(1798-1876)에 의해 현생의 해양 와편모조류인 *Protoperidinium, Prorocentrum,* 및 *Ceratium* 속에 속하는 생물을 다수 관찰하여 기록하였고, 1885년 독일의 동물학자인 Otto Bütschli 교수(1848-1920)에 의해 빛을 발생한다는 의미를 나타내는 Pyrrophyta(or Pyrrhophyta) 문의 Dinoflagellida 목으로 분류하는 체계를 만들게 되었다(Bütschli, 1885). 지금은 독립된 하나의 문으로 취급되고 있다.

와편모조류의 일반적인 운동은 후미 홈의 종편모가 세포를 추진하여 전진시키는 역할을 하는 반면, 가로 홈의 횡편모가 몸을 회전시켜, 전체적인 운동은 세포가 회전하면서 소용돌이를 만들면서 전진한다고 하여 와편모조류라는 이름이 붙여졌다. 그러나 국내에서 발간된 일부 전문서적이나 인터넷에서는 아직도 와편모조류를 쌍편모조류로 표현하고 있다. 쌍편모조류는 우리나라에 해양생물에 대한 지식이 도입될 때 대상생물에 대한 생물학적 지식을 담보하지 않은 상태에서 일본 학자들에 의해 dino-의 개념을 잘 못 받아 들려 두 개의 편모, 즉 쌍편모를 가지는 생물군인 쌍편모조류라는 용어로 번역할 내용을 비판없이 받아드려 사용하는 결과이다. 일본에서는 도입과정의 잘 못된 번역을 인정하여 쌍편모조류를 와편모조류로 수정되어 사용되고 있지만, 우리나라에서는 아직까지도 혼용되어 사용되고 있다. 수정이 필요하다.

2. 크기와 형태

와편모조류의 크기는 단세포로서 10.0㎛ 이하의 극소형 종이 존재하기도 하고, 100㎛ 정도의 대형종도 존재하지만, 대부분의 와편모조류는 10~50㎛ 크기를 보인다. 종속영양종인 야광충(*Noctiluca scitillans*)은 2㎜까지 성장한다.

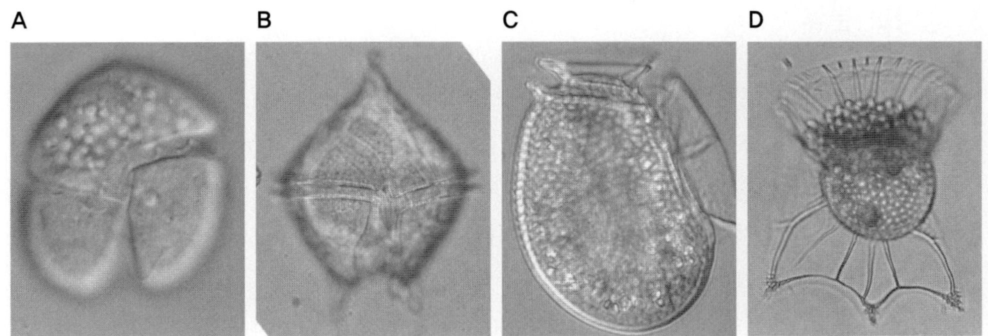

그림 1-2. 정단와편모조(A,B)와 측와편모조(C,D)

(A: *Karenia mikimotoi*, B: *Protoperidinium pallidum*, C: *Dinophysis fortii*, D: *Ornithocercus magnificus*)

세포는 단세포로서 둥근 모양, 달걀 모양 등 다양하고, 대부분 종은 단체(單體, single cell)로 부유생활을 하지만, 종에 따라서는 군체(群體, colony)를 만들기도 한다. 세포에는 두개의 편모가 있지만, 편모의 위치는 정단와편모조(desmokontae)와 측와편모조(dinokontae)에서 다르게 나타난다(그림 1-2).

정단와편모조의 종에서는 세포의 중앙을 횡단하는 가로 홈(cingulum)인 환대(環帶, girdle)에 횡편모(transvere flagellum)가 환대 전체를 채우고 있고, 세포 전면부의 중앙부에서 밑으로 뻗은 후미 홈(sulcus)에는 종편모(longitudial flagellum)가 채찍형으로 세포 밖까지 길게 뻗혀있다(그림 1-3). 그리고 가로 홈 윗부분을 상체(上體, epicone) 또는 상각(上殼, epitheca), 아랫부분을 하체(下體, hypocone) 또는 하각(下殼, hypotheca)이라고 한다.

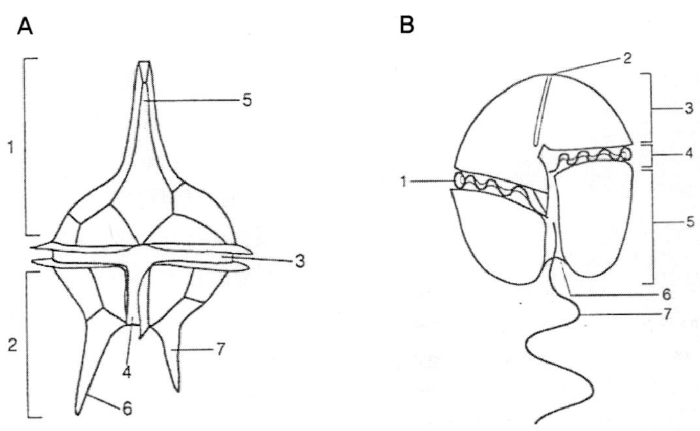

그림 1-3. 와편모조류의 기본 형태와 명칭 (Chihara and Murano, 1997)

(A: 갑주형; 1: 상각, 2: 하각, 3: 가로 홈, 4: 후미 홈, 5: 정단 뿔, 6, 7: 배각판 뿔;
B: 노출형; 1: 횡편모, 2: 정단 홈, 3: 상체, 4: 가로 홈, 5: 하체, 6: 후미 홈, 7: 종편모)

3. 영양과 분류

와편모조류는 식물플랑크톤의 한 분류군으로 엽록소 *a, c*를 주색소로 하여, 베타카로틴(β-carotin), 크산토필(Xanthophyll), 페리디닌(peridinin), 디노크산틴(dinoxanthin) 등과 같은 보조 색소를 가지고 광합성을 하는 독립영양(autotroph)을 한다. 세포의 색상은 광합성 색소에 의해 세포는 광합성 색소의 색상을 나타내어 황갈색(light brown), 녹황색(greenish yellow), 또는 오렌지색(orange color)을 나타낸다.

그러나 출현하는 와편모조류에서 약 40~60%에 해당하는 종만이 광합성을 하는 것으로 알려지며(Taylor, 1987), 광합성에 의한 완정 독립영양 종은 전체 5% 정도로 매우 제한적이다. 즉 독립영양 종의 대부분은 혼합영양(mixotroph)을 한다(Stoecker, 1999). 그리고 출현종이 가장 많은 *Protoperidinium*을 포함하여 약 50% 전후의 종은 무색으로 엽록소가 없어, 다른 생물을 섭식하여 에너지를 얻는 종속영양(heterotroph)으로 생활한다.

이와 같이 와편모조류는 미약하지만 운동성을 가지고 있을 뿐만 아니라, 종속영양을 하는 종이 다수 포함되고 있어, 분류학적으로도 한 때 원생동물에 포함하여 와편모충으로 구분하기도 하였지만, 세포 핵 등의 특성에 따라 현재 국제동물명명규약(International Code of Zoological Nomenclature, ICZN)이 아닌 국제식물명명규약(International Code of Botanical Nomenclature (ICBN)의 기준으로 종 분류를 하고 있다(Dodge, 1966). 그리고 현재는 생물의 진화를 기본으로 하는 계통분류학적인 분류체계에서 비세포생물계(noncellular organisms)를 제외한 5개의 생물계(kingdom)에서는 식물계(Kingdom Plantae)가 아닌 원생생물계(Kingdom Protista)의 와편모조문(Division Pyrrophyta or Dinophyta)으로 분류한다(Webber and Thurman, 1991).

4. 생태

와편모조류는 식물과 동물의 특성을 동시에 갖추고 있는 분류군으로 수권의 기초생산자로서의 역할과 함께 저차 영양단계의 미세먹이망(micro-food web)에서 중요한 위치를 점유한다. 그리고 인간의 산업활동에 따른 부산물인 생활하수나 산업배수에 의해 부영양화가 진행된 연안이나 내만 해역에서 일부 와편모조가 10^6 cells/L 이상의 세포밀도로 대발생(dinoflagellate blooms)을 하여 신경독(neurotoxins) 등을 발생시켜 양식 수산생물은 물론 자연의 해양생물을 대량폐사 시키기도 한다. 최근에는 적조발생에까지 미치지 못하는 세포밀도에서도 유해/유독 와편모조류에 의해 어패류, 특히 홍합, 굴 등의 이매패류에 섭취되어 체내 축적되는 독화 현상이 발생하여, 이들 생물을 이용하는 인류의 공중위생을 크게 위협하기도 한다(Granéli and Turner, 2006). 유해/유독 와편모조류의 생물종(Faust and

Gulledge, 2002), 생산하는 독성(Wang, 2008; 윤 등, 2012), 그리고 연안과 내만의 적조(윤, 2010)에 대해서는 별도 문헌을 참고하기 바란다. 유해/유독 와편모조류는 유네스코의 IOC(Intergovernmental Oceanographic Commission)에서 67종이 지정되어 있지만, 연구의 진전에 따라 계속 증가하고 있다.

또한, 와편모조류는 두 개의 편모에 의해 약한 운동력을 가지고 있어, 낮과 밤을 통한 일주연직운동(diel/diurnal vertical migration)을 한다(Kamykowski, 1981; Cullen, 1985). 연안/내만해역에서 와편모조류의 일주연직 운동은 낮에 표층에서 광합성을 하고 밤에는 수온약층 밑의 수층으로 이동하여 에서 영양염을 흡수할 수 있어, 규조류 등의 다른 생물종과의 경쟁에서 우위를 점유할 수 있을 뿐만 아니라, 부영양화된 내만해역의 와편모조류 적조가 장기화하는데 일조한다. 그리고 와편모조류는 특징적인 지방질이나 스테롤을 생산한다(Mouradian *et al*., 2007). 특히 와편모조류가 생산하는 스테롤은 와편모조 스텔롤(dinosterol)이라 불린다(Withers, 1987).

와편모조류에는 적어도 18속 이상에 달하는 많은 종의 생물에서 자체 생물발광(bioluminescence)으로 빛을 발생하는 것이 알려진다(Hastings, 1996; Castro and Huber, 2010). 발광하는 빛은 파도나 선박 운항 등 외부의 자극에 의해 남색 파장의 빛으로 바다의 표면에서 반짝거린다. 와편모조류의 발광은 다른 생물발광과 같이 루시페린-루시페아제 반응(luciferin-luciferase reaction)에 의하며, 수소이온 농도에 민감한 것이 알려지고 있지만, 발광은 포식자로부터 자기 방어를 위한 행동으로 알려진다(Haddock *et al*., 2010).

그리고 와편모조류 세포는 지구의 원핵생물의 진화 연구에 적합한 대상 생물로 취급된다. 동물성을 나타내는 단세포조류인 와편모조류는 세포의 주요 구성 원소로서 광합성을 하는 주체인 엽록체(chloroplast)나 호흡에 관여하여 에너지 생산을 담당하고 있는 미토콘드리아(mitochondria)는 원래 와편모조 세포 속에 공생을 하던 원핵생물이 진화하여 세포내의 기관으로 정착된 것으로 알려지고 있다(Hackett *et al*., 2004; Yoon *et al*., 2004. 2005; Vlcek *et al*., 2011; Moszczynski *et al*., 2012).

5. 유해/유독 와편모조류

와편모조류는 해양의 기초생산자와 미세 먹이망에서 중요한 역할을 하고 있는 것에 반해, 어패류의 독화 등 공중 위생학적으로도 문제를 발생시키는 생물로 인식되고 있다. 이는 최근 토픽을 제공하는 지구규모의 유해/유독 플랑크톤의 적조(Harmful Algae Blooms, HABs) 문제로 표현된다(윤, 2010). 세계의 모든 해양생물종의 등록을 담당하는 WORMS (World Register of Marine Species)에 의하면 2013년 9 식물문, 16 식물강으로 구성(Parke

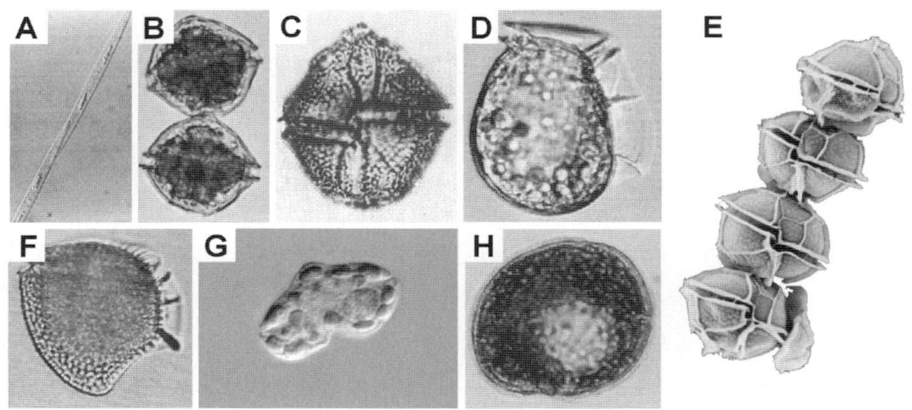

그림 1-4. 어패류 독화를 발생시키는 다양한 유독식물플랑크톤의 형태 (윤, 2010)

(A: *Pseudonitzschia pungens,* B: *Alexandrium tamarense,* C: *Lingulodium polyedra*, D: *Dinophysis fortii,* E: *Pyrodinium bahamense* var. *compressum,* F: *Dinophysis mitra*, G: *Karenia brevis*, H: *Gambierdiscus toxicus*)

and Dixon, 1976; Chihara and Murano, 1997)되어 있는 해양 식물플랑크톤 군집에서 유독미세조류(toxic microalgae)로 등록된 종은 379종이며, 전체 59.1%에 해당하는 224종이 와편모조류이다(www.marinespecies.org). 와편모조류에서 유독종의 존재를 간과할 수 없는 것은 이와 같은 결과 때문이며, 연안 해역에서 유해/유독플랑크톤의 대발생으로 해양생물의 대량폐사는 물론 어패류의 독화와 관련되는 종의 대부분 와편모조류에 속한다.

유해/유독플랑크톤(그림 1-4)이 생산한 독은 직접 해양생태계의 다른 해양생물에 피해를 주기도 하지만. 어류 및 패류를 독화시켜 인류의 건강을 위협한다. 어패류 독화는 해수중에 부유하거나, 해저퇴적층에 시스트의 형태로 존재하는 유독플랑크톤을 먹이로 섭취하고, 대사과정에서 독성 물질을 체내에 축적시킨다. 축적된 독성 물질은 보다 고차영양단계에 위치하는 인간이나, 바다 새 및 해양 포유류로 전송되어, 상위단계의 생물을 폐사시키거나 인간의 건강을 직접적으로 위협한다. 중간 매개생물의 역할을 하는 어패류는 유독플랑크톤을 먹이로 선호하지는 않지만(Shumway and Cucci, 1987; 上, 1993), 체내에 독소가 축적되더라도 일상의 신진대사에는 영향을 받지 않는 것으로 알려진다.

어패류의 독성에 의해 인류건강을 위협하는 유독플랑크톤과 중간 매개생물로서 어류 및 패류의 종류는 매우 다양하지만, 어패류 독의 종류는 독소가 축적된 중간 매개생물을 인간이 이용하였을 발생하는 증상을 기준으로 독성 물질의 특성을 구분한다. 어패류 독에 대한 연구 진행으로 새로운 독성 물질과 원인생물이 출현할 가능성이 크지만, 현재 크게는 다음의 5개 그룹으로 구분한다(표 1-1). 표에는 지금까지의 정리된 여러 문헌(Hallegraeff, 1993; 今井와 板倉, 2007)을 종합하여, 인간의 중독 증상을 기준으로 어패류

표 1-1. 어패독의 종류와 원인플랑크톤

어패독	독성분	용해성	원인 식물플랑크톤 주요종	증상
기억상실성 패독, ASP (Amnesic Shellfish Poisoning)	domoic acid	수용성	*Pseudonitzschia australis*, *Pn. dilicatissima*, *Pn. multiseries*, *Pn. pseudodelicatissima* 등	구토기분과 설사가 주, 심할 경우 허상, 착각 등, 심할 경우 사망, 후유증으로 기억장해 발생
설사성 패독, DSP (Diarrhetic Shellfish Poisoning)	okadaic acid dinophysistoxin (DTXs)	지용성	*Dinophysis acuminata*, *D. fortii*, *D. norvegica*, *D.* spp. *Prorocentrum lima*	설사, 복통, 구토 등 소화기관 장애, 사망 기록 없음
신경성 패독, NSP (Neurologica Shellfish Poisoning)	brevetoxin (BTX) hemolytic	지용성	*Karenia brevis*	입속의 마비된 감각, 술에 취한 감각, 설사, 운동조절 기능 마비, 적조생물 잔해가 포함된 공기 흡입으로 호흡계 장해
마비성 패독, PSP (Paralytic Shellfish Poisoning)	saxitoxin gonyautoxin	수용성	*Alexandrium catenella*, *A. minimum*, *A. tamarense*, *Lingulodinium polyedra*, *Gymnodinium catenatum*, *P. bahamense* var. *compressum* 등	운동신경 마비에 의해, 입술, 혀, 얼굴 마비, 심할 경우 호흡 마비로 사망
시카테라 어류독, CFP (Ciguatera Fish Poisoning)	ciguatera toxin(CTX) maitotoxins (MTXs)	지용 및 수용성	*Gambierdiscus toxicus*, *Ostreopsis lenticularis*, *O. ovata*, *Coolia monotis*, *P. lima*, *Amphidinium klebsii*, *A. carterae*	

독의 종류와 생산되는 독성 물질과 특성, 그리고 원인 유독플랑크톤을 정리하였다. 표에서 원인 유독플랑크톤은 규조류 *Psudonitzschia* 속을 원인종으로 하는 기억상실성 패독(Amnesic Shellfish Poison, ASP)을 제외하면 모두가 와편모조류이다, 즉, 와편모조 *Dinophysis*를 원인종으로 하는 설사성 패독(Diarrhetic Shellfish Poison, DSP), *Karenia brevis*를 주로 하는 신경성 패독(Neurological Shellfish Poison, NSP), *Alexandrium*에 의한 마비성 패독(Paralytic Shellfish Poisoning, PSP), 그리고 *Gambierdiscus toxicus* 등 저서성 유독 와편모조를 원인종으로 하는 시카테라 어류독(Ciguatera Fish Poison, CFP)으로 구분된다. 이중 CFP는 중간 매개생물이 어류에 의해 중독사고가 발생하지만, 나머지는 모두 패류가 중간 숙주생물로 작용한다(Wang, 2008).

이 이외에도 증상 및 발생해역이 다소 제한적이며, 불명확 내용이 다소 포함되고는 있지만, *Protoperidinium crassipes*나 *Azadinium spinosum*에 의한 AZP(Azaspiracid Shellfish

Poisoning), *Protoceratium reticulatum, Lingulodinium polyedrum*, 그리고 *Gonyaulax spifera*에 의한 YTXs(yessotoxins)와 저서성 와편모조류인 *Ostrepsis siamensis*에를 포함한 *Ostrepsis* spp에 의한 PTXs(pectenotoxins) 등도 보고된다((Murata *et al*., 1987; Satatake *et al*., 1998; Camacho *et al*., 2007; Wang, 2008). 이들 새롭게 보고되는 패류 독성은 지금까지 온대해역에서 패류를 매개로 한 것과는 달리 게 등의 갑각류, 성게 등의 극피동물은 물론 어류와 해면류에서도 독성이 검출되는 특성을 나타낸다(Fukui *et al*., 1987; Alcala *et al*., 1998; Taniyama *et al*., 2003; Lopez-Rivera *et al*., 2010).

6. 분류형질

와편모조류는 진핵생물로 두꺼운 세포벽을 가지는 종과 세포벽이 없이 점액질 등에 덮여 있는 종이 있다. 세포벽의 있고, 없고는 와편모조류를 구분하는 중요한 형질로 이용된다. 세포벽이 있는 종을 유각종(armored species) 또는 갑주형(armored type)이라 하며, 세포벽이 없는 종은 무각종(unarmored species) 또는 노출형(naked type)로 구분한다(그림 1-3 참조). 갑주형/유각종은 세포의 표면에 껍질(theca) 또는 피각(amphiesma)이라는 셀룰로스로 된 외피(外皮, outer membrane)를 가진다. 갑주형/유각종의 셀룰로스의 외피 밑에는 표피층(pellicular layer)이라는 연속된 막이 있고, 이 표피층과 외피를 합해 껍질층(殼層, theca layer) 또는 피각(皮殼, theca)이라고 한다. 무각종은 갑주형/유각종에 있는 셀룰로즈의 외피가 없는 종으로, 평탄한 소포(小胞, vesicle)를 형성하여 서로가 접합되는 모양의 외피를 만든다. 외피의 구조형태는 와편모조류의 중요한 분류형질로 이용된다. 외피구조 즉, 세포

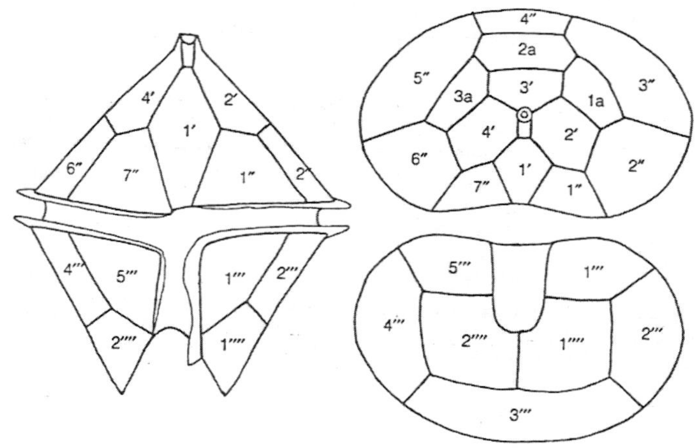

그림 1-5. 와편모조류 피각판의 구조 및 명칭(Chihara and Murano, 1997)

1′-4′: 정단판, 1a-3a: 정중간각판, 1″-7″: 환대전각판, 1‴-5‴: 환대후각판, 1⁗-2⁗: 배각판

막 이외에 목 단위의 분류형질로는 생활사의 양식, 부유, 부착, 기생과 공생 등의 생활양식, 세포의 모양 등이 이용된다.

그리고 갑주형/유각종의 피각에는 다수의 피각판(皮殼板, thecal plate, or plate)으로 덮여 있고, 이 피각판은 상각(epitheca)에 정단 뿔(頂端, apical horn), 정중간각판(頂中間殼板, anterior intercalary plates), 환대전각판(環帶前殼板, precingular plates)이 기본적으로 존재하고, 하각(hypotheca)에는 환대후각판(環帶後殼板, postcingular plates)과 배각판(背殼板, antapical plates)이 존재한다(그림 1-5). 상각의 정중간각판의 모양과 피각판의 수와 배열은 갑주형/유각종의 종 동정에 매우 중요한 형질로 이용된다(고 등, 1997).

노출현/무각종은 세포 표면에 피각이 없기에 채집 이후 고정시약에 의해 쉽게 파괴되며, 환경 변화에 의해 형태적 변이가 발생한다. 살아있는 유영세포는 현미경을 보는 과정에고 형태 변이가 발생한다. 중요한 형태 분류의 형질로서는 세포 전체의 모양, 세포 중앙 가로 홈의 세포 회전 횟수와 모양, 가로 홈의 시작과 끝이 나는 부분의 단차 등이 종의 분류에 이용되고 있다.

7. 생식

와편모조류의 번식은 통상 유영세포가 2분열에 의한 무성생식으로 번식한다. 세포가 분열을 시작하는 시간은 종에 따라 거의 일정하여, 이른 아침에 분열하는 종이 많은 것으로 알려진다. 일반적으로 밝기 시작할 때 핵분열이 시작되어, 밝아짐에 따라 세포질이 분열하는 양상을 나타내어, 최종적으로 모세포는 2개의 세포로 분열한다(그림 1-6a). 종에

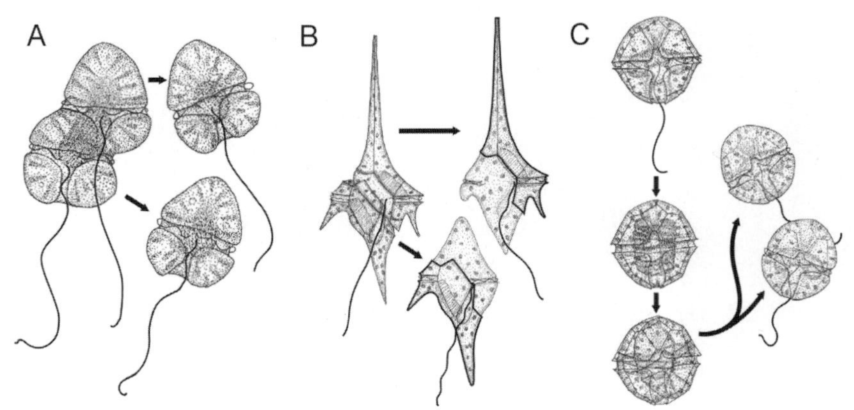

그림 1-6. 무성생식(이분법)에 의한 와편모조류의 번식

(A: *Gymnodinium* sp. B: 담수산 *Ceratium hirundinella*, C: 담수산 *Peridinium volzii*)

따라서는 밤 또는 낮에만 분열을 하는 종도 보고되나, 그 어느 경우도 특정의 수 시간 내에 일제히 분열을 하게 되는데, 이와 같은 분열양상을 phased cell division이라 하고 있다 (Hastings and Sweeney, 1964). 세포분열은 다음의 2가지 방법에 의한다. 하나는 상각의 좌측면 위의 봉합선에서 편모 공을 거쳐 하각의 우측면 중앙에 있는 봉합선에 이르는 면을 경계면으로 하여 세포가 분열하는 방법으로 사분열(斜分裂)이라 한다. 사분열의 경우 윗부분과 아래 부분으로 분리된 딸세포는 경계면보다 위 또는 아래의 모세포의 피각판을 이어 받고 나머지 부분은 재생하게 된다(그림 1-6B). 그리고 때에 따라서는 딸세포가 서로 떨어지지 않고 동조적으로 분열을 수회 반복하여 긴 군체를 형성하는 경우도 있다. 나머지 한 가지는 모세포의 각 속에서 분열하여 생긴 딸세포가 각에서 이탈하여 완전히 새로운 각을 형성하는 경우이다(그림 1-6C).

와편모조류는 무성생식에 의한 증식뿐만 아니라 유성생식 과정에 대해서도 최근 많은 내용들이 알려지고 있다. 와편모조류는 서식 환경에서 영양염류, 특히 질소가 부족할 때 배우자를 형성하여 유성생식을 하는 것이 알려진다(그림 1-7, 제2장 참조)

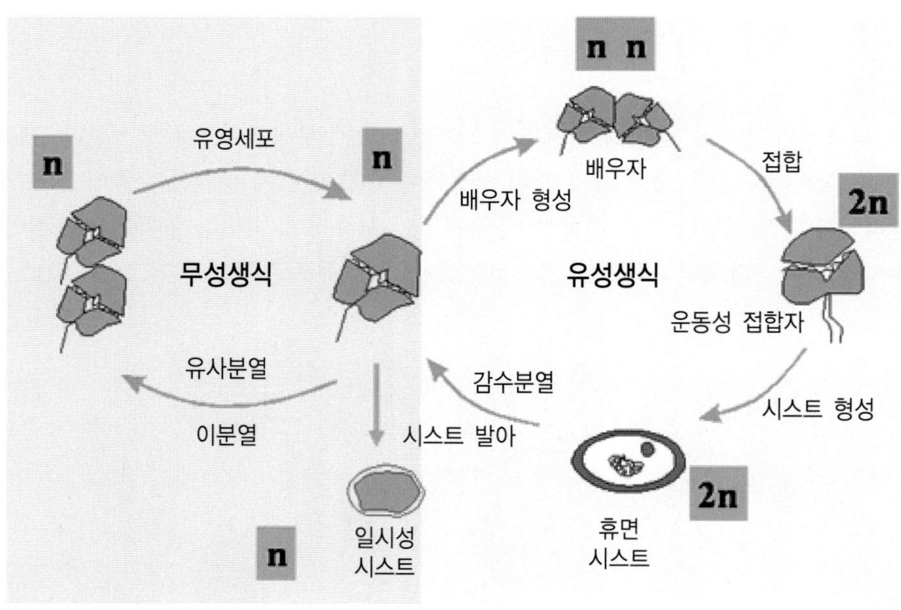

그림 1-7. 와편모조류의 무성생식과 유성생식의 모형도(Walker, 1984)

§ 3. 와편모조류의 다양성과 유영세포의 주요종

와편모조류는 1 식물강, 14 식물목(Tomas, 1997; WoRMS, www.marinespecies.org)을 포함하며, 연구자에 따라 다소 차이는 있지만, 약 2,500종 수준의 유영세포가 출현한다. 그러나 보다 세부적인 연구결과에 따르면 현재까지 보고된 현생 와편모조류를 2,294종으로 목록을 제시하고 있다(Gómez, 2012). Taylor *et al*.(2008)는 2,000종의 현생 와편모조류에서 약 90%에 해당하는 1,700종은 해산종으로, 나머지 10%에 해당하는 220종은 담수종으로 구분하여, 와편모조류의 주요 서식지는 바다로 정리하고 있다. 그리고 대부분 현생 와편모조류는 부유성으로 부유생활을 하지만, 일부 종은 해조류, 어류, 그리고 동물플랑크톤 등 다른 생물에 부착하거나 모래 입자 사이의 간극수에 서식하는 저서성 와편모조류(benthic dinoflagellates)(Besada *et al*., 1982; Yoshimatsu *et al*., 2000; Horiguchi *et al*., 2004; Murray *et al*., 2006; Hoppenrath *et al*., 2008; Sparmann *et al*., 2008)와 공생이나 기생하는 기생종(parasitic species) 등(Coats, 1999; Fraga *et al*., 2012; Skovgaard *et al*., 2012) 다양한 종이 존재한다. 특히 다른 생물의 세포 내에 공생하는 공생종(symbiotic species)인 와편모조류는 황록공생조류(zooxanthella)라고 하여 와편모조류의 다른 카테고리로 구분한다(그림 1-8). 이 공생조류는 산호, 말미잘, 해파리와 일부 패류 등의 고등 무척추동물은 물론 방상충이나 유공충과 같은 단세포 원생동물에 이르기까지 다양한 생물에 공생하여, 숙주 생물에 영양을 공급하는 것이 알려진다(Blank and Trench, 1986; Trench, 1997; Goodson *et al*., 2001; Apprill and Gates, 2006).

Taylor *et al*.(2008)은 와편모조류의 다양성을 하나의 계통수 형태로 표시하여 각 종의 유연성을 쉽게 표현하였다(그림 1-9). 그러나 연안/내만해역에 비교적 다양하게 출현하는

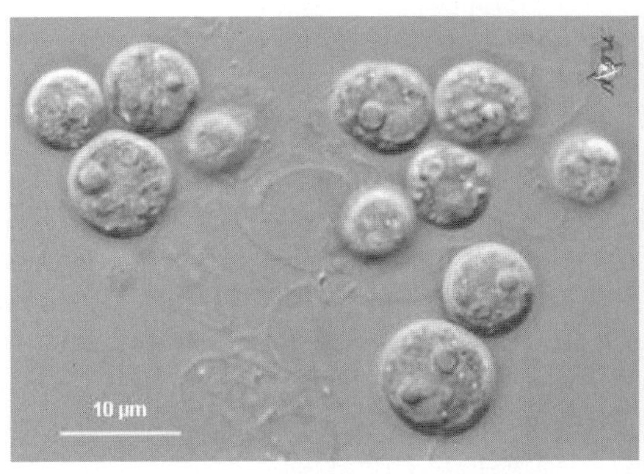

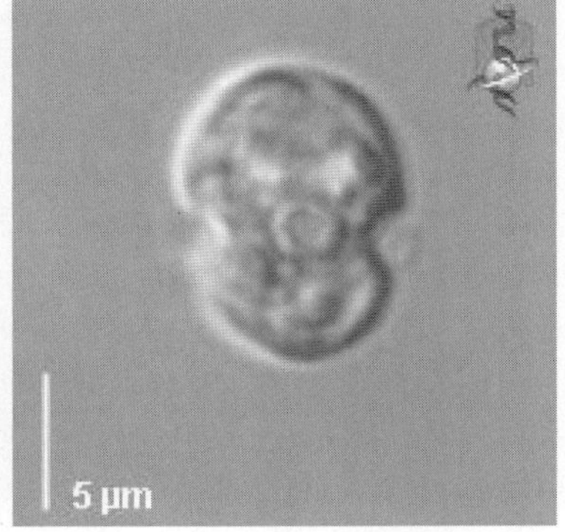

출처: http://eol.org/pages/91312/overview

그림 1-8. 공생 와편모조류, 황록공생조류 일종인 *Symbiodinium*

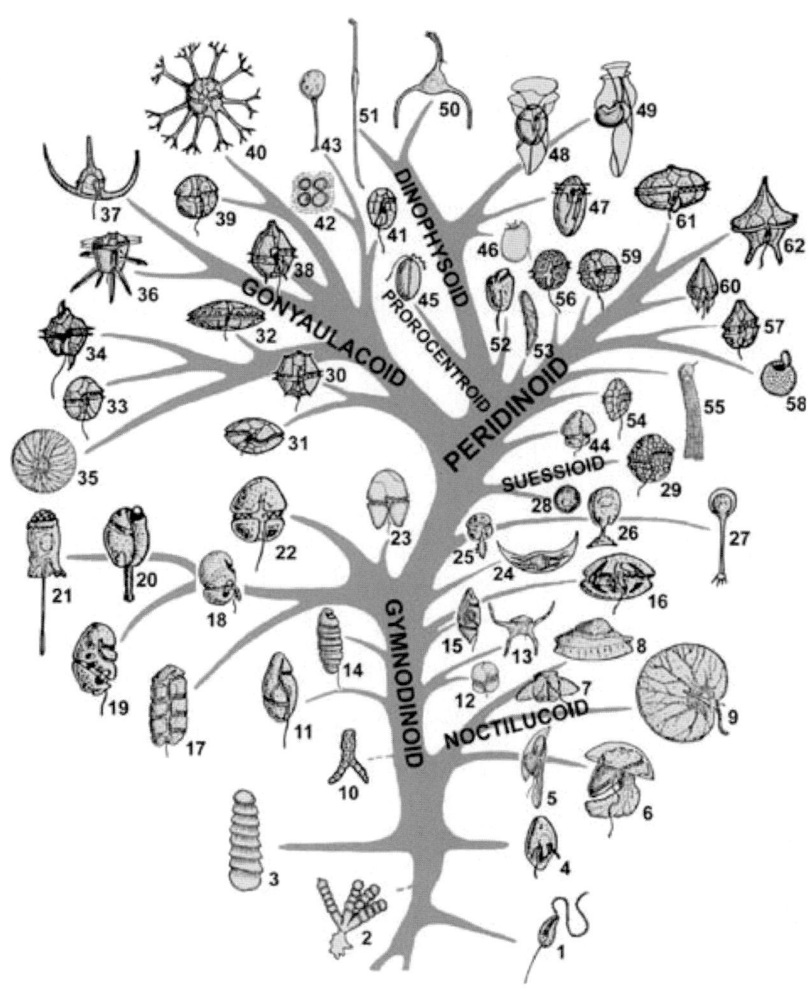

그림 1-9. 와편모조류의 다양성 (Taylor *et al.*, 2008)

(1) *Perkinsus*, (2) *Thalassomyces*, (3) *Amoebophrya*, (4) *Oxyrrhis*, (5) *Kofoidinium*, (6) *Pomatodinium*, (7) *Cymbodinium*, (8) *Craspedotella*, (9) *Noctiluca*, (10) *Dinothrix*, *Dinoclonium*, (11) *Gyrodinium*, (12) *Karenia*, (13) *Brachydinium*, (14) *Cochlodinium*, (15) *Plectodinium*, (16) *Actiniscus*, (17) *Polykrikos*, (18) *Proterythropsis*, *Warnowia*, (19) *Nematodinium*, (20) *Erythropsidinium*, (21) *Greuetodinium* (=*Leucopsis*), (22) *Gymnodinium*, (23) *Akashiwo*, (24) *Dissodinium*, (25) *Protoodinium*, (26) *Oodinium*, (27) *Chytriodinium*, (28) *Symbiodinium*, (29) *Woloszynskia*, *Polarella*, (30) *Triadinium* (=*Heteraulacus*), (31) *Gambierdiscus*, also *Coolia*, *Ostreopsis*), (32) *Pyrophacus*, (33) *Alexandrium*, *Fragilidium*, (34) *Pyrodinium*, (35) *Pyrocystis*, (36) *Ceratocorys*, (37) *Ceratium*, (38) *Gonyaulax*, (39) *Paleophalacroma*, (40) *Cladopyxis*, (41) *Hemidinium*, (42) *Gloeodinium*, (43) *Stylodinium*, (44) *Katodinium*, (45) *Prorocentrum*, *Mesoporus*, (46) *Sinophysis*, (47) *Dinophysis*, (48) *Ornithocercus*, (49) *Histioneis*, *Parahistioneis*, (50) *Triposolenia*, (51) *Amphisolenia*, (52) *Amphidinium*, (53) *Blastodinium*, (54) *Heterocapsa*, (55) *Haplozoon*, (56) *Peridinium*, (57) *Scrippsiella*, (58) *Thoracosphaera*, (59) *Glenodinium*, (60) *Podolampas*, *Blepharocysta*, (61) *Diplopsalis*-group (e.g. *Diplopsalopsis*, *Diplopsalis*, *Oblea*, *Preperidinium*), (62) *Protoperidinium*.

와편모조류의 분류군은 프로로센트럼 목(Prorocentrales), 디노피시스 목(Dinophysiales), 짐노디니움 목(Gymnodiniales), 녹티루카 목(Noctilucales), 피로시스티스 목(Pyrocystales)과 페리디니움 목(Peridiniales) 등이다. 이 중 페리디니움 목은 페리디니움 목과 고니아우락스 목으로 구분하기도 한다. 다만, 여기에서는 와편모조류 시스트가 아닌 유영세포로서 주요한 종에 대한 이해를 돕기 위해 6개 식물 목의 현생종을 윤(2010)의 문헌의 내용을 인용하여 정리하여 둔다.

1. 프로로센트럼 목

프로로센트럼 목(Prorocentrales)에 속하는 세포의 모양은 일반적으로 구형, 달걀 모양과 피뢰침형으로 세포는 좌우로 눌러 압축된 모습을 나타낸다. 가로 홈과 후미 홈이 없어 2개의 편모는 세포의 앞부분인 전단부에서 나온다(그림 1-10). 표면에는 세포를 좌우로 접은 것과 같이 장의 접시모양의 큰 피각판(plate)을 가진다. 본 목의 식물체는 모두가 해산으로 광합성을 하며, 유영세포로는 73종이 출현하며(Gomez, 2012), 유독플랑크톤으로는 27종이 기록된다(WoRMS, 2013). 종의 분류에는 피각판의 형태를 세심하게 관찰하는 것이 필요하다. 시스트 형성종에 대해서는 제5장에서 설명한다.

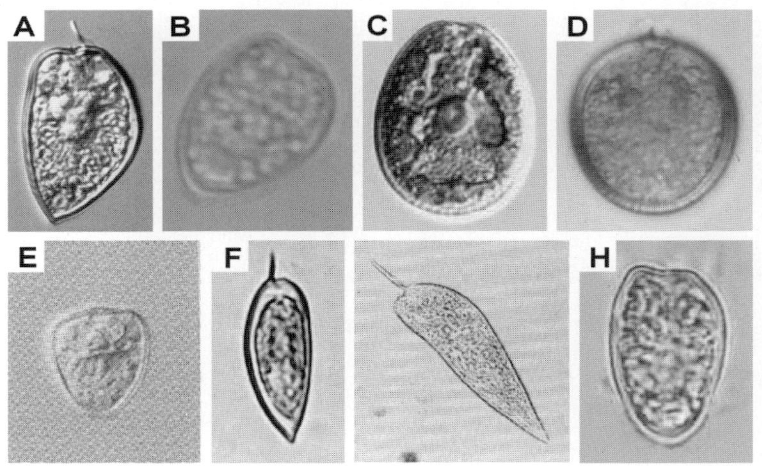

그림 1-10. 프로로센트럼 목 유영세포 종의 다양한 모습

(A: *Prorocentrum micans, B: P. donghaiense, C: P. lima*, D: *P. compressum*, E: *P. minimum*, F: *P. triestinum*, G: *P. sigmoides*, H: *P. dentatum*,)

2. 디노피시스 목

디노피시스 목(Dinophysiales)에 속하는 유영세포의 모양은 일반적으로 좌우로 눌러 찌그러진 달걀 모양을 나타내지만, 열대해역에 분포하는 종은 막대나 삼지창 또는 C자 모양으로 변형된 종도 있다. 후미 홈이 세포의 전단에 있고, 후미 홈의 상하에는 지느러미 모양의 익편(翼片)이 발달된다. 가로 홈은 후미 홈과 직교하여 폭은 매우 적으나, 가로 홈 부분에도 익편이 존재한다(그림 1-11). 그리고 세포 표면에는 거의 좌우 대칭으로 배열된 18에서 19개의 피각판(plate)이 있다. 출현하는 모든 종의 해산종으로 300종이 보고되고 있고(Gomez, 2012), 유독플랑크톤으로는 23종이 기록된다(WoRMS, 2013). 종의 분류는 세포의 외형에 의해 실시되고 있으나, 지리적 변이와 성장에 따른 세포형태의 변화가 보이기에 세심한 관찰이 필요하다. 시스트 형성종에 대해서는 제5장에서 설명한다.

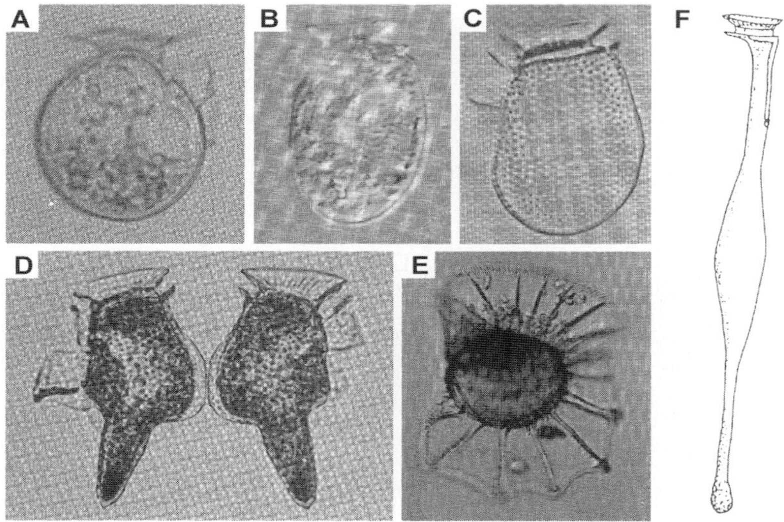

그림 1-11. 디노피시스 목에 속하는 다양한 종의 모습

(A: *Dinophysis infundibulus*, B: *D. acuminata*, C: *D. fortii*, D: *D. caudata*, E: *Ornithocercus steinii*)

3. 짐노디니움 목

짐노디니움 목(Gymnodiniales)에 속하는 유영세포의 표면에는 각판이나 피각판과 같은 견고한 껍질이 없어, 매우 유연하다. 가로 홈과 후미 홈은 잘 발달되어, 가로 홈과 후미 홈의 위치가 속 단위의 분류에 좋은 형질로 이용된다(그림 1-12). 종에 따라서는 극포나 안점 등 특수한 기관을 가지는 것도 있다. 분포는 바다 이외에 기수 및 담수에서도 광범위

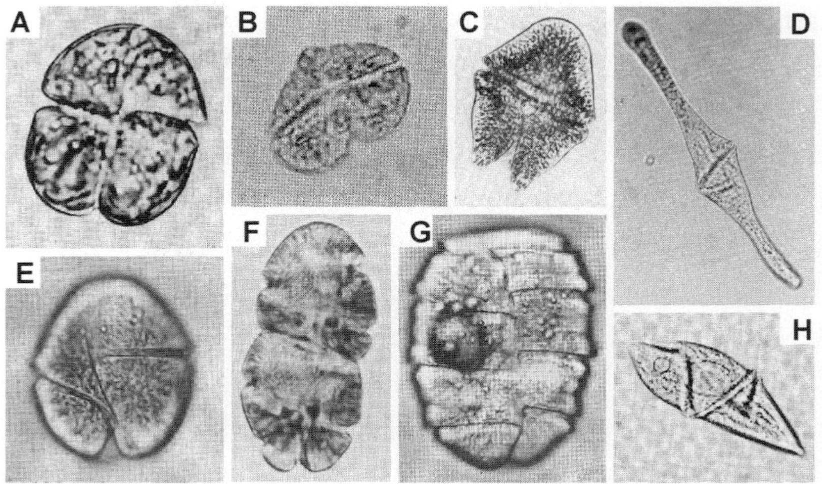

그림 1-12. 짐노디니움 목에 속하는 다양한 종의 모습

(A: *Karenia mikimotoi(Gymnodinium mikimotoii)*, B: *K. brevis(G. breve)*, C: *Akashiwo sanguinea(G. sanguineum)*, D: *Gyrodinium falcatum*, E: *Gyrodinium instriatum*, F: *Cochlodinium polykrikoides*, G: *Polykrikos kofoidii,* H: *Gyrodinium spirale*)

하게 채집된다. 종의 분류는 기본적으로 세포의 형태에 따르지만, 같은 종에서도 크기와 형태의 변화 폭이 매우 크고, 변형되기 쉽다. 그리고 현장채집에서 표본을 고정 할 때에도 고정 시약에 의해 변형이나 파괴되기 쉽기에 관찰에 주의가 필요하다. 그리고 최근 유전자 분석에서 기존 종 분류에 많은 문제가 제기되면서 상당부분 분류체계가 새롭게 확립되는 종이 많다. 현재 사용하는 학명에는 동종이명(同種異名, synonym)이 많이 혼재하고 있어 종명 사용에 주의가 필요한 분류군이다.

짐노디니움 목의 종들이 최근 가장 많은 속명, 종명이 변경되고, 신종 기재와 독성 검출 등 변화가 심하기에, 문헌을 인용할 경우, 이와 같은 내용에 충분한 배려가 있어야 할 것으로 보아진다. 현재 유영세포로 640종이 기록되어 있고(Gomez, 2012), 유독플랑크톤은 약 30종이다(WoRMS, 2013). 특히 기존의 *Gymnodinium* 속의 적조 원인생물 상당부분이 *Karenia* 속이나 *Akashiwo* 속으로 옮겨져 있으며, 분류학적으로 가장 변동이 심한 분류군이라 할 수 있다. 시스트 형성종에 대해서도 최근 연구 진전에 따라 새롭게 보고되는 종이 가장 많이 포함하는 분류군이나 구체적인 사항은 제5장에서 설명한다.

4. 녹티루카 목

녹티루카 목(Noctilucales)에 속하는 유영세포의 표면에는 각판 또는 피각판은 없고, 매우 유연하다. 대형의 종이 많으며, 가로 홈과 후미 홈의 발달은 불완전 하다. 편모는 퇴화하여 있으며, 촉수를 가지고 있는 종도 있다(그림 1-13). 광합성 색소를 가지고 있지 않아 미소생물이나 유기쇄설물을 포식하여 생활하며, 일부 종은 자극을 받고 빛을 발생시킨다. 연안 해역에서 쉽게 채집되는 야광충(*Noctiluca scintillans*) 이외에는 매우 드물게 소량 채집될 뿐이다. 특히 야광층은 크기가 크고(≤2mm>, 종속영양의 특성으로 동물플랑크톤 군집에 넣어 분석하는 경우가 많으며, 봄과 가을 우리나라 연안 해역에서는 적조를 발생시키기도 한다. 적조형성으로 암모니아를 발생하여 생물을 폐사시키는 것으로 알려지고 있다(Okaichi, 2003). 유영세포로 14종이 보고되나(Gomez, 2012), 독을 생산하는 종은 없다(WoRMS, 2013). 현재 시스트 형성종도 알려지지 않는다.

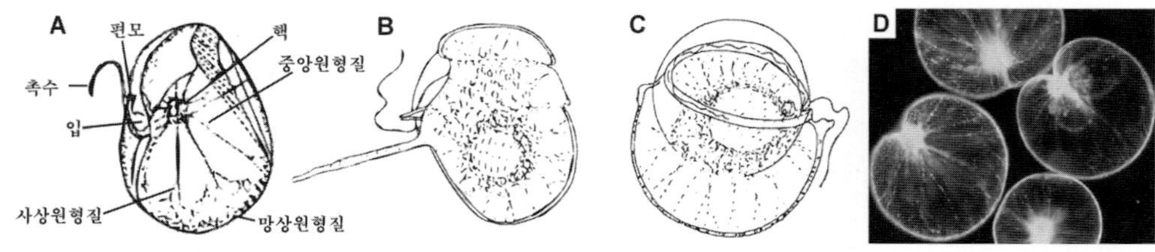

그림 1-13. 녹티루카 목에 속하는 종의 모습

(A: *Noctinuca scintilans*, B: *Spatulodinium pseudonoctiluca,* C: *Kofoidinium velleloides*, D: *N. scitillans* LM 사진, B, C, Dodge, 1982)

5. 피로시스티스 목

피로시스티스 목(Pyrocystales)에 속하는 유영세포의 형태는 방추형이나 초승달 모양을 하고며, 다른 와편모조와는 달리 편모가 없다. 생활사의 일부 시기에는 *Protogonyaulax* 속과 매우 유사한 피각판 구조를 나타내는 유영세포를 갖기도 한다(그림 1-14). 본 분류군은 최근 고니아우락스 목(Gonyaulacales)의 피로시스티스 과(Pyrocystacea)로 변경하는 연구자도 있으며, 현재 21종의 유영체가 보고된다(Gomez, 2012). 유독플랑크톤은 1종이 기록된다(WoRMS, 2013). 일부 종이 시스트를 형성하지만, 세부적 내용은 제5장에서 설명한다.

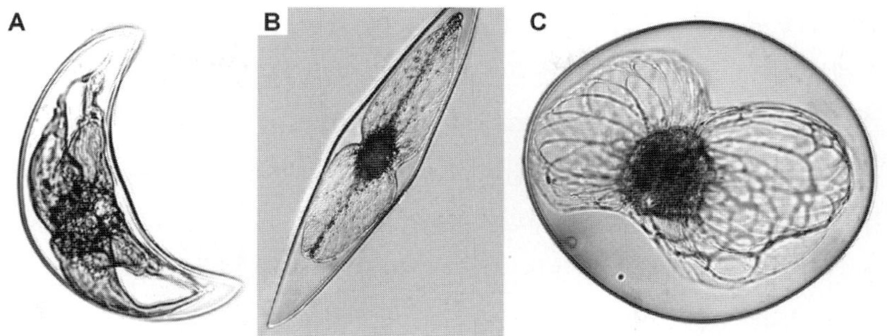

그림 1-14. 피로시스티스 목에 속하는 종의 모습

(A: *Pyrocystis lunula*, B: *Pyrocystis fusiformis*, C: *Pyrocystis noctiluca*)

6. 페리디니움 목

페리디니움 목(Peridiniales)에 속하는 유영세포의 모양은 원반 모양, 별 모양 등 다양한 모양을 나타낸다. 표영 환경의 와편모조류 유영세포에서 가장 많은 종수를 나타낸다. 세포의 표면에는 가로 홈과 후미 홈이 발달되어 있으며, 일부 종에서는 30매에서 40매 정도의 피각판이 매우 규칙적으로 배열되어 있는 특징을 보인다. 이와 같은 피각판을 가지는 종은 특정 피각판의 모양과 피각판 배열에 의해 속의 결정되며, 종 또한 세포의 형태와 피각판 배열방식에 의해 결정된다. 그러기 때문에 종의 동정에서는 피각판의 배열방식의 분

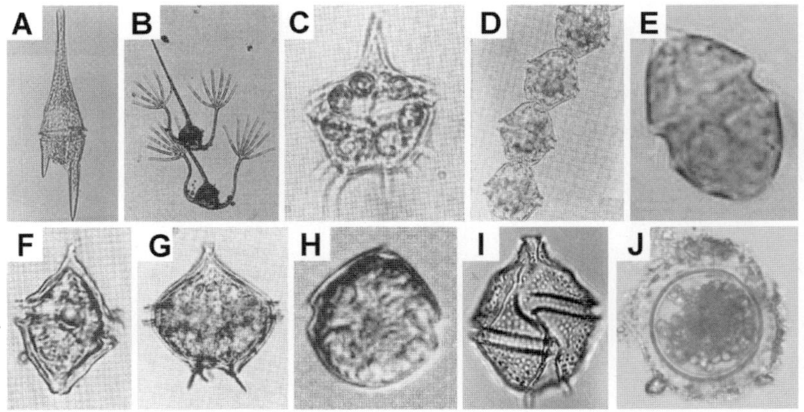

그림 1-15. 페리디니움 목에 속하는 다양한 종의 모습

(A: *Ceratium furca*, B: *C. ranipes*, C: *Amylax triacantha*, D: *Alexandrium fratercula*, E: *Heterocapsa circularisquama*, F: *Heterocapsa triquetra*, G: *Protoperidinium pellucidum*, H: *Scrippsiella trochoidea*, I: *Gonyaulax spinifera,* J: *Alexandrium*의 cyst)

석이 절대적으로 필요하다(그림 1-15). 본 분류군에 속하는 종들은 해산, 기수 및 담수에 거쳐 매우 광범위하게 분포하며, 많은 종속영양종을 포함한다. 그리고 일부 종에서는 자체 생물발광을 하는 종들이 알려진다(Castro and Huber, 2010). 분류학적으로 페리디니움 목의 고니아우락스 과(Gonyaulaceae)를 독립된 목(Gonyaulacales)으로 구분하고 있다(Gomez, 2012 등등). 본 분류군에는 고니아우락스 과의 272종을 포함하여 1.114종을 포함하여 (Gomez, 2012), 와편모조에서 가장 다양성이 큰 분류군에 해당한다, 유독플랑크톤은 고니아우락스 과 54종을 포함하여 65종이 기록되어 있다(WoRMS, 2013). 시스트 형성종으로도 가장 많은 종을 포함하는 그룹이나, 세부적인 내용은 제5장에서 설명하며, 시스트에서는 고니아우락스를 독립된 목으로 정리한다.

와편모조류는 유영세포와 휴면세포인 시스트포의 관계에 대해서는 오랜 기간 생물학과 고생물학적 접근으로 동일 생물에 대해서도 서로 일치하지 않고 유영체와 휴면포자에서 별도의 이름을 쓰고 있으며, 유영세포군에 대해서도 염기서열 등의 유전자 분석을 통해 기존 분류체계에 대한 많은 부분들이 새롭게 체계화 되는 부분이 크다. 그리고 와편모조류의 많은 속명의 접미사로 사용되는 -dinium이라는 용어의 어원은 무시무시한, 무서운(fearful)이나 끔직한, 소름끼치는(terrible)의 의미를 나타내는 그리스어의 deinos에서 유래하여(Tappan, 1980), 현재의 해양환경과 관련한 적조, 패류독화 등에 의한 공중 위생문제를 발생시키는 와편모조로류의 이름에 부합되는 의미를 포함한다고 할 수 있다.

제2장

와편모조 시스트

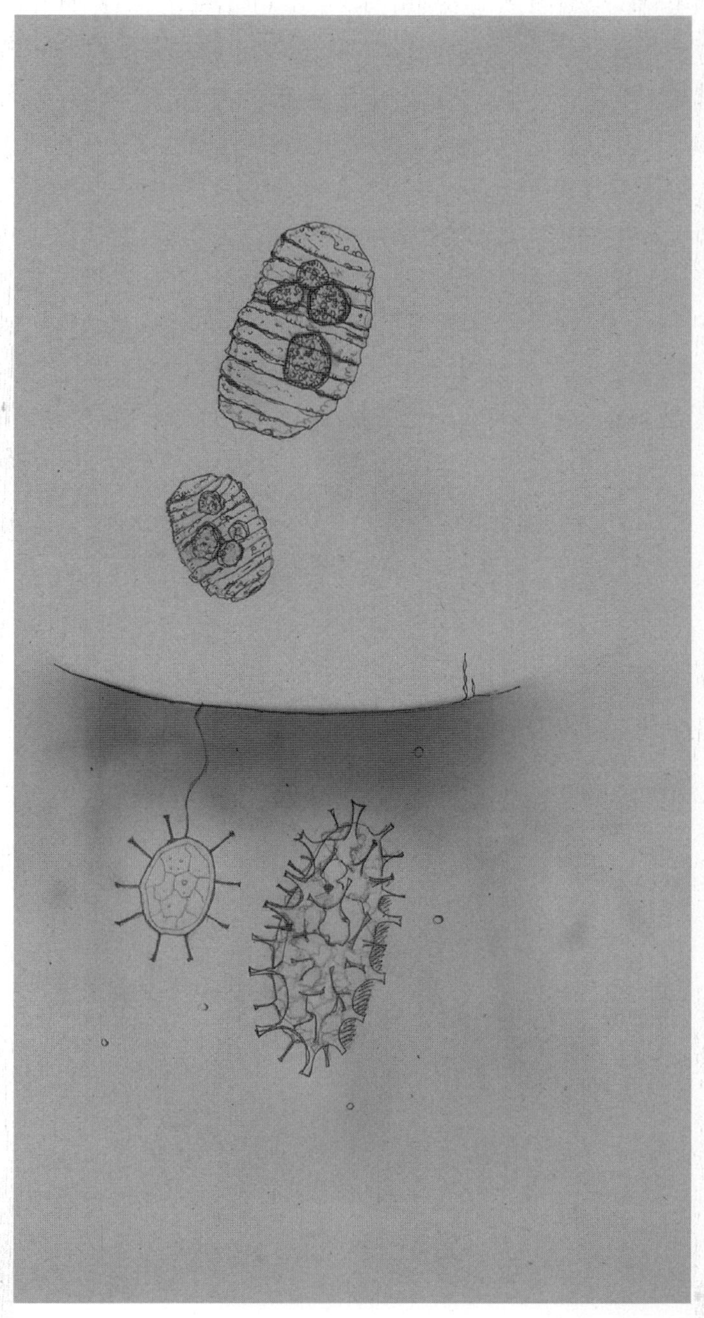

Polykrikos schwartzii by K.W. Yoon

§ 1. 생활사와 시스트의 정의

1. 와편모조류의 생활사

와편모조류 유영세포는 표영 환경에서 부유생활 하다가 서식환경이 나빠지면 유성생식으로 배우자의 접합이 이루어진다. 배우자 접합이 되면 특징적으로 두 개의 종편모를 가지는 운동성 접합자(planozygote)가 된다. 운동성 접합자는 몇 일후에 내부에 휴면성 접합자(hypnozygote, resting spore, resting cyst)가 형성되어, 운동성 접합자의 세포벽 대신에 내구성의 강한 유기 세포벽을 만들어 운동성을 상실하는 휴면포자(休眠胞子, resting cyst), 즉 시스트(cyst)가 되어 바다 밑바닥에 침강하여 휴면상태에 돌입한다. 살아 있는 휴면포자는 몇 주에서 몇 개월을 해저 퇴적층에서 휴면한 다음에 수온 등 외부의 환경 자극에 의해 발아하여, 두 개의 종편모를 가지는 운동성 감수모세포(planomeiocyte)로 표영 환경으로 돌아온다(그림 2-1). 와편모조의 접합자에는 동형배우자접합(同型配偶子接合, isogamy)과 이형배우자접합(anisogamy)인 호모탈리즘(同株性, homothallism)과 헤테로탈리즘(異株性,

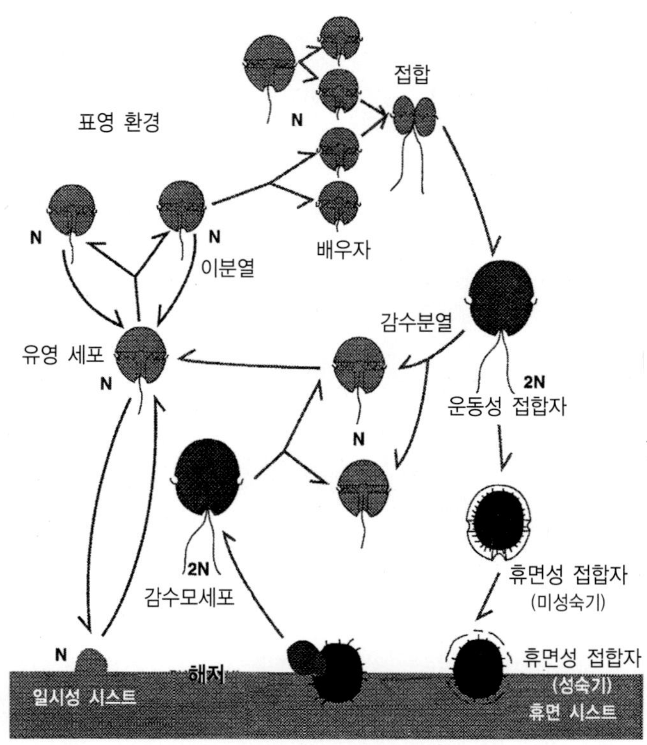

그림 2-1. 와편모조류의 생활사(Matsuoka, 1999)

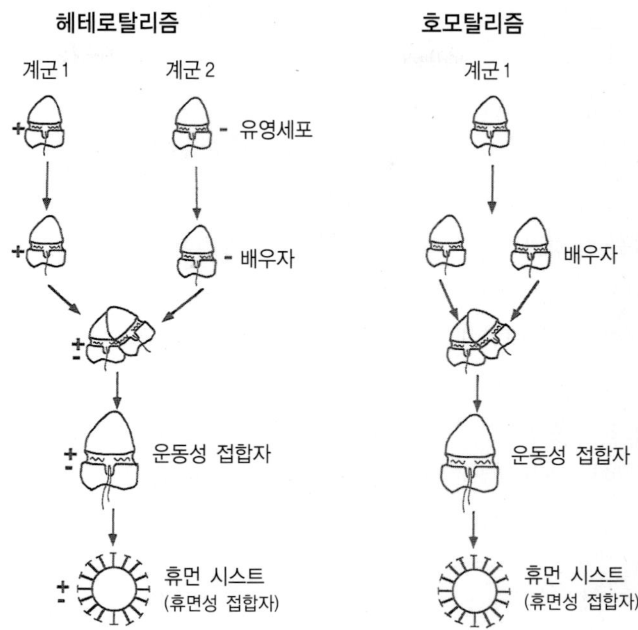

그림 2-2. 동주성과 이주성 접합자(Blackburn and Parker, 2005)

heterothallism)이 알려진다(그림 2-2). 다만 아직까지 많은 종의 와편모조류에서 휴면포자를 포함한 생활사가 명확하게 파악되어 있지 못하다(日本水産資源保護協會, 1987; Matsuoka, 1999).

와편모조류 유영세포의 모든 종에서 휴면포자를 형성하는 생활사를 가지는 것은 아니다. 또 *Gyrodinium iunstriatum* (Uchida *et al.*, 1996)나 *Scrippsiella trochoidea* (Uchida, 1991)와 같은 와편모조류 종은 유영세포는 유성생식을 하지만 휴면성 접합자를 형성하지 않고, 운동성 접합자에서 직접 감수분열을 하여 유영세포로 돌아간다. 현재 약 2,500종의 유영세포의 와편모조류 종이 보고되지만(Goméz, 2005, 2012; Taylor *et al.*, 2008; Hoppenrath *et al.*, 2009), 이 중 10~20%의 종만이 생활사에서 휴면포자를 형성하는 것으로 추정하고 있다(Head, 1996; Price and Pospelova, 2011; Bonnet *et al.*, 2012). 그러나 Matsuoka and Fukuyo (1995)는 휴면성 접합자 존재가 확실한 것은 70여종 정도로 보고하고 있고, Dale(1983)은 현생 유영세포와의 대응관계는 불명확하지만, 와편모조 시스트로 추정되는 휴면성 세포는 해양 표층퇴적물에 약 150종은 있는 것으로 추정하는 등, 연구자에 유영세포와 시스트 형성종에 대한 추정값에는 많은 차이가 있다.

와편모조류의 조사방법을 결정하거나, 생태연구에 중요한 와편모조 시스트의 크기는 일반적으로 15㎛에서 100㎛ 사이의 직경 크기를 나타낸다(de Vernal and Marret, 2007). 소형종의 시스트 예로서 *Pentapharsodinium dalei*는 19㎛ 정도의 크기를 나타내며(Dale, 1977a), 대형종의 예로는 *Protoperidinium latissimum*은 100㎛ 정도의 크기를 나타내는 것으로 보고 된다(Wall and Dale, 1968).

그리고 제1장에서 설명하였듯이 와편모조류는 아침 해뜨기 직전이나 저녁 해질 무렵에 일율적으로 분열하는 "phased cell division"적인 세포분열 특성(Hastings and Sweeney, 1964)이나 휴면포자를 형성하여 유영체로서 서식하기 불리한 환경을 극복하는 생태적 특성을 가지기고 있어서 연안/내만해역에서 식물플랑크톤 종간 경쟁력이 탁월한 분류군이다(Dale, 1983). 이에 따라 연안해역의 부영양화와 관련한 적조발생을 유발시키는 주요 원인생물이 가장 많이 포함되어 있는 분류군이기도 하다. 또한 연안해역의 적조발생은 각 해역에 휴면포자로서 존재하는 원인생물의 초기발아 환경과 깊은 관련을 가지고 있는 것으로 알려지고 있어, 와편모조의 휴면포자에 대한 연구 관심도 높아지고 있다.

2. 시스트의 정의

와편모조 시스트에는 갑짝스런 환경 변화로 인하여 일시적으로 유영세포의 편모를 상실하고는 비운동성 세포로 변화하여 해저에 침강하는 일시성 휴면 상태를 나타내는 일시성 시스트(temporary cyst; pellicle cyst; ecdysal cyst), 생활사에서 유성생식에 의해 휴면성 접합자에 의한 휴면기의 시스트(resting cysts; hypnozygotes), 그리고 일부 화석종에서 아직도 광합성 활동이 지속되는 구형상의 시스트(cyst of coccoid condition)로 구분한다(Pfiester and Anderson, 1987). 이외에도 무각 와편모조인 *Karodinium fungiforme*의 식세포작용(phagocytosis)에서 섭식 이후의 박막 형태의 시스트를 소화 시스트(digestive cyst; digestion cysts)로 불리우며(Spero and Moree, 1981; Sarjeant *et al.*, 1987), Bravo *et al.*(2010a)은 유독와편모조인 *Alexandriun minutum*에서 유성생식 과정에 운동성을 상실한 접합자의 상태에서 세포분할이 이루어지는 현상을 관찰하였다. 이와 같이 운동성을 상실한 상태에서 세포분할을 하는 시스트를 일명 분할 시스트(division cyst)라고 하고 있지만, 분할 장소에 점액질 분비가 있는 점을 들어 휴면세포가 아닌 팔메로이드기(palmelloid stage)의 세포(Popovsky and Pfiester, 1990)로 판단하여, 일시적 시스트와 구별하고 있다. 이와 같이 와편모조 시스트는 다양한 상황을 나타내는 용어로 시스트란 용어는 혼란을 초래할 수 있으나, 일시적 시스트는 유영세포의 다른 형태로 보며(Blackburn and Parker, 2005), 유성생식에 의해 휴면상태에 있는 휴면 시스트(resting cyst, cyst, hypozygotes)만을 현생 와편모조 시스트로 한정하고 있다(Anderson *et al.*, 1995). 본 서에서도 특별한 내용의 단서가 없는 한 이와 같은 용어 사용에 준한다.

§ 2. 와편모조 시스트의 출현과 관찰

1. 시스트의 출현 기록

와편모조류는 언제 지구에 출현하였을까? 현재까지 연구결과 미화석으로 출현하는 와편모조류는 약 4억 년 전 고생대 실루기아기(Sirurian period) 말기로 추정된다. 출현 이후 와편모조 화석은 고생대에서 중생대 삼첩기(三疊紀, Triassic period)까지의 기간 동안에는 거의 보고되지 않는다. 그러던 것이 약 1억8천만 년 전 공룡 번성기에 해당하는 중생대 쥬라기(Jurassic period) 중기에 폭발적으로 많은 종들이 출현하였고, 공룡이 멸종하는 시기인 백악기(白堊紀, Cretaceous period)에 역사적으로는 가장 번성한 것으로 보인다(그림 2-3). 이후는 감소와 증가가 반복되지만 최종빙하기가 후퇴한 신생대까지는 서서히 감소한 것으로 추정된다. 이후 대형 포유류가 출현하는 신생대 초기에 잠시 감소하지만, 약 5천만 년 전인 에오세(Eocene) 시기에 재차 증가하였다가, 최종빙하기가 후퇴한 신생대

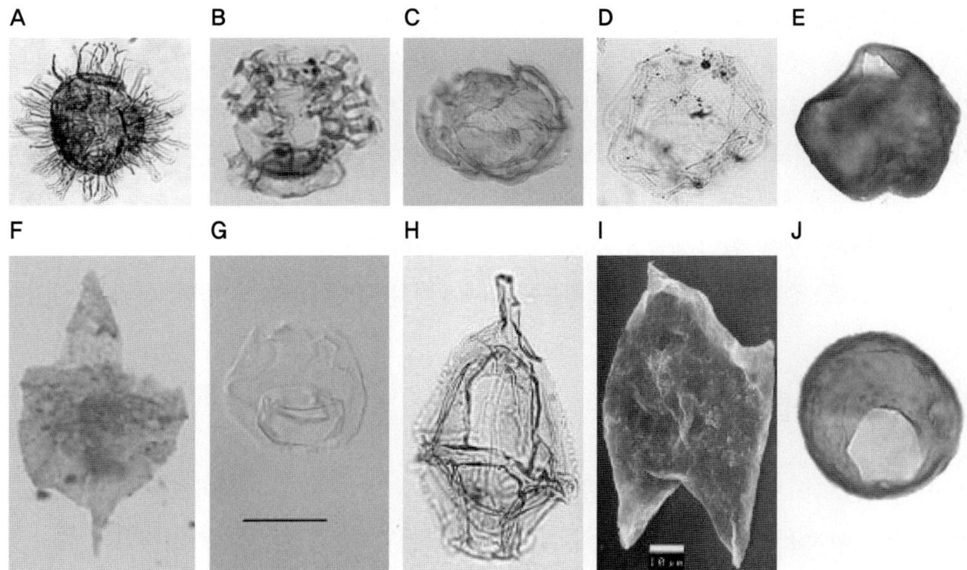

출저: C, G; http://nc.water.usgs.gov/ccp/2001/photos/LEE1sm.jpg,
others: http://www.geus.dk/departments/quaternary-marine-geol/research-themes/env-cli-dino-uk-spen.jpg

그림 2-3. 와편모조류의 화석종 예

(A: *Sysematophora penicillata*, B: *Stephanelytron redcliffense*, C: *Tuberculodinium vancampoae*, D: *Amiculosphaera umbracula*, E: *Quinquecuspis concreta,* F: *Rhaetogonyaulax rhaetica,* G: *Saturnodinium pansum*, H: *Gonyaulacysta jurassica*, I: *Nannoceratopsis ridingii,* J: *Brigantedinium simplex*)

제4기(Quaternary)의 경신세(更新世, Pleistocene)까지 서서히 감소하는 양상을 나타내는 것으로 알려진다(Bujak and Williams, 1979).

화석 와편모조 시스트의 고생물학적 연구는 매우 광범위하게 연구가 진행되고 있지만, 특히 제4기 와편모조 시스트(Quaternary dinocyst) 군집을 통하여 와편모조류의 생산력(productivity), 수온(water temperature), 염분(salinity), 그리고 얼음층(ice cover)[5]의 변화 등 고해양학적 환경을 해석하고 있다(Ellegarrd, 2000; Mudie *et al.*, 2001; de Vernal *et al.*, 2005; Pospelova *et al.*, 2006; González *et al.*, 2008; Mertens *et al.*, 2009; Bonnet *et al.*, 2010; Chen *et al.*, 2011; de Vernal and Rochon, 2011; Bonnet *et al.*, 2012; Shumilovskikh *et al.*, 2013 etc).

현생 와편모조류의 선조는 분류군에 따라 많은 차이를 나타내지만, *Gonyaulax* 그룹은 약 5천만 년 전인 신생대 제3기 중반 경에, 그리고 *Peridinium* 그룹은 약 2천5백만 년 전인 신생대 제3기 후반으로 추정된다. 앞으로 연구 성과에 따라 *Peridinium* 그룹의 출현 시기는 훨씬 이전으로 올라갈 수도 있을 것이다. 이와 같은 결과는 화석 와편모조 시스트의 기록을 기본으로 한다. 과거의 지질시대에도 현재 시스트가 발견되지 않은 프로로센트럼 목, 디노파스스 목과 고니아우스 목의 세라티움 과에 속하는 분류군의 생물이 존재한다면, 와편모조류의 지사적 변화는 큰 차이를 보일 것이다. 그리고 아직까지 소속이 불명확한 단세포 식물의 미화석(微化石, microfossil)인 아크리타크(acritarch) 일부가 와편모조 시스트일 가능성을 높은 것으로 지적하고 있다(Evitt, 1963; De Schepper and Head, 2008). 이와 같은 내용들이 분명하게 되면 와편모조류의 출현은 선캄브리아대(precambrianeon)까지 올라갈 수 있을 것으로 추정된다. Matsuoka(1985a)는 현생의 와편모조인 짐노디니움 목에 속하는 일부 종에서 지금까지 화석 와편모조류에서 발견되지 않은 발아공(發芽孔, germ pore)을 가지는 것을 확인하였고, 이들 종은 아크리타크와 유사함을 보고하였다. 화석 와편모조 시스트 전반의 내용에 대해서는 Sarjeant(1974)나 Evitt(1985) 등에 정리되어 있다.

2. 시스트의 관찰

화석 와편모조 시스트의 처음 관찰 기록은 1836년 7월 베르린 과학아카데미(Berlin Academy of Sciences)에 논문으로 발표한 독일의 지질학자이자 현미경관찰에 의한 미생물 분류학자인 Christian Gottfried Ehrenberg(1798-1876)이다. 그는 시스트의 화석종의 다양한 형태에 대하여 자세하게 묘사하고 있지만, 1838년까지의 초기 연구 내용은 출판되어 있지

5) 해양학 용어로 사전에는 아이스 커버를 표현할 수 있는 정확한 우리말 용어가 없어 영어의 발음을 사용하고 있지만, 최종 빙하기 시대임을 고려하여 얼음 두께, 또는 얼음층으로 번역하는 것이 타당하다고 판단된다.

않아, 정확한 내용은 아직까지 알려지고 있지 않다(Sarjeant, 2002).

그리고 와편모조류의 관찰에 유영세포의 피각과 시스트의 형태를 모두 비교하여 검토가 필요하다는 것은 미국의 지질학자인 Bill Evitt(1923-2009)가 처음으로 Susan E. Davidson와의 공동 논문에서 주장하였고(Evitt and Davidson, 1964), 배양실험을 통해 현생 시스트와 유영세포 사이의 유연관계를 확인하고자 시도한 것은 노르웨이 출신 지질학자였던 Barrie Dale와 David Wall이 미국의 우즈홀 해양연구소(Woods Hole Oceanographic Institute)에서 60여종의 와편모조류에 대해 수행하였던 발아 실험이 시발점이 되었다(Wall and Dale, 1966, 1968; Dale *et al.*, 1967). 이들의 연구 방법이나 내용은 현재의 현생 와편모조 시스트 연구에서도 매우 기본적인 내용으로 받아드리고 있다.

§ 3. 와편모조 시스트의 역할

바다에서 와편모조류는 유영세포와 함께 휴면세포인 시스트의 분포도 극지방에서 열대해역까지 매우 광범위하다. 그러나 유영세포는 표영 환경에서 부유 생활은 물론 다른 생물이나 물질에 부착생활, 다른 생물체를 숙주로 기생과 공생생활을 하는 종이 있는가 하면, 일부 종은 모래톱의 간극수를 이용하여 저서생활을 하지만, 시스트는 운동성을 잃고 바다 밑바닥에 침강하여 일정 시간을 보내기에 유영세포와 같이 다양한 서식지(habitat)를 갖지 못한다. 와편모조 시스트는 크기가 15㎛~100㎛ 수준으로 현재 화석종으로 400속에 2,200종(Goodman, 1987), 현생종에 약 2,500종을 합해서 5,000종 정도로 추정하고 있다(Taylor *et al.*, 2008).

이 절에서는 현생 와편모조 시스트를 중심으로 시스트 형성과 발아, 시스트 연구 목적의 다양성을 간략하게 정리하였다. 열거하는 문헌은 내용에 따라서는 화석종을 대상을 한 결과도 포함되어 있으며, 가능한 최근의 학술정보를 이용하여 분야별 연구 정보를 제시할 수 있도록 하였지만, 모든 내용이 망라된 것은 아님을 밝혀 둔다.

1. 시스트의 형성과 발아

앞에서 살펴 보았듯이 와편모조류를 포함한 식물플랑크톤은 일반적으로 무성생식으로 재생산을 하고 있다. 그러나 와편모조류를 포함하는 침편모조류 등 일부 식물플랑크톤은 서식지의 환경의 변화에 의해 유성생식을 하여 유영세포와는 다른 형태의 내구성 세포벽을 가진 세포인 휴면 시스트를 형성하여 환경변화에 대응하는 것이 널리 알려진다. 와편모조류가 휴면포자인 시스트를 형성하는 것은 종의 생존과 진화적 성공을 위한 전략적 수단으로 보고 있다(Maynard Smith, 1976; Odebrecht, 1982; Dale, 1983; Walker, 1984; Sarjeant *et al*., 1987; Heiskanen, 1993). 또한 생존률 향상 이외에도 와편모조류 유영세포의 군집을 확산시키거나 유전자의 재조합을 위한 전략이라고 할 수도 있다(Anderson, 1984; Sarjeant *et al*., 1987, Matsuoka *et al*., 2010).

와편모조류의 생활사에서 유성생식은 1960년 이후 일부 연구자에 의해 배양 중에 관찰되어 보고되었다(von Stosch, 1964, 1965, 1972, 1973; Pfiester, 1975, 1976, 1977, Beam and Himes, 1974; Walker and Steidinger, 1979). 이후 현장에서 분리한 배양주에서 유성생식을 관찰하는 등(Walker, 1984), 담수 와편모조류(Bibby and Dodge, 1972; Alster *et al*., 2006)와 해양 와편모조류에서 많은 결과가 보고되었다(Morey-Gains and Ruse, 1980; Fukuyo *et al*., 1982; Tyler *et al*., 1982; Watanabe *et al*., 1982; Anderson *et al.,* 1984, 1985a; Blackburn *et al.,* 1989, Gao *et al.,* 1989; Marasovic, 1989; Nakamura, 1990; Heiskanen, 1993; Wong and Wong, 1994; Corrales *et al.,* 1995; Tsim *et al.,* 1996; Ellegarrd *et al.,* 1998; Sgrosso *et al.,* 2001; Olli and Anderson, 2002; Joyce and Pitcher, 2004; Figueroa *et al.,* 2005; Grigorszky *et al.,* 2006; Saito *et al.,* 2007; Shikata *et al.,* 2008; Brosnahan *et al.,* 2010). 즉 1980년대 후반까지 유성생식이 보고된 종은 22종에 불과하였으나(Pfiester and Anderson, 1987), 21세기 이전에는 58종(Blackburn and Parker, 2005)에서 최근 백 수 십 종으로 증가하였고(Matsuoka and Fukuyo, 2000), 현재 화석으로 출현하는 와편모조류 종 까지를 고려하면, 유성생식에 의해 시스트를 형성하는 종은 수천종 이상이 될 것으로 추정하고 있다(Head, 1996).

유영세포로 성장과 번식을 하던 와편모조류가 휴면 세포인 시스트를 만드는 시점은 종에 따라, 다양한 환경 인자에 의해 다른 것이 알려진다. 즉, 수온, 염분, 일조시간, 광량과 파장(청색) 등의 물리적 환경 변화(von Stosch, 1964, 1965, 1973; Dale, 1977b; Anderson and Wall, 1978; Walker, 1982; Anderson *et al.,* 1985; Barlow and Triemer, 1988; Ellegaard *et al.,* 1993, 1998, 2002; Bravo and Anderson, 1994; Hardeland, 1994; Montresor and Marino, 1996; Steidinger *et al.,* 1998; Ichimi *et al.,* 2001; Sgrosso *et al.,* 2001; Meier *et al.,* 2004a; Leong *et al.,* 2006; Zonnaveld and Susek, 2007; Baba, 2010; Figueroa *et al.,* 2011)와 질소와 인 (특히 질소) 등 영양염이나 철 등 미량원소, 그리고 먹이의 결핍, 포식 생물 등 생물, 화학적 인자의 변화(von Stosch, 1972, 1973; Beam and Himes, 1974; Tuttle and Loeblich, 1974; Pfiester, 1975, 1976, 1977; Dale *et al.,* 1978; Turpin *et al.,* 1978; Walker and Steidinger, 1979; Anderson, 1980; Morey-Gains and Ruse, 1980; Pfiester and Lynch, 1980; Pfiester and Skvarla, 1980; Spero and Morée, 1981; Yoshimatsu, 1981, 1984; Pfiester *et al.,* 1984; Sako *et al.,* 1984, 1987; Anderson *et al.,* 1985a; Anderson and Lindquist, 1985; Hickel and Pollingher, 1986; Chesnick and Cox, 1989; Doucette *et al.,* 1989; Blackburn *et al.,* 1989, 2001; Destombe and Cembella, 1990; Kelly and Pfiester, 1990; Zhang and Li, 1990; Bolch *et al.,* 1991; Uchida, 1991; Ouchi *et al.,* 1994; Blanco, 1995a; Montresor, 1995a; Silva and Faust, 1995; Subba Rao, 1995; Rengefors *et al.,* 1996; Garcés *et al.,* 1998; Glacobbe and Yang, 1999; Silke and McMahon, 1999; Uchida *et al.,* 1999; Devillers and de Vernal, 2000; Nagai *et al.,* 2002, Olli and Anderson, 2002; Meier *et al.,* 2004b; Figueroa *et al.,* 2005; Saito *et al.,* 2007) 등에 의해 시스트가 형성되는 것으로 알려진다. 이외에도 용존산소와 무산소 수괴(Anderson *et al.,* 1987; Yoo and Shin, 2004; Zonneveld *et al.,* 2007), 극지방의 얼음 피도 등의 환경 인자(Rochon *et al.,* 1999; Candel *et al.,* 2012)는 물론 와편모조류의 대발생, 생활하수나 산업폐수의 영향 등과 같은 다양한 생물과 무생물 환경 인자에 의해 영향을 받고 있는 것도 알려지고 있다(Binder and Anderson, 1987; Blanco, 1990; Ishikawa and Taniguchi, 1997; Kremp and Anderson, 2000; Ishikawa, 2000; Morquecho and Lechuga -Devéze, 2004; Matrai *et al.,* 2005; Zonneveld *et al.,* 2012; Persson *et al.,* 2008; Pena-Manjarrez *et al.,* 2009). 특히 현재까지는 일부의 와편모조류 종에 해당되고 있지만, 생활사와 시스트의 형성에는 세균의 활동이 깊게 관여하고 있는 것도 보고 되고 있어(Imai *et al.,* 1993; Lovejoy *et al.,* 1998; Doucette *et al.,* 1999; Adachi *et al.,* 1999, 2003; Lewis *et al.,* 2001; Mayali *et al.,* 2008), 앞으로의 연구에 따라서는 많은 다른 결과들이 도출될 것으로 기대된다.

와편모조 시스트의 휴면기간은 종이 시스트를 형성한 시점에서 발아된 시점 사이의 시간이라 할 수 있지만, 최저 휴면시간은 세포 내의 생리적 조절과 서식지 환경에 의해 결정되며(Pfiester and Anderson, 1987), 종에 따라 변동 폭은 매우 크다. 예로서 *Gymnodinium catenatum*과 *Alexandrium minimum*은 각각 2주와 4주(Blackburn *et al.,* 1989; Parker, 2002)임에 반해, *Scrippsiella bangoei*는 6개월이다(Kremp and Anderson, 2000). 또한 동일 종에 대해서도 계군에 따라 최소 휴면기간이 다르게 나타난다(Hallegraeff *et al.,* 1998). 그리고 휴면기간을 측정하는 방법은 여러 가지가 제안되어 있지만(Binder and Anderson, 1987), 일반적인 표준 휴면기간은 군집에서 처음 시스트 형성이 나타나는 날에서 처음 시스트 발아가 일어나는 기간까지를 나타낸다(Blackburn *et al.,* 2001).

일반적으로 와편모조류의 발아는 수온의 영향을 강하게 받고 있어, 대부분 발아에 "수온 창(temperature window)"이라는 적정 수온 범위가 있지만(Bravo and Anderson, 1994; Kremp and Anderson, 2000), 종에 따른 시스트의 발아 수온은 차이가 있고, 동일 종에 대해서도 서식지에 따라 차이를 보인다(Hallegraeff *et al.,* 1998), 또한 광량이 약한 어두운 환경에서는 시스트 형성은 물론 시스트 발아도 어렵게 된다(Blackburn *et al.,* 1989; Bravo and Anderson, 1994; Nuzzo and Montresor, 1999). 이외에도 일부 종에서는 무(저)산소 조건 (Bravo and Anderson, 1994; Kremp and Anderson, 2000), 염분(Costas *et al.,* 1993), 질소, 인과

같은 영양염류(Rengefors and Anderson, 1998) 등에 의해 영향을 받는 것으로 알려진다.

2. 시스트 연구의 응용

와편모조 시스트 연구는 화석종의 경우 미화석을 통한 고환경의 변화 파악과 함께 화석연료 매장 시기에 번성했던 생물종을 대상으로 석유 부존자원의 탐사 지표로 이용된다. 그러나 표층퇴적물에서 발견되는 현생 와편모조 시스트에 대한 연구는 불과 50여년 정도로 그 역사가 매우 짧지만, 짧은 연구기간에 비해 결과의 활용은 매우 다양한 분야에서 응용되고 있다. 특히 와편모조류는 일반적으로 표영 환경에서 유영세포로 무성생식에 의해 성장을 번식을 하지만, 환경자극에 의해 유성생식으로 운동력을 상실하고, 내구성의 세포벽을 만들어 표층퇴적층에 침강하여 퇴적되기에 표영 환경의 누적지수의 성격을 나타낸다. 이에 따라 환경 분야에서 광범위하게 응용되고 있어, 해양의 고환경 변화와 산업 발달에 동반한 유기오염이나 부영양화 과정의 추적에도 매우 유효한 지표로 활용된다(Dale, 2009; Dale *et al.,* 2002, Mudie *et al.,* 2002a; Shin *et al.,* 2010a, b; Chen *et al.,* 2011). 하지만 생물학적 입장에서 보면 현생 와편모조 시스트의 연구 목표는 유영세포로 존재하는 와편모조류의 생활사 규명을 통한 생태학적 연구가 기본이 된다(van Stosch, 1973; Sarma and Shyam, 1974; Pfiester, 1975, 1976, 1977; Walker and Steidinger, 1979; Morey-Gains and Ruse, 1980; Yoshimatsu, 1981; Anderson *et al.,* 1983; Benavides *et al.,* 1983; Coats *et al.,* 1984; Owen and Norris, 1984, 1985; Walker, 1984; Sako *et al.,* 1984a, 1987; Pfiester and Anderson, 1987; Hickel, 1988; Kita *et al.,* 1985, 1993; Blackburn *et al.,* 1989; Kellay and Pfiester, 1989; Faust, 1992; Dale and Fjellsa, 1994; Montresor and Marino. 1994; Uchida *et al.,* 1996; Garces *et al.,* 1998; Probert *et al.,* 1998; Pholpunthin *et al.,* 1999; Kim and Han, 2000; Uchida, 2001; Ellegaard *et al.,* 2002; Parrow and Burkholder, 2003; Alster *et al.,* 2006; Anderson and Rengefors, 2006; Kremp and Parrow, 2006; Kim *et al.,* 2007; Figueroa *et al.,* 2006, 2007; Persson *et al.,* 2008; Alpermann *et al.,* 2009; Kim, 2009; Bravo *et al.,* 2010b, 2012).

와편모조 시스트가 표영 환경의 누적지수를 나타내는 생태학적 기반 연구와 분포 특성을 기반으로, 시스트 연구는 해수유동, 전선, 용승, 유빙과 수리 등의 물리학적 현상 파악을 위한 생물학적 증거자료는 물론 무산소 수괴나 수질 환경의 지시종으로 활용되는 등 환경 분야에 다양하게 응용된다(Wall *et al.,* 1977b; Tyler *et al.,* 1982; Anderson and Keafer, 1987; Lewis *et al.,* 1990; Nehring, 1997b; Zonneveld, 1997b; de Vernal. and Hillaire-Marcel, 2000; Devillers and de Vernal, 2000; Vink *et al.,* 2000b; Boessenkool *et al.,* 2001; de Vernal *et al.,* 1998, 2001, 2008; Head *et al.,* 2001; Kunz-Pirrung, 2001; Dale *et al.,* 2002; Esper *et al.,* 2002; Marret and Scourse, 2002; Wendler *et al.,* 2002; Godhe and McQuoid, 2003; Gu *et al.,* 2003; Matsuoka *et al.,* 2003; Joyce and Pitcher, 2004; Matsuoka, 2004; Morquecho and Lechuga-Devéze, 2004; Radi and de Vernal, 2004; Sprangers *et al.,* 2004; Yoo and Shin, 2004; Susek *et al.,* 2005; Zonneveld *et al.,* 2005, 2007; Harland *et al.,* 2006; Sorrel *et al.,* 2006; de Vernal and Marret, 2007; Esper and Zonneveld, 2007; Head, 2007; Holzwarth *et al.,* 2007; Radi *et al.,* 2007; d`cOSTA *et al.,* 2008; Donders *et al.,* 2008; Pospelova *et al.,* 2008a, b; Rochon *et al.,* 2008; Solignac *et al.,* 2008; Van Nieuwenhove *et al.,* 2008; Bouimetarhan *et al.,* 2009; Grøsfjeld *et al.,* 2009; Pitcher and Joyce, 2009; Elshanawany *et al.,* 2010; Bravo *et al.,* 2010a; Holzwarth *et al.,* 2010; Smayda and Trainer, 2010; Zonneveld *et al.,* 2001, 2005, 2009, 2010a; de Vernal and Rochon, 2011; Genovesi-Giunti *et al.,* 2011; Kipinska *et al.,* 2011; Mudie *et al.,* 2011; Bonnet *et al.,* 2012).

또한 와편모조 시스트는 유해/유독 와편모조류의 대발생을 발생시키는 종자군(種子群, seed population)으로 역할을 수행하여 매년 같은 시기에 동일 장소에서 와편모조류를 원인종으로 하는 적조를 발생시킨다. 뿐만 아니라 와편모조 시스트는 현생퇴적물에 오랜 기간 남아 있기에 퇴적속도의 결과와 함께 산업 활동의 결과로 발생하는 연안/내만해역의 부영양화 등 환경변화의 추적 및 유독/유해 와편모조류의 분포도 작성에도 유용하게 이용되고 있다(Steidinger, 1975; Anderson and Wall, 1978; Anderson and Morel, 1979; Anderson *et al.,* 1982; Anderson, 1984; Blanco *et al.,* 1985; Anderson and Keafer, 1987; Hallegraeff, 1989; Kim, 1991; Kim *et al.,* 1990; Heiskanen, 1993; Pollingher *et al.,* 1993; Barmawidjaja *et al.,* 1995; Anderson, 1997; Ishikawa and Taniguchi, 1997; Sætre *et al.,* 1997; Thorsen and Dale, 1997; Kim and Matsuoka, 1998; Matsuoka, 1999, 2001, 2011; Dale *et al.,* 1999; Kremp and Heeiskanen, 1999; Matsuoka and Kim, 1999; Dale, 2000, 2001a, b, 2009; Klemp and Anderson, 2000; Joyce *et al.,* 2002; Mudie *et al.,* 2002b; Pospelova *et al.,* 2002, 2005; Irwin *et al.,* 2003; Viner-Mozzini *et al.,* 2003; Xiano *et al.,* 2003; Sombrito *et al.,* 2004; Joyce and Pitcher, 2005; Sangiorgi and Donders, 2004; Ding *et al.,* 2005; Joyce *et al.,* 2004; Kremp *et al.,* 2005; Peña-Manjarrez *et al.,* 2005; Genovesi-Giunti *et al.,* 2006, 2009; Stock *et al.,* 2007; Wang *et al.,* 2007; Cox *et al.,* 2008; Kholief, 2008; Smayda, 2008; Kim *et al.,* 2009; Mulholland *et al.,* 2009; Bravo *et al.,* 2010a, b; Krepakevich and Pospelova, 2010; Olli and Trunov, 2010; Shin *et al.,* 2010b; Smayda and Trainer, 2010; Trainer *et al.,* 2010; McCarthy *et al.,* 2011; Morse *et al.,* 2011; Wang *et al.,* 2011; Kudela and Goble, 2012; Liu et al, 2012; Matsuyama, 2012; Tang and Gobler, 2012; Usup *et al.,* 2012; Satta *et al.,* 2010, 2013).

최근에는 선박 균형수(ballast water) 등에 의한 유독 와편모조류 등 외래종의 확산과 도입(Hallegraeff *et al.,* 1990, 1997; Hallegraeff and Bolch, 1991, 1992; Ichikawa *et al.,* 1992;

Boch and Hallegraeff, 1993; McCDonald, 1995; Hallegraeff, 1993, 1998; Hamer *et al.,* 2001; Hong *et al.,* 2003; Patil *et al.,* 2005; Juliano and Garcia, 2006; Pertola *et al.,* 2006; Bolch and de Salas, 2007; Gregg and Hallegraeff, 2007; Fahnenstiel *et al.,* 2009; Casas-Monroy *et al.,* 2012; Dai *et al.,* 2012a)과 고환경을 포함한 기후 변화를 해석하는 수단으로도 유용하게 이용된다(Chalson *et al.,* 1987; Edwards *et al.,* 1991; Wall *et al.,* 1977; Kunz-Pirrung *et al.,* 2001; Pospelova *et al.,* 2006; Grøfjeld *et al.,* 2009; Chu *et al.,* 2009; Rørvik *et al.,* 2009; Chen *et al.,* 2011; Guiot and de Vernal, 2011; Quinn and Bates, 2011; Dai *et al.,* 2012b; Naidu *et al.,* 2012; Price *et al.,* 2013).

이외에도 와편모조 시스트는 생물진화 및 생존전략 , 어패류의 독화에 의한 공중 보건 위생의 위협, 상위 영양단계 생물의 섭식행동, 먹이사슬을 통한 종의 재확산은 물론 생태계 및 해양공간에서의 물질 수송 등의 분야에도 광범위하게 적용이 시도되고 있다(Wall and Dale, 1968a; Dale *et al.,* 1978; Loeblich, 1979; Kat, 1980; Anderson, 1984; Anderson and Stolzenbach, 1985; Anderson *et al.,* 1985; Takeuchi, 1985; Hallegraeff *et al.,* 1989; Burkholder *et al.,* 1992; Han *et al.,* 1992; Monitz, 1994; Corrales and Maclean, 1995; Dijkema 1995; Mudie, 1996; Nehring, 1996; Alldredge *et al.,* 1998; Anderson, 1998; Head, 2000; Margalef, 1998; Persson, 2000; Harper *et al.,* 2002; Kremp *et al.,* 2003; Mazzocchi *et al.,* 2003; Hackett *et al.,* 2004; Katz *et al.,* 2004; Lan *et al.,* 2004; Bazzoni *et al.,* 2006; Hoppenrath and Leander, 2007; Meier *et al.,* 2007; Cox *et al.,* 2008; Persson and Smith, 2009a, b; Anderson *et al.,* 2012; Satta *et al.,* 2013).

현생 퇴적물을 대상으로 하는 와편모조 시스트의 연구와 유영세포와의 관련성에 맞추어 연구가 진행된 것은 비교적 최근이 일이라 할 수 있다. 앞으로 연구 진전에 따라서는 생활사, 생물진화, 종간 상호 작용나 생물지리 등과 같은 분야에 더욱 광범위하게 응용될 것으로 판단된다(Marret and Zonneveld, 2003; Zonneveld *et al.,* 2013).

§ 4. 와편모조 시스트의 연구 현황

본 절에서는 현생 와편모조 시스트를 중심으로 지구적 규모에서의 연구보고 현황과 일부 종의 생물 · 지리학적 내용을 정리하였다. 각 종에 대해서는 제5장에 설명하고 있지만, 본 절에서는 전체적인 개요와 종의 생물지리적 분포의 일부 예로서 제시하고 있음을 밝혀 둔다.

1. 해역별 연구 현황

앞에서 설명하였지만, 와편모조 시스트가 표영 환경의 누적지표와 퇴적층 변화에 따른 환경변화의 추적이 가능할 뿐만 아니라, 생물의 생존경쟁에서 우위적 지위를 점유하기 위한 유효한 수단이라는 점에서 연구 결과는 다양한 분야에 응용할 수 있게 되었다. 이와 같은 이유로 약 50여년의 연구 역사를 가지는 새로운 학문분야이면서도, 그 발전 속도는 비약적이라 할 수 있다. 20세기 중반에는 주로 대서양을 중심으로 진행되었던 현생 와편모조 시스트 연구는 지금 전 세계로 확산되어 다양한 목적의 연구가 추진되고 있다.

본 항에서는 지구적 규모에서의 현생 와편모조 시스트 연구 결과들을 해역별로 정리하여 둔다. 세부적인 연구 내용에 대해서는 생략한다. 우선 최근 동일 목적으로 수행된 다양한 연구결과를 통합한 지구적 규모의 생물·지리학적(biogeology) 결과가 보인다(Bolch and Reynold, 2002; Marret and Zonneveld, 2003; Chen *et al.,* 2011; Zonneveld *et al.,* 2013). 그리고 우리나라를 중심으로 북태평양 서부해역인 동남아시아 및 북동아시아 해역을 대상으로 한 현생 와편모조 시스트 연구는 1960년대 이후 일본의 주도하에 출현종과 분포, 적조와 유독 와편모조의 생활사 등을 중심으로 하는 다양한 연구가 있었지만, 최근에는 중국 연안을 대상으로 하는 연구 보고가 눈에 띄게 증가하는 경향을 보인다. 특히 아시아권 연구에서는 현생과 화석연구의 구분이 비교적 확실하다는 것과 일본 중심의 연구에서는 유독 와편모조류 또는 적조원인생물의 생활사를 중심으로 한 연구결과가 많다는 특성을 보인다. 다만 열거한 문헌은 일부 해역의 유독 와편모조 시스트에 대한 내용은 포함되고 있지만, 시스트 군집을 파악한 것에 초점을 맞추었다(Jiabo, 1978; Matsuoka, 1981, 1985b, d. 1987b, 2004; Kobayashi *et al.,* 1986, 1994, 1995; Matsuoka and Fukuyo, 1984; Kobayashi and Yuki, 1991; Fukuyo *et al.,* 1988; Kojima *et al.,* 1994; Matsuoka and Lee, 1994; Wang and Hong, 1994; Lee and Matsuoka, 1996; Qi *et al.,* 1996; Sosales-Loessener *et al.,* 1996; Zheng and Anderson, 1997; Kotani *et al.,* 1998; Kang *et al.,* 1999; Lirdwitayaprasit, 1999a, b; Ishikawa and Taniguchi, 2000; Wu and Sun, 2000; Yoshida *et al.,* 2000; Cho and Matsuoka, 2001, 2003; Xiao *et al.,* 2001, 2003; Matsuoka *et al.,* 1999a, b, 2000, 2003; Lin *et al.,* 2002; Fang *et al.,* 2003, 2004; Gu *et al.,* 2003, 2004, 2008; Lan *et al.,* 2003; Li *et al.,* 2003; Park and Yoon, 2003; Azanza *et al.,* 2004; Cho *et al.,* 2001, 2003, 2004; Kawamura, 2004; Wang *et al.,* 2003, 2004a, b, c, d, 2011; Kojima, 2004; Park *et a*l., 2004, 2005, 2008; Wang(Y) *et al.,* 2004; Fujii and Matsuoka 2006; Furio *et al.,* 2006, 2012; Sun *et al.,* 2006, 2007; Zhu *et al.,* 2008; Huang and Lu, 2009; Hwang *et al.,* 2009, 2011; Shin *et al.,* 2007, 2012; Sirinan *et al.,* 2008; Kim *et al.,* 2003a, b, 2009, 2010; Pan *et al.,* 2010; Pospelova and Kim. 2010; Baula *et al.,* 2011; Shao *et al.,* 2011; Shi *et al.,* 2011; Dai *et al.,* 2012b; Liu *et al.*, 2012;

Srivilai *et al.,* 2012).

아시아를 제외한 북태평양해역, 즉 북미 서부해역과 베링해를 중심으로 하는 러시아 동부해역을 대상으로 한 연구는 최근 20여년 사이에 실시된 것이며, 러시아 동부해역의 연구는 특정 연구가에 의해 한정되고 있다(Sosales-loessener *et al.,* 1996; Silke and McMahon, 1999; Kumar and Patterson, 20002; Mudie *et al.,* 2002b; Morquecho and Lechuga-Deveze, 2003, 2004; Morquecho and Lechuga-Devéze, 2004; Orlova *et al.,* 2003, 2004; Radi and de Vernal, 2004; Peña-Manjarrez *et al.,* 2005; Limoges *et al.,* 2010; Radi *et al.,* 2007, 2008; Pospelova *et al.,* 2006, 2008a, b, 2010; Limoges *et al.,* 2010; Robertson and Goldthwait, 2010; Price and Pospelova, 2011; Bonnet *et al.,* 2012; Orlova and Morozova, 2013; Price *et al.,* 2013).

호주, 뉴질랜드를 중심으로 하는 호주대륙 주변해역과 남미 서부해역을 포함하는 남태평양 해역의 연구 결과는 많지 않지만, 호주 주변해역의 경우 선박 균형수 등 인위적 행위에 의해 이동되는 실질적 환경문제에 초점이 맞추어진 와편모조 시스트 연구가 특징적이다(Baldwin, 1987; Bint, 1988; Blackburn *et al.,* 1989; Bolch and Hallegraeff, 1990; Lewis *et al.,* 1990; Hallegraeff *et al.,* 1991; McMinn, 1990, 1991; McMinn and Sun, 1994; Sun and McMinn, 1994; Sonneman and Hill, 1997; Irwin *et al.,* 2003; Licea *et al.,* 2004; Matsuoka, 2005; Alves-de-Souza *et al.,* 2008; Vásquez-Bedoya *et al.,* 2007, 2008; Crouch *et al.,* 2010; Rhodes *et al.,* 2010; Verleye and Louwye, 2010; Candel *et al.,* 2012).

유럽대륙과 아프리카 북서해역의 입부, 그리고 북미 동부 연안을 포함하는 북대서양 해역에서 와편모조 시스트 연구는 가장 오랜 역사를 가진다. 특히 노르웨이, 독일, 스웨덴과 영국을 중심으로 1960년대부터 유럽 전반에서 광범위하게 연구가 진행되었다. 북대서양 해역을 대상으 한 와편모조 시스트 연구는 화석종을 대상으로 시작된 부분 때문인지 현생종과 화석종에 대한 연구의 구분의 모호한 특징을 나타낸다. 문헌에는 일부 화석종 대상의 내용이 포함되어 있으며, 단일종을 대상으로 한 세포관찰 및 생활사의 내용은 제외하였다(Wall, 1965; Wall and Dale, 1966; Downie and Singh, 1969; Reid, 1972, 1974, 1975, 1977a, b, c; Dale, 1976; Wall *et al.,* 1977; Donnelly and Morris, 1980; Kat, 1980; Dobell and Taylor, 1981; Odebrecht, 1982; Harland, 1983; Anderson *et al.,* 1982; Balch *et al.,* 1983; Reid and John, 1983; Dodge, 1985; Blanco, 1988, 1989a, b, c, d, 1990, 1995a, b; Bardouil *et al.,* 1991; Dodge and Harland, 1991; Erard-le, 1991; Edwards and Andrle, 1992; Keafer *et al.,* 1992; Ellegaard *et al.,* 1993; Heiskanen, 1993; Dodge, 1994; Marret, 1994; Matthiessen, 1994; Matthiessen and Brenner, 1996; Nehring, 1994a, b, c, 1995, 1997b; Peperzak *et al.,* 1996; Thorsen and Dale, 1997; Bravo and Ramilo, 1999; Dale *et al.,* 1999; Grøsfjeld *et al.,* 1999; Lindley *et al.,* 1999; Rochon *et al.,* 1999; Targarona *et al.,* 1999; Devillers and de Vernal, 2000; Ellegaard, 2000; Persson *et al.,* 2000; Vink *et al.,* 2000a, b; de Vernal *et al.,* 2001; Godhe *et al.*, 2001; Grøfjeld and Harland, 2001; Mudie and Rochon, 2001; Kumar and Patterson, 2002; Marret and Scourse, 2002; McQuoid *et al.*, 2002; Mudie *et al.*, 2002b; Pospelova *et al.*, 2002, 2004, 2005; Godhe and McQuoid, 2003; Harland *et al.*, 2004; Joyce, 2004; Licea *et al.*, 2004; Marret *et al.*, 2004; Sprangers *et al.*, 2004; Susek *et al.*, 2005; Figueroa *et al.*, 2006; Cremer *et al.*, 2007; Head, 2007; Donder *et al.*, 2008; Penaud *et al.*, 2008; Ribeiro and Amorim, 2008; Seaborn and Marshall, 2008; Bouimetarhan *et al.*, 2009; Grøsfjeld *et al.*, 2009; Solignac *et al.*, 2008, 2009; Harland *et al.*, 2010; Holzwarth *et al.*, 2010; Olli and Trunov, 2010; Zonneveld *et al.*, 2001, 2010a; Lundholm *et al.*, 2011; Richerol *et al.*, 2008, 2012).

북대서양에 포함되면서 유럽 대륙과 아프리카 대륙 사의에 위치하는 유럽 지중해와 흑해 등 주변해역에 대해서는 북대서양의 연구 동향과 유사하다. 그러나 지중해란 특정 해역으로 북대서양과 구분하여 별도로 정리 하여 둔다(Wall *et al.*, 1973; Morzadec-Kerfourn, 1979; Nichetto *et al.*, 1995; Larrazabal *et al.*, 1990; An *et al.*, 1992; Montresor *et al.*, 1994, 1998; Barmawidjaja *et al.*, 1995; Nichetto *et al.*, 1995; Versteegh and Zevenboom, 1995; Versteegh, 1997; Montresor *et al.*, 1998; Meier *et al.*, 2002; Sangiorgi *et al.*, 2001, 2005; Sebastion and Willems, 2003; Della Tommasa *et al.*, 2004; Golovnina and Polyakova, 2004; Gómez and Boicenco, 2004; Moscatello *et al.*, 2004; Sangiorgi and Donders, 2004; Giannakourou *et al.*, 2005; Bazzoni *et al.*, 2006; Drira *et al.*, 2008; Kholief, 2008; Tonzar, 2008; Siano *et al.*, 2009; Elshanawany *et al.*, 2010; Rubino *et al.*, 2000, 2002, 2010; Uzar *et al.*, 2010; Aydin *et al.*, 2011; Chen *et al.*, 2011; Mudie *et al.*, 2011; Zonneveld *et al.*, 2009, 2012; Satta *et al.*, 2010, 2013).

남대서양은 아프리카 서부해역과 남미 동부해역을 포함하는 해역으로 현생 와편모조 시스트에 대한 연구 성과는 빈약하다. 일부 선진제국을 중심으로 하는 용승역 프로그램이나 대양 시추 프로그램 등과 같은 대형 프로젝트에 의해 실시된 비교적 외해역의 연구 성과가 보여 질 뿐으로 연안 해역을 대상으로 한 연구 결과는 매우 빈약한 실정이다(Wall *et al.*, 1977; Akselman, 1987; Lewis *et al.*, 1990; Dale *et al.*, 2002; Esper *et al.*, 2002; Joyce *et al.*, 2005; Bockelmann *et al.*, 2007; Esper and Zonneveld, 2007; Holzwarth *et al.*, 2007; Pitcher and Joyce, 2009).

인도양과 그 주변해역, 즉 아프리카 동부해역에서 인도 연안을 대상으로 한 와편모조 시스트 연구는 최근 일부 정열적인 연구자들에 의해 활발하게 추진되고 있고, 석유 매장량의 많은 아리비아해 등 중앙아시아 해역은 외국 학자들에 의한 연구보고가 눈에 띈다 (Wall and Warren, 1969; Bradford, 1975; Bradford and Wall, 1984; Marret and de Vernal, 1997; Zonneveld, 1997a, b; Godhe *et al.*, 2000; Godhe *et al.*, 1997, 2000; Zonneveld *et al.*, 2000; Wendler *et al.*, 2002a, b; Marret *et al.*, 2004; D`Costa *et al.*, 2008; Mohamed and Al-Shehri,

2011; D`Silva, *et al.,* 2011, 2012; 2013).

극 해역은 공동 관리구역으로 시추 프로젝트와 관련하여 미고생물 연구자들에 의한 연구보고가 많은 특징을 보인다. 북극해와 주변해역은 일부 국가의 연안 해역을 포함한 결과가 있다(Dodge, 1994; Matthiessen, 1994, 1995; Harland and Pudsey, 1999; Rochon *et al.,* 1999; Boessenkool *et al.,* 2001; de Vernal *et al.,* 2001; Kunz-Pirrung, 2001; Mudie and Rochon, 2001; Matthiessen *et al.,* 200 Novichkova and Polyakova, 2007; Solignac *et al.,* 2008; Rochon, 2009; Howe *et al.,* 2010; Gu *et al.,* 2013). 그리고 남극해역에 대해서도 일부의 연구 결과가 보인다(Stoecker *et al.,* 1991; Buck and Bolt, 1992; Byun *et al.,* 1992; Harland *et al.,* 1998; Esper *et al.,* 2002; Harland and Pudsey, 2002; Candel *et al.,* 2012).

우리나라에서 현생 와편모조 시스트의 연구는 국제적인 초기 연구보다도 20여년 늦게 시작되었지만, 1980년대부터 적조발생 기구와 관련하여 남해 동부의 진해만을 중심으로 조사 연구보고(Kim *et al.,* 1990; Lee and Yoo, 1991)가 시작되었다. 최근에는 주상퇴적물 채집(Park *et al.,* 2004; Kim *et al.*, 2010; Shin *et al.,* 2010a, b)에 의한 환경변화 추적이나 세디멘트 트랩을 이용한 와편모조 시스트의 생산과 계절변화에 대한 연구(Shin *et al.,* 2012) 등 다양한 연구가 진행되고 있다. 국내 연구 현황에 대해서는 제6장에 별도로 정리하여 두었다.

2. 주요종의 생물지리

와편모조류는 표영 환경의 누적 지표적 특성을 가지고 있으면서도 전세계의 해양을 대상으로 한 생물 · 지리적 분포를 다른 논문 결과는 그리 많지 않다. 21세기에 접어들면서 대서양을 중심으로 출현 종에 대한 대규모의 생물 · 지리적 분포를 종합한 결과가 보여졌고(Marret and Zonneveld, 2003). 최근에는 전세계의 2,405개의 정점을 대상으로 미공개 및 공개 자료를 정리하여 주요 와편모조 시스트 종에 대한 생물지리를 나타낸 결과가 보여진다(Zonneveld *et al.,* 2013).

Marret and Zonneveld(2003)은 유기물 세포벽을 가지는 현생 와편모조 시스트 분포를 정리하고 있다. 여기서 북대서양과 주변해역은 Rochon *et al.*(1999), 멕시코만과 미동남부 해역인 미시시피만, 플로리다만은 Edward(Edwards and Andlre, 1992), 카나리아제도는 Targarona *et al.*(1999), 대서양 적도 해역은 Vink *et al.*(2000), 아프리카 서안은 Marret(1994), 아라비안 해역은 Zonneveld(1997b), 뱅겔라 용승해역은 Zonneveld *et al.*(2001), 남대서양 해역은 Esper *et al.*(2002), 남극해역은(Antarctic) Harland *et al.*(1998), 남인도양과 남태평양은 Marret and de Vernal(1997)와 Marret *et al.*(2001), 동북아시아 주변의 태평양은 Matsuoka(1981),

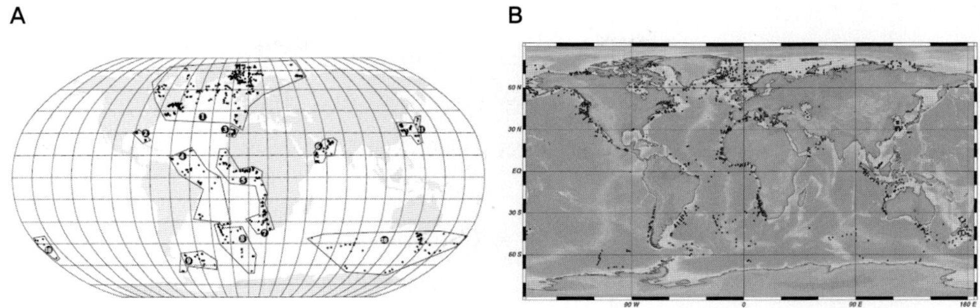

그림 2-1. 와편모조 시스트의 생물·지리적 분포 특성을 위한 정점도

(A: Marret and Zonneveld, 2003; B: Zonneveld *et al.,* 2013)

(Matsuoka, 1985b,d), Kobayashi *et al.*(1986), Cho and Matsuoka(2001)와 Matsuoka *et al.*(1999)의 결과를 이용하고 있다(그림 2-1A).

이에 추가하여 Zonneveld *et al.*(2013)은 북태평양 서부해역(Kawamura, 2004; Orlova *et al.,* 2004; Wang *et al.,* 2004a, b, d; Kim *et al.,* 2009), 북태평양 동부 해역(de Vernal *et al.,* 2005; Pena-Mañjarrez *et al.,* 2005; Pospelova *et al.,* 2006; Bouimetarhan *et al.,* 2009; Holzwarth *et al.,* 2007; Radi *et al.,* 2007; Pospelova *et al.,* 2008b; Richerol *et al.,* 2008; Vásquez-Bedoya *et al.,* 2008; Holzwarth *et al.,* 2010), 지중해, 흑해 등 대서양 연안 해역(Mudie *et al.,* 2004; Zonneveld *et al.,* 2009; Elshanawany *et al.,* 2010; Mudie *et al.,* 2011), 남반구 해역(Esper and Zonneveld, 2007; Crouch *et al.,* 2010; Verleye and Louwye, 2010)의 자료에 환경인자까지 종합적으로 정리하고 있다(그림 2-1B).

최근의 결과 중 일부를 살펴 보면, 마비성 패류독화 원인 생물로 알려진 *Alexandrium tamarense*와 *Gymnodinium catenatum*의 지리적 분포는, *A. tamarens* 시스트가 북대평양과

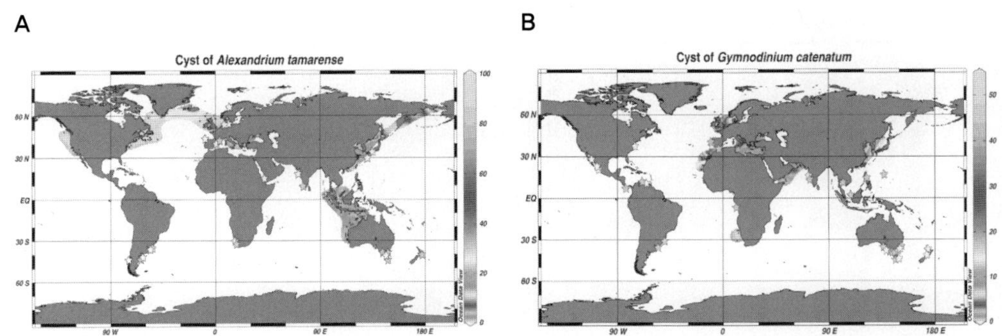

그림 2-2. 유독 와편모조인 *Alexandrium tamarense* (A)와 *Gymnodinium catenatum* (B)의 지리적 분포 (Zonneveld *et al.*, 2013)

북대서양 극전선 남쪽의 온대 연안 해역에 분포하고 있고, 출현량의 99%는 우리나라가 위치하는 북태평양 북서부 해역에 집중적으로 출현하며, 남반구에서는 열대 및 아열대의 연안에서 출현한다(그림 2-2A). 특히 본 종은 한국, 일본, 아르젠티나 등의 연안 양식장에서 출현하는 것이 알려진다(Gayoso and Fulco, 2006; Kamikawa *et al.*, 2007; Pospelova and Kim, 2010).

시스트 표면에 미세 망사구조를 하는 유독종인 *Gymnodinium catenatum* 시스트는 지중해, 북해를 포함하는 북대서양 동부 해역의 온대와 아열대 해역의 연안 퇴적물에서 관찰되고 있고, 태평양에서는 아열대에서 열대 연안해역과 적조에 위치하는 아라비안해의 퇴적물에서 관찰되고 있고, 높은 세포밀도를 보이는 곳은 아프리카 북서부의 용승해역과 우리나라 주변해역인 황해, 동중국해, 남중국해 등 중국연안에서 전체 49% 이상의 출현량을 기록하고 있다(그림 2-2B).

이외에도 *Lingulodinium machaerophorum*은 대서양 연안과 대평양의 서안의 연안 해역의 퇴적물에서 관찰되고 있는 것에 반해(그림 2-3A), *Operculodinium centrocarpum*은 전세계 해역에서, 특히 대서양은 연안, 외해역 구분 없이 넓게 분포하는 특성을 보인다(그림 2-3B).

또한 대서양에서는 매우 광역적으로 분포하는 *Impagidinium aculeatum, I. sphaericum* 등 *Impagidinium* 속(유영세포는 *Gonyaulax* 그룹에 해당)에 속하는 많은 시스트가 북태평양 동부에서도 비교적 높게 분포하고 있는 것에 반해, 우리나라를 포함하는 북태평양 서부해역에서는 관찰이 매우 이례적인 특징을 보이기도 한다.

그리고 우리나라 주변 해역의 와편모조 시스트 출현 세포밀도는 지금까지 최대 밀도로 기록되는 것이 Pospelova and Kim(2010)에 의해 통연 주변 양식장에서 기록한 8,900 cysts/g dry로서 10,000 cysts/g dry를 넘기지 못하고 있지만, 북극해를 중심으로 북대서양 북해와

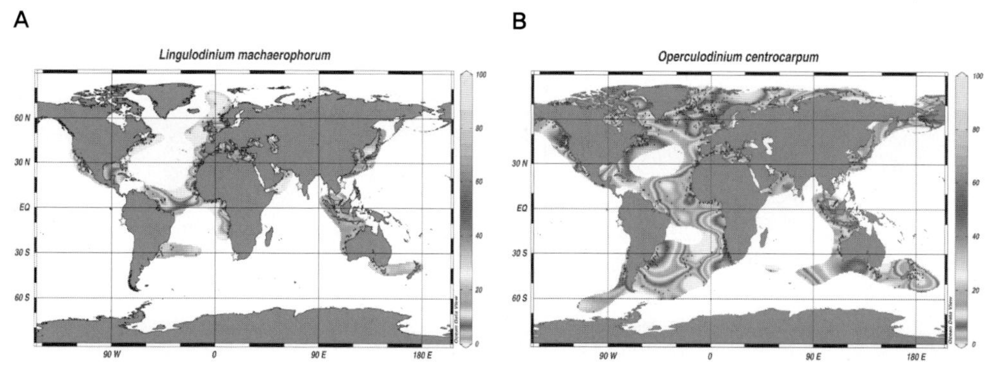

그림 2-3. 범 지구적 시스트인 *Lingulodinium machaerophorum* (A)과 *Operculodinium centrocarpum* (B)의 지리적 분포 (Zonneveld *et al.*, 2013)

북태평양 베링해를 포함하는 해역의 연구결과에서는 수십만 cysts/g.dry 수준의 시스트 세포밀도를 보이는 것으로 보고하고 있다(그림 2-5, de Vernal and Rochon, 2007)

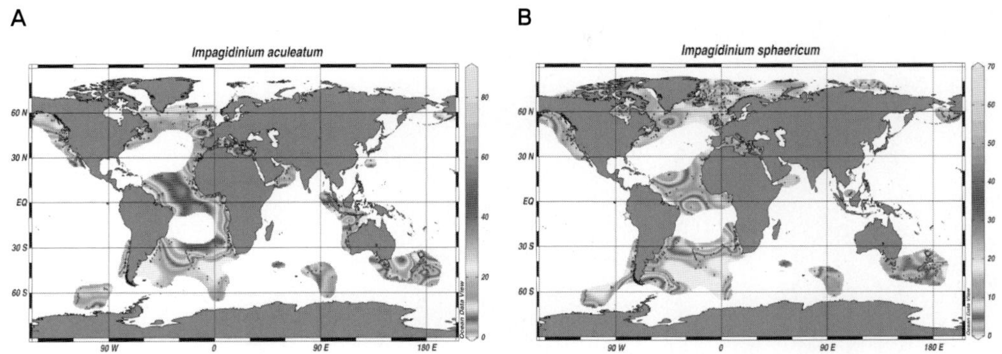

그림 2-4. *Impagidinium aculeatum* (A)과 *Impagidinium aculeatum* (B)의 지리적 분포 (Zonneveld *et al.*, 2013)

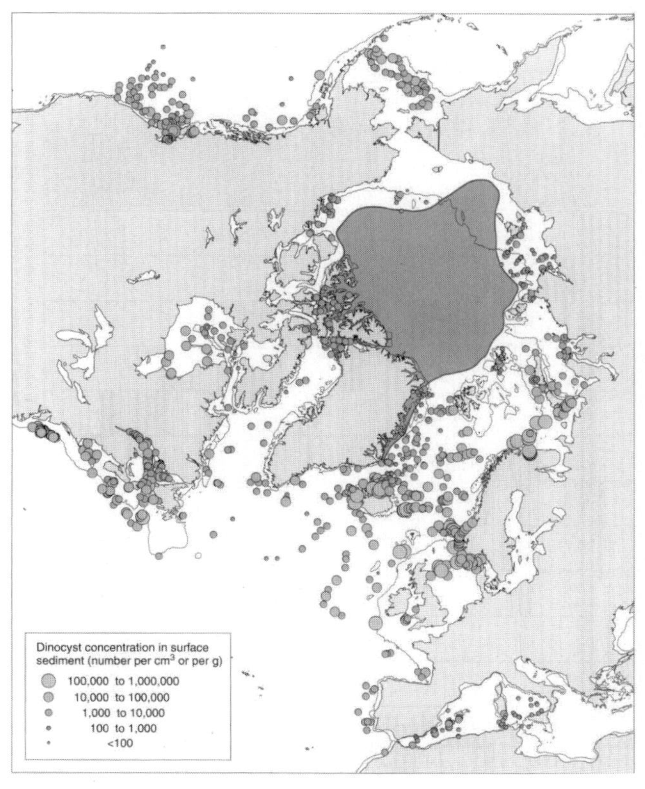

그림 2-5. 북극해 중심의 표층퇴적물 와편모조 시스트 출현세포 밀도의 광역 분포도(de Vernal and Rochon, 2007)

제3장

와편모조 시스트의 연구방법

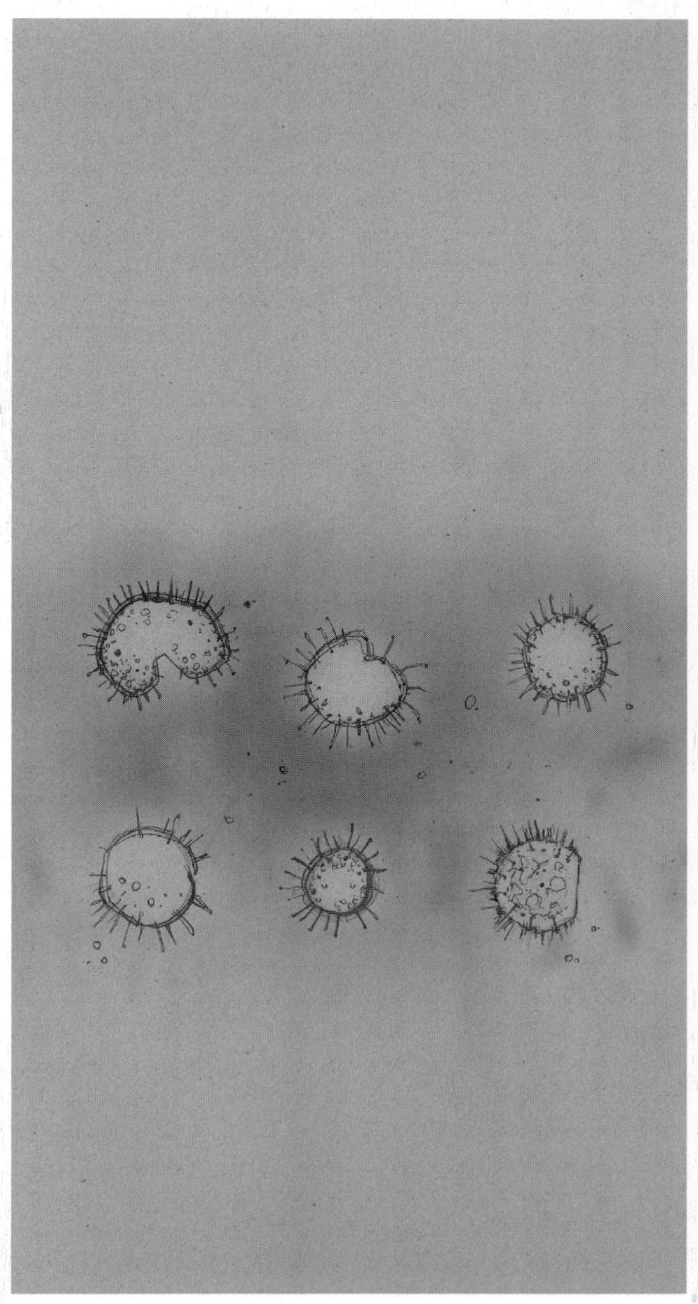

Protoceratium reticulatum by K.W. Yoon

와편모조 시스트의 연구방법에 대한 지침서는 Matsuoka and Fukuyo(2000)가 북태평양 서부해역의 유해적조 연구회(WESTPAC-HAB), 나가사키대학 수산학부(Faculty of Fisheries, Nagasaki University), 그리고 동경대학 자연환경과학센터(Asian Natural Environmental Science Center, the University of Tokyo)가 공동으로 제작한 지침서인 “Technical Guide for Modeern Dinoflagellate Cyst Study”가 유일하다. 기타로는 각종 방법 매뉴얼에 간략하게 설명하고 있는 수준이지만, 日本水産資源保護協會(1989)에서 발간한 “赤潮生物研究指針”과 UNESCO지원으로 Hallegraeff *et al.* (1995)이 발간한 “Manual on Harmful Marine Microalgae”에서 비교적 구체적인 내용을 설명하고 있다. 이들 문헌의 내용과 UNESCO 지원으로 Sournia(1978)가 편집한 “Phytoplankton Manual” 등에 새로운 내용들을 부가하여 와편모조 시스트 연구방법을 기술한다.

§ 1. 채집과 운반

해저의 퇴적층에 퇴적된 와편모조 시스트는 세포막 속에 원형질을 가지면서 서식 환경에 적합하면 세포벽을 깨고 발아할 수 있는 생 시스트(living cyst)와 시스트가 발아한 다음에 세포벽인 껍질만을 남겨 놓은 공 시스트(empty cyst)가 혼재한다. 시스트의 세포막은 일반적으로 스포로폴레닌(sporopollenin)이라는 카로틴노이드(carotinoid) 또는 카로틴노이드에스텔(carotinoid estel)의 산화 중합체를 다량으로 포함한 생체고분자(biopolymer) 물질로 되어 있다. 이 물질은 유일하게 와편모조 시스트의 세포벽에서만 발견되고 있어 디노스폴린(dinospolin)이라는 이름으로 불리운다(Fensome *et al.,* 1993). 디노스폴린은 산이나 알카리성 등 주변의 환경에 대한 내구성(endurance)이 매우 강하다. 이런 이유로 퇴적층의 와편모조 생 시스트는 환원상태의 환경 등 매우 나쁜 환경조건에서도 수년 이상을 죽지 않고 휴면이 가능하고, 공 시스트도 분해되지 않고 오랜 기간 남아 있게 된다. 와편모조 시스트의 정량분석에서 생 시스트만이 아니라, 오랜 기간의 플랑크톤 상을 해석하기 위해 공 시스트도 포함하여 계수하는 경우가 있다. 특히 공 시스트는 많은 양이 화석 종으로서 존재한다.

해저 퇴적층에 포함된 와편모조 시스트의 연구는 목적에 따라 진행과정이 다소 차이가 있으며, 연구 목적에 따른 연구 진행도는 그림 3-1에 나타내었다. 즉 현장에서 채집한 와편모조 시스트 표본은 시스트의 군집해석이나 개체군의 생활사 해석 등 다양한 분야의 연구재료로 이용되나, 일반적인 작업은 「와편모조 시스트를 포함하고 있는 퇴적물의 채집」 →

「채집된 퇴적물의 운반, 고정과 보존」 → 「시스트 검경을 위한 농축과 염색」 → 「현미경을 이용한 시스트의 동정과 계수」 또는 「와편모조 시스트의 배양」의 순서로 진행된다. 다음에는 이들 각 단계의 방법을 설명한다.

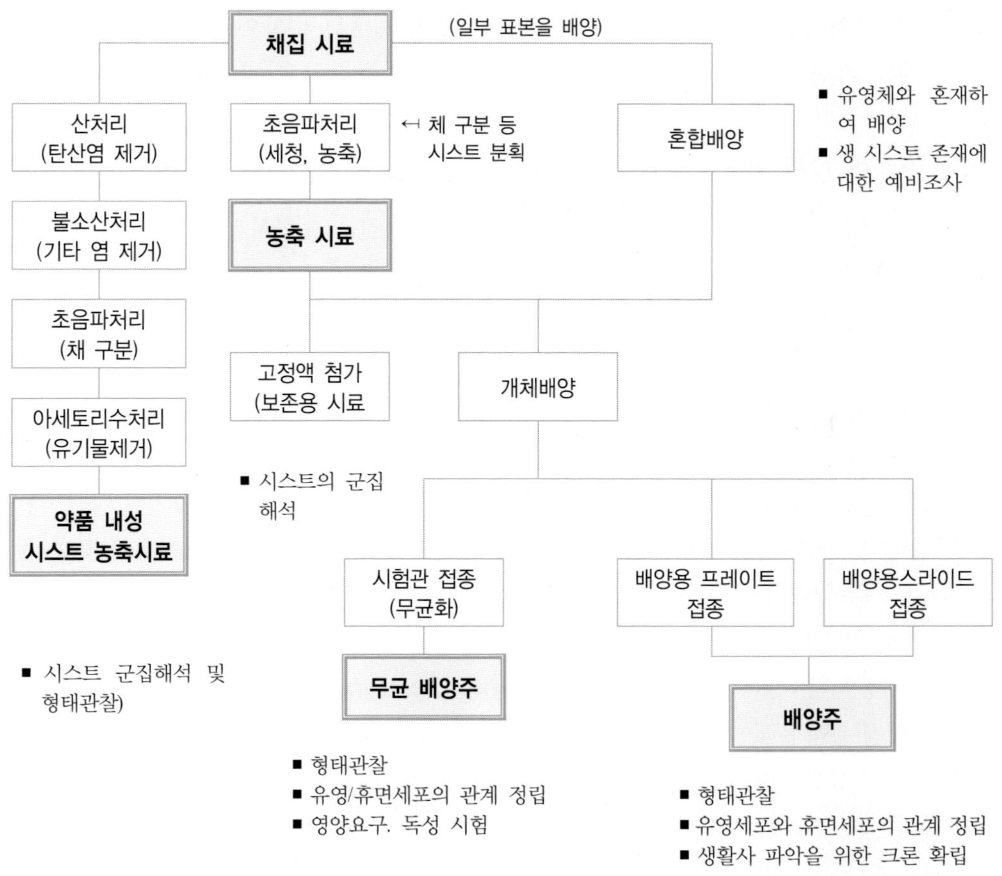

그림 3-1. 와편모조 시스트 연구의 순서와 목적 (Dale, 1983 수정)

1. 표본의 채집

와편모조 시스트를 포함하는 해저의 퇴적물 채집은 크게 채니기(採泥器, gravity corer)를 이용하여 퇴적물을 채집하는 방법과 표영 환경의 특정 수심이나 저층에 세디맨트 트랩(sediment trap)을 설치하여 표영 환경의 와편모조 유영세포에서 침하하는 시스트를 포집하는 방법으로 구분된다. 채니기를 이용하는 방법은 오랜 기간 동안 표영 환경에서 만들어져 퇴적된 다양한 종류의 와편모조 시스트를 채집할 수 있어, 대상 해역의 와편모조 시스트의 군집조성을 정량적으로 해석하는 경우 이용한다. 트랩을 이용하는 경우는 해저퇴적물이 재 부유되지 않도록 주의 한다면, 트랩을 설치한 기간에 형성된 와편모조 시스트에 한정하여 채집 할 수 있기에 와편모조 시스트를 형성하는 종의 생태해석, 발아 및 휴면 등의 생리생태에 관한 연구 수행에 적합하다. 또한 와편모조 시스트의 발아 특성을 파악하기 위한 배양실험에 제공되는 표층퇴적물을 채집할 때에는 목적으로 하는 종의 시스트 형성시기와 휴면기간을 고려하는 채집하는 것이 매우 중요하게 된다.

가. 주상채니기를 이용한 채집

해저의 표층퇴적물에는 와편모조 시스트, 특히 원형질을 포함하는 생 시스트가 가장 많은 양으로 존재한다. 표층퇴적물을 교란하지 않고 표본을 채집하기에는 그랩 형태(grab type)의 에크만형 채니기(Ekman Birge type) 보다는 주상채니기(柱狀採泥器, core sampler)를 사용하는 것이 바람직 하다. 연안이나 내만의 표층퇴적물에는 퇴적물 1㎤ (ml)에 수백에서 수천 세포의 와편모조 시스트가 존재하기에, 선상 채집에서는 운반과 작업이 쉬운 소형 주상채니기로도 연구하는 목적 달성에 어려움이 없다.

저자의 연구실에서는 스테인레스로 제작된 주상채니기에 내경이 20~30㎜인 아크릴관을 삽입하여, 아크릴관(acrylic resin)에 퇴적물이 재집될 수 있도록 고안하여 사용하고 있다. 그러나 현생 와편모조 시스트를 연구하는 기관 등 일반적으로 사용하는 채니기는 TFO형 주상채니기(그림 3-2)이다(Anderson *et al.,* 1995 etc). TFO형 주상채니기는 일본 동경대학 수산해양학연구실(Tokyo University, Fisheries Oceanography Laboratory)에서 고안하여 연구실 명칭에서 유래한 것으로, 본체는 스텐인레스(stainless steel) 재질로서, 퇴적물은 채니기 안쪽에 튜뷰(인너튜뷰, inner-tube)를 채집할 수 있게 하였다. 인너듀뷰는 유리관이나 염화빌닐관을 사용할 수도 있지만, 쉽게 파손되기에 가격은 다소 비싸지만 내경 약 11㎜인 아크릴관을 사용한다. 추는 1, 5, 10㎏의 3종을 준비하여, 수심과 저질에 따라 하나 또는 둘을 선택하여 채니기 본체에 부착할 수 있도록 하였다. 한번 채취한 퇴적물이 inner-tube에서 빠져나가는 것을 방지하기 위해 스토퍼(stopper)로서 본체 스테인레스 관 속에 철 구슬을 넣었다. 이 철 구슬은 쉽게 분실되고, 조금이라도 마모되면 채니 능력이 크게 저하되기에 자주 교환할 필요가 있다. 이 채니기에 적당한 중량의 추를 부착하면, 퇴적물이 펄이나 미세한 사질에서는 100m 전후의 수심에서도 표본 채집이 가능한 것으로 보고하고 있다(Matsuoka and Fukuyo, 2000).

주상채니기에 의한 와편모조 시스트 채집은 우선 선상에서 해저를 향해 수직으로 던져 자유낙하 시킨다. 이때 한번 표층퇴적물에 착저한 채니기를 수 미터를 끌어 올린 다음 재차 내리는 것은 해저 퇴적층을 교란시킬 수 있기에 주의가 필요하다. 표층 퇴적물이

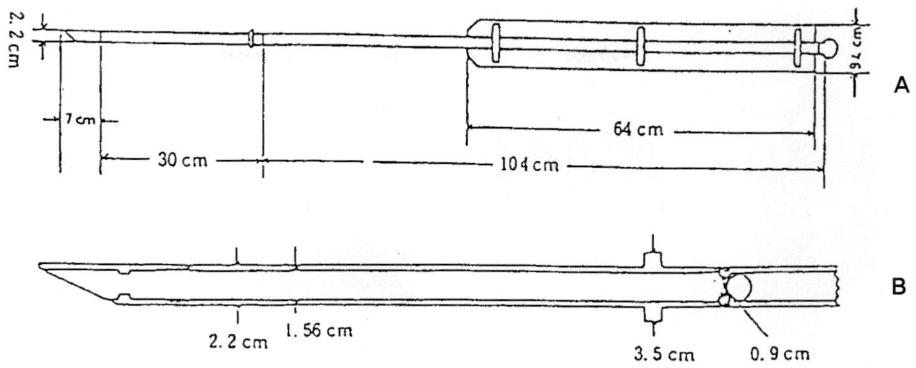

그림 3-2. TFO식 주상채니기(core sampler)의 본체(A) 와 선단부분의 확대도(B) (Matsuoka and Fukuyo, 2000)

채집되면 채니기를 선상으로 끌어 올려, 채니기 앞부분을 열고는 인너 튜뷰를 분리시켜, 튜뷰 밑 부분을 고무마개로 막고, 비닐 랩 등으로 싸서 마개가 떨어지지 않도록 한다. 듀뷰 상단도 랩 등으로 싸서 해수의 증발을 방지하고, 전도되지 않게 바로 세운 상태로 운반, 보존한다. 발아 실험을 위한 시료는 빛을 차단하기 위해 인너 튜뷰를 알루미늄 포일(aluminum foil) 등을 이용하여 차광한다.

나. 그랩형 채니기를 이용한 채집

해저 퇴적물이 조립한 모래입자이거나 관측장비가 구비된 대형 선박을 이용하는 경우에는 소형 주상채니기 보다는 대형 주상채니기(core sampler), SM(Smith McLntyre) 형 채니기 또는 피스톤 채니기 등 그랩형(Grab type)의 채니기(그림 3-3)를 이용하는 것이 용이하다. 주상채니기를 사용할 때에는 문제가 없지만, 그랩형 채니기를 사용할 때에는 채집된 표층퇴적물이 교란되지 않도록 하는 것이 중요하다. 한 가지 간단한 방법으로는 직경이 1㎝ 정도, 길이가 15㎝정도의 투명 아크릴 파이프를 준비하여 채니기로 채집된 퇴적물에 보조 표본(sub-sample)용 파이프를 여러 개 깊숙하게 박고, 파이프 윗부분을 손가락이나 고무마개로 밀봉하여 퇴적물이 떨어지지 않게 채집한다(Anderson *et al.*, 1995). 채집된 표본은 바로 퇴적물이 들어있는 파이프의 아래 부분에 고무마개 처리를 하여 흐트러지지 않게 하여 표본의 교란을 방지할 수 있다. 이때에 소형 파이프는 가능한 깊게 넣어 퇴적물을 최대한 많이 채집하고, 마개를 할 때에 층이 교란되지 않도록 주의가 필요하다. 그랩형 채니기는 일반적으로 대형 저서생물(macrobenthos)[6]을 채집할 목적으로 사용되는 채집 도

6) 크기가 1㎜ 이상인 저서생물을 나타냄

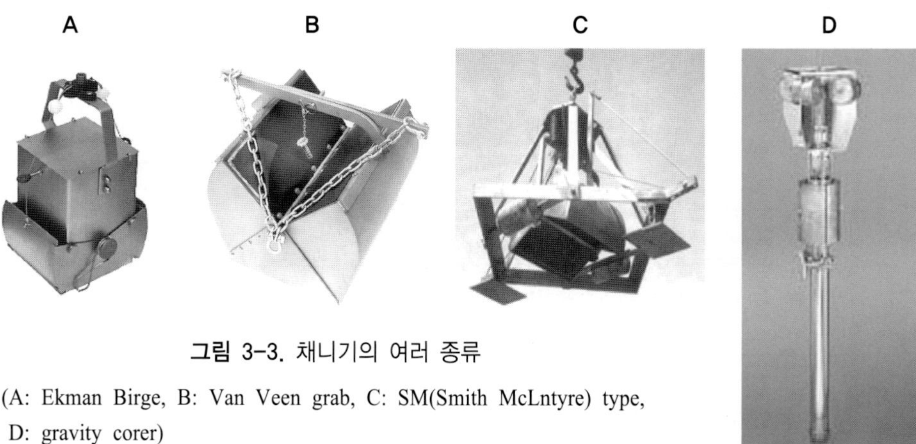

그림 3-3. 채니기의 여러 종류

(A: Ekman Birge, B: Van Veen grab, C: SM(Smith McLntyre) type, D: gravity corer)

구이며, 목적에 따라 표본의 양이 다르기에 연구자에 따라 다양한 채니기를 고안하거나 개량하여 사용한다.

다. 세디맨트 트랩을 이용한 채집

표영 환경에서 만들어져 침강하는 와편모조 시스트를 해저 퇴적층의 교란 없이 채집하고자 할 때는 현장의 여건을 고려하여 고안된 세디맨트 트랩(sediment trap)을 설치하여 표본을 채집한다. 세디맨트 트랩은 표영 환경의 입자상의 부유물을 포집하기 위해 고안된 해양관측 장비이나, 와편모조 시스트 채집에도 널리 사용하고 있다. 트랩을 이용하여 채집되는 표본은 표영 환경에서 생활하던 유영세포가 운동력을 상실하고 해저로 침강하는 과정에 채집되기에 와편모조 시스트의 형성과 발아 등의 생리 · 생태학적 연구나 특정종의 개체군 동태를 파악하는데 적합하다. 최근 세디멘트 트랩을 시스트 연구가 다양화게 진행되고 있다.

세디멘트 트랩을 이용한 시스트의 연구 예로는 일본 와카야마에 위치하는 다네베만에서 대형 트랩을 이용하여, 패류독화 원인 플랑크톤인 *Alexandrium catenella* 개체군이 유영세포에서 시스트로 변화하는 양과 시기를 해석한 것(Takeuch, 1985; Matsuoka and Takeuchi, 1995)을 비롯하여, 남극 웨델해에서 와편모조 채집(Harland and Pudsey, 1999)에 사용하였다. 또 스웨덴 Gullma 해역에서 와편모조 유영세포의 풍요도와 시스트의 생산(Godhe *et al.,* 2001), 인도양 아라비아해의 소말리아 해역에서 몬순(monsoon) 계절풍에 대한 석회질 와편모조 시스트의 반응(Wendler *et al.,* 2002), 와편모조류 대발생의 발달단계와 소멸의 관찰(Viner-Mozzini *et al.,* 2003), 일본 규슈의 오무라만에서 시스트 침강의 계절변화(Fujii and Matsuoka, 2006), 일본 야마구치 센자키만에서 유독 와편모조인 *Gymnodinium catenatum*

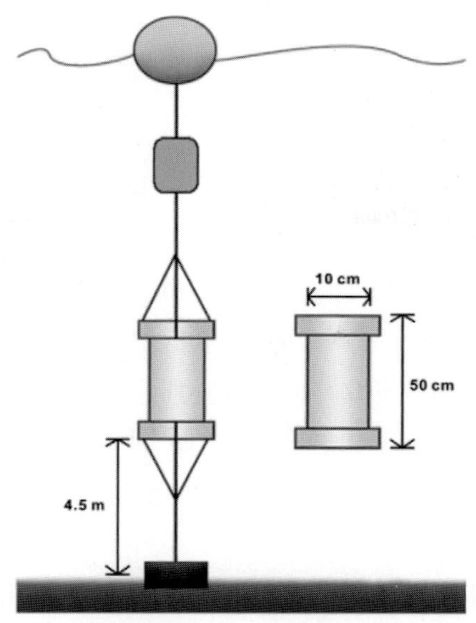

그림 3-4. 소형 trap (Shin *et al.*, 2012)

시스트의 발아와 수온, 조도의 영향(Baba, 2010), 캐나다 서부의 조지아 해협에서 유기질 와편모조 시스트의 생산, 종조성과 플럭스(flux)의 변화 조사(Pospelova *et al.*, 2010) 및 갑주형 와편모조 시스트의 생산, 종조성과 와편모조 시스트를 포함한 생물기원의 실리카의 플럭스(flux)에 대한 연구(Price and Pospelova, 2011)는 물론 북대서양의 용승해역에서 시스트의 계절변동이나 플럭스의 연구(Susek *et al.*, 2005; Zonneveld *et al.*, 2010) 등 많은 연구가 수행되었다. 국내에서도 남해 중앙부에 위치하는 가막만 입구해역에 소형 세디멘트 트랩(그림 3-4)을 이용하여 와편모조 영양세포와 시스트 형성 사이의 관계를 해석하였다(Shin *et al.*, 2012).

최근에는 현장에서 시스트 발아율 등을 직접 확인할 수 있는 새로운 개념의 PET 챔버(plankton emergence trap/chamber)를 개발하여 시스트 발아 실험에 이용하고 있고(Ishikawa *et al.*, 1995, 2007), 국내에서도 한국해양과학술원 남해연구소에서 가막만 북부해역에 본 장치를 설치하여 연구가 진행되었다. 이외에 Kamiya 등(미발표)은 이와데의 오후나토만에 대형 트랩을 설치하여 유독 와편모조의 현장 독성분 검출을 위한 *Alexandrium tamarensis*의 대량으로 채집 등 다양한 연구에 다양한 트랩이 고안되고 있다.

이와 같이 세디멘트 트랩을 이용한 와편모조 시스트의 계절변화와 플럭스(flux)의 연구를 통해서는 다양한 생태학적 신호를 이해하는데 크게 도움을 주게 된다. 세디멘트 트랩의 기본 설계에서 10㎝정도 직경의 원통과 길이의 비가 2~3이 되도록 고안된 원통형 용기가 해저 흐름에 의한 재부유 등을 방지하는 것으로 알려진다(Matsuoka, 2007a).

라. 잠수 채집

연안과 내만해역의 퇴적속도는 해역에 따라 다르지만 연간 수 ㎜ 정도이다. 따라서 연안/내만해역에서 깊이 1m정도의 퇴적물에는 과거 백수십 년에서 수십 년 사이에 표영 환경에서 만들어져 침강 퇴적한 와편모조 시스트가 많은 양으로 분포하고 있다. 이와 같은 주상시료를 사용하여 동일 해역에서 과거의 와편모조 시스트 군집과 시간의 경과에 따른 군집의 변화를 쉽게 파악할 수 있게 된다. 특히 최근에 연안 해역에 광범위하게 출현하는 유해/유독 와편모조의 출현 동태를 파악하기 위한 방법으로 매우 유효한 것으로 평가되고 있다. 이와 같은 연구 목적에서 중요하게 고려할 내용은 표본 채집을 위한 방법 및 채집이 된다. 즉, 퇴적물의 표층부가 교란되지 않은 상태에서 표본을 채집하는 것이 무엇보다 중요하다. 연구목적에서 퇴적물을 채집할 때에는 선상에서 채니기를 이용하는 방법보다 스쿠버 다이버 등 사람이 직접 잠수하여 채집하는 것이 필요하게 된다. 잠수부에 의한 채집은 수심이 깊으면 어렵기에 연안/내만해역 등 20m 정도의 수심에서 적합한 방법이다. 표본 채집은 일반적으로 직경 6～8㎝, 길이 1m정도의 투명 아크릴 파이프를 준비하여 잠수부에 의해 현장을 확인하면서 퇴적층이 교란되지 않은 상태에서 표본 채집이 가능하게 된다. 이 방법은 투명 파이프를 사용하여 채집된 퇴적물의 상태가 육안으로 관찰이 가능하기에 퇴적물의 성상이나, 채집 상태 등을 쉽게 파악할 수 있다.

2. 표본의 고정, 운반 및 보존 방법

가. 표본의 고정과 보존

일반적으로 와편모조 시스트는 화석으로서 존재할 정도로 단단한 세포벽을 가지고 있기에 약품에 의한 고정 등으로 세포 형태가 변형되지는 않는다. 단지 *Scrippsiella* 속과 같이 석회질 성분의 세포벽을 가지는 와편모조 시스트는 산에 의해 세포벽이 손상될 수도 있기에, 보존용 와편모조 시스트 표본을 고정할 때에는 시판의 포르마린(강산성으로 실제 농도는 역 40%)을 그대로 사용하지 않고, 헥사민(hexamin) 등 중화제로 포화시킨 중성 포르마린(neutral formarine)이나 글루타알데히드(glutaraldehyde)와 같은 고정시약을 사용한다. 일반적으로는 최종 농도가 5～10%가 되도록 고정하고 있으며, 체분석 등을 위해서는 가능한 낮은 농도인 2～3%로 고정하는 것을 권장하고 있다(Anderson *et al.,* 1995). 그러나 저자의 연구실에서는 식물플랑크톤 조사지침에 준하여 시판되는 포르마린과 증류수를 1:1 비율로 희석시켜 20%의 포르마린을 만들고, 여기에 헥사민 200g/L의 농도로 용해시켜 중성포르마린(pH 8 전후로 약 알카리성)을 제작하여, 최종적으로는 0.4%가 되도록 사용하고 있다(Throndsen, 1978).

고정에 필요한 시약의 농도는 현장에서 채집하여 농축처리 이전의 표본에는 채집 시료 용량의 10~20%의 중성포르마린 용액이나 20~30%의 글루타알데히드 용액을 첨가하고, 농축처리가 종료된 표본에는 표본 용량의 3~5%의 중성포르마린 용액이나 5~10%의 글루타알데히드 용액을 첨가하도록 하고 있다(Matsuoka and Fukuyo, 2000).

나. 생 시스트 표본의 보존

원형질을 포함하는 생 시료의 와편모조 시스트는 퇴적물에 매장되거나 동물의 소화관에서도 견딜 수 있고, 해양퇴적물에서 5~10년은 견딜 수 있으며(Keafer *et al.,* 1992), 호수 퇴적물에서는 17년이나 살아있는 것을 보고하고 있다(Huber and Nipkow, 1992, 1923) 때문에 와편모조 시스트를 고정하지 않고 보존하고자 할 때에는 발아를 억제시켜 생 시스트(living cyst) 양에 변화가 없게 하면 보존에 그다지 문제가 되지 않는다. 일반적으로 시스트 발아에 가장 크게 작용하는 요인은 온도 변화이기에, 표본 채집 이후 일정한 온도가 유지될 수 있는 장소를 선택하여야 한다. 또 빛이 없는 어두운 조건은 발아를 억제할 수 있을 가능성이 부정적이지만, 빛이 존재하는 밝은 조건, 즉 빛이 발아를 촉진할 가능성에 대해서는 명확하지 않지만, 생 시스트는 가능한 어두운 장소에 보존하는 것이 중요하다. 그리고 무산소 조건도 시스트는 발아를 억제하기에(Anderson *et al.,* 1987), 표본병에 질소가스 등을 이용하여 산소를 제거하는 것도 하나의 좋은 보존 방법이라 할 수 있다.

이와 같은 와편모조 시스트의 발아 환경을 고려하고, 배양용 생 시스트 표본의 보존에는 표본병에 채집하여 산소를 제거한 다음 밀폐시켜 검정 테이프 또는 봉투에 의해 차광하여 4℃ 전후의 온도 조건의 전용 냉장고에 보존하는 것이 현재 생각 할 수 있는 미 고정 시료의 최적 보존법이다. 그러나 Anderson *et al.*(1995)은 채집 해역에 따라 온대종은 2~4℃, 열대종은 4℃의 냉장 보관을 권장하고 있다.

다. 운반

와편모조 시스트는 기본적으로 외부의 환경변화에 쉽게 변화되지 않을 정도의 단단한 세포벽을 가지고 있어, 와편모조 시스트를 고정하여 다른 연구기관이나 연구자에 동정 및 해석을 의뢰할 때 운반/수송에 플랑크톤 생 표본을 운반하는 것과 같은 세심한 주의를 필요로 하지는 않고, 적당한 용기에 운반 도중 깨어지지 않을 정도면 충분하다. 다만, 발아 실험에 필요한 배양용 시료인 경우는 고정 표본과는 달리 빛의 자극을 피할 수 있도록 알루미늄 포일 등을 이용하여 차광하고, 극단적인 온도 변화나 건조는 피할 수 있도록하여 가능한 빠른 시간에 운반/수송할 수 있어야 한다. 특히 발아 실험에 제공되는 생 시스트 표본은 배양에 의한 발아 실험을 시작하기 전까지는 냉암소에 보관하여야 한다.

§ 2. 농축, 검경 그리고 계수

1. 농축 방법

주상채니기로 채집한 주상시료나 세디맨트 트랩 속에 축적된 시료에는 와편모조 시스트 외에도 동물플랑크톤의 분립이나 생물 유해 등이 많은 양으로 포함되어 있다. 때문에 와편모조 시스트의 정량분석이나 종을 관찰하기 이전에 가능한 이들 불순물을 제거하여 와편모조 시스트만을 농축하여 종의 동정 및 계수를 쉽게 할 수 있도록 하여야 한다. 그리고 농축된 표본을 검경할 때에 가능하면 생 시스트와 공 시스트를 구별하여 동정 및 계수를 실시한다.

농축 방법으로는 크게 두 가지로 구분된다. 첫째는 시스트의 일부를 배양하여 발아실험을 필요로 하는 경우는 발아 능력에 손상을 입히지 않게 물리적인 체(sieve) 조작으로 와편모조 시스트를 추출, 농축하는 방법이다. 둘째는 발아실험 등 배양을 필요로 하지 않은 경우는 약품을 사용하여 불순물을 제거하고 시스트를 농축하는 방법이다. 농축 방법에 따라 필요한 기구는 물론 진행 과정이 다르기에, 검경된 결과에도 차이를 보이기에(Kang *et al.,* 2008), 각 방법에 대한 특성을 충분히 이해하고 목적에 부합된 방법을 선택하여야 한다.

가. 체를 이용한 농축

이 방법에 대한 처음 설명은 Wall and Dale(1968)이 기술하고 있으며, 정량적인 분석에는 그다지 적합하지 않고(Anderson *et al.,* 1995), 시스트의 군집 분석 등 정성분석에 적합한 방법이다.

퇴적물에 포함된 분립, 생물 유해 및 패각 등의 불순물은 초음파에 의한 분쇄나 체(sieve)에 의한 크기의 분획을 하는 것으로도 많은 부분의 불순물을 제거할 수 있다. 그러나 처음 제공한 표본의 양이 30 ㎤(mL)보다 많게 되면, 이들 처리가 불충분하여 와편모조 시스트 농축을 마친 다음에도 농축시료에 미세 펄 입자가 많이 남게 된다. 이와 같은 현상을 방지하기 위해 주상표본은 퇴적물 표면에서 2 ㎝ 두께의 보조 표본(sub-sample)을 만들어 농축용 원천시료(raw sample)로 제공한다. 이 양은 체적 1 mL에서 2 mL, 중량은 수g 이하에 해당 된다. 세디멘트 트랩(sediment trap)을 이용하여 채집한 표본에서도 한 번에 처리할 수 있는 원천시료의 양은 같다.

실제 농축된 표본에서 현미경 검경에 제공되는 정제시료의 양은 극히 미량의 시료만을 이용하기에, 농축용 원천시료는 퇴적물 1g 정도이다. 농축용 원천시료의 양을 많게 제공하더라도 양에 반비례하여 농축 정도가 떨어지는 경우가 있기에 필요 이상의 원천시료를 제공한다는 것은 의미가 없다.

또, 주상퇴적물 표본에서 주의 할 사항은 실제 해저 표층퇴적물에서는 퇴적층과 물의 경계가 명확하지 않기에, 주상퇴적물 표본에서 계측된 2㎝ 두께의 퇴적물은 실제의 경우 2㎝ 이상으로 확장되어 있던 것이 2㎝로 압축되어 있다고 생각할 수 있다. 이와 같은 퇴적층의 압축 정도를 명확하게 하는 것은 거의 불가능하지만, 연안 퇴적물일 수록 쉽게 압축된다는 것을 와편모조 시스트의 정량분석에서 결과의 해석에 고려할 수 있도록 배려 한다. 아래에 주상퇴적물 표본에서 현미경에 의한 관찰(검경)용 시료를 제공하기 위한 시스트의 농축을 작업 순서에 따라 설명한다. 이 방법은 주상채니기 이외에 그랩 등 다른 방법에 의해 채집된 표본에 대해서도 응용할 수 있다(그림 3-5).

① 125, 37, 20㎛ 크기의 망목(mesh)을 가지는 체를 크기 순서로 겹쳐 놓고, 아크릴관에 채집된 퇴적물 위의 해수를 체에 부어 제거한다. 체는 금속제품으로 직경 75㎜ 정도가 사용하기 쉽고, 망목의 크기는 목적하는 와편모조 시스트의 크기에 따라 선택한다.

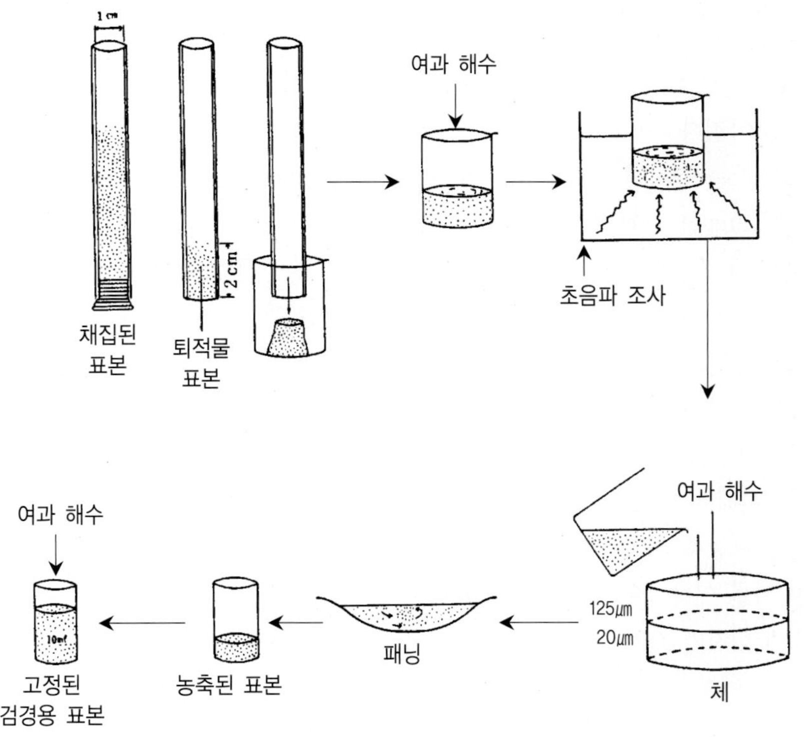

그림 3-5. 퇴적물 농축 처리의 작업 순서(Matsuoka and Fukuyo, 2000)

② 해수가 제거된 아크릴관 내의 채집 퇴적물에 서서히 압력을 가해 관 밖으로 밀어낸다. 해수와 접촉한 표면의 2㎝ 정도의 퇴적물을 남기고, 나머지 퇴적물은 100 mL 비이커에 별도로 체취한다. 이 퇴적물(펄)은 버려도 되지만, 해역의 시스트 군집을 파악할 때 사용할 수도 있기에 가능하면 남겨둔다. 또 퇴적물 위에 채수된 해수도 시스트의 발아 실험에 사용할 수 있다.

③ 아크릴관에 남겨진 표면 2 ㎝의 퇴적물(펄)을 다른 50 mL의 비이커나 샘플병에 채취한다. 아크릴관 내벽을 소량의 여과해수를 이용하여 씻어낸다. 씻어낸 해수도 표본이 있는 비이커에 넣는다.

④ 표본의 들어 있는 비이커에 여과해수를 조금 주입하여 잘 혼합한다. 이 때 5～10초 정도 초음파를 쏘이면 펄이 미세 입자가 확산하여 쉽게 혼합된다. 초음파의 조사(照射)는 초음파 발진기나 초음파 세척기를 사용할 수 있지만, 일부 시스트에서 초음파 조사가 발아율을 변화시키는 요인이 되기도 하고, 조사시간이 길어지면, 광물질의 세포벽을 가지는 시스트는 세포가 파괴될 수도 있기에, 세밀한 부분이 필요한 작업은 이 과정을 생략한다.

⑤ 준비된 체에 퇴적물 혼합액을 주의하여 주입시키고 여과해수를 이용하여 충분히 씻어낸다. 체에 채집된 표본을 다른 비이커에 옮겨 초음파를 조사하여 재차 씻어낸다. 대부분의 시스트 크기는 37～125㎛ 범위에 해당되기에 망목 37㎛의 체에 모아지게 된다. 일부 20～37㎛ 크기에 해당하는 소형의 시스트는 망목 크기가 20㎛인 체에 소량 모아진다. 체로 시스트를 농축할 때 망목 크기가 37㎛인 체를 제외하고, 20～125㎛의 체는 크기의 체로 시스트의 표본을 농축할 수도 있다. 그러나 이렇게 하면 망목 크기 20㎛인 체에 미세한 사질이 많이 포함되어 현미경 관찰이 어렵고, 작업효율이 낮아 질 수 있다. 망목 크기 125㎛의 체에는 동물플랑크톤의 알 등이 많은 양으로 혼재하나, 시스트는 거의 없기에 버린다. 다만, 초음파 처리가 잘 되지 않으며, 이 크기에도 시스트가 남을 수 있기에 주의가 필요하다. 20㎛ 망목의 체를 통과하는 시료에도 극소형인 시스트 일부가 포함될 수 있으나 양은 많지 않다. 이와 같은 극소형의 와편모조 시스트까지 검경 대상에 포함시키려면 망목 크기가 15㎛ 이하인 체를 이용한다.

⑥ 검경용 농축 시료에 미세 광물입자가 많이 혼재될 때에는 미세 사질과 시스트의 비중 차를 이용하여 미세 모래 입자를 제거한다. 즉, 샤레(petri-dish)에 시스트와 미세 모래 입자가 혼재된 37～125㎛ 또는 20～37㎛ 망목 크기의 체에 모아진 시료를 이동시켜, 세척병으로 강하게 여과해수를 주입시키면서 샤레 속에서 소용돌이(渦, eddy)를 만든다. 그러면 무거운 미세 모래 입자는 중앙에 모여 침강되고, 가벼운 시스트는 흐름을 타서 부유하기에, 모래가 혼재하지 않게 해수와 시스트만을 체에 주입할 수

있게 한다. 또 다른 방법은 직경 10㎝ 정도의 페트리트 접시에 체에 포집된 시료를 옮기고, 소량의 여과해수를 첨가한다. 이 표본을 엄지와 검지로 천천히 회전시키면 접시 중심에 와류가 발생하여, 중앙에 시스트 등의 가벼운 입자가 모이게 되기에 피펫으로 빠르게 흡인시켜 체로 옮긴다. 이와 같은 작업을 패닝(panning)이라고 하며, 몇 차례 반복하여 상당부분의 모래입자를 제거할 수 있다. 단, 모래 입자의 성분이 운모석 등에 의한 경우는 분리가 곤란하다.

⑦ 체의 시료는 체를 통하는 해수가 맑게 보일 때까지 여과해수를 이용 세척한다. 세척 후에는 20 mL 바이알 샘플병(vial bottle)에 옮겨, 10 mL가 되게 정량하여 냉암소에 보존하여 현미경 검경시료로 제공한다.

나. 약품을 이용한 방법

고생물 분야에서 미화석을 대상을 할 때 사용했던 방법이지만, 현생 와편모조 시스트 농축에도 일반적으로 사용된다. Dale(1979)에 의해 기술된 내용을 수정하여 사용하고 있으며, 주로 정량적 연구에 사용된다(Anderson *et al.,* 1995). 국내에서도 강 등(Kang *et al.,* 2008)의 연구에서 체를 사용한 방법과 약품을 사용한 방법에서 정량적 결과는 많은 차이를 보이는 것을 확인하였다.

약품을 사용하여 와편모조 시스트 표본을 농축할 때에는 일부 강산이나 강알카리성의 약품을 사용하기에 통풍설비(draft)가 되어 있는 실험실이나 통풍이 잘되는 실외에서 안전성을 확보한 다음에 주의하여 실험을 진행한다. 그리고 실험과정에서 발생하는 강산성, 강알카리성 약품의 폐액은 실험실에서 버리지 말고 모아서 전문기관에 위탁하여 처리한다. 약품을 이용한 와편모조 시스트 농축은 다음과 같은 실험 순서에 따라 작업을 진행한다.

① 현장에서 채집한 퇴적물 원천시료를 잘 혼합하여 1～2 wet g 정도를 15 mL의 플라스틱 원심관에 채취한다. 함수율 계산을 위한 표본(4～5 wet g)은 별도로 취급한다.

② 원천시료가 있는 원심관에 증류수 10 mL를 첨가하여 혼합한 다음, 염분을 제거하기 위해 원심분리기로 2～3회 세척한다. 원심분리는 2,000 rpm에서 20초 동안 실시한다.

③ 탈염된 표본에 10% 농도의 염산을 5 mL 첨가하여 석회질 입자를 포함하는 미세플랑크톤이나 방상충을 제거한다. 이 과정은 통풍시설에 약 하루 동안 염산에 담아두어, 석회질 입자를 용해시켜 제거하게 되지만 일부 석회질 각을 가지는 *Scrippsiella* 속이나 *Ensiculifera* 속의 시스트 세포벽 일부가 용해되어 안쪽의 유기질 막만 남는다.

④ 조작 ②와 같은 세척 작업으로 염산을 제거한다.

⑤ 세척한 표본에 5% 농도의 수산화칼륨(KOH) 또는 수산화나트륨(NaOH) 용액 5 mL를 첨가하여 약 70℃의 온도에서 3분 동안 중탕한다. *Protoperidinium* 속과 *Alexandrium* 속의 시스트는 알카리에 약하기에 중탕 온도를 높이거나, 시간을 오래 하면 안된다. 표본에 유기물질이 없을 경우는 이 과정을 생략한다.

⑥ 조작 ②와 같은 세척 작업으로 알카리성 시약을 제거한다.

⑦ 25~30% 농도의 hydrofluoric acid (HF; 시판시약은 45~50%) 5~10 mL를 첨가하여 약 70℃에서 2~3시간 중탕하여 규산질 입자를 제거한다. 이 과정은 독성을 포함한 강산을 취급하기에 비닐장갑이나 보호안경(goggle)을 착용하여 안전을 확보한 다음에 통풍시설이 된 곳에서 작업한다. fluoric acid의 폐액은 별도의 용기에 넣어 석회를 사용하여 중화시킨 다음 전문기관에 처리를 의뢰한다.

⑧ 조작 ②와 같이 세척 작업으로 산을 제거한다.

⑨-1. 식물 조직 등 세롤로우스가 많은 경우에는 glacial acetic acid (CH_3COOH) 5 mL를 첨가하여, 잘 혼합 시킨 다음 원심분리기로 분리(3,000rpm, 20초)시킨다.

⑨-2. 분리된 시료에 acetic anhyderide(($(CH_3CO)_2O$)와 농황산을 1:9로 혼합한 Erdtman'd solution 5 mL를 첨가하여 약 70℃에서 2~3분 중탕하여, acetolysis 처리를 한다.

⑨-3. 처리된 시료에서 Erdtman'd solution을 제거한 다음 재차 glacial acetic acid (CH_3COOH) 5 mL를 첨가한다. *Protoperidinium* 속이나 *Alexandrium* 속 등의 시스트는 산 처리에 약하기에 주의가 필요하다.

⑩ 조작 ②와 같은 세척 작업으로 산을 제거한다.

⑪ 초음파를 조사한 다음 체눈 크기가 125㎛와 20㎛ 체를 중첩하여 와편모조 시스트를 세척하면서 농축한다. 농축한 다음에는 망목 크기 20㎛ 체에 채집된 시료를 20 ml의 바이알 샘플병(vial bottle)에 채집하여 여과해수로 10 mL로 정량하여 냉암소에 보존하여 검경용 시료로 한다. - 5% glutar-aldehyde 용액 2 mL를 첨가하여 고정한다.

⑫ 필요에 따라 염색처리 하여 관찰한다. 피각의 형광염색 방법은 다음에 설명한다.

이상의 처리를 행하는데 충분한 시간이 있는 경우, 또는 다수의 시료를 일시에 처리하고자 하는 경우에는, 100 mL의 테프론 비이커를 사용하여, 중탕 대신에 약품처리를 24 시간 동안 실시하거나, 원심분리 대신에 자유 침전에 의하여 세척하는 방법도 있다.

2. 검경 표본의 제작

가. 형광염색법

해양퇴적물에는 많은 펄 입자와 유기쇄설물(detritus)이 존재하고 있어, 와편모조 시스트만을 광학현미경으로 검경하여 종의 동정과 계수를 하기에는 많은 시간과 노력을 필요로 하게 된다. 이런 어려움을 대처할 수 있는 방안으로 시스트의 세포벽이나 원형질을 특정의 염료로서 염색할 수 있다면, 다른 미립자의 이물질과 쉽게 구별할 수 있게 된다. 일반적인 플랑크톤 염색에는 DAPI 염색이 사용되었고(Porter and Feig, 1980), 적조원인생물인 침편모조류, *Chattonella antiqua, Ch. marina*와 *Heterosigma akashiwo* 시스트나 규조류의 휴면포자에 대해서는 세포의 엽록체가 가지는 자가 형광을 지표로 하여, 표본을 염색하여 형광현미경으로 직접 계수하는 방법이 개발되어 있다(Imai and Itoh, 1988; Imai, 1989). 그러나 *Alexandrium* 속과 같은 와편모조 시스트는 발아 때가 아니면 자가 형광이 없어(Yentsch *et al.,* 1980; Anderson and Keafer, 1985), 침편모조류 시스트나 규조의 휴면포자와 같이 염색에 의한 직접계수는 불가하였다. 특히 세포의 형광염색은 형광현미경의 암시야에서 대상생물 세포의 자가형광에 의해 확인한다. 그러나 와편모조 시스트 세포벽은 화분(sporopollenin)과 같은 생체고분자물질(biopolymer)의 특성을 나타내며, 시스트의 원형질은 전분이나 지방입자로 구성되어 있어, 이들 물질을 염색할 수 있는 형광염료를 탐색한 결과 프리멀린(primuline)이란 물질을 얻을 수 있었다(Yamaguchi *et al.,* 1995). 프리멀린을 *Alexandrium* 시스트의 직접계수에 이용하여 좋은 결과를 얻고 있기에, 프리멀린 형광 염색법을 설명한다.

프리멀린 형광염색을 위해 필요한 기구 및 약품은 '초음파 발진기', '저울', '디스펜서(1 mL와 5 mL 용량)', '100 mL와 1000 mL 용량의 플라스틱 비이커', '플라스틱 시약 스푼', '망목의 크기가 20 ㎛와 150 ㎛인 플랑크톤 네트지', '눈금 표시가 되어 있는 15 mL 용량의 뚜껑이 있는 플라스틱 원심관', '플라스틱 스포이드', '세척병', '눈금 자(scale)', '멸균 여과해수', 5% 농도의 glutaraldehyde, 메탄올(methanol), Plimuline stock액(저자의 실험실에서는 증류수 1 mL에 primuline(Aldrich Chemical Co., USA) 2 mg을 첨가하여 2 ㎎/mL로 조제) 등이 필요하다. 필요한 기구와 시약이 모두 준비되면 다음과 같은 작업 순서에 따라 프리멀린 형광염색을 실시한다(그림 3-6).

① 채집된 퇴적물 시료를 시약 스푼을 이용하여 충분히 혼합시킨 다음, 저울을 이용하여 5 g의 원천표본을 100 mL의 비이커에 옮긴다. 이때 모래 등 대형 입자가 많은 퇴적물 표본은 보다 많은 양을 채취한다.

② 멸균 여과해수 50 mL를 첨가하여 혼합하고, 초음파 발진기(Ultrasonic homogenizer)를

이용하여 30초에서 1분 동안 초음파 처리를 한다. 시스트의 계수를 목적으로 할 때는 증류수를 사용해도 된다 - 이하 내용 같음)

③ 펄 현탁액을 1 L의 비이커 위에 망목 150 ㎛인 플랑크톤 네트지를 올려놓고 통과시킨다. 세척병의 여과해수로 충분히 씻어낸다.

④ 통과된 펄 현탁액은 별도의 비이커에 망목 20 ㎛인 플랑크톤 네트지를 올려 놓고 통과시킨다. 여과해수로 충분히 씻는다. 이 작업으로 20 ㎛~150 ㎛ 입자 크기의 물질을 나눌 수 있게 된다.

⑤ 망목 20㎛인 플랑크톤 네트지에 모아진 입자를 스포이드를 이용하여 15 mL 용량의 원심관을 이용 최종 용량이 10 mL가 되도록 한다.

⑥ 10 mL의 표본은 5 mL씩 15 mL 원심관에 나누어서 한 개의 표본은 5%의 글루타알데히드 용액 1 mL를 첨가하여 30분간 고정한다. 남은 5mL의 표본은 예비로 남겨둔다.

⑦ 고정된 표본의 원심관은 700x g으로 15분간 원심분리하여 상등액을 버린 다음, 99% 메탄올(methanol) 5 mL 첨가하여 24시간 냉장고에 정치하여 메탄올 처리를 한다.

⑧ 메탄올 처리된 시료는 원심분리(700x g, 15분) 시켜 메탄올을 제거하고, 증류수를 이용하여 10 mL로 재차 정량한다.

⑨ 형광염료인 플리머린 스토크(primuline stock)용액 1 mL를 첨가하여, 어두운 곳에서 30분간 염색시킨다.

⑩ 염색 처리된 표본은 원심분리(700x g, 15분) 시켜 염색액을 제거한다. 증류수를 넣어 재차 세척과 원심분리(700x g, 15분) 시킨 다음에 5 mL로 정량한다.

⑪ 형광현미경(도립형이 바람직)을 이용하여 표본을 검경한다. 여기광은 B로 한다. 염색한 표본 5 mL에서 0.1 mL를 열대류에 의한 입자교란을 방지하기 위해 증류수로 1 mL로 정량하여 계수판(Sedgwick-Rafter chamber)에 취하여 100X 배율로 검경한다. 검경은 동일 시료에 대해 3회 이상 실시하여 평균값과 표준편차(n=3)를 구한다. 이때 검경용 표본은 입자가 겹치지 않을 정도로 한다. 또 표본에 조립한 입자가 많을 때는 20~150 ㎛ 크기의 입자가 매우 적기에, 검경용 시료 용량을 많게 하는 것이 좋다.

⑫ 검경에서 얻어진 결과로서 시스트의 밀도를 계산할 때는 다음과 같이 한다. 즉, x g의 원천시료에서 y mL의 검경용 표본을 만들고, 이 중 a mL를 검경하여 b개의 시스트가 관찰되었다면, 펄 시료 1 g 당 시스트 밀도는 by/ax로서 주어진다. 예로서, 5 g의 원천시료에서 10 mL의 검경용 표본을 만들어, 그 중 0.1 mL를 검경하여, 10개의 시스트가 관찰되었다면, 현장의 퇴적물 1 g 중에는 200개의 시스트가 존재한다는 계산이 된다. 또, 계수한 값을 습니(濕泥) 단위 체적(1㎤)으로 표현하고자 할 때에는 이 값에 펄의 비중을 곱한다(Kamiyama, 1997).

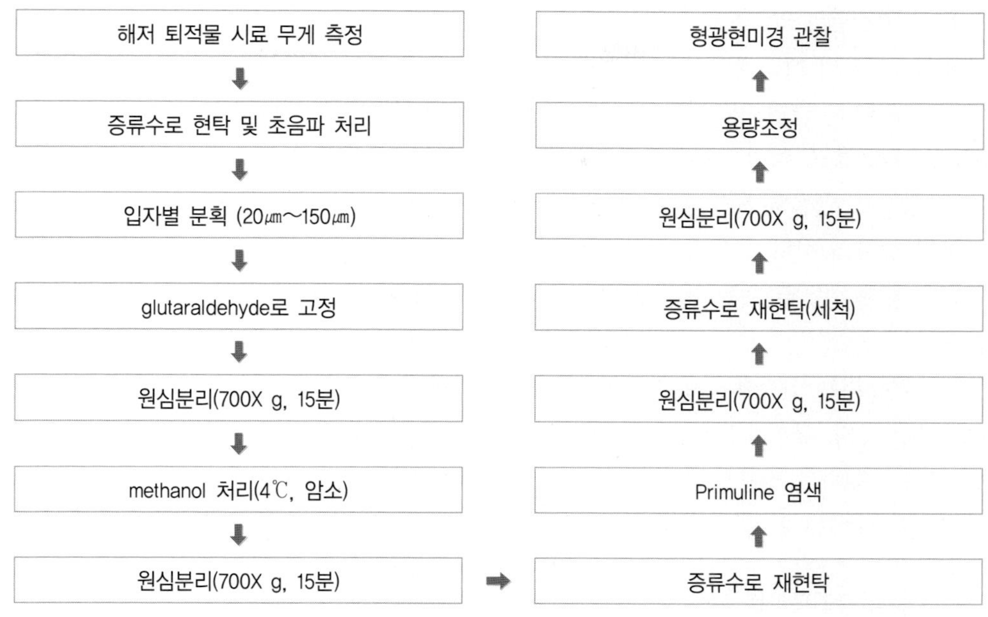

그림 3-6. 프리멀린(primuline) 형광 염색법의 작업 흐름도 (Matsuoka and Fukuyo, 2000)

이상 설명한 프리멀린(primuline) 염색법에 의해 와편모조 시스트를 형광현미경으로 관찰하면 선명한 황록색 형광을 발생하여 다른 이물질 입자와 쉽게 구별된다. 또한 이 염색법은 *Alexandrium* 이외에 *Protoperidinium* 속, *Scrippsiella* 속, *Pyrophacus* 속 등의 와편모조 시스트에도 응용할 수 있다. 다만 자가 형광이 없는 와편모조류는 원형질이 있을 때만 사용할 수 있음에 주의를 필요로 한다.

나. 표본의 보존과 프레파라트 제작

와편모조 시스트 고정 시료의 보존에는 별다른 특이 조건 없이 일반 플랑크톤의 고정시료의 보존과 같이 밀폐하여 증발을 방지하고는 냉암소에 정치하여 보존하면 된다. 농축하여 검경용 표본을 만든 시료에 대해서도 특이 사항 없이 밀봉된 바이얼 표본병을 냉암소에 보존하면 문제가 없지만, 약품을 이용하여 농축한 시료에서 일부 또는 시스트 세포 하나를 뽑아 글리세린 젤리(glycerine-jelly)를 이용하여 프레파라트(preparat)을 만들어 보존하면 관찰하기가 쉽게 된다. 체를 이용한 농축 시료에는 와편모조 시스트 이외에 미세한 모래 입자와 유기쇄설물 등이 많이 포함되어 있기에 프레파라트를 만들게 되면 시스트의 표면에 다른 물질이 부착하여 관찰을 어렵게 하기에 주의가 필요하다. 다음에는 프레파라트 제작에 대하여 설명하여 둔다.

1) 글리세린젤리 만드는 법

프레파라트의 제작에는 우선 표본을 슬라이드 글라스에 고착시키는 글리셀린젤리의 제작이 필요하다. 글리세린젤리(Glycerine-jelly)는 우선 시판되는 정제된 분립상의 제라틴 2 g을 용기에 넣고, 여기에 증류수 2~5 mL와 액체상의 글리세린(glycerine) 2 mL를 첨가하여, 중탕으로 완전히 녹인다. 용해과정에 많은 기포가 발생하기에 계속 저어서 기포를 제거하고 소량의 석탄산 결정을 첨가한다. 기포가 없어질 때까지 중탕과 젓기를 계속하여 완전히 용해되면 뚜껑을 하여 실온에서 식힌다. 이때에 증류수 양이 많으면 글리세린젤리를 쉽게 만들 수는 있지만, 프레파라트 제작을 할 때 건조하기가 어렵게 된다. 만들어진 글리세린젤리는 실온에서 응결되어 부드러운 고체가 되기에 사용할 때까지 냉장고 등에 보관하면 좋다. 글리세린젤리는 오랜 기간 방치하면 건조해져 딱딱하게 굳어지지만, 사용할 때에 증류수를 적당량 첨가하거나, 시료의 해수를 조금 많게 하면 쉽게 부드러워져서 사용하는 데에는 문제가 없다.

2) 혼합종 프레파라트 제작

다양한 와편모조 시스트가 혼재하여 있는 표본을 그대로 프레파라트로 만드는 경우이다. 제작 완성된 프레파라트에는 시스트 이외에 다른 분류군 플랑크톤의 휴면포자는 물론 화분, 유기쇄설문 등의 생물유해와 미세 모래입자 및 동물플랑크톤 알 등이 많은 양으로 혼재하게 된다. 때문에 목적으로 하는 특정의 시스트의 위치를 매직펜 등으로 표시하여 다른 시스트나 이물질과 구분할 수 있도록 기록하여 두면, 이후 언제라도 쉽게 관찰 할 수 있다(그림 3-7).

혼합종 프레파라트 제작은 다음 순서로 작업을 진행한다.

① 농축 시료 약 0.01~0.03 mL를 슬라이드글라스에 떨어뜨리고 5~10 ㎣ 정도의 글리세린젤리 조각(쌀알 반 정도)을 표본에 올려놓고, 곤충침(insect pin) 등으로 시료와 글리세린젤리를 혼합시킨다. 이 작업은 60~70℃ 온도를 유지할 수 있는 가열판(hotplate)을 사용하면 글리세린젤리가 쉽게 녹게 되어 시료와의 혼합이 쉽게 된다.
② 18×18 ㎜의 커버글라스를 기포가 발생하지 않게 주의하여 덮는다. 시료의 양이 많을 때에는 24×24 ㎜ 또는 이 보다 큰 커버글라스를 사용한다. 커버글라스를 덮을 때 기포가 발생하지 않게 처리하는 것은 영구 표본을 장기간 보존하는데 매우 중요하다.
③ 약 1시간 실온에서 식게 한다. 식는 과정에서 글리세린젤리가 응고되면서 수축하기에 커버글라스에 비틀어짐이 생길 수 있다. 이 비틀어짐을 방치하면 커버글라스가 파손될 수도 있기에 재차 온도를 가해 비틀어짐을 고친다.
④ 커버글라스 밖으로 번져 나온 글리세린젤리는 문구용 칼을 이용하여 잘라내고, 커버

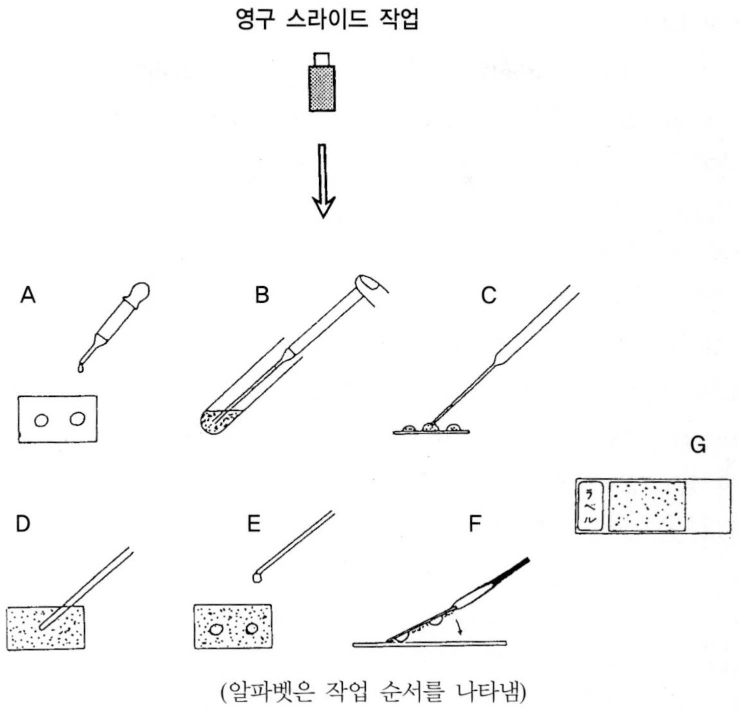

그림 3-7. 프레파라트 만드는 순서도 (Shimazaki 1979)

글라스 주위를 무색의 매뉴큐어(manicure)로 밀봉하여 채집 장소 등의 라벨을 붙이고 프레파라트로 한다.

프레파라트는 장기간 보존하기에 적합하지만 글리세린젤리의 수분이 서서히 증발하게 되기에 영구적인 표본이 될 수는 없다. 그러나 깊게 제작하면 수 십 년간 오랜 기간 보존하는 것이 가능하다. 프레파라트에 목적으로 하는 와편모조 시스트를 위치를 표시하는 방법으로는 잉크랜드 슬라이드(inkland slide)를 이용하여, 스라이드 속의 기호로서 표본의 위치를 기록하는 방법과 마킹 도구를 사용하여 표본 위의 커버글라스에 동그라미 등의 표시를 하여 목적하는 종 표본의 위치를 나타낸다.

3) 단일종 프레파라트 작성

혼합종 프레파라트와는 달리 검경용 농축 시료에서 목적으로 하는 와편모조 시스트의 한 개 세포만을 추출하여 프레파라트를 만드는 방법이다. 종 표본의 보존과 관찰에 이물질이 없어 가장 쉽게 관찰할 수 있는 프레파라트가 되지만 제작하는데 많은 시간이 소요되는 단점이 있다.

단일종 프레파라트는 다음의 순서에 작업을 진행한다.

① 검경용 농축 시료을 잘 혼합하여 피펫으로 1~2 방울을 슬라이드 글라스에 올려 놓고, 곤충침 등 앞이 가늘고 뾰족한 도구로 표본을 15~20㎜ 정도 넓힌다. 이 때 너무 넓게 펼치면 쉽게 건조하기에 주의가 필요하다.
② 커버글라스를 하지 않은 상태로 100~200배의 배율로 현미경 관찰을 실시하여 목적으로 하는 시스트를 찾는다. 이때 도립 현미경을 사용하면 작업이 편리하다.
③ 목적으로 하는 시스트가 발견되면, 쉽게 작업할 수 있게 대물렌즈와 표본사이에 적당한 거리를 확보할 수 있도록 배율로 낮추어, 선단을 가늘게 처리한 파스퇴르 피펫(pastuer pipette)의 모세관 현상을 이용하여 시스트를 피펫 속으로 흡입시킨다. 이때 시스트 이외에 다른 이물질이 동시에 흡입되지만, 흡입한 시스트를 다른 슬라이드 글라스에 넣고 같은 작업을 2~3회 반복하면, 시스트만을 쉽게 뽑을 수 있다.
④ 단일종으로 뽑아낸 시스트를 새로운 슬라이드 글라스에 올려 놓고 3㎣ 정도의 글리세린젤리 한 조각을 올려 놓는다.
⑤ 가열판으로 일정한 온도를 유지하여 기포가 생기지 않게 커버글라스를 조심스럽게 덮는다. 돌기가 있는 시스트는 봉인할 때 돌기가 변하지 않도록 커버글라스를 작게 하여 덮어 두면 좋다.
⑥ 슬라이드글라스에 목적으로 하는 시스트를 확인하여 표시하고는, 커버글라스 주변에 매니큐어 등으로 밀폐한다. 슬라이드 글라스 여백에 채집 장소, 종명 등을 기입한 라벨을 잃지 말고 붙어 둔다.

3. 와편모조 시스트의 동정과 계수

약품을 이용하여 농축한 검경 시료의 대부분은 혼합종 프레파라트로 제작되어 있기에 현미경은 200~400배의 배율로서 관찰한다. 혼합종 프레파라트를 제작하지 않은 검경용 농축 시료는 0.1~1 mL를 계수판(Sedgwick-Rafter chamber)을 이용하여, 다음에 설명하는 방법(체를 이용한 농축시료)으로 현미경 관찰을 한다. 종의 동정은 시스트의 형태, 크기, 발아공의 모양과 위치 등이 분류기준에 의해 실시한다. 종의 동정에 대해서는 제4장에서 세부적으로 설명한다.

체로 농축한 검경시료에는 많은 양의 이물질이 포함되고 있어, 혼합종 프레파라트에 의한 정량 분석에 적합하지 않다. 이와 같은 표본의 정량분석에는 일반적으로 계수판

(Sedgwick-Rafter chamber)을 이용한다. 검경용 농축 시료에는 생 시스트와 공 시스트가 포함되어 있어, 목적에 따라 생 시스트만을 분석할 수도 있지만 생 시스트와 공 시스트를 구분하여 계수한다. 즉, 현장에서 와편모조 유영세포의 발생 예측을 위한 연구에서는 생 시스트 만을 대상으로 할 수 있지만, 와편모조 시스트 군집의 동태 등을 해석할 때에는 두 가지 시스트 모두가 필요하다.

검경을 일반적으로 다음과 같은 순서로 한다.

① 체를 이용하여 10 mL로 정량한 검경용 농축 시료를 잘 흔들어 혼합하여 마이크로 피펫(micro pippet) 등을 이용하여 정확히 1 mL를 채취하여 계수판에 올려놓고 100~200배의 배율의 현미경을 이용하여 와편모조 시스트를 종류별로 계수한다. 다른 생물의 유해나 모래 입자가 많은 시료는 0.5 mL 또는 0.25 mL 시료에 증류수를 첨가하여 1mL가 되도록 희석하여 검경한다.

② 검경 도중에 형태적 특징이 확실하지 않아 종 동정이 어려운 세포는 개체가 발견되었을 때에는 세포의 간단한 형태 특징과 현미경 기계대(mechanical stage)에 의해 세포의 위치를 확인하여 둔다. 무리하게 형태 관찰을 계속하면 계수판의 시료가 움직이게 되어 위치가 흔들려 계수가 정확하지 않는 원인이 된다.

③ 표본 검경에 의한 계수 파악이 종료된 다음에 종 동정이 되지 않는 세포를 찾아 세밀한 형태 관찰을 실시한다. 관찰은 곤충침 등의 미세한 바늘이나 유리섬유를 유리 막대에 부착한 기구를 이용하여 세포의 방향을 변화시키면서 다양한 각도에서 종의 형태를 관찰한다.

④ 계수판은 두꺼운 유리판에 선이 들어 있는 것이 많기에 100~200배 이상으로 현미경 관찰하기는 어렵다. 배율이 낮아 종 동정이 되지 않을 때에는 파스퇴르피펫(pastuer pipette)을 이용하여 시스트를 분리하여, 새로운 슬라이드 글라스로 옮겨, 커버 글라스를 덮은 상태에서 400배 이상의 높은 배율로 관찰한다.

⑤ 그래도 종 동정이 안되면 생 시스트는 배양하여 발아시킨 다음 유영세포를 얻은 후에 종을 동정하면 정확한 결과를 얻을 수 있다. 공 시스트는 배양이 불가능하기에 발아공의 형태 등의 특징으로 종 동정을 한다.

⑥ 정량분석의 결과는 퇴적물 1㎤ 또는 건중량 1 g당의 시스트 세포수(cysts/㎤, cysts/g dry)로 표현한다. 가능하면 생 시스트와 공 시스트를 구분하여 표시하면, 군집 해석에 유용하게 이용할 수 있다.

§ 3. 와편모조 시스트의 배양

1. 분리와 접종

와편모조 시스트의 배양(그림 3-8)은 주로 표영 환경에서 유영세포로 출현이 많지 않아 배양주 확보가 어려운 때에 무균 배양주 확보를 위해서 사용되기도 하지만, 시스트의 발아, 휴면 조건의 해석 등의 생리 · 생태학적 동태를 규명하고자 할 때 실시한다. 그리고 시스트를 정량 · 정성분석에서 종 동정이 되지 않은 미확인 세포를 발아시켜 종 동정을 할 때에도 매우 유효하게 사용된다. 그러나 와편모조 시스트는 복상의 접합자이기에, 배양에서 발아된 이후는 감수분열이 발생하기에 시스트에서 얻은 배양주에는 두 종류의 서로 다른 형질의 세포가 혼재한다. 때문에 단상의 와편모조류 유영세포에서 동일한 형질의 세포로 확보된 배양주와 생리적인 특징이 다르게 나타날 수 있음에 충분한 주의가 필요하다.

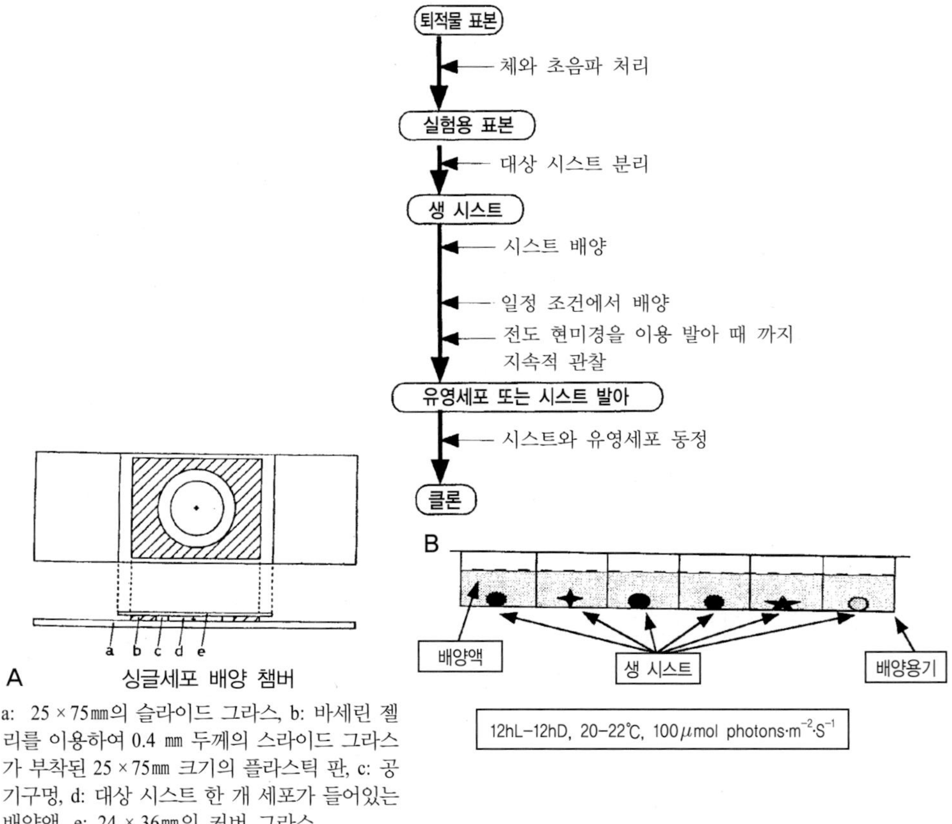

그림 3-8. 와편모조 시스트의 배양 순서 (Matsuoka and Fukuyo, 2000)

와편모조 시스트 배양을 위한 기본적인 필요기구는 식물프랑크톤의 배양시설 이외에 '스라이드 글라스에 계측선이 들어 있는 쳄버(Sedgewick Rafter Chamber) 2개', '배양액이 들어있는 배양용기', '앞부분을 가늘게 뽑은 파스티르피펫 다수'이다. 계수판(chamber)은 농축 시료를 넣을 때와 목적으로 하는 와편모조 시스트를 단종 분리하여 배양 용기에 접종하기 이전의 세척에 사용된다. 세척에 계수판이 아닌 일반 슬라이드 글라스를 사용해도 된다. 파스퇴르피펫은 피펫 앞부분을 핀셋으로 잡고, 가스버너로 열을 가하여 묽어지게 하여 조그만 힘을 가하여 서서히 늘어나면서 목적으로 하는 시스트를 모세관 원리에 의해 흡입할 수 있는 입구의 크기를 만들 수 있게 된다. 파스퇴르피펫 입구의 크기는 흡입하고자 하는 와편모조 시스트 직경의 2~3배 정도가 적합하다. 작업할 때 파스퇴르피펫 뒷부분에 실리콘 고무관을 연결하여, 고무관의 한 쪽을 입에 물고, 모세관 부분에 빨려오는 시스트나 이물질의 양을 호흡을 통해 조절할 수 있다.

배양 용기는 소형시험관, 배양 슬라이드, 배양접시(culture chamber, Corning cell wells, No.25820)등이 사용한다. 소형시험관은 무균화된 와편모조 시스트를 접종하여 무균 배양주를 만들 때 사용한다. 배양 슬라이드는 원모양의 구멍을 미리 파고, 슬라이드 글라스에 바셀린을 이용하여 비닐 조각을 붙여, 소량의 배양액과 와편모조 시스트 1세포를 넣고, 바셀린을 이용하여 그 위에 커버글라스를 다시 붙인 것이다. 배양 슬라이드는 광학현미경에서 400배 배율의 관찰이 가능하여 배양하여 발아한 와편모조 유영세포의 관찰에 유효하여, 와편모조 시스트와 유영세포 사이의 관련성을 연구할 때 효율적으로 사용할 수 있다. 배양접시(culture chamber)는 주로 플라스틱제로 24개의 구멍을 가지는 마이크로플레이트(microplate)를 사용한다. 각 구멍(hole)에 3~4 mL의 배양액을 주입할 수 있다. 각 구멍에 1~2 mL의 배양액과 시스트 한 세포를 주입하고, 두껑을 하고 파라필름(parafilm)으로 밀폐하여 배양기(incubator)에 정치하여 둔다. 배양 상태의 현미경 관찰은 전도현미경이 적합하다. 배양슬라이드보다 배양액이 많고, 각 구멍에서 유영세포나 시스트의 접종과 꺼내기가 편리하여 유영세포 배양주 확보를 위한 작업이나 배양액의 검토에 이용된다. 다음은 와편모조 시스트 배양의 순서를 정리하였다(그림 3-8).

① 체를 이용하여 농축한 표본을 잘 혼합한 다음, 대략 0.5 mL 정도를 챔버에 넣고, 여과해수로 1 mL가 되도록 혼합시켜, 100~200배의 배율로 배양할 와편모조 시스트를 찾는다.

② 앞부분을 가늘게 한 파르퇴르피펫으로 시스트를 분리한다. 이 때 시스트와 함께 다른 이물질이 들어오지만, 새로운 챔버를 준비하여 같은 작업을 2~3회 반복하면, 불순물이 없는 시스트를 분리할 수 있다. 생 시스트는 색소입자, 적색포 또는 유구가

존재하는 것으로 쉽게 구별된다. 특히 발아 직전의 시스트는 원형질 유동이나 세포 내 미립자의 브라운 운동이 발달하게 된다. 배양용기로는 페트리 접시나 구멍 96개가 있는 조직 배양 용기를 사용한다.

③ 분리한 시스트를 배양접시에 접종하여 온도 15~20℃, 광량 100 µmol photons $\cdot m^{-2} \cdot s^{-1}$ 조건에서 배양하면서 매일 발아 상황을 관찰한다. 발아는 접종 후 2~3일부터 일어난다. 늦더라도 2주일 이내에는 발아한다. 발아한 유영세포는 광합성을 하는 종은 2일에 1회 정도 분열하여 증식하고, 광합성을 하지 않은 종에서도 한번은 분열하여 1주일 정도는 생존하면서 유영하기에 형태의 관찰을 통한 종의 동정에는 충분한 시간을 확보할 수 있다.

2. 주요배지 조성

와편모조 시스트 배양에 사용되는 배지는 별도의 특별한 조성을 필요로 하는 것은 아니고 일반적인 식물플랑크톤 배양에 사용되는 다양한 배지가 사용된다(Andersen *et al.*, 2005). 이런 배지에서 해양 식물플랑크톤 배양에는 천연 해수에 대상으로 하는 식물플랑크톤이 필요로 하는 영양염류를 추가로 첨가하여 조성한 f/2 배지(Guillard and Ryther, 1962; Guillard, 1975), SW II (Iwazaki, 1961), ES 배지(Provasoli, 1968) 등과 인공해수를 이용하는 ASP-2 배지 (Provasoli *et al.*, 1957), ASP-M 배지(McLachlan 1964; Goldman and McCarthy, 1978) 조성에 대한 구체적인 내용은 위의 문헌에서 찾아 볼 수 있지만 편의상 이들 배지 조성표를 열거해 둔다. 다만, 대상 생물과 필요에 따라서는 이들 배지를 기본으로 영양분조성 등을 조절하여 다양하게 사용할 수 있다.

표 3-1. f/2 배지 조성표

사용시약	1차 용액 $g \cdot L^{-1}$ DW(초순수)	배지 사용량 1 L^{-1} SW(여과해수)	배지의 최종농도 (M)
$NaNO_3$	75	1 mL	8.82×10^{-4}
$NaH_2PO_4 \cdot H_2O$	5	1 mL	3.62×10^{-5}
$Na_2SiO_3 \cdot 9H_2O$	30	1 mL	1.06×10^{-4}
미량금속 혼합용액	별도 레시피	1 mL	-
비타민 혼합용액	별도 레시피	0.5 mL	-

위에서 $Na_2SiO_3 \cdot 9H_2O$는 규조류를 위한 것으로 규소를 영양원으로 하지 않은 편모조류 배양에는 불필요한 성분임.

* f/2 미량금속 혼합용액: 초순수 950 mL에 다음의 1차 작성용액을 첨가하여 1L로 한다.

사용시약	1차 용액 (냉장보관) g · L^{-1} DW(초순수)	혼합액 조성량 1 L^{-1} DW(초순수)	최종농도 (M)
$FeCl_3 \cdot 6H_2O$	–	3.15 g	1.17 x 10^{-5}
$Na_2EDTA \cdot 2H_2O$	–	4.36 g	1.17 x 10^{-5}
$MnCl_2 \cdot 4H_2O$	180.0	1 mL	9.10 x 10^{-7}
$ZnSO_4 \cdot 7H_2O$	22.0	1 mL	7.65 x 10^{-8}
$CoCl_2 \cdot 6H_2O$	10.0	1 mL	4.20 x 10^{-8}
$CuSO_4 \cdot 5H_2O$	9.8	1 mL	3.93 x 10^{-8}
$Na_2MoO_4 \cdot 2H_2O$	6.3	1 mL	2.60 x 10^{-8}

* f/2 비타민 혼합용액: 초순수 950 mL에 다음의 1차 작성용액을 첨가하여 1L로 하고, 냉동보관 한다.

사용시약	1차 용액(냉장보관) g · L^{-1} DW(초순수)	혼합액 조성(냉동보관) 1 L^{-1} DW(초순수)	최종농도 (M)
Thiamine · HCl (비타민 B_1)	–	200 mg	2.96 x 10^{-7}
Biotin (비타민 H)	1.0	1 mL	2.05 x 10^{-9}
Cyanocobalamin (비타민 B_{12})	1.0	1 mL	3.69 x 10^{-10}

표 3-2. SW II 배지 조성표

사용시약		배지 조성표	비고
KNO_3		7.20 g	
$KH_2PO_4 \cdot H_2O$		0.45 g	
Na_2-glycerophosphate		1.05 g	
Fe (as FeEDTA)		50 μg	
Cyanocobalamin (비타민 B_{12})		0.2 μg	
Tris base		50 mg	
Sea water		100 mL	
pH		8.0–8.2	

표 3-3. ES 배지 조성표

사용시약	1차 용액 g · L^{-1} DW(초순수)	배지 사용량 1 L^{-1} SW(여과해수)	배지의 최종농도 (M)
$NaNO_3$	–	5.0 g	8.26 x 10^{-4}
$KH_2PO_4 \cdot H_2O$	–	3.5 g	8.24 x 10^{-4}
$Na_2\beta$ -glycerophosphate·$9H_2O$	–	0.5 g	4.63 x 10^{-5}
Iron-EDTA 혼합용액	별도 레시피 1	250 mL	–
미량금속 혼합용액	별도 레시피 2	25 mL	–
Thiamine · HCl(비타민 B_1)	–	0.500 mg	2.96 x 10^{-8}
Biotin (비타민 H)	0.005	1 mL	4.09 x 10^{-10}
Cyanocobalamin (비타민 B_{12})	0.010	1 mL	1.48 x 10^{-10}

* Iron-EDTA 혼합용액: 초순수 90 mL에 다음 성분을 용해시켜 초순수 1L로 한다.

사용시약	1차 용액 (냉장보관) $g \cdot L^{-1}$ DW(초순수)	혼합액 조성량 $1\ L^{-1}$ DW(초순수)	최종농도 (M)
$Na_2EDTA \cdot 2H_2O$	–	0.841 g	1.13×10^{-5}
$Fe(NH_4)_2(SO_4)_2 \cdot 4H_2O$	–	0.702 g	8.95×10^{-6}

* 미량금속 혼합용액: 초순수 900 mL에 다음 성분을 용해시켜 1L로 한다.

사용시약	1차 용액 (냉장보관) $g \cdot L^{-1}$ DW(초순수)	혼합액 조성량 $1\ L^{-1}$ DW(초순수)	최종농도 (M)
$Na_2EDTA \cdot 2H_2O$	–	12.740 g	1.71×10^{-4}
$FeCl_3 \cdot 6H_2O$	–	0.484 g	8.95×10^{-6}
H_3BO_3	–	11.439 g	9.25×10^{-5}
$MnSO_4 \cdot 4H_2O$	–	1.624 g	3.64×10^{-5}
$ZnSO_4 \cdot 7H_2O$	–	0.220 g	3.82×10^{-6}
$CoSO_4 \cdot 7H_2O$	–	0.048 g	8.48×10^{-7}

표 3-4. ASP-2 배지 조성표

사용시약	보관 용액 $g \cdot L^{-1}$ DW(초순수)	사용량 $1\ L^{-1}$ SW(여과해수)	배지의 최종농도 (M)
NaCl	–	18.00 g	3.08×10^{-1}
$MgSO_4 \cdot 7H_2O$	–	5.00 g	2.03×10^{-2}
KCl	–	0.60 g	8.05×10^{-3}
$CaCl_2$	–	0.10 g	9.01×10^{-4}
Tris base	–	1.00 g	8.25×10^{-3}
Nitrilotriacetic acid	–	0.10 g	5.23×10^{-4}
Na_2EDTA	–	0.03 g	1.03×10^{-4}
$NaNO_3$	–	0.05 g	5.88×10^{-4}
H_3BO_3	6.0	1 mL	5.55×10^{-4}
KH_2PO_4	5.0	1 mL	5.28×10^{-5}
$Na_2SiO_3 \cdot 9H_2O$	15.0	1 mL	2.87×10^{-5}
$FeCl_3$	0.8	1 mL	1.43×10^{-5}
$ZnCl_2$	0.15	1 mL	2.29×10^{-6}
$MnCl_2 \cdot 4H_2O$	1.2	1 mL	2.18×10^{-5}
$CoCl_2 \cdot 6H_2O$	0.003	1 mL	5.09×10^{-8}
$CuCl_2$	0.0012	1 mL	1.89×10^{-8}
Cyanocobalamin (비타민 B_{12})	0.002	1 mL	1.48×10^{-9}
S3 비타민 용액	별도 레시피	1 mL	–
pH	7.6–7.8	–	–

* S3 비타민 혼합용액: 초순수 950 mL에 다음 성분을 혼합시켜 1L로 한다.

사용시약	1차 용액(냉장보관) g · L^{-1} DW(초순수)	혼합액 조성(냉동보관) 1 L^{-1} DW(초순수)	최종농도 (M)
Inositol	–	500 mg	2.78 x 10^{-6}
Thymine	–	200 mg	2.38 x 10^{-6}
Thiamine · HCl (비타민 B_1)	–	50 mg	1.48 x 10^{-7}
Nicotinic acid (niacin)	–	10 mg	8.12 x 10^{-8}
Ca Pantothenate	–	10 mg	4.20 x 10^{-8}
p-Aminobenzoic acid	1.0	1 mL	7.29 x 10^{-9}
Biotin (비타민 H)	0.1	1 mL	4.09 x 10^{-10}
Folic acid	0.2	1 mL	4.53 x 10^{-10}

표 3-5. ASP-M 배지 조성표

사용시약	보관 용액 g · L^{-1} DW(초순수)	사용량 1 L^{-1} SW(여과해수)	배지의 최종농도 (M)
NaCl	–	23.380 g	4.0 x 10^{-1}
KCl	–	0.750 g	1.0 x 10^{-2}
$CaCl_2$	–	1.120 g	1.0 x 10^{-2}
$NaHCO_3$	–	0.168 g	2.0 x 10^{-3}
$MgSO_4 \cdot 7H_2O$	–	4.930 g	2.0 x 10^{-2}
$MgCl_2 \cdot 4H_2O$	–	4.060 g	2.0 x 10^{-2}
$NaNO_3$	85.0	1 mL	1.0 x 10^{-3}
$NaH2PO_4 \cdot H_2O$	13.8	1 mL	1.0 x 10^{-4}
$Na2SiO_3 \cdot 9H_2O$	56.8	1 mL	1.0 x 10^{-4}
Fe-EDTA	84.2	100μ L	2.0 x 10^{-6}
Tris base	–	0.606 g	5.0 x 10^{-3}
Blycylclycine	–	0.660 g	5.0 x 10^{-3}
TSM-I 용액	별도 레시피	1 mL	–
TSM-II 용액	별도 레시피	1 mL	–
S3 비타민 용액	별도 레시피	1 mL	–
pH	7.5	–	–

* 미량금속 혼합용액(TMS-1): 초순수 900 mL에 다음 성분을 첨가하여 1L로 한다.

사용시약	1차 용액 (냉장보관) g · L^{-1} DW(초순수)	혼합액 조성량 1 L^{-1} DW(초순수)	최종농도 (M)
EDTA	–	14.026 g	4.8 x 10^{-5}
$FeCl_3$	–	0.324 g	2.0 x 10^{-6}
H_3BO_4	–	24.732 g	4.0 x 10^{-4}
$MnCl_2 \cdot 4H_2O$	–	1.979 g	1.0 x 10^{-5}
$ZnSO_4 \cdot 7H_2O$	–	10.064 g	3.5 x 10^{-5}
$Na_2MoO_4 \cdot 2H_2O$	–	1.210 g	5.0 x 10^{-6}
$CuSO_4 \cdot 5H_2O$	–	0.075 g	3.0 x 10^{-7}
$CoCl_2 \cdot 6H_2O$	–	0.071 g	3.0 x 10^{-7}

* 미량금속 혼합용액(TMS-2): 초순수 900 mL에 다음 성분을 첨가하여 1L로 한다.

사용시약	1차 용액 (냉장보관) g · L^{-1} DW(초순수)	혼합액 조성량 1 L^{-1} DW(초순수)	최종농도 (M)
KBr	–	51.450 g	5.0×10^{-5}
$SrCl_2$	–	26.662 g	1.0×10^{-4}
Ru	–	0.242 g	2.0×10^{-6}
Li	–	0.424 g	1.0×10^{-5}
I	–	0.030 g	2.0×10^{-7}

* S3 비타민 혼합용액: 초순수 950 mL에 다음 성분을 혼합시켜 1L로 한다.

사용시약	1차 용액(냉장보관) g · L^{-1} DW(초순수)	혼합액 조성(냉동보관) 1 L^{-1} DW(초순수)	최종농도 (M)
Inositol	–	900.000 mg	5.0×10^{-6}
Thiamine · HCl (비타민 B_1)	–	168.635 mg	5.0×10^{-7}
Nicotinic acid (niacin)	–	23.830 mg	1.0×10^{-7}
Ca Pantothenate	–	12.310 mg	1.0×10^{-7}
p-Aminobenzoic acid	1.371	1 mL	1.0×10^{-8}
Biotin (비타민 H)	0.244	1 mL	1.0×10^{-9}
Folic acid	0.883	1 mL	2.0×10^{-9}
Cyanocobalamin (비타민 B_{12})	1.355	1 mL	1.0×10^{-9}
Thymine	0.378	1 mL	3.0×10^{-6}

제4장

와편모조 시스트의 분류

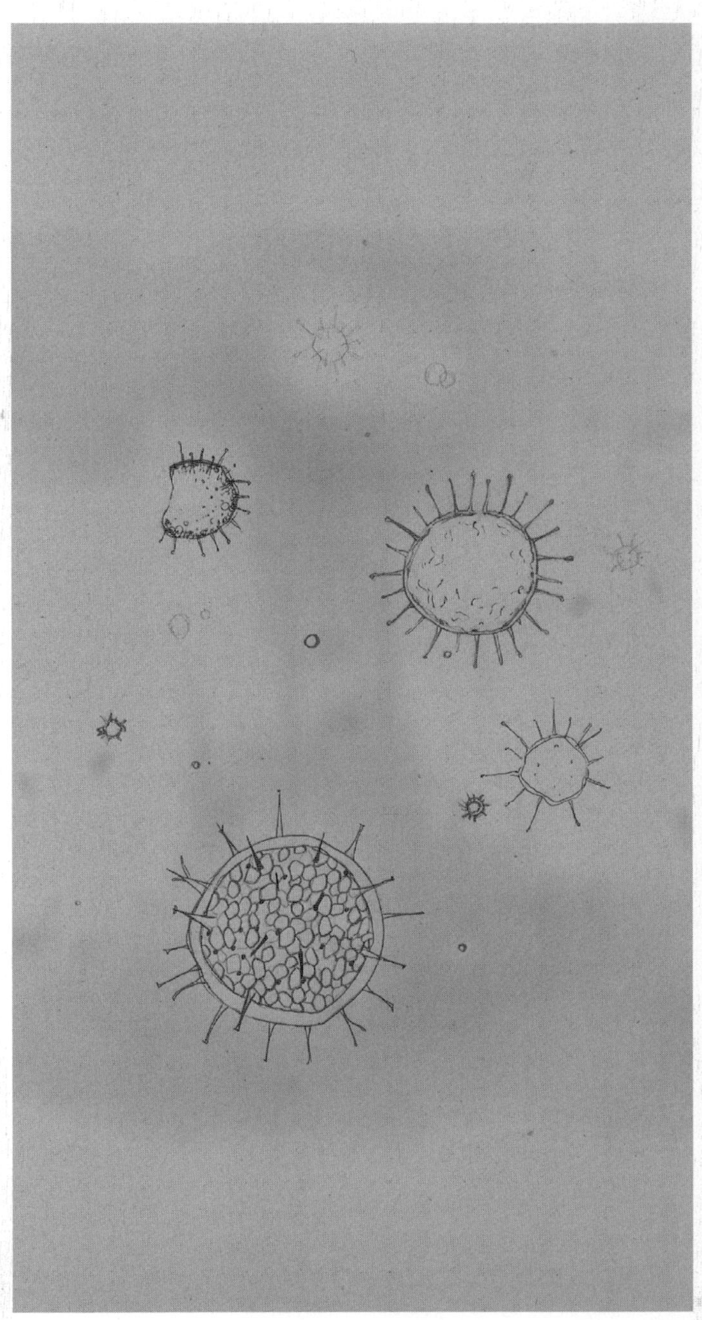

Protoceratium reticulatum by K.W. Yoon

§ 1. 분류의 기본 개념

1. 와편모조 시스트의 기본 특성

와편모조 시스트의 형태적 특징은 일부 예외는 있지만 기본적으로는 다음과 같이 요약된다. 「시스트의 세포벽은 유기질로 구성되어 있고, 1~3층 구조로 된다(대부분 1~2층)」, 「세포의 돌기물(process, spine)이나 유사 봉합선(parasuture) 등은 유영세포의 피각판(thecal plate) 나열을 반영한 유사 피각판 배열(paratabulation)로 표현 된다」, 「편모공(flagellar pore)은 없지만, 흔적으로 편모공의 위치를 나타낼 수도 있다」, 「후미 홈(sulcus)은 돌기물의 나열이나 시스트 세포벽의 요철(凹凸)로서 그 위치가 반영되기도 하지만 편모는 없다」, 「운동성이 없이 퇴적층에서 저서생활을 한다」(그림 4-1).

유영세포로서 플랑크톤을 연구하는 연구자들이 해양퇴적물에 매몰되어 있는 와편모조 시스트에 많은 관심을 갖지 않은 이유로는 「와편모조류의 배양이 쉽지 않고 전체적인 생활사(life cycle) 파악이 어려워서 유성생식의 결과로 형성되는 휴면기 세포인 시스트의 존재를 쉽게 알 수 없었다는 것」, 「유영세포와 휴면기의 시스트의 형태가 현저한 차이를 나타내어, 형태로서 양자의 관계를 판단하기 어려웠다는 점」, 그리고 「와편모조 시스트 대부분은 운동력과 부유능력을 상실하여 해저바닥에 침강하여 퇴적되고 있어, 일부를 제외하고는 플랑크톤의 유영세포 군집에 출현할 기회가 없다는 점」 등 3가지를 들 수 있을 것이다. 이와 같은 이유로 와편모조류의 화석은 19세기 전반에 최초 보고가 있으나, 와편

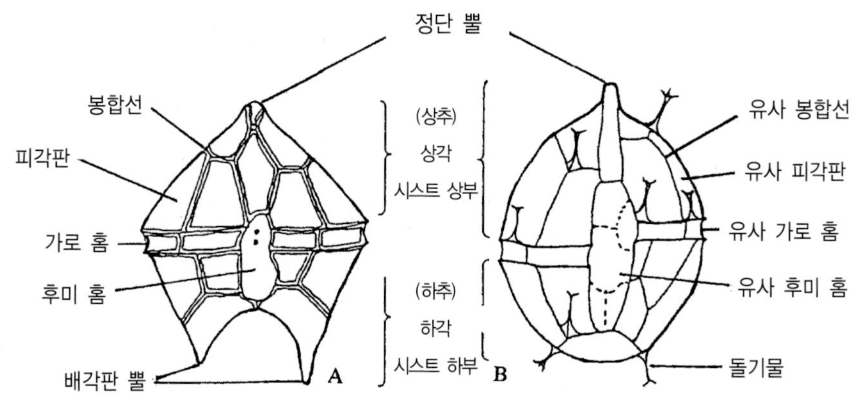

그림 4-1. 와편모조 시스트의 형태를 설명할 때 사용되는 용어

(유영세포 형태(A)와 시스트 형태(B)를 대응하여 표시하였고, 일반적으로 유영세포의 용어에 가짜 또는 유사라는 의미의 접두어 "para"를 붙어 사용한다)

모조류 생활사에서 시스트 존재가 확인되고, 시스트의 역할이 파악된 것은 비교적 최근의 일이다(Sarjeant, 1992). 즉, 최근의 연구에서 와편모조류의 화석과 유영체의 대응관계를 찾을 수 있는 실마리가 제공되고 있고(Wall and Dale, 1968a), 이들 연구 성과는 다양한 문헌에 정리되어 있다(原田와 松岡, 1974; 松岡, 1980; Tappan, 1980; Taylor, 1987).

2. 와편모조류 화석종과 현생종 사이의 분류학적 문제

현재 와편모조류의 연구에서 플랑크톤인 유영세포는 생물학자에 의해 화석종인 시스트는 지질학자에 의해 독립적으로 수행되어 왔다. 때문에 와편모조류 유영세포와 시스트는 각자 독립적인 분류체계로 동일종에 대해 유영세포와 시스트가 각각 다른 종명을 가지고 있었다. 그러다 최근에 화석으로 출현하는 와편모조류는 현생 와편모조류 유영세포의 생활사 일부에서 보이는 시스트라는 것이 정착되면서, 양 분류체계에서 분류에 관한 문제는 더욱 복잡한 양상을 나타내었다. 예로서 현생의 유영세포의 와편모조류에서 *Gonyaulax polyedra*라고 하지만, 화석종의 분류에서는 *Lingulodinium machaerophorum* 이라는 종으로 하나의 생물종에 두개의 학명이 존재한다. 이와 같은 현상은 국제식물명명규약에서 결코 용납될 수 없다. 그러나 와편모조류 유영세포와 시스트의 분류에서 현생 와편모조류 유영세포의 생활사가 확인된 것은 전체 종의 10~20% 내외로, 유영세포와 다른 생활양식을 보이는 휴면세포인 시스트와 유영세포 사의의 대응관계가 충분하게 파악되어 있지 않다. 그리고 화석 와편모조류는 휴면세포로 출현하여 유영세포 형태를 파악하는 것은 매우 어렵다. 또한 현재 화석종은 휴면세포의 형태로 분류할 수밖에 없다라고 하는 세 가지 이유에서 당분간은 두개의 분류체계가 양립될 수밖에 없을 것으로 판단된다.

위의 첫째 문제는 앞으로의 연구에서 와편모조류의 모든 유영세포의 종에 대하여 배양을 하여, 각 종의 생활사를 명확히 파악하면 해결될 것이다. 그러나 문제는 그리 단순하지 않다. 즉 와편모조 시스트에서 발아한 유영세포의 동정에 있어, 시스트와 유영세포 사의의 대응관계 및 분류에 플랑크톤 연구자 사이에 이견이 있으며, 현생 유영세포로 출현하는 모든 와편모조류에 대응하는 시스트가 확인되지 않는다. 그리고 해양퇴적물에서 지금도 새로운 신종 와편모조 시스트가 다수 발견되고 있기 때문이다. 이와 같이 출현하는 모든 와편모조 시스트에 대응하는 유영세포가 확인되지 않은 점에 대해 현재 정식으로 명명된 와편모조 시스트의 종명을 제외하고 앞으로 휴면세포의 형태 특성만을 기준으로 새로운 와편모조 시스트의 명명은 중단되어야 한다는 의견도 제시되었다(Dale, 1983). 그러나 이와 같은 주장에 대해 과거의 와편모조 시스트와 유영세포의 대응관계가 정확한 것이라고 단언하기 어렵기에 너무 관념적이라는 주장도 있다. 예로서 Wall and Dale(1968a)가 확인한 *Protoperidinium pentagonum*의 시스트는 얼마 없어 Reid(1978)에 의해 *Trinivantedinium capitatum*으로 속명의 다르게 명명되었다. 그러나 이 종은 井上(1990)가 Wall and Dale(1968)의 채집한 표본의 생 시스트를 발아시켜 얻어진 유영세포의 형태적 특징을 관찰하여 *Protoperidinium pentagonum*이라고 주장한다. 이와 같이 하나의 와편모조 시스트와 유영세포 사의의 대응관계를 밝히는 것만으로 십 수 년이라는 시간이 필요하며, 그 사이에 새로운 종이 발견은 계속되게 된다. 대응관계를 정립하는 기간 동안 발견되는 새로운 종에 대해 *Protoperidinium* sp.1, *Protoperidinium* sp.2 …… 와 같이 일시적인 학명을 부여하는 방법도 생각할 수 있지만, 이렇게 되면 지금보다 분류체계가 더욱 복잡하게 되는 것은 의심할 여지가 없기에 Dale(1983)의 주장을 받아드리기는 어려워 보인다다. Akselman and Keupp(1990)는 와편모조 *Scrippsiella petagonica*의 유영세포 신종 기재에, 휴면세포인 시스트를 확인하여 *Obliquipithonella irregularia*라는 시스트 종명을 병기하였다. 이와 같은 종의 명명문제에 대해 기본적으로는 와편모조류 유영세포와 시스트의 대응관계가 분명할 때까지는 유영세포와 시스트에 대해 각각의 분류체계에 의한 신종 기재는 인정할 수밖에 없고, 앞으로 연구 추진에 따라 유영세포와 시스트의 대응관계가 명확하게 되었을 때, 국제식물명명규약에 따른 선취권을 인정하여 하나를 파기하는 것이 순리일 것이다.

두 번째 이유에 대한 해결은 현생종의 유영세포와의 비교연구 및 화석종의 형태적 특성과 현생종의 유연계통을 밝히므로 어느 정도 해결이 기대된다. Fensome *et al.*(1993)는 이런 관점에서 처음으로 두 분류체계의 통일을 시도하고 있다. 분류작업에 관련하여, 고차분류단계에서는 Fensome *et al.*(1993)이 제안한 체계를 따른다고 하더라도, 종 수준에서는 영양세포와 시스트의 대응관계가 확실하지 않은 상황에서는 현실적으로 서로 다른 분류체계를 병용하는 것이 혼란을 적게 할 수 있다. 그러나 두 개를 완전히 별개의 체계로 취급하는 것이 아니라, 보완적으로 사용하여 지속적으로 지질학과 생물학 연구자 모두에게 필요한 정보를 제공하려는 노력이 필요하다.

3. 와편모조 시스트와 아크리타크

현재의 해양퇴적물에는 다양한 생물의 유해가 포함되어 있다. 와편모조 시스트도 그 일원이다. 지금까지 유기질의 세포벽을 가진 단세포 생물유해에서 시스트는 특징적인 발아공(archeopyle)을 가진다는 것으로 특징지어 왔다. 그렇지만, 최근 시스트의 배양실험의 성과에 의하면, 미고생물 분야에서 확인되지 않은 미화석 식물체를 나타내는 아크리타크(acritarch)가 와편모조 시스트라는 것이 분명하게 되었다(Dale, 1976; Matsuoka, 1985a). 현재 무각 와편모조류에 속하는 시스트에서 발아공이 명확하지 않은 아크리타크와 유사한

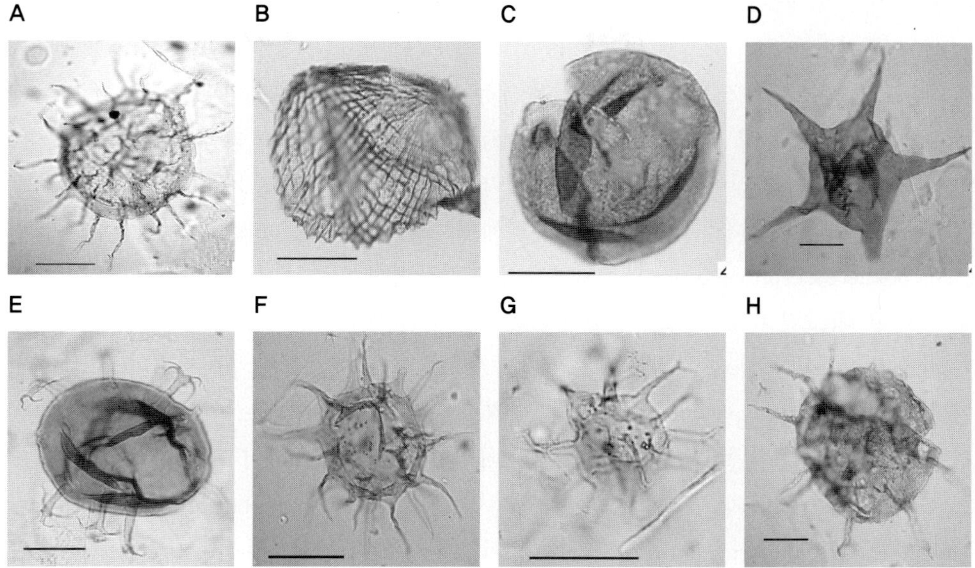

그림 4-2. 미화석으로 발견되는 아크리타크(acritarch)의 다양한 형태(Li *et al.*, 2006)

A: *Baltisphaeridium* 속, B: *Dactylofusa* 속, C: *Leiosphaeridia* 속, D: *Diexallophasis* 속, E: *Navifusa* 속, F: *Polygonium* 속, G: *Multiplicisphaeridium* 속, H: *Gyalorhethium* 속, scale bar: 20㎛

시스트를 만드는 것으로 알려진다. 이런 이유에서 현생 와편모조 시스트를 설명할 때에 아크리타크를 제외하여 설명할 수는 없게 된다(그림 4-2). 본 장에서는 아크리타크를 포함하는 현생 와편모조 시스트의 분류에 대하여 살펴본다.

§ 2. 시스트의 분류 형질

와편모조 시스트의 분류는 기본적으로 시스트 외부 형태를 기준으로 분류하고 있다. 이외에 유영세포의 가로 홈이나 후미 홈을 반영하는 고랑, 갑주형에서는 유영세포 피각판 배열(thecal tabulation)을 반영하는 유사 봉합선의 형태, 그리고 시스트에서 유영세포가 탈출할 때 생기는 발아공(archeopyle)의 형태를 주요 분류 형질로 사용하고 있다(Matsuoka and Fukuyo, 2000; Dale and Dale, 2002). 이에 대한 구체적인 설명을 한다.

1. 유영세포와 대응한 와편모조 시스트의 형태

와편모조 시스트의 크기와 기본적인 형태는 유영세포의 각 부분이 시스트 형성에 깊게 관여하는 것으로 보고 있다(Evitt, 1963, 1985). 또한 시스트는 세포벽에 의한 세포의 형태와 세포벽 사이의 공간에 의해 설명하고 있다(de Vernal and Norris, 1996). 와편모조 시스트는 세포벽의 발달에 따라 기본적으로 유영세포 유사형 시스트(proximate cyst), 돌기형 시스트(chorate cyst; proximochorate cyst), 그리고 간극형성 시스트(cavate cyst)의 3가지 형태로 구분 한다(그림 4-3). 그리고 세포벽과 관련하여 한 개의 층, 즉 단층의 세포벽을 자동격막(autophragm)이라 하고, 두 개의 층으로 된 세포벽에서 바깥쪽은 주변부격막(periphragm), 안쪽을 내부격막(endophragm)이라 한다. 그리고 예외적이지만 삼층 구조인 세포벽은 외부격막(ectophragm), 주변부격막(periphragm), 내부격막(endophragm)이라는 용어를 사용하고 있으며, 외피 세포벽의 구조적 형태에 따라서는 주변부격막(periphragm), 중간격막(mesophragm)과 내부격막(endophragm)이라는 용어가 사용된다. 이들 용어는 시스트의 형태를 기준으로 한 분류에서 자주 사용된다.

그러나 이런 용어 사용에 대해, 와편모조 시스트 세포벽에 endospore라는 셀룰로즈 유사물질의 두꺼운 층을 가지며, 이들은 다수의 굴절을 나타내고 있고(Reid and Boalch, 1984), 투과 전자현미경(TEM, transmission electron microscope)을 이용한 시스트 연구에서 endophragm과 periphragm은 형태를 기준으로 하는 시스트 분류에 사용하기에는 부적절 하다는 주장도 제기되었다(Jux, 1968). 이와 같은 주장에 대하여 endophragm과 periphragm이란 용어를 대신하여 pedium과 luxuria라는 용어 사용을 제안하는 학자들도 있지만(Head, 1994), 현재에도 이들 주장보가 기존의 내용을 일반적으로 사용하고 있다.

그리고 시스트 연구 진전에 따라 유영세포에 시스트를 포함하는 종이나 비운동 시스트 형태에서 세포분열 하는 현상 등이 발견되고 있어, 와편모조 시스트와 유영세포의 형태적 유사성과 대응관계에 대해서는 지속적으로 새로운 정보가 축척될 것으로 판단된다.

가. 유영세포 유사형 시스트

유영세포 유사형 시스트(proximate cyst)는 와편모조류 유영세포의 세포벽에 연속되어 만들어진 시스트로 유영세포와 시스트의 형태적 유사성이 비교적 많다. 일부는 유사 봉합선의 발달로 유사 피각판이 형성되어 있다. 특히 *Impagidinium* 속은 시스트의 피각판으로 유영세포의 피각판 배열(thecal tabulation)을 추정할 수 있다(그림 4-3A, C). 시스트의 체적은 유영세포의 1/2～1/3 수준이다. *Peridinium* 그룹의 시스트인 *Quinquecuspis* 속, *Trinovantedinium* 속, *Votadinium* 속과 *Gonyaulax* 그룹의 시스트인 *Bitectatodinium* 속, *Impagidinium* 속과 *Tectatodinium* 속 등이 여기에 포함된다.

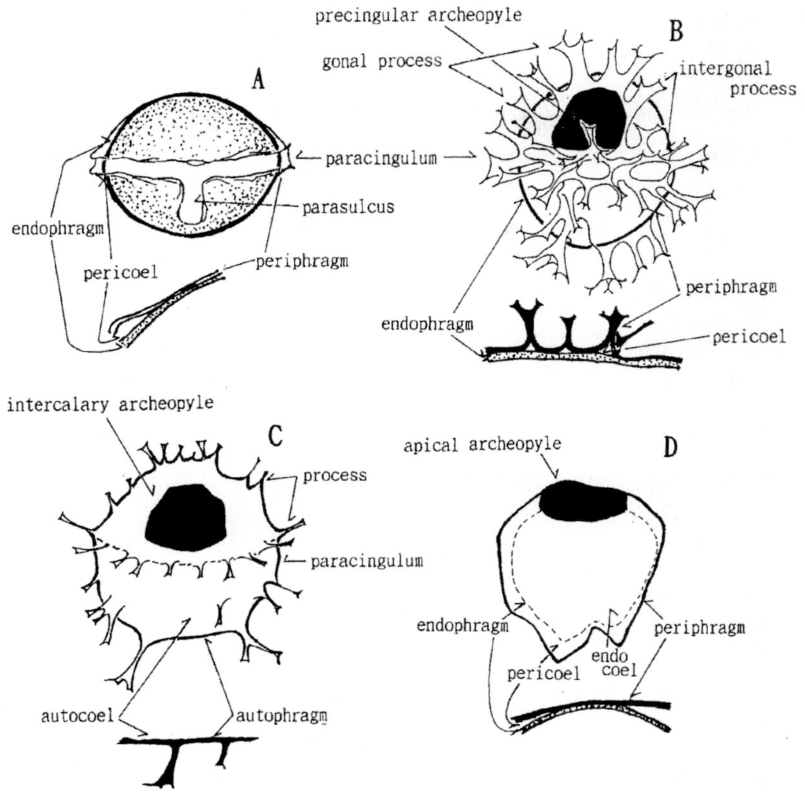

그림 4-3. 시스트의 세포벽 구조와 기본적 체형 (Matsuoka and Fukuyo, 2000에서 인용)

A: 유영세포 유사형 시스트(*Tectatodinium pellitum* (=*Gonyaulax spinifera* 시스트 일종), B: 돌기형 시스트 (*Spiniferites elongatus* (=*Gonyaulax spinifera* 시스트 일종), C: 유영세포 유사형 시스트(*Votadinium calvum* (=*Protoperidinium oblongum* 시스트 일종), D: 간극형성 시스트(*Protoperidinium* sp. 시스트 일종)

나. 돌기형 시스트

돌기형 시스트(chorate cyst 또는 proximochorate cyst)는 운동성 접합자의 세포벽 사이에 만들어진 간극(interstices)을 매우는 모양으로 돌기물이 형성된 시스트(그림 4-3B)로 세포 밖에 다양한 모양의 돌기가 있다. 돌기물의 상태는 완전하지 않지만 유영세포의 피각판 배열을 나타낸다. Kokinos and Anderson(1995)은 *Lingulodinium polyedrum*이 운동성 접합자(planozygote)에서 휴면성 접합자(hypozygote), 즉 시스트로 변화하는 동안 돌기물이 만들어지는 것을 관찰하였다. 그리고 Matsuoka(1985a)는 *Pyrophacus steinii*의 운동성 접합자의 세포벽 안쪽에 시스트인 *Tuberculodinium vancampoae*가 존재하는 것을 관찰하였다. 이와 같은 시스트는 돌기물이나 막상 장식물(membranous ornaments)의 형태(즉, 유영세포와의 관계)를 기본으로, apteate, marginate, spiniferate, murochorate, kledochorate, phragmochorate, skolochorate, trabeculate로 세분된다. 이 시스트의 체적은 앞에서 기술한 추정에 의해 유영세포의 1/3이하로 보아진다. 돌기형 시스트에는 *Gonyaulax* 그룹의 *Spiniferites* 속(spiniferate), *Operculodinium* 속, *Lingulodinium* 속, *Polysphaeridium* 속 (skolochorate), *Nematosphaeropsis* 속 (trabeculate)과 *Pyrophacus* 그룹의 *Tuberculodinium* 속(trabeculate) 등이 포함된다.

다. 간극형성 시스트

간극형성 시스트(cavate cyst)는 시스트 세포벽을 구성하는 1매 또는 2매의 막이 분리하여 세포벽 사이에 간극이 만들어지는 시스트로 원형질은 안쪽 빈 공간(腔)에 존재하는 것으로 추정된다(그림 4-3D). 간극형성 시스트는 미립 돌기를 갖기도 하지만, 대부분 장식물을 갖지 않는다. 형태는 주로 구형, 달걀형으로 담수산 *Peridinium* 그룹의 *Peridinium limbatum*이나 *P. wisconsinense*에서 유영세포 안쪽에 시스트가 붙어 있는 것이 관찰되었다(Wall and Dale, 1968). 본 시스트의 형태는 흑해에서 제4기(Quaternary) 퇴적물에서 발견된 *Spiniferites cursiformis*나 *Tectatodinium pellitum*에서 잘 표현된다(Wall *et al.,* 1973). 현생 와편모조에서는 *Protoperidinium americanum*에 나타난다(Lewis and Dodge, 1987).

2. 세포벽의 구조와 특징

와편모조 시스트의 대부분은 유기질의 세포벽을 가진다. 그러나 *Peridinium* 그룹의 *Scrippsiella trochoidea*나 *Ensiculifera mexicana* 은 석회질의 세포벽을 가지며(Wall and dale, 1968b; D`Onofrio *et al.,* 1999), *Peridinium* 그룹에서 멸종된 화석종인 *Peridinites* 속은 규산질 세포벽을 가지는 것으로 알려진다(Harding and Lewis, 1995). 그리고 일부 유영세포의 와편모조도 석회질의 피각을 가지는 종이 알려진다. 즉, 이전에 합토조류 인편모조에 포함시켰던 극소형의 석회질 플랑크톤인 *Thoracosphaera* 속의 *T. heimii*는 생활사가 밝혀지면서 와편모조로 확인되었다(Tangen *et al.,* 1982). 유기질 세포벽은 고등식물의 화분(pollen)이나 포자의 세포벽을 구성하는 스폴로폴레닌(spollopolenin)에 유사한 물질로서 디노스폴린(dinosporin)이라고 한다(Fensome *et al.,* 1993). 디노스폴린은 산이나 알칼리에 견딜 수 있는 내약품성을 가지며, 세균의 분해에도 저항력을 가진다. 따라서 유기질의 세포벽을 가진 와편모조는 화분이나 포자와 같이 퇴적물에 퇴적되어도 분해되기 어려워 화석으로 보존된다. 그러나 유기질 세포벽을 가지는 모든 와편모조 시스트가 화석 또는 유해로서 남게 되는 것은 아니다.

Protoperidinium 그룹 *Protoperidinium* 속의 많은 시스트와 *Gonyaulax* 그룹의 *Alexandrium*

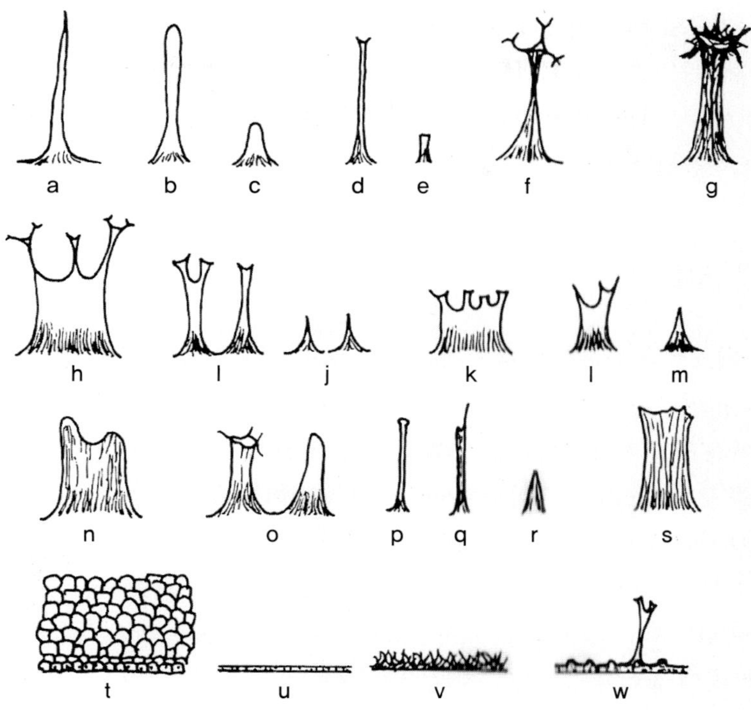

그림 4-4. 돌기물의 종류와 명칭 (Matsuoka and Fukuyo, 2000에서 인용)

a: 가시 모양(acuminate), b: 곤봉형(bulbous), c: 유두형(evexate), d: 앞부분의 갈라진 머리 모양(capitate), e: 짧은 원통형(cylindrical), f: 세 개로 갈라진 돌기물(trifurcate), g: 직교형(orthogonal), h: 보루형(vallate), i: 편평형(oblate), j: 뾰족 원뿔 모양(conical), k: 왕관형(hystricate), l:앤틀러리폼(antleriform), m: 줄무늬 있는 원뿔 모양(conical with striations at the proximal base), n: 총안(machicolate), o: 속빈 관과 유듀형(patulate and evexate), p: 머리 모양(capitate), q: 긴 원통형(cylindrical), r: 원뿔 모양(conical), s: 막상(membranous), t: 미세그물 모양(microreticulate), u: 평활상(psilate), v: 섬유상(fibrous), w: (scabrate)

*catenella/tamarense, Gonyaulax verior*의 시스트는 지금까지 고결(固結)된 퇴적물이나 지층에서 검출된 기록이 드물다. 이유로는 이들 시스트에 포함된 디노스폴린의 양에 관계하는 것으로 추정되었다. 즉, 이들 시스트의 세포벽에는 화석으로 보존되는 *Spiniferites* 속나 *Lingulodinium* 속의 세포벽에 비해 소량의 디노스폴린이 포함된 것으로 판단하였다. *Protoperidinium* 속 시스트 종의 세포벽은 1층으로 연한 차갈색으로 자가 형광을 가지는 것에 대하여 *Trinovantedinium capitatum*은 예외로 무색의 세포벽을 가진다. 그리고 *Gonyaulax* 그룹 시스트는 무색으로 2층 구조의 두꺼운 세포벽을 가지며, 분명한 자가 형광을 보이는 차이가 있다.

와편모조 시스트의 세포벽은 층상 구조를 보이며, 표면은 평탄하거나 입자모양 또는 그물모양의 형태로서 다양한 모습을 보이는 돌기물이나 막상 장식물이 나타난다(그림

4-4). 특히 돌기물의 배열 상태나 유사 봉합선의 존재로서 유사 피각판 배열을 명확하게 표현하고 있어, 이들 흔적을 기반으로 유영세포가 속하는 분류군을 추정할 수 있다. 이와 같은 모양의 세심한 관찰은 발아공의 관찰과 함께 형태를 기준으로 하는 분류의 매우 중요한 형질로 사용된다.

3. 발아공의 형태

와편모조 시스트가 발아하여 유영세포가 방출되고 나면, 공 시스트에 세포 방출 때 만들어진 특징적인 탈출구인 구멍(孔, pore)이 생긴다. Evitt(1961)는 이 구멍을 발아공(archeopyle)이라 하였다. archeopyle는 고대(古代, ancient)를 나타내는 그리스어의 archeo-와 문(門, gate)를 뜻하는 pyle가 조합하여 만들어진 합성어로 중국어인 한자로는 고구(古口)로 번역된다(Jiabo, 1978). 그리고 일본에서는 구멍이 가지는 기능을 중심으로 방출공(放出孔)으로 해석하기도 하였지만(原田와 松岡, 1974), 지금은 발아공(發芽孔, germ pore)이란 용어로 사용된다. 우리 나라는 해양과학용어사전(한국해양학회, 2005)이나 생명과학대사전(강영희, 2008)에 공식적 용어는 없지만, 일부 논문 등에서 발아공이란 용어를 쓰고 있으며, 본 서에서도 발아공이란 용어로 설명한다.

와편모조 시스트의 발아공은 시스트에서 유영세포가 방추될 때 세포벽이 열리면서 만들어지지만, 이는 갑주형/유각종의 유영세포 피각판의 한 장 또는 여러 장에 대응하는 것으로 판단된다. 유기질 세포벽을 가지는 미화석에서 와편모조의 여부를 판정할 때도 발아공의 존재에 따라 결정한다. 그러나 이와 같은 기준에서 보면 피각판이 없는 노출형/무각종 와편모조가 만드는 시스트는 발아공이 없기에, 확인되지 않은 미화석 식물체를 나타내는 아크리타크(acritarch)로 분류된다(Evitt, 1963; Versteegh, 1997). 이런 기준에 대한 오해를 방지하기 위해 Matsuoka(1985a)는 최근 기존의 발아공의 형태와 다른 다양한 모양의 발아공이 발견되고 있어, 발아공에 대한 정의가 변경되어야 된다고 주장하고 있다.

실제 지금까지 보고된 많은 아크리타크 화석에서 발아 할 때 만들어 진 것으로 추정되는 균열이나 구멍이 알려지고 있고, 그의 형태적 특징으로 crytosuture, median slit, partial rupture, epityche (outfold flap), pylome 등의 각기 다른 용어들이 사용되어 왔다(Loeblich and Tappan, 1969). 이 중 crytosuture, partial rupture, polyme의 3가지 형태는 현생 *Gymnodinium* 그룹의 시스트에서 확인되고 있고, Matsuoka (1985a)는 이 중 partial rupture, polymesms의 형태는 와편모조 시스트의 발아공으로 차스믹 발아공(chasmic archeopyle), 트래믹 발아공(tremic archeopyle)으로 불리운다. 또한 cryptosuture의 발아공에는 몇 개의 다른 형태가 존

재하는 것으로부터 Matsuoka (1987a)는 현생 와편모조 시스트에 발달한 발아공을 사포피릭(Saphopylic)형, 테로피릭(Theropylic)형과 크립토피릭(Cryptopylic)형으로 구분하고 있다.

그리고 세포 내부에 원형질이 가득 채워진 살아 있는 생 시스트(living cyst)는 아직 유영세포가 방출되기 이전 단계이기에 발아공을 관찰할 수 없다. 화석 와편모조와 현생 와편모조 사이의 관계를 비교, 검토할 때, 피각판 배열이 매우 중요한 것은 이미 설명하였다. 그러나 피각판이 없는 경우, 양자의 비교에서는 발아공의 형태가 유일한 돌파구가 된다. 이와 같이 와편모조 시스트와 유영세포 사이의 대응관계를 설명하고자 할 때에 발아공의 관찰은 매우 중요하기에, 발아공의 형태에 대하여 설명한다.

가. 사포피릭형 발아공

사포피릭형 발아공(Saphopylic archeopyle)은 유영세포가 방출되면서 만들어진 열림판(operculum)이 시스트에서 완전히 분리되어 있어, 열림판, 즉 발아공이 대응하는 피각판의 위치에 따라 정단 발아공(apical archeopyle), 정중간각판 발아공(intercalary archeopyle), 환대전각판 발아공(precingular archeopyle), 환대후각판 발아공(epicystal archeopyle), 외피낭 발아공(epicystal archeopyle)으로 구분한다. 이들은 발아공을 기본형으로 하여, 기본형이 여러가지 복합된 발아공은 조합형 발아공(combination archeopyle)이라 한다(그림 4-5).

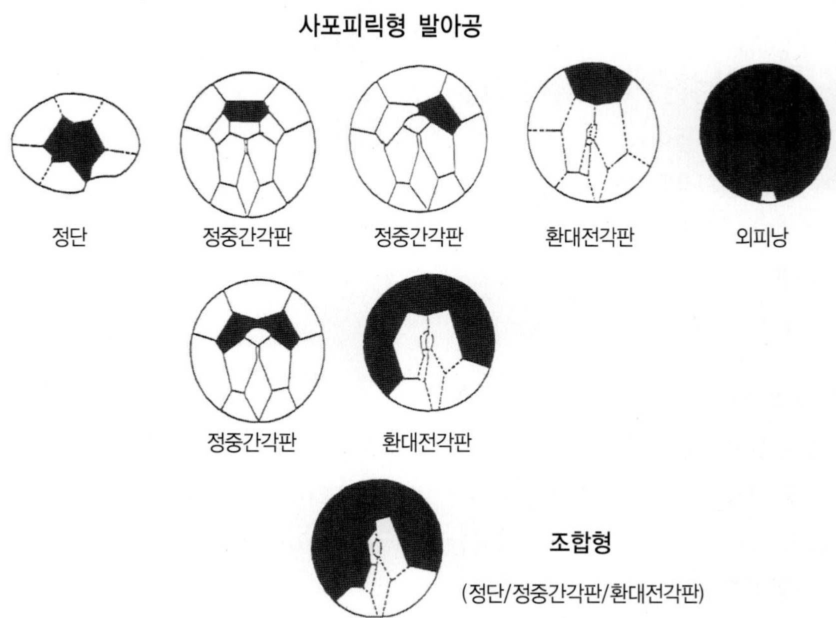

그림 4-5. 와편모조 시스트의 발아공 형태 (사포피릭형(Saphopylic type)) (Matsuoka and Fukuyo, 2000에서 인용).

1) 정단판 발아공

정단판 발아공(apical archeopyle)은 한 개 또는 여러 개의 정단판(apical plate)의 피각판에 대응하여 만들어진 발아공이다(그림 4-5 참조). 정단판 발아공은 일반적으로는 여러 개의 정단판에 대응하여, 정중간각판의 경계선에 지그재그의 모양을 나타낸다. 발아공이 일부는 후미 홈까지 확대되어 후미 홈 새김길(sulcal notch)을 만든다. 와편모조 화석의 세라티움(*Ceratium*)과에서 확인된다(Wall and Evitt, 1975). 현생 와편모조는 *Peridinium* 그룹의 *Protoperidinium americanum*의 시스트에서 확인된다(Lewis and Dodge, 1987).

2) 정중간각판 발아공

정중간각판 발아공(Intercalary archeopyle)은 한 개 또는 여러 개의 정중간각판(anterior intercalary plate)에 대응하여 만들어진 발아공으로(그림 4-5 참조), 현생 와편모조의 시스트에서는 *Protoperidinium* 그룹의 *Protoperidinium* 속 대부분의 시스트에서 확인된다. *Protoperidinium* 아속과 *Archaeperidinium* 아속의 대부분 시스트의 발아공은 피각판 2a에 대응하여 발아공이 만들어 지며, *Archaeperidinium* 아속의 일부 종에서는 피각판 (1a+2a)에 대응하기도 한다.

3) 환대전각판 발아공

환대전각판 발아공(precingular archeopyle)은 한 개 또는 여러 개의 환대전각판(precingular plate)에 대응하여 만들어진 발아공으로 오각형 모양은 피각판 3"에 대응하여 만들어 진 것으로 보인다. 기타는 2"+3" 또는 3"+4", 일부는 2"+3"+4"+5"와 같이 복수의 피각판에 대응하는 발아공이 만들어지기도 한다. 이들은 열림판과 복합체형이라 하며, 현생 와편모조 시스트에서 두 개의 피각판에 해당하는 발아공은 *Bitectatodinium* 속과 일부 *Spiniferites* 속에서 확인된다. 또한 3개 이상 피각판의 복합형은 *Lingulodinium machaerophorum* (=*L. polyedrum*)에서 확인된다. 그리고 *Gonyaulax* 속과 *Protoceratium* 속의 시스트는 환대전각판 발아공의 모양을 한다(그림 4-5 참조).

4) 외피낭 발아공

외피낭 발아공(epicystal archeopyle)은 정중간각판보다 위쪽의 피각판에 대응하는 발아공으로 후미 홈 새김길(Sulcal notch)의 존재 여부에 따라 외피낭(epicyst)과 속피낭(hypocyst)으로 구분한다. 생 시스트에서는 *Polysphaeridium* 속의 *P. zoharyi* = *Pyrodinium bahamense*에서 확인된다(그림 4-5 참조).

5) 속피낭 발아공

속피낭 발아공(hypocystal archeopyle)은 여러 개의 환대후각판(posterior intercalary plate)에

대응하는 발아공이다. 특이한 발아공으로 화석 와편모조인 *Tuberculodinium* 속 (*Pyrophacus* 속)에서만 확인된다(그림 4-5 참조).

6) 조합형 발아공Combination archeopyle

조합형 발아공(combination archeopyle)은 정단판, 정중간각판, 환대전각판의 여러 피각판이 복합된 부분과 대응하여 만들어진 발아공이다. 예로서 2"에서 5"까지의 환대전각판, 정중간각판과 정단판의 조합된 모양의 발아공 *Lingulodinium machaerophorum* 에서 확인된다. 기타 환대후각판의 조합형은 *Protoperidinium* (*Archaeperidinium*) 속의 일부 종, 환대전각판의 조합형은 *Linglodinium* 속에서 확인된다(그림 4-5 참조)

나. 테로피릭형 발아공

테로피릭형 발아공(Theropylic archeopyle)은 열림판(operculum)이 유사 봉합선의 일부로 시스트와 연결되어 있는 간극상의 발아공으로(그림 4-6), 구멍이 의미보다 발아 홈이라고 하는 편이 더 정확할 수도 있지만, 용어의 통일을 위해 발아공으로 표현한다. 사포피릭 발아공처럼 정단판 발아공, 정중간각판 발아공, 외피낭 발아공이 기본형이 된다. 이들 발아공 형태의 몇 개가 복합된 조합형 발아공이 있다. 이전에 transapical archeopyle (Evitt, 1974) 또는 transverse archeopyle (Bujak and Davies, 1983)로 표현한 것들은 모두 데로피릭 발아공에 포함된다.

1) 정단판 발아공

정단판과 정중간각판 또는 환대전각판의 일부 사이에 위치하는 유사 봉합선을 따라서 간극이 만들어진 발아공이다(그림 4-6). *Diplopsalis*그룹의 *Diplopsalis lenticula*나 *Diplopelta parva*나 *Peridinium*그룹의 *Peridinium wisconsinense* 등에서 확인된다. 기타 *Alexandrium catenella/tamarensis*와 *Gonyaulax verior*의 시스트에서도 확인된다.

2) 정중간각판 발아공

정중간각판 발아공(Intercalary archeopyle)은 정중간각판과 환대전각판 사이의 유사 봉합선을 따라서 간극이 만들어진 발아공이다(그림 4-6). *Diplopsalis* 그룹의 *Diplopsalis lebourae*의 시스트에서 확인된다.

3) 외피낭 발아공

외피낭 발아공(epicystal archeopyle)은 환대전각판과 가로홈판 사이의 유사 봉합선을 따라 간극이 형성된 발아공이다(그림 4-6). *Diplopsalis* 그룹의 *Zygabikodinium lenticulatum*

테로피릭형 발아공

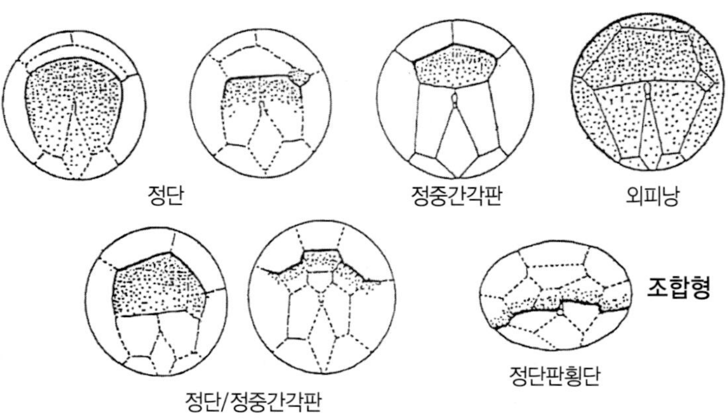

그림 4-6. 현생 와편모조 시스트의 발아공 형태 (테로피릭형(Theropylic type))
(Matsuoka and Fukuyo, 2000에서 인용)

4) 조합형 발아공

조합형 발아공(combination archeopyle)은 각 피각판의 서로 다른 여러 개의 유사 피각판이 발아공을 만드는 것이다(그림 4-6). *Diplopsalopsis orbicularis*의 시스트는 정단판과 정중간각판이 합해진 부분과 환대전각판 사이의 유사 봉합선이 위치하는 곳에 간극이 만들어져 발아공을 형성한다. 또 담수산의 *Peridinium limbatum*은 1′+ 2′+ 4′ + 1″+ 7′의 피각판이 합해진 부분과 3′+ 1a + 2a + 3a + 2″+ 3″+ 4″+ 5″+ 6″의 피각판이 합해진 곳의 경계역에 세로 방향으로 간극이 만들어 지는 특이한 발아공을 가진다. 또 이들 발아공에는 여러 개의 정중간각판이나 환대전각판이 발아공 형성에 관여하기도 한다. *Gotoius abei*의 시스트는 두 장, *Scrippsiella trochoidea*를 포함한 많은 *Scrippsiella* 속의 시스트는 3장의 정중간각판이 발아공 형성에 관여한다. 또한 화석종인 *Subtilisphaera* 속의 발아공은 정중간각판(1a+2a+3a)과 정판 (1′+ 3′+ 4′) 사이에 유사 봉합선이 있는 곳에 간극이 만들어 진다.

다. 크립토피릭형 발아공

크립토피릭형 발아공(Cryptopylic archeopyle)은 유사 피각판 배열을 반영하지 않는 발아공이다. 노출형 와편모조인 *Gymnodinium* 그룹에서 확인되며, Matsuoka(1985a)에 의하면 형태를 기준으로 두 가지 기본형으로 구분된다(그림 4-7).

1) 차스믹 발아공

차스믹 발아공(Chasmic archeopyle)은 시스트 세포벽이 깨어지면서 만들어진 발아공으로 균열은 거의 직선 모양 또는 완만한 활 모양으로 열림판은 형성되지 않는다(그림

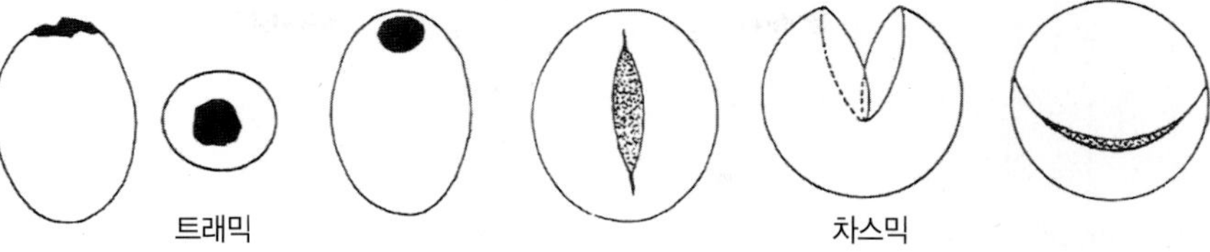

그림 4-7. 현생 와편모조 시스트의 발아공 형태 (크립토피릭형(Cryptopylic type))
(Matsuoka and Fukuyo, 2000에서 인용)

4-7). 발아공의 만들어진 위치와 유영세포의 형태 사이의 유연관계는 명확하지 않다. *Pheopolykrikos hartmannii*의 시스트는 세포 주의를 약 1/3 회전하는 선 모양의 발아공이 확인된다. *Gymnodinium catenatum*도 이와 거의 유사한은 발아공을 가며, *Cochlodinoum* 속의 시스트는 약 1/5 회전하는 직선 모양의 발아공이 확인되었다. 기타 *Gymnodinium* sp. (A_3) (飯塚, 1979)나 담수산 *Woloszynskia apiculata*와 *W. pseudopalustre*의 시스트에서도 유사한 발아공을 가지는 것으로 추정된다.

2) 트래믹 발아공

트래믹 발아공(Tremic archeopyle)은 거의 구모양의 둥근 형태의 발아공이다(그림 4-7). 열림판(operculum)은 기본적으로 시스트에서 분리되어 있다. *Polykrikos schwartzii*와 *Polykrikos* cf. *kofoidii*의 시스트는 세포 앞부분이 약간 지그재그 모양으로 길고 가늘게 주변부를 가지는 발아공을 만든다. *Gyrodinium instriatum*에도 시스트 앞부분에 타원형 모양의 발아공이 있다. *Gyrodinium resplendens*에서는 외피낭(epicyst) 중앙부에 거의 원형의 발아공이 존재한다(Dale, 1983).

§ 3. 시스트 상위 분류군의 특징 및 유영세포와의 대응

와편모조 시스트 분류체계에서 상위 분류군(목, 과)의 특징과 유영세포 분류와의 관련성 해석에서 화석 와편모조(휴면성 접합자; 시스트)는 형태적 특징을 기본으로여 분류되어 왔다. 그러기에 화석 시스트에 이용되는 분류체계는 현생의 유영세포을 기준으로 하는 분류체계와 일치할 수 없다. 현생 시스트의 분류도 지금까지의 화석종의 분류체계에 따라 수행된 것이 많다. 어떤 분류체계가 보다 자연분류에 가까운 것인가에 대해서는 연구자에 따라 의견을 달리한다. 하지만 현재 별도 내용으로 이용되는 두 분류체계를 종합하면 보다 객관적인 분류체계가 만들어 질 수 있을 수도 있다. 따라서, 여기서는 현생 와편모조 시스트의 분류를 화석종의 분류체계에 따라 설명하는 것은 도리어 혼란을 발생시킬 수 있기에 유영세포에 적용되는 분류 내용을 설명한다.

참고로 화석종 와편모조 시스트의 분류에 기준이 되고 있는 분류 체계는 표 4-1에 나타내었다(Sarjeant and Downie, 1974). 화석 시스트와 현생 유영세포에서 별도로 사용되는 분류체계에 대하여 Fensome *et al.* (1993)은 이들 두 개의 분류체계를 통합하려는 시도가 있

표 4-1. 화석 와편모조류의 분류 체계 (Sarjeant and Downie, 1974)

Class Dinophyceae	
Subclass Diniferophycidae	
Order Peridiniales	
Family Adonatosphaeridiacea	Family Areoligeraceae
Family Apteodiniaceae	Family Broomeaceae
Family Canningiacea	Family Cannosphaeridiaceae
Family Cteniodiniaceae	Family Deflandreaceae
Family Dichadogonyaulacaceae	Family Endoscriniaceae
Family Exosphaeridiaceae	Family Fromeaceae
Family Gonyaulacystaceae*	Family Heteraulacystaceae
Family Hexagoniferaceae	Family Homotrybliaceae*
Family Hystrichosphaeridiaceae	Family Heteraulacystaceae
Family Hexagoniferaceae	Family Lingulodiniaceae*
Family Membranilarnaciaceae	Family Microdiniacea
Family Muderongiaceae	Family Nelchinopsaceae
Family Nelsoniellaceae	Family Netrelytraceae
Family Paleoperidiniaceae	Family Pareodiniaceae
Family Pseudoceratiaceae	Family Phthanoperidiniaceae*
Family Scriniocassiaceae	Family Spiniferitaceae*
Family Stephodiniaceae	Family Systematophoraceae
Family Thalassiphoraceae	Family Toolongiaceae
Family Xlphophoridiaceae	
Family Not assigned - Genus *Lejeunecysta*	
Order Dinophysiales	
Family Nannoceratopsitaceae	
Order Gymnodiniales	
Family Dinogymniaceae	

표 4-1에서 *표시가 있는 것은 현생 와편모조 시스트가 출현하는 분류군으로 Gonyaulacystaceae에서는 *Impagidinium* 속, Homotrybliaceae에는 *Polysphaeridium* 속, Lingulodiniaceae에는 *Lingulodinium* 속과 *Operculodinium* 속, Phthanoperidiniaceae에는 발췌 문헌에는 현생 시스트가 보고되지 않은 것으로 되어있으나, Bradford(1975)에 의해 *Protoperidinium* 속 대부분이 속하는 것으로 보고하였다. 그리고 Spiniferitaceae에는 *Atxiodinium* 속(=*Praninospaeridium* 속), *Nematosphaeriopsis* 속과 *Spiniferites* 속의 종들이 출현한다.

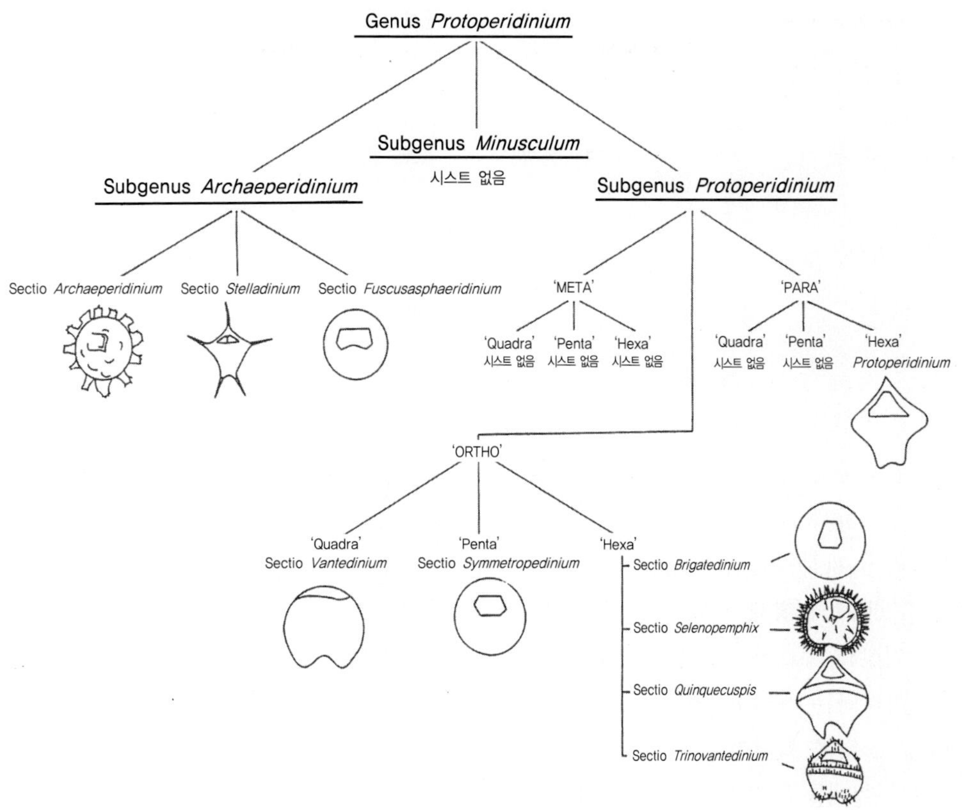

그림 4-8. 형태 기준 와편모조 시스트와 유영세포의 분류체계의 통일을 시도한 예 (*Protoperidinium* 속은 Harland(1982) 참조)

었지만, 종 수준에서는 문제가 발생되고 있다. 참고자료로 이들 내용을 그림으로 정리하여 둔다(그림 4-8).

유영세포와 화석종 시스트이 분류체계에 공통점이 없는 것은 아니다. 시스트의 중요한 분류형질의 하나인 발아공 모습의 특징은 유영세포의 목이나 과의 단위의 분류단계에서 공통으로 사용되고 있다(표 4-2). 예로서 사포피릭형 발아공의 정중간각판 발아공을 나타내는 시스트는 페리디니움과(Peridiniaceae)의 *Protoperidinium* 속에 한정된다. 사포피릭형 발아공의 환대전각판 발아공을 나타내는 시스트는 고니아울락스 과(Gonyaulacaceae)의 *Pyrodinium* 속, 사포피릭형 발아공의 외피낭 발아공은 피로파카스 과(Phyrophacaaceae)의 *Pyrophacus* 속에서 확인된다. 또, 테로피릭형 발아공은 페리디니움 목의 디프로프살리스 과(Diplopsaliaceae)나 칼코이드넬라아 과(Calcoidneloideae)에서 확인된다. 그리고 크립토피릭형 발아공은 짐노디니움 목의 시스트에 확인된다. 보다 하위 분류단계의 유영세포 분류군인 *Protoperidinium* 속에서 시스트를 만드는 그룹은 *Avellana, Excentrica, Monovella,*

표 4-2. 시스트 발아공의 형태와 유영세포 분류와의 대응관계 (Matsuoka, 1987a)

발아공 형태	유영세포 분류군	발아공 형태	유영세포 분류군
크립토피릭형	짐노디니움 목	사포피릭형	
차스믹 발아공	*Pheopolykrikos hartmannii*	정단 발아공	세라디움 과(?)
	Cochlodinium sp.	정중간각판 발아공	페리디니움 목
	Gymnodinium sp. A3		페리디니움 과
트래믹 발아공	*Polykrikos schwartzii*	전환대각판 발아공	페리디니움 목
	Gyrodinium instriatum		고니아우락스 과
테로피릭형	페리디니움 목	외피낭 발아공	페리디니움 목
	디프로프살리스 과		고니아우락스 과
	칼코이드넬라아 과	속피낭 발아공	피로파커스과

*Conica, Oceanica, Tabulata*이며, *Gonyaulax* 속은 *Spinifera*와 *Polyedra* 그룹이다.

물론, *Alexandrium tamarensis*나 *A. catenella, Gonyaulax verior*와 같이 발아공의 형태가 아직 명확히 관찰되어 있지 않았기에 의문의 남는 그룹도 존재하며, 더욱이 발아 배양에 의해 시스트와 유영체의 대응 관계가 분명해진다면 많은 예외가 나타날 가능성이 크다. 그러나 이상의 예로부터도 유추할 수 있는 것처럼, 유영체의 상위 분류군과 시스트의 발아공의 형태와는 거의 대응하여 설명할 수 있게 된다. 또, 종 수준에서 보더라도 시스트가 형성되는 그룹과 그렇지 않은 그룹과는 종과 대응 관계에 있다. 이와 같은 관점은 생활사에서 다른 형태를 하고 있는 세포에 대하여, 각각 별개의 기준을 설정하여 사용되는 2개의 이질적인 분류체계를 어느 정도까지 정리, 통일할 수 있는 가능성을 암시하고 있는 것은 아닐까?

§ 4. 시스트 주요 분류군의 검색

§ 2에서 와편모조 시스트의 분류의 기본적인 형질, 외부 형태, 피각판의 배열을 반영한 유사 봉합선 배열, 유영세포의 가로 홈과 후미 홈을 반영한 형태 그리고 발아공의 모양을 기본적으로 사용한다는 설명을 하였다. 이들을 기준으로 각 분유군의 속이나 종을 구분하는 내용에 대하여 설명한다.

현생 해양퇴적물에서 발견되는 시스트는 보존이 양호하여 외형이 비교적 잘 보존되어 있다. 또, 원형질을 포함하는 생 시스트에서는 중요한 형질의 하나인 발아공을 관찰할 수는 없지만, 외형은 잘 보존되어 있다. 따라서 우선 세포의 외부 형태를 기준으로 하는 속을 검색하는 분류 내용을 다음에 나타내었다(Matsuoka and Fukuyo, 2000).

1. 형태 기준의 현생 시스트 검색

다음은 현생 시스트를 분류함에 있어 형태를 기준으로 하였을 때의 검색 방법을 보여준다. 검색표에서 종명의 다음에 ( )속에는 와편모조 시스트를 기준으로 하는 속명을 나타내었다. 다만 한국 연안해역에 출현하는 와편모조 시스트의 종 정리에서 알 수 있듯이 다음에 설명하는 시스트 속에 대응하는 유영세포 종은 여기에 취급하는 것 이상으로 다양할 수 있음에 주의가 필요하다

1. 세포는 심장형이다 ························ *Protoperidinium claudicans, Protoperidinium oblongum* (*Votadinium*)
1. 페리디니움형으로 세포 앞뒤가 다소 눌러 찌그러진 원형이다 ································ *Protoperidinium conicum, P. nudum, P. subinerme* (*Selenopemphix*)
1. 세포의 앞부분이 막힌 관상 돌기물이 있고, 다소 둥근 형태의 다각형이다 ·· *Protoperidinium diveaicatum* (*Xandarodinium*)
1. 달걀 모양에 가까운 구형으로 유사 봉합선이 발달된다 ························ Gonyaulacaceae (*Impagidinium*)
1. 세포 속에 거의 구형의 내부격막(endophragm)에 막상의 주변부격막(periphragm)이 있다 ·· *Gonyaulax spinifera* complex (*Ataxiodinium*)
1. 원반 모양으로 다수의 짧은 베럴 모양의 돌기물을 가진다. ·· *Pyrophacus steinii* (*Tuberculodinium*)
1. 타원형으로 세포 표면에 거친 그물 모양의 장식이 있다 ·············· *Polykrikos schwartzii*
1. 타원형의 세포에 움푹 꺼진 모양의 장식물을 가진다 ······················ *Polykrikos kofoidii*
1. 달걀 모양과 투명한 격막을 가지나, 때로 점액질 물질을 가진다. ·· *Gyrodinium instriatum*
1. 타원형과 투명한 격막을 가지나, 때로 점액질 물질을 가진다. ·· *Alexandrium catenella/tamarensis*
1. 구형에 투명한 격막을 가지며, 때로 점액질 물질을 나타낸다. ·········· *Alexandrium leei, A. pervianum, A. pseudogonyaulax, Diplopsalopsis orbicularis*
1. 달걀 모양에 가까운 구형 세포이다 ·· 2
1. 달걀 모양에 가까운 구형으로 돌기물이 농밀하게 분포한다. ···································· 3
1. 별모양에 가까운 오각형의 페리디니움형이다. ·· 4
1. 타원에 가까운 구형으로 매우 발달된 유사 봉합선과 돌기물이 있다. ························ 5

2. 달걀 모양으로 두 격막이 밀착된 세포벽을 가지며, 환대전각판 발아공을 한다. ·· *Gonyaulax spinifera* complex (*Tectatodinium*)

2. 구형에 가까운 모양으로 환대전각판의 조합형 발아공을 한다.
························ *Gonyaulax spinifera* complex (*Bitectatodinium*)

2. 구형에 가까운 모양으로 단층의 차갈색의 세포벽을 가지며, 정중간각판의 발아공을 한다.
························ *Protoperidinium avellana, P. denticulatum, P. punctulatum, Gotoius abei* (*Brigantedinium*)

2. 세포의 앞뒤가 눌러 찌그러진 구형으로 유사 가로 홈과 후미 홈을 가진다.
························ *Zygabikodinium lenticulatum* (*Dubridinium*)

2. 구형의 세포로 표면이 정교한 그물 모양이다. ························ *Gymnodinium catenatum*

3. 앞부분이 막힌 속이 빈 곤봉형의 긴 돌기물을 한다.
························ *Lingulodinium polyedra* (*Lingulodinium*)

3. 앞부분이 막고 모양으로 짧고 가는 돌기물이 있다.
························ *Protoceratium reticulatum* (*Operculodinium*)

3. 앞부분이 열려있고, 안쪽이 빈 이빨 모양의 짧은 돌기물이 있다.
························ *Pyrophacus bahamense* (*Polysphaeridinium*)

3. 타원형으로 짧은 가시 모양이나 원뿔 모양의 돌기물이 있는 석회질 세포벽을 가진다.
························ *Scrippsiella trochoidea*

3. 구형으로 긴 가시 모양의 돌기물이 있는 차갈색 세포벽을 가진다.
························ *Protoperidinium amphidosum, P. minutum, Diplopelta parva*

3. 구형으로 돌기물의 시작 부위에 줄이 있는 차갈색 세포벽을 가진다.
························ *Pheopolykrikos hartmannii*

4. 별모양의 페리디니움형으로 각 모서리에 긴 가시 모양의 돌기물이 발달되어 있다.
························ *Protoperidinium compressum* (*Stelladinium*)

4. 짧은 가시 모양의 돌기물이 있고, 피각판을 반영한 배열에 유사 후미 홈이 발달한다.
························ *Protoceratium pentagonum* (*Trinovantedinium*)

4. 1개의 정단 뿔과 두 개의 배각판 뿔이 발달되어 있다.
························ *Protoperidinium latissinum, Pt. leonis* (*Lejeunecycta*)

5. 유사 봉합선이 두 개로 갈라진 돌기물을 가진다.
························ *Gonyaulax spinifera* complex, *G. scrippsae, Gonyaulax* sp. (*Spiniferites*)

5. 유사 봉합선이 내부격막과 연결되어 두 개로 갈라진 돌기물로 그물 모양을 한다.
························ *Gonyaulax spinifera* complex (*Nematosphaeropsis*)

그러나 최근 실험실에서 다양한 발아 실험에 의한 와편모조 시스트와 유영세포 사이의 대응관련 연구에서 구형이나 타원형을 한 단순한 모양의 와편모조 시스트의 존재가 분명하여, 단순히 와편모조 시스트의 세포 모양으로 유영세포의 분류체계에 따른 분류는 곤란하다는 주장이 있다. 이와 같은 상황에서는 와편모조 시스트의 모양과 함께 발아공의 형태를 확인하는 것이 요구되기에, 발아공의 형태를 기본으로 한 검색 방법의 다음에 나타내었다(Matsuoka and Fukuyo, 2000)

2. 발아공의 모양에 따른 시스트 검색

발아가 된 와편모조 시스트의 대부분은 유영세포가 탈출한 흔적으로 다양한 모양의 발아공(archeopyle)이 명확하게 남게 된다. 이와 같이 다양한 모양을 하는 발아공은 와편모조 시스트의 속이나 종을 동정하는 중요한 분류형질로서 이용된다. 또한 굳어진 퇴적물에 남아 있는 와편모조 시스트는 많은 광물질의 각(殼, theca)을 가지는 미화석과는 달리, 변형되는 경우도 종종 있다. 변형된 화석 시스트에서는 원래의 세포 모습이 크게 손상되어 있어, 세포 모양을 기본으로 하는 검색 방법은 유효하지 않게 되어, 발아공의 형태를 기본으로 분류를 하게 된다.

1. 사포피릭(saphopylic) 발아공이다 ······ 2
1. 테로피릭(theropylic) 발아공이다 ······ 11
1. 크립토피릭(criptopylic) 발아공이다 ······ 14

2. 외피낭(epicystal) 발아공이다 ······ *Polysphaeridium*
2. 속피낭(hypoystal) 발아공이다 ······ *Tuberculodinium*
2. 정중간각판(intercalary) 발아공이다 ······ 3
2. 환대전각판 발아공이다 ······ 8
2. 조합형 발아공이다 ······ 10

3. 세포는 심장 모양을 한다 ······ *Voltadinium*
3. 구형으로 돌기물이 없는 차갈색 세포벽을 한다 ······ *Brigantedinium*
3. 페리디니움형으로 반구 모양(dome)의 외피낭과 두 개의 배각판 뿔을 가진다 ······ 6
3. 수 개의 가시 모양의 돌기물을 가지는 차갈색 세포벽이다 ······ 4
3. 페리디니움형으로 한 개의 정단 뿔과 두 개의 배각판 뿔을 가진다 ······ 5

4. 하나의 정단 뿔과 두 개의 배각판 뿔이 있고, 가로 홈에 가시 모양의 돌기물이 있다. ······ *Stelladinium*
4. 세포가 상하로 찌그러진 둥근 육각형을 한다 ······ *Selenpemphix*

4. 타원에 가까운 구형을 하며, 앞부분이 막힌 둥글고 속이 빈 돌기물을 가진다.
·· *Xandarodinium*

5. 짧은 가시 돌기를 가진 유사 봉합선을 나타내는 투명한 세포벽을 가진다.
·· *Trinovantedinium*
5. 삼각형의 외피낭으로 분명한 정판과 배각판 뿔을 가진다 ······················ *Lejeunecysta*

6. 두개의 짧은 배각판 뿔을 가진다 ······································· *Leipokatium*
6. 돌기물 장식이 된 한 장의 판 모양을 한다 ······························ *Selenopemphix*

7. 다양한 부속 돌기를 가진다 ··· 8
7. 부속 돌기가 없다 ··· 9

8. 유사 봉합선에 갈라진 돌기물이 있고, 불규칙한 그물 모양의 내부격막을 한다.
·· *Nematosphaeropsis*
8. 앞부분의 갈라진 모양의 다각형이나 돌기물을 가진다 ························ *Spiniferites*
8. 가는 막대 모양의 돌기물을 가진다 ······································ *Operculodinium*

9. 거의 구형으로 두껍고 부드러운 세포벽을 가진다 ·························· *Tectatodinium*
9. 달걀 모양의 구형으로 유사 봉합선에 대응한 유사 피각판 배열을 한다
·· *Impagidinium*
9. 막상 주변부 격막으로 덮혀 있는 구형에 가까운 내부격막을 가진다 ····· *Ataxiodinium*

10. 구형으로 돌기물은 없고, 두 장의 환대전각판 발아공을 가진다. ········ *Bitectatodinium*
10. 구형으로 곤봉형의 돌기물에, 네 장의 환대전각판 또는 정중간각판의 발아공을 한다.
·· *Lingulodinium*

11. 차갈색 세포벽을 가진 구형으로 가시 모양의 돌기물과 정단 발아공을 가진다
·· *Diplopelta parva*
11. 차갈색 세포벽을 가진 구형으로 정단 발아공을 가진다 ················ *Diplopsalis lenticula*
11. 차갈색 세포벽과 단순한 정중간각판 발아공을 가진다 ················ *Diplopsalis lebourae*
11. 콩 모양에 가까운 구형으로 외피낭 발아공을 가진다 ························ 12
11. 여러 피각판의 조합형 발아공을 가진다 ······································ 13

12. 차갈색으로 유사 가로 홈이 분명하다 ········ *Dubridinium (Zygabikodinium lenticulatum)*

12. 가늘고 완만한 투명 세포벽을 가진다
·· *Helgolandinium sunglobosum, Fragilidinium heterolobum* (?)

13. 거의 구형으로 정단판과 정중간각판의 유사 피각판을 반영한 개각판을 가진다
·· *Diplopsalopsis orbicularis*
13. 콩 모양의 거의 구형으로 두 장의 정중간각판을 반영한 개각판을 가진다
·· *Gotoius abei*
13. 달걀 모양으로 석회석 세포벽에 장식 돌기를 한다 ·················· *Scrippsiella trochoidea*
13. 테로피릭 발아공이다 ·· *Peridinium limbatum*

14. 트래믹 발아공이다 ·· *Polykrikos schwartzii, Gyrodinium instriatum*
14. 차스믹 발아공이다 ·· *Gymnodinium catenatum, Gym. pseudopalustre*

3. 주요 시스트의 종 검색

동아시아 해역에서 주요하게 출현하는 와편모조 시스트의 종 수준 분류키에 대해 유영세포를 기준으로 간략하게 성명해 둔다(Matsuoka and Fukuyo, 2000). ( )은 유영세포와는 다른 별도의 시스트 학명을 가지는 종의 이름을 표기하였다.

01. 부속돌기의 세포벽을 가지는 시스트이다 ·· 02
01. 부속돌기가 없는 세포벽의 시스트이다 ·· 12

02. 차갈색(brownish) 세포벽을 가진다 ·· 03
02. 무색의 세포벽을 가진다 ·· 05
02. 석회석 세포벽을 가진다 ·· 11

03. 장타원형으로 막대모양(rod-like)이나 선반의 칸 모양(shelf-like)의 돌기물이 있다
·· *Polykrikos kofoidii/schwartzii* complex
03. 육방체 모양이다 ······················ *Protoperidinium divaricatum* (*Xandarodinium variabile*)
03. 페리디니움 모양이다 ···················· *Protoperidinium claudicans* (*Vandadinium spinosum*)
Protoperidinium sp. (*Trinovantedinium pallidifurvum*)
03. 앞뒤로 다소 찌그러진 모양으로 가시모양의 돌기물을 가진다
·· *Protoperidinium conicum* (*Selenopemphix quanta*)
03. 구형으로 다수의 쐐기나 가시모양의 뾰쪽한 돌기물을 가진다 ·························· 04

04. 세포 중앙부에 찰흔이 있고 쐐기 모양의 돌기물을 가진다
······························· *Pheopolykrikos hartmannii*

04. 긴 가시모양의 돌기물을 가진다 ······························· *Diplopelta parva*

05. 원반형으로 배럴(barrel) 모양의 돌기물을 가진다 ······························· *Pyrophacus steinii*

05. 페리디니움 모양으로 짧은 가시모양의 돌기물이 많다
······························· *Protoperidinium* sp. (*Trinovatedinium capitatum*)

05. 구형으로 다수의 돌기물이 랜덤한 분포를 보인다 ······························· 06

05. 구형으로 다수의 쐐기나 가시모양의 뾰족한 돌기물을 가진다 ······························· 07

06. 구형으로 많은 수의 앞이 둥근 머리모양 돌기물을 한다 ····· *Protoceratium reticulatum*

06. 구형으로 많은 움푹 페인 돌기물을 한다
······························· *Lingulodinium polyedrum* (*Lingulodinium machaerophorum*)

07. 시스트는 상하로 길게 뻗힌 모양이다
······························· *Gonyaulax spinifera* complex (*Spiniferites elongatus, Spiniferites frigidus*)

07. 시스트는 달걀 모양에 가까운 구형이다 ······························· 08

08. 시스트는 오직 속이 빈 나팔관 모양의 돌기물을 가진다 ······························· 09

08. 시스트는 속이 빈 나팔관 모양의 돌기물과 속이 찬 나팔관 모양의 돌기물을 가진다
······························· 10

09. 표면이 오돌토돌하고, 크기는 40㎛ 이상이다
······························· *Gonyaulax spinifera* (*Spiniferires ramosus*)

09. 표면이 매끄럽고, 크기는 40㎛ 이하이다
······························· *Gonyaulax scrippsae* (*Spiniferires bulloideus*)

09. 표면은 매끄럽지만, 배각판 뿔 부근에 푹 꺼진 돌기물에 크기는 40㎛ 이하이다
······························· *Gonyaulax* sp. (*Spiniferires* cf. *delicatus*)

10. 배각판 뿔 부근에 막상의 유사 봉합선 격막이 있다
······························· *Gonyaulax spinifera* complex (*Spiniferires mirabilis*)

10. 속이 찬 돌기물을 한다
······························· *Gonyaulax spinifera* complex (*Spiniferires hyperacanyhus*)

11. 블록 장식을 한 상하로 길게 늘어진 달걀 모양이다 ··················· *Scrippsiella cystallina*

11. 많은 바늘 모양의 돌기물을 가진 달걀 모양의 타원형을 한다
······························· *Scrippsiella precaria, S. rotunda, S. trochoidea*

11. 많은 수의 끈이 동간 원뿔 장식을 한 구형이다 ························ *Ensiculifera carinata*

12. 무색 세포벽을 한다 ··· 13
12. 차갈색 세포벽을 한다 ··· 16

13. 유사 봉합선 구조를 한다 ··· *Alexandrium pseudogonyaulax*
13. 표면은 매끄러우나 때로 점액 분비물로 덮혀 있다 ··· 14

14. 정극 끝에 트래믹 발아공이 있고, 때로 유사 가로 홈과 후미 홈 구조를 하는 달걀형 시스트이다 ··· *Gymnodinium instriatum*
14. 발아공의 모양이 분명하지 않다 ··· 15

15. 달걀 모양이다 ··· *Gonyaulax verior*
15. 구형이다 ·· *Alexandrium andersonii, A. affinis, A. leeii*
15. 구형에 가까운 타원형이다 ··· *Alexandrium tamiyavanichi*
15. 긴 타원형이다 ·· *Alexandrium catenella, A. tamarense*
15. 구형이나 옆에서 보면 콩모양을 한다 ······································· *Alexandrium minutum*

16. 페리디니움 모양이다 ························· *Protoperidinium leonis* (*Quinqucuspis concreta*)
Protoperidinium oblongum (*Votadinium carvum*), *Protoperidinium latissinum*
16. 불가시리에 유사한 모양다 ················ *Protoperidinium compressum* (*Stelladinium reidii*)
Protoperidinium cf. *compressum* (*Stelladinium abei*)
16. 상하로 찌그러진 타원형이다 ····· *Protoperidinium subinerme* (*Selenopemphix nephroides*)
16. 구형이다 ··· 17

17. 표면에 미소 그물 모양의 장식을 한다 ································ *Gymnodinium catenatum*
Gymnodinium microreticulatum, Gymnodinium nolleri, Gymnodinium. trapeziforme
17. 두 층 구조의 세포벽을 가진다 ·· 18
17. 단층 구조의 세포벽을 가진다 ·· 19

18. 유사 피각판 2′에서 4′에 대응한 발아공을 가진다 ······· *Protoperidinium americanum*
18. 테로피릭-외피낭 발아공을 가진다
··· *Zygabikodinium lenticulatum* (*Dubridinium caperatum*)

19. 테로피릭-외피낭 발아공을 가진다 ·· *Diplopsalis lenticula*
19. 가늘고 긴 지그재그 모양의 테로피릭 발아공을 가진다 ······················ *Diplopelta abei*

19. 유사 피각판 2a에 대응한 발아공이다 ·· 20

20. 뒤로 확장된 육각형 발아공이다 ·· *Protoperidinium thorianum*

Protoperidinium avellanum (*Brigantedinium caracoense*)

Protoperidinium denticulatum (*Brigantedinium irregulare*)

Protoperidinium sp. (*Brigantedinium grande*)

20. 4개의 긴변과 2개의 짧은 변을 가지는 육각형 발아공이다

·· *Protoperidinium conicoides* (*Brigantedinium simplex*),

Protoperidinium sp. (*Brigantedinium majusculum*)

제5장

와편모조 시스트의 주요종

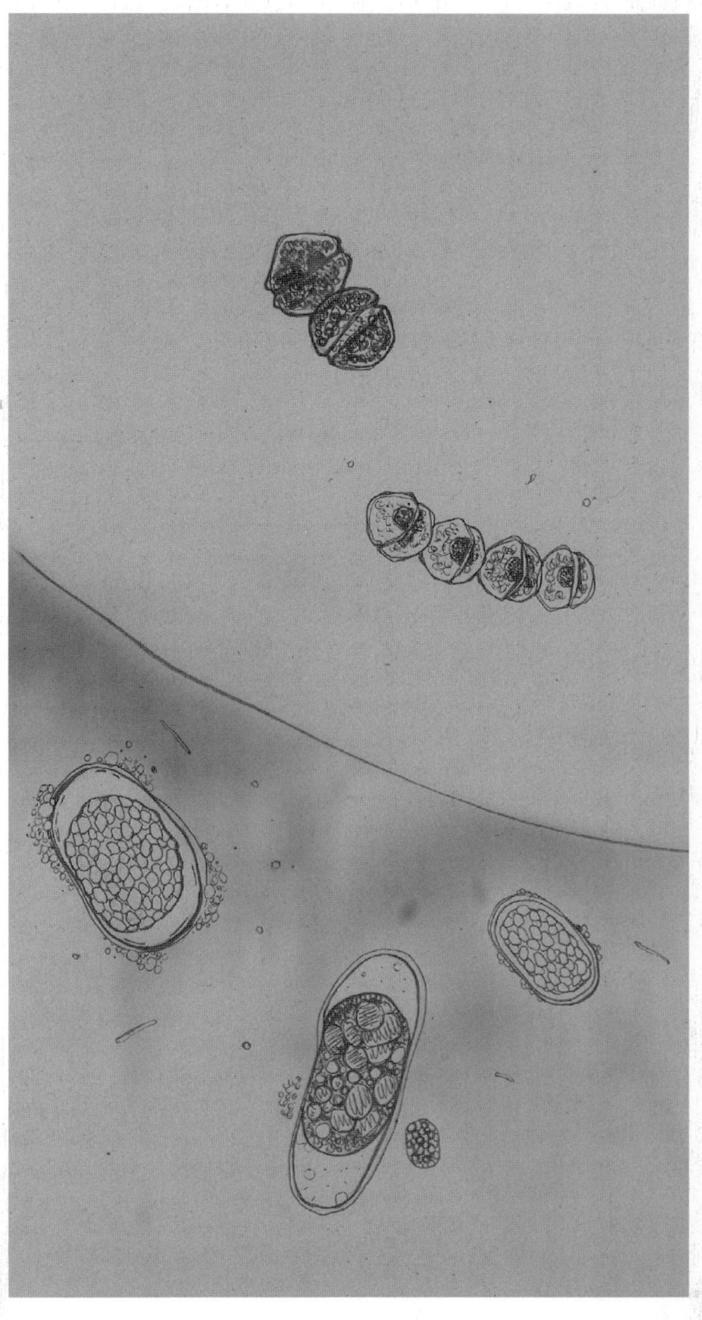

Alexandrium tamarense by K.W. Yoon

주요 와편모조 시스트의 분류에 앞서 약 2,500종의 현재 유영세포의 와편모조류에서 시스트를 만드는 종은 전체 종의 10~20%로 추정되지만, 현생 퇴적물에서 관찰되는 시스트에는 유영세포와 대응관계가 불명확한 종이 많다. 본 장에서는 현생 퇴적물에서 출현하는 와편모조 시스트를 유영세포 측면에서 살펴본다. 그리고 내용의 설명은 목이나 과 이하의 하위 분류 단계에서 유영세포의 분류체계에 따르고 있지만, 아직도 퇴적물에서 관찰되는 와편모조 시스트에는 발아 등 배양이 되지 않아 유영세포가 확인되고 있지 않은 종이 많이 관찰되기에 고미생물학적 시스트 이름도 병기하였다.

§ 1. 짐노디니움 목(Order Gymnodiniales)

고생물학적으로 짐노디니움 목의 시스트는 *Dinogymnium* 속을 제외하면 알려지지 않는다. *Dinogymnium* 속은 중생대에 출현 기록이 있을 뿐으로 현생 퇴적물에서 짐노디니움 그룹의 시스트에 대한 고생물학적 검토는 없는 실정이다.

이 그룹에 속하는 시스트는 유영세포에 피각판이 없어, 갑주형 와편모조 시스트와는 달리 피각판 배열과 관계하는 발아공은 없고, 특징적인 발아공을 가진다. 즉, 현재까지 유영세포와 대응관계가 분명한 시스트는 거의 없고, 대부분은 미화석에서 화분학(palynology) 분야의 인위적 분류군인 아크리타크(acritarch)와 유사한 특성을 보인다. 매우 단순한 형태로 세포벽이 얇아, 퇴적물에 보존되기 어렵기에 미고생물 학자에게 관심의 대상이 되지 못하였다. 이런 이유로 짐노디니움 목의 시스트는 아직까지 처계적인 분류와 명명이 이루어져 있지 않아, 최근에 발아공의 형태를 기준으로 종을 정리하고 있다(Matsuoka, 1987a). 일반적으로 짐노디니움 그룹의 시스트는 세포 표면에 돌기물이 없는 달걀 모양의 타원형이나 장방형의 모습을 한다. 세포벽은 한 층 또는 두 층으로 구성 되고, 색은 오렌지색, 옅은 갈색, 갈색, 그리고 드물게 불그스름한 갈색을 한다. 발아공의 형태는 크립토피릭 형의 차스믹 또는 드래믹 발아공이다.

그러나 와편모조류는 주변 환경의 변화에 따라 휴면성 시스트가 아닌, 생활사에서 한 층의 얇은 세포막을 형성하여 최대 한 달 반 정도 임시 휴면상태에 돌입하는 일시성 시스트(pellicle cyst)가 많은 종에서 나타나며, 특히 짐노디니움 목에서 이와 같은 시스트가 많이 관찰되고 있음을 최근 연구에서 지적하고 있다(Bravo *et al.,* 2010b).

현재까지 문헌을 통해 짐노디니움 그룹의 시스트를 생산하는 종은 표 5-1과 같이 약 15종이 보고 되고 있다(Matsuoka and Fukuyo, 2000 등). 본 장에서 유영세포의 분류체계는 기본적

표 5-1. 짐노디니움 목에서 시스트를 생산하는 종 목록

종		시스트 기재문헌
유영세포	시스트	
짐노디니움 목(GYMNODINIALES)		
Amphidinium carterae	Cyst of *Amphidinium carterae*	Cao Vien, 1967, Gárate-Lizárraga, 2012
Cochlodinium polykrikoides	Cyst of *Cochlodinium polykrikoides*	Tang *et al.*, 2012
Gymnodinium catenatum	Cyst of *Gymnodinium catenatum*	Anderson *et al.*, 1988; Hallegraeff *et al.*, 1989
Gymnodinium corollarium	Cyst of *Gymnodinium corollarium*	Sundström *et al.*, 2009
Gymnodinium impudicum	Cyst of *Gymnodinium impudicum*	Kobayashi *et al.*, 2001
Gymnodinium litoralis	Cyst of *Gymnodinium litoralis*	Reňé *et al.*, 2011
Gymnodinium microreticulatum	Cyst of *Gymnodinium microreticulatum*	Bolch *et al.*, 1999
Gymnodinium nolleri	Cyst of *Gymnodinium nolleri*	Ellegaard and Oshima, 1998
Gymnodinium trapeziforme	Cyst of *Gymnodinium trapeziforme*	Attaran-Fariman *et al.*, 2007
Gyrodinium instriatum	Cyst of *Gyrodinium instriatum*	Wall and Dale, 1968a; Orlova *et al.*, 2003
Gyrodinium resplendens	Cyst of *Gyrodinium resplendens*	Dale, 1983
Gyrodinium uncatenum	Cyst of *Gyrodinium uncatenum*	Tyler *et al.*, 1982
Pheopolykos hartmannii	Cyst of *Pheopolykos hartmannii*	Fukuyo, 1982; Matsuoka and Fukuyo, 1986
Polykrikos kofoidii	Cyst of *Polykrikos kofoidii*	Morey-Gains and Ruse, 1980; Matsuoka *et al.*, 2009
Polykrikos schwartzii	Cyst of *Polykrikos schwartzii*	Wall and Dale, 1968a, Matsuoka *et al*, 2009

으로 2013년 11월 현재 WoRES(World Register of Marine Species, http://www.marinespecies.org)나 AlgeBASE(http://www.algaebase.org) 에서 승인된 내용과 일부 Gomez(2012)의 내용을 참고하여 정리하였다.

1. 암피디니움 속(Genus *Amphidinium*)

Amphidinium 속은 AlgaeBASE(http://www.algaebase.org)(이하 같음)에 96 종의 유영세포가 기록되고 있지만, 유성생식에 의해 시스트를 만드는 종은 *A. britannicum* (Murray and

Patterson, 2002), *A. carterae, A. klebssi* (Barlow and Triemer, 1988), *A. operculatum* (Murray and Patterson, 2002) 등 4종이 관찰된다. 그러나 이들 종은 최근 연구에서 휴면성 시스트가 아닌 생활사에서 일시적인 환경 스트레스에 대응하기 위한 일시성 시스트임을 주장하고 있다(Bravo *et al.,* 2010b). 그렇지만 *A. carterae*에 대해 시스트의 재관찰이 이루어져 있다.

Amphidinium carterae Hulburt 1957
시스트 이름: cyst of *Amphidinium carterae* Hulburt 1957

Cao Vien(1967, 1968)에 의해 유영세포와 같은 형태 크기의 시스트를 관찰하였고, Sampayo(1985)는 배양 과정에서 시스트가 형성되는 것이 확인 하였다. 유독 저서성 와편모조류로 얇은 점액질 세포막 안에서 세포분열이 발견되는 등(Gárate-Lizárraga, 2012, 그림 5-1A), 유성생식에 의한 휴면성 시스트가 아닐 가능성에 대해서도 의견을 제시하고 있다(Franklin and Berges, 2004; Bravo *et al.,* 2010b).

적조에 의해 어류 독성(ichthyotoxins)을 생산하며(Yasmoto *et al.,* 1987), 포르투칼의 사도(Sado) 하구(Sampayo, 1985), 파키스탄의 북아라비안해(Baig *et al.,* 2006), 멕시코 의 태평양 연안인 캘리포니아만(Gárate-Lizárraga, 2012) 등에서 적조 발생과 어류폐사가 보고된다.

2. 코클로디니움 속(Genus *Cochlodinium*)

Cochlodinium 속은 40종이 유영세포 종이 기록되어 있지만, 짐노디니움 그룹의 시스트를 만드는 종은 *Cochlodinium polykrikoides* (Kim *et al.,* 2002, 2007), *Cochlodinium* sp. (Fukuyo, 1982), *Cochlodinium* sp. (Matsuoka, 1985b, 1987b) 등 극히 제한된 일부 종에서 관찰된다. 연구자에 따라서는 이들 모두가 일시성 시스트로 정리하는 등 아직까지 휴면 시스트 형성에는 많은 이견을 보인다. 그러나 우리나라 연안 해역에서 가장 대표적인 적조 원인종인 *C. polykrikoides* 시스트에 대해 최근 새롭게 관찰되고 있다.

Cochlodinium polykrikoides Margalef 1961
시스트 이름: cyst of *Cochlodinium polykrikoides* Margalef 1961

태평양 서부, 우리나라와 일본연안을 중심으로 미증유의 적조발생으로 어류의 대량폐사를 가져온 *Cochlodinium polykrikoides*은 많은 연구자에 의해 적조발생 종자균(seed population)로서 시스트 연구가 진행되어, *C. polykrikoides* 또는 *Cochlodinium* sp.로 기록하였다(Rosales-Loessener *et al.,* 1996; Matsuoka and Fukuyo, 2000, Orlova *et al.,* 2004; Seaborn and Marshall, 2008; Rubino *et al.,* 2010; Mohamed and Al-Shehri, 2011). 특히 Kim *et al.*(2002, 2007)은 적조발생 해역과 배양을 통해 투명한 시스트를 관찰하여 보고하였지만, 많은 논란 속에 휴면성 시스트로 확정되지 안았다. 그러나 최근 Tang *et al.*(2012)에 의해 시스트 형성과정의 자세히 기록되었다. 시스트는 20~40 ㎛ 크기로 누르스름한 갈색을 띄며, 한 개 또는 때로는 두 개의 세포가 들어 있다. 시스트의 형태는 완전한 구형이나 원형을 하지만, 새롭게 만들어 질 때에는 타원형을 한다(그림 5-1B). 세포벽은 <2 ㎛ 이하로 두층으로 되어 있으며, 세포벽 표면은 돌기가 없이 매끈하다(Tang *et al.,* 2012).

본 종은 어류독성을 생산하는 종으로 1961년 중미의 푸에토리코에서 처음 보고된 이후(Margalef, 1961), 태평양 서부의 한국과 일본연안에서 대규모 적조를 발생시키던 것이, 지금은 따뜻한 수온을 나타내는 해역을 서식지로 하여, 캐리비안해, 태평양의 동부와 서부연안, 대서양의 서부연안, 인도양, 유럽 지중해, 그리고 아라비안해의 연안 등 온대와 열대해역에 광범위하게 출현한다(Matsuoka *et al.,* 2008; Richlen *et al.,* Kudela and Gobler, 2012).

3. 짐노디니움 속(Genus *Gymnodinium*)

Gymnodinium 속의 유영세포에는 197종이 기록되고 있지만, 시스트를 생산하는 종은 시스트 표면에 미세한 그물 모양의 장식을 한 *G. catenatum, G. microreticulatum*, *G. nolleri, G. trapeziforme* 이외에 *G. corollarium, G. impundicum, G. litoralis*, *G. pseudoparustre* (von Stosch, 1973), *G. pyrenoidosum* (Horiguchi and Chihara, 1988)등 9종이 관찰되고 있지만, Bravo *et al.* (2010b)에 의해 일시성 시스트로 구분되는 *G. pseudoparustre*와 *G. pyrenoidosum*를 제외하면 7종으로 이에 대해 간단한 형태와 분포의 내용을 정리하여 둔다. 다만 *G. catenatum*도 생활사(Blacjburn *et al.,* 1989) 또는 세균과의 연계에 따라서는 얇은 세포막 형태의 일시적 시스트를 형성하는 것으로 알려진다(Skerratt *et al.,* 2002).

Gymnodinium catenatum Graham 1943
시스트 이름: cyst of *Gymnodinium catenatum* Graham 1943

Anderson *et al.*(1988)에 의해 처음으로 시스트가 기록되었다. 시스트는 크기가 50 ㎛의 정도의 구형으로 세표 표면은 미세한 그물 모양으로 덮여 있다. 미세 그물 모양의 장식을 구성하는 다각형의 크기는 1~3 ㎛이고, 세포벽은 단층으로 약 0.6 ㎛의 두께를 가지며, 빨강색조의 갈색을 한다(그림 5-1C), 발아공은 거의 몸체 반 바퀴를 도는 차스믹이다. 생시스트는 흑갈색으로 광학현미경으로는 *Gonyaulax* 속의 *Brigantedinium* 그룹이나 *Diplopsalis lenticula* 시스트와 구별하기 어렵다(Figueroa *et al.,* 2008c)

본 종의 분포는 용승이나 해수 혼합에 의해 기초생산력이 높은 열대나 아열대 해역의 연안 해역에 분포하며, 대양역에서 출현기록은 없다. 마비성 패류독을 생산하며 스페인에서 처음으로 독성 보고(Estrada *et al.,* 1984)가 있지만, 유럽과 아시아, 호주 연안에서도 독성이 검출된다. 시스트의 분포는 남태평양의 호주연안(Blackburn *et al.,* 1989; Bolch and Hallegraeff, 1990; McMinn *et al.,* 1997; Bolch and Reynolds; 2002; Irwin *et al.,* 2003), 아프리카 북서해안의 용승역과 아라비안해, 인도서해안(Godhe *et al.,* 2000; Zonneveld and Brummer, 2000; D`Costa *et al.,* 2008; Ribeiro and Amorim, 2008; Bravo *et al.,* 2010b; Smayder and Trainer, 2010), 멕시코 서부연안(Morquecho and Lechuga-Devéze, 2004; Limoges *et al.,* 2010), 북대서양의 유럽연안과 유럽 지중해 주변해역(Anderson *et al.,* 1988; Nehring, 1994b, 1995; Blanco, 1995; Peperzak *et al.,* 1996; Ellegaard *et al.,* 1997; Montresor *et al.,* 1998; Amorim *et al.,* 2001; Amorim and Dale, 2006; Ribeiro *et al.,* 2012), 또한 한국, 일본, 중국 등의 북태평양 서부해역(Fukuyo *et al.,* 1993; Matsuoka and Fukuyo, 1994; Matsuoka *et al.,* 2006; Bolch and Salas, 2007) 등 범 지구적으로 연안해역에 출현한다(Blackburn *et al.,* 2001; Zonneveld *et al.,* 2013)

Gymnodinium corollarium Sundström, Kremp et Daugbjerg 2009
시스트 이름: cyst of *Gymnodinium corollarium* Sundström *et al.* 2009

2005년 Sundström *et al.*(2009)가 봄철 북대서양의 발틱해에서 대발생하였을 때, 유영세포를 신종으로 기재하면서, 현장의 세디멘트 트랩과 배양실험에서 시스트가 만들어 지는 것을 확인하여 기재하였다. 시스트는 10～20 ㎛ 크기로 달걀 모양이며(그림 5-1D), 유영세포의 가로 홈과 후미 홈의 흔적이 관찰된다. 그리고 본 종은 최근 신종으로 기록된 종으로 발틱해(Klais *et al.,* 2013) 이외에서 분포하는 추가 정보는 없다

Gymnodinium impudicum (Fraga et Bravo) Hansen et Moestrup 2000
동종이명(synonym): *Gyrodinium impudicum* Fraga et Bravo in Fraga *et al.* 1995
시스트 이름: cyst of *Gymnodinium impudicum* (Fraga et Bravo) Hansen et Moestrup 2000

일본 세도내해와 나까우미 퇴적층에서 시스트를 관찰하여 기록하였다(Kobayashi *et al.,* 2001). 시스트는 직경 27.6 ㎛의 둥근 형태와 길이가 34.5～34.7 ㎛, 폭이 29.2～32.0 ㎛인 타원형이다(그림 5-1E). 세포벽은 두 층 구조로 되어 있고 외부 세포막이 내부 세포막보다 다소 두껍다. 무색투명하며, 장식물은 없으나 노란색을 띤 녹색을 한다. 트래믹 발아공이다. 본 종은 오랜 기간 *Gymnodinium* sp. A_3 (飯塚, 1979)로 가칭되어 왔으나, 스페인이나 이탈리아 연안에서 *Gyrodinium impudicum*으로 신종 기재되었다(Fraga *et al.,* 1995). 그러다

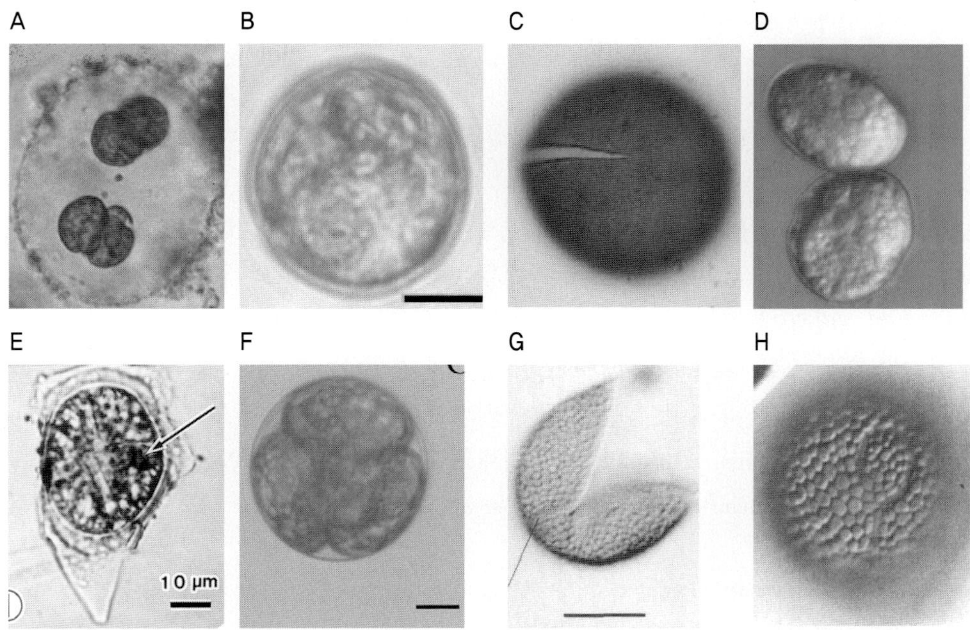

그림 5-1. 짐노디니움 그룹의 시스트(1) (사진은 원기재 논문에서 인용)

(A: cyst of *Amphidinium carterae*, B: cyst of *Cochlodinium polykrikoides*, C: cyst of *Gymnodinium catanatum*, D: cyst of *Gymnodinium corollarium*, E: cyst of *Gymnodinium litoralis*, F: cyst of *Gymnodinium microreticulatum*, G: cyst of *Gymnodinium nolleri*, H: cyst of *Gymnodinium impundicum*; 지정이 없는 바의 크기는 10 ㎛, E의 화살표는 엽록소를 나타냄)

Hansen and Moestrup (2000)에 의해 *Gymnodinium impudicum*으로 명명되었다. 분포는 태평양 서부의 일본과 한국연안(Kobayashi *et al.,* 2001; Park and Shim, 2011), 남태평양의 호주연안(Sonneman and Hill, 1997; McMinn *et al.,* 2010), 북대서양의 유럽과 유럽 지중해 연안 해역에 분포한다(Fraga and Bravo, 1995).

Gymnodinium litoralis Reňé 2011
시스트 이름: cyst of *Gymnodinium litoralis* Reňé 2011

2009년과 2010년 스페인과 이탈리아 연안의 퇴적물에서 채집한 시스트와 유영세포에 관찰하여 신종 기재하였다(Reñé *et al.,* 2011). 시스트는 길이가 22~31 ㎛, 폭이 22~30 ㎛로 달걀 모양의 둥근형을 나타내며, 유영세포와 유사한 것으로 보고되었다. 세포벽은 투명하지만 두껍고, 밝은 녹색을 한다(그림 5-1F). 현재 유럽 지중해를 포함한 북대서양 일부 해역을 제외하고는 시스트 출현에 대한 추가 정보가 없다(Satta *et al.,* 2013).

Gymnodinium microreticulatum Bolch, Negri et Hallegraeff 1999
시스트 이름: cyst of *Gymnodinium microreticulatum* Bolch *et al.* 1999

호주의 여러 연안 해역에서 다이버에 의해 채집된 퇴적물에서 관찰하여 신종으로 기재하었다(Bolch *et al.*, 1999). 시스트는 직경이 17~28 ㎛ (평균 24 ㎛)인 구형을 나타내며, 세포벽은 연한 갈색에서 자주 빛 색상의 갈색으로 표면은 미세한 그물 모양 장식으로 덮여 있다(그림 5-1G). 유영세포의 형태에 대응하는 유사 가로 홈과 후미 홈, 그리고 유사 정단 홈이 관찰된다.

본 시스트는 소형으로 *Gymnodinium catenatum*과 혼동하기도 하고, 매우 드물게 보고된다. 지금까지 호주, 우루과이, 홍콩, 북대서양의 포루트칼 연안에서 보고되었고(Bolch and Reynolds, 2002; McMinn *et al.*, 2010), 유영세포로는 한국과 일본 연안 해역에서도 최근 출현이 보고된다(Iwatani *et al.*, 2006; Cho *et al.*, 2008).

Gymnodinium nolleri Ellegaard et Moestrup 1999
시스트 이름: cyst of *Gymnodinium nolleri* Ellegaard et Moestrup 1999

덴마크 다니스(Kattegat straits) 연안 해역에서 채집된 퇴적물 표본에서 얻어진 시스트와 배양을 통해 유영세포을 관찰하여 신종으로 기재하였다(Ellegaard et Moestrup, 1999). 시스트는 직경 28~38 ㎛의 구형으로 세포 표면은 0.3~1.9 ㎛의 다각형 구조를 가지는 미세한 그물 모양의 장식으로 덮여 있다(그림 5-1H). 차스믹 발아공으로 유영세포에 대응한 유사 가로 홈과 후미 홈의 흔적은 배열된 줄로서 관찰된다. 세포벽은 0.8~1.1 ㎛ 두께로 어두운 느낌의 빨강 색조를 띤 갈색을 나타낸다. 세포 표면의 미세 그물모양을 하는 *Gymnodinium catenatum*이나 *Gymnodinum microreticulatum*과 유사한 시스트 형태를 하지만, 시스트 크기는 *G. microreticulatum* (17~28 ㎛)보다 크고 *G. catenatum*(38~59 ㎛)보다는 작다. 유영세포의 크기도 유사하다. 분포는 북유럽 연안 이외에 아라비안해, 남서아프리카 연안 해역에서 출현한다(Ellegaard *et al.*, 1998; Bolch and Reynolds, 2002).

Gymnodinium trapeziforme Attaran-Farimann, Salas, Negri et Bolch 2007
시스트 이름: cyst of *Gymnodinium trapeziforme* Attaran-Farimann, *et al.* 2007

이란 연안 해역의 퇴적물에서 채집한 시스트와 발아된 유영세포를 관찰하여 신종으로 기재하였다(Attaran-Farimann *et al.*, 2007). 시스트는 길이가 23~34 ㎛ (평균: 26 ㎛), 폭이 17~27 ㎛ (평균: 21 ㎛)로, 광학 현미경으로는 사각형 모양으로 보인다. 시스트는 윗부분이 아래 부분보다 약간 작다. 세포벽은 진한 핑크 빛을 띤 갈색에서 자주 빛을 띤 회색을 나타내지만, 때로는 주황색을 나타내기도 한다. 세포 표면은 미세 그물 모양 장식으로 덮여있다(그림 5-2A). 유사한 시스트를 생산하는 *Gymnodinium catenatum, G. nolleri, G. microreticulatum*와 비교하면 세포 크기가 *G. nellori*보다는 작고, *G. microreticulatum*보다는 크다. 분포는 현재 이란 남부의 파사 반더 연안 해역에 제한적이다.

4. 지로디니움 속(Genus *Gyrodinium*)

Gyrodinium 속의 유영세포는 약 113종이 보고되지만, 시스트를 만드는 종은 *G. instriatum, G. resplendens, G. uncatenum* 등 3종만이 보고된다.

Gyrodinium instriatum Freudenthal et Lee 1963
시스트 이름: cyst of *Gyrodinium instriatum* Freudenthal et Lee 1963

유영세포로는 북대서양 뉴욕만에 출현한 것을 신종으로 기록하였고(Freudenthal and Kee, 1963), 시스트는 *Gyrodinium* sp.로 Wall and Dale (1968a)에 의해 처음 기록된 이후, Fukuyo(1982), Matsuoka(1985b), Kojima and Kobayash(1992), Uchida *et al.*(1996), Orlova *et al.*(2003) 그리고 Shikada *et al.*(2008) 의해 형태가 기술되었다. 시스트는 서양배의 모양으로 길이가 51～55 ㎛, 폭이 39～42 ㎛인 장방형이다. 세포벽은 유기쇄설물(detritus)이 붙어있는 두꺼운 점액층으로 되어 있지만, 무색투명하다(Orlova *et al.,* 2003; 그림 5-2B). 일부 시스트에서 유사 가로 홈 흔적이 관찰된다. 발아공은 10 ㎛ 정도의 원형으로서 트래믹 발아공이다. *Alexandrium carenella, A. tamarense, Gonyaulax verior* 등의 시스트와 매우 유사하지만, 발아공의 형태로부터 식별 가능하다.

본 종은 연안해역의 부영양화 지표생물과 적조발생의 종자군(seed population)으로 역할을 하며(Jimenez, 1993), 요코하마항에서는 전체 시스트의 54% 우점율을 나타내기도 하였다. 시스트의 분포는 북태평양 서부의 일본 북부에서 남부(Matsuoka, 1985b; Shikata *et al.,* 2008), 한국(Kim, 1990), 러시아 연안(Orlova *et al.,* 2003)에서 보고되며, 유영세포는 범지구적으로 출현한다(Uchida *et al.*, 1996).

Gyrodinium resplendens Hulburt 1957
시스트 이름: cyst of *Gyrodinium resplendens* Hulburt 1957

Dale(1983)에 의해 시스트가 기록되었고, 이후 Skovgaard (2000)에 의해 배양중 세포벽에 가시돌기가 있는 시스트와 돌기가 없는 시스트를 관찰하여 기록했지만, 발아된 세포는 없는 것으로 보고하고 있다(그림 5-2C). 분포 등에 대한 자료도 빈약하다.

Gyrodinium uncatenum Hulburt 1957
시스트 이름: cyst of *Gyrodinium uncatenum* Hulburt 1957

미국 서부 체사피크만에서 심한 적조를 발생하여 표영 환경에서 시스트를 형성하면서 소멸되는 내용을 현장 중심의 조사에서 시스트의 형성과 발아를 관찰하여 보고하였다(Tyler *et al.*, 1982). 시스트 형태에 대한 자세한 기록은 없으나, 접합에 의해 유영성 접합자, 휴면성 접합자인 시스트로 변화하는 과정의 세포형태를 간략히 설명하고 있다. 시스트는 둥근 타원형을 하여 몇 개의 세포가 붙어 있다. 시스트 속에는 발강 색소 알갱이가 모여 있고, 내부 세포벽은 외부막과 분리되어 매끈한 모양을 하지만, 세포 표면은 점액질 유사한 오일 방울로 덮여 있고, 다른 세포와 붙어 모여 있다(그림 5-2D). 이후 동일 연구자들에 의해 실험실 배양을 통해 유성생식(Coats *et al.,* 1884)과 시스트를 만드는데 성공하였다(Anderson *et al.,* 1985). 분포는 북대서양 서부해역인 북미동부와 동부의 스웨덴 연안에서 보고되나(Dyntaxa, 2013; www.dyntaxa.se), 자료가 빈약하다.

5. 카토디니움 속(Genus *Katodinium*)

Katodinium 속의 유영세포는 27종이 보고되지만, 시스트를 만드는 종은 *K. fungiforme* 한 종이 알려진다.

Katodinium fungiforme (Anissimova) Loeblich III 1965
동종이명(synonym): *Gymnodinium fungiforme* Anisimova 1925
시스트 이름: cyst of *Katodinium fungiforme* (Anissimova) Loeblich III 1965

*Katodinium fungiforme*는 Spero and Moree(1981)에 의해 시스트가 기재되었다. 영국의 호수에서 발견된 종에서 점액질의 두꺼운 세포막을 가지며 주황색의 원형질을 포함하는 시스트가 기록되어 있지만(National History Museum 자료, 그림 5-2E). 점액질 세포막 안에서 세포분열이 발견되는 등, 일시성 시스트로 구분하고 있다(Bravo *et al.,* 2010b). 또한 본 종은 혼합영양을 하는 기수성이나 담수인 호수 등에서 발견되며(John *et al.*, 2011; Mertens *et al.,* 2013), 북대서양의 프랑스, 영국의 기수 및 연못(Hayward and Ryland, 1990; John *et al.,* 2011)과 스웨덴에서 발견된다.

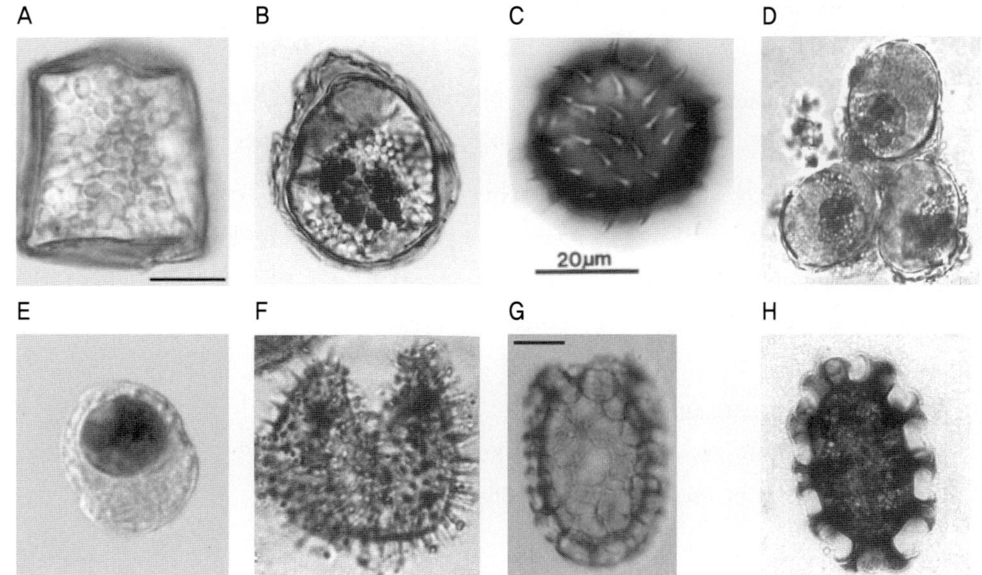

그림 5-2. 짐노디니움 그룹의 시스트 (2) (사진은 원기재 논문에서 인용)

(A: cyst of *Gymnodinium trapeziforme*, B: cyst of *Gyrodinium instriatum*, C: cyst of *Gyrodinium resplendens*, D: cyst of *Gyrodinium uncatenum*, E: cyst of *Katodinium fungiforme*, F: cyst of *Pheopolykrikos hartmannii*, G: cyst of *Polykrikos kofoidiii*, H: cyst of *Polykrikos schwarzii*; 지정이 없는 바의 크기는 10 ㎛, G는 20 ㎛)

6. 폴리크리코스 속(Genus *Polykrikos*)

Polykrikos 속의 유영세포는 6종이 보고되지만, 시스트를 생산하는 종은 *P. hartmannii, P. kofoidii, P. schwartzii* 등 3종이다. 본 속의 시스트는 Wall and Dale(1968)가 *Gymnodinium* sp.로서 처음 기록하였고, 후에 Dale(1976)에 의해 *Polykrikos*로 기재하였지만, *P. schwartzii*와 *P. schwartzii*의 시스트에서 형태적 구분이 분명하지 않는 것으로 보고되었지만(Matsuoka, 1985b), 최근 Nagai *et al.*(2002)와 Matsuoka *et al.*(2009)에 의해 두 종의 형태적 차이점을 자세히 기록하고 있다. 분포도 일반적으로 태평양에서 *P. schwartzii*가 대서양에서는 *P. kofoidii*가 출현하는 것으로 알려진다(Zonnelveld *et al.,* 2013).

Polykrikos hartmannii Zimmermann, 1930

동종이명(synonym): *Polykrikos beauchampii* (Chatton) Dodge 1982

Pheopolykrikos hartmannii (Zimmermann) Matsuoka et Fukuyo 1986

시스트 이름: cyst of *Polykrikos hartmannii* Zimmermann 1930

본 종은 Matsuoka and Fukuyo(1986)에 의해 시스트와 유영세포를 새롭게 관찰하여 *Polykrikos* 속에서 *Pheopolykrikos* Chatton 1933 속으로 이전되었다, 재차 *Polykrikos* 속으로 재편입된 종이다(Gomez, 2012). 시스트의 외형은 구형이며 세포벽은 확실하지 않지만 1층 구조로 진한 차갈색을 띈다. 표면은 짧은 가시모양의 돌기물을 다수 가진다. 돌기물의 선단에는 모래 입자나 펄 입자가 부착되고 있는 경우가 많다(그림 5-2F). 차스믹 발아공으로 돌기물을 가지는 다른 시스트(예, *Protoperidinium minutum* 등)와 발아공의 형태로 구별 가능하다. 또, 가시 모양의 돌기물을 현미경으로 관찰하면 돌기 밑 부분에 실 모양이 들어있는 것으로도 구별된다. 온대 내만해역에 분포한다.

Polykrikos kofoidii Chatton 1914
동종이명(synonym): *Polykrikos schwarzii* Kofoid 1907
시스트 이름: cyst of *Polykrikos kofoidii* Chatton 1914

시스트는 처음 Morey-Gains and Ruse (1980)에 의해 기재되었고, 이후 Fukuyo and Matsuoka(1983), Matsuoka(1985b)가 *Polykrikos schwarzii*와 유사한 형태로 기재하고 있다. 그러나 Nagai *et al.*(2002)과 Matsuoka *et al.*(2009)는 두 종의 시스트를 재관찰 하여 두 종에서 다른 형태적 특성을 구체적으로 기술하고 있다. Matsuoka *et al.*(2009)에 의하면 세포 모양을 길이가 72～125 ㎛ (평균: 85 ㎛), 폭이 48～63 ㎛ (평균: 56 ㎛)으로 세로로 길게 늘어뜨린 타원형으로 세포벽은 연한 또는 녹색을 띤 갈색으로 2층 또는 3층 구조를 한다. 외부 격막과 주변부 격막은 장식물을 제외하고는 착 달라붙어 있고, 내부 세포벽은 부속 돌기가 없고 상대적으로 두껍다. 외부 세포벽도도 장식물을 제외하면 두껍고 매끈하다(그림 5-2F).

본 종의 분포는 인도양, 북태평양 동부와 서부해역(Matsuoka, 1985b; Biebow *et al.,* 1993; Godhe *et al.,* 2000; Orlova *et al.,* 2004; D`Costa *et al.,* 2008; Limoges *et al.,* 2010)의 아열대에서 아한대까지 넓게 분포하며, 대양에서도 표층 염분이 낮아지는 계절에 출현한다. 특히 인위적인 활동에 의해 부영양화가 진행된 해역에 높은 세포밀도로 출현한다(Pospelova *et al.,* 2002, 2004, 2005; dale 2009; Kim *et al.,* 2009; Pospelova and Kim, 2010; Zonneveld *et al.,* 2012). 그러나 Zonnelveld *et al.*(2013)은 본 종의 분포에 대해 북반구는 아한대에서 온대해역의 대양역에 주로 분포하는 반면, 남반구는 온대 해역의 연안역에서 출현하며, 높은 세포밀도는 유럽 지중해 서부와 동중국해에서 분포하는 것으로 정리하고 있다.

Polykrikos schwartzii Butschli 1873
동종이명(synonym): *Polykrikos auricularia* Bergh
시스트 이름: cyst of *Polykrikos schwartzii* Butschli 1873

본 종의 시스트는 앞에서 설명한 *Polykrikos kofoidii*와 유사한 형태를 가지고 있어 구분하는 것이 쉽지 않아(Morey-Gains and Ruse, 1980; Fukuyo and Matsuoka, 1983; Matsuoka, 1985b), *P. schwartzii* - *P. kofoidii* complex로 보고하기도 하였다(Matsuoka, 1987a; Matsuoka and Cho, 2000). Matsuoka *et al.*(2009)에 의하면 시스트의 세포 모양을 길이가 60~82 ㎛ (평균: 70 ㎛), 폭이 41~55 ㎛ (평균: 50 ㎛)으로 길게 연장된 타원형을 보이며, 세포벽은 진한 갈색으로 2층 또는 3층 구조를 하는 것으로 설명하고 있다. 그리고 세포벽은 차갈색으로 2층 구조. 외부 막과 주변부 막은 돌기물을 제외하고는 착 달라붙어 있고, 내부 막은 부속돌기가 없고 상대적으로 두꺼우며, 주변부 격막도 장식물을 제외하면 두껍고 매끈하다(그림 5-2H).

분포는 주로 북대서양의 열대 및 아열대의 연안 해역, 동부 유럽 지중해, 흑해 등의 온대 해역은 물론 남대서양 온대해역에 분포한다. 그러나 태평양 중앙부의 대양역에서 출현 보고는 없다. 높은 세포밀도는 아프리카 북서연안의 용승역, 미국 서부 중앙부 해역과 멕시코의 적도 및 아열대 해역, 동중국해, 황해 등 우리나라 주변해역이다(Zonnelveld *et al.*, 2013). 또한 *Polykrikos kofoidii*와 같이 인위적인 활동에 의해 부영양화가 진행된 해역에 높은 세포밀도로 출현한다(Pospelova *et al.*, 2002, 2004, 2005; dale 2009; Kim *et al.*, 2009; Pospelova and Kim, 2010; Zonneveld *et al.*, 2012).

Polykrikos sp. 속에는 위의 3종 이외에 *Polykrikos* sp. var. *arctica* 시스트가 보고된다. 본 종은 현재 북극의 극 해역에 제한적으로 분포하는 것이 알려지고 있고, 특히 극해역의 얼음이 덮여 있는 기간에 시스트 세포밀도는 증가하고(Radi and de Vernal. 2008), 해빙으로 표층해수의 염분농도가 낮아지는 계절에 감소하는 것으로 알려진다(Zonneveld *et al.*, 2013). 그러나 본 종은 아직 유영세포의 종으로 등록되어 있지 않는 등, 유영세포와의 대응 관계 등 구체적인 형태적 기술 등에 대한 정보는 거의 없다.

§ 2. 고니아우락스 목(Order Gonyaulacales)

고니아우락스 그룹의 시스트는 이전 페리디니움 목에 속해었으나, 고니아우락스 목으로 분리하여 독자적인 분류군으로 취급한다(Goméz, 2012 참조). 고니아우락스 그룹에는 *Gonyaulax, Lingulodinium, Protoceratium, Pyrodinium, Pyrophacus, Alexandrium, Flagilidium* 속 등의 시스트가 알려진다(표 5-2). 이 중에 앞의 5속의 시스트는 발아공이 분명하지만, 뒤의 2속은 발아공의 명확하지 않다. 그러나 시스트의 형태나 세포벽의 구조 및 발아공의 성질을 보면, *Alexandrium* 속, *Pyrodinium* 속, *Pyrophacus* 속은 *Gonyaulax* 속, *Lingulodinium* 속, *Protoceratium* 속과는 차이를 보인다. 특히 *Alexandrium* 속의 피각판 배열에 관한 최근의 연구에서는 그 양식을 APC, 4', 6", 6c, 11s, 5''', 2''''로 표현하는(Fukuyo *et al.*, 1985) 등, 유영세포에서도 *Gonyaulax* 그룹과 다르다. 이와 같은 이유로 *Alexandrium* 속을 *Gonyaulax* 그룹으로부터 분리를 주장하기도 하였지만, 아직 분리되지 않고 기존의 분류체계를 따르고 있다(AlgaeBASE, Gomez, 2012).

표 5-2. 시스트를 생산하는 고니아우락스 목(Gonyaulacales)의 종 목록

종 (고니아우락스 목)		시스트 기재문헌
유영세포	시스트	
Alexandrium affinis	Cyst of *Alexandrium affinis*	Fukuyo *et al.*, 1985; Band-Schmidt *et al.*, 2005
Alexandrium andersonii	Cyst of *Alexandrium andersonii*	Montresor *et al.*, 1998; Touzet *et al.*, 2008
Alexandrium catenella	Cyst of *Alexandrium catenella*	Yoshimatsu, 1981; Fukuyo, 1985
Alexandrium cohorticula	Cyst of *Alexandrium cohorticula*	Fukuyo *et al.*, 1988?
Alexandrium fraterculus	Cyst of *Alexandrium fraterculus*	Nagai *et al.*, 2009
Alexandrium fundyense	Cyst of *Alexandrium fundyense*	Lewis *et al.*, 1991; Kennaway and Lewis, 2004
Alexandrium globosum	Cyst of *Alexandrium globosum*	Dale, 1977b
Alexandrium hiranoi	Cyst of *Alexandrium hiranoi*	Kita *et al.*, 1988, 1993
Alexandrium leei	Cyst of *Alexandrium leei*	Fukuyo *et al.*, 1988?
Alexandriun kutnerae	cyst of *Alexandriun kutnerae*	Bravo *et al.*, 2006
Alexandrium margalefi	Cyst of *Alexandrium margalefi*	Hallegraeff *et al.*, 1991 as A. sp.
Alexandrium minutum	Cyst of *Alexandrium minutum*	Bolch *et al.*, 1991; Garc s *et al.*, 2004
Alexandrium monillatum	Cyst of *Alexandrium monillatum*	Walker and Steidinger, 1979
Alexandrium osterfeldii	Cyst of *Alexandrium osterfeldii*	Braarud, 1945; Mackenzie *et al.*, 1996
Alexandrium pervianum	Cyst of *Alexandrium pervianum*	Bravo *et al.*, 2006
Alexandrium pseudogonyaulax	Cyst of *A. pseudogonyaulax*	Montresor *et al.*, 1993
Alexandrium tamarense	Cyst of *Alexandrium tamarense*	Dale, 1977b; Fukuyo, 1985
Alexandrium tamiyavanichii	Cyst of *Alexandrium tamiyavanichii*	Nagai *et al.*, 2003
Alexandrium tamutum	Cyst of *Alexandrium tamutum*	Montresor *et al.*, 2004
Alexandrium tayori	Cyst of *Alexandrium tayori*	Giacobbe and Yang, 1999
Flagilidium heterolobum	cyst of *Flagilidium heterolobum*	Steidinger, 1975
Flagilidium maxicanum	cyst of *Flagilidium maxicanum*	Gu and Wang, 2007

표 5-2. 계속

종 (고니아우락스 목)		시스트 기재문헌
유영세포	시스트	
Flagilidium subglobosum	cyst of *Flagilidium subglobosum*	von Stoch, 1969; Sonneman and Hill, 1997
Gonyaulax baltica	cyst of *Gonyaulax baltica*	Ellegaard *et al.*, 2002
Gonyaulax elongata	*Spiniferites elongatus*	Ellegaard *et al.*, 2003
Gonyaulax digitalis	*Bitectatodinium tepikiense*	Lewis *et al.*, 2001
	Spiniferites bentorii	Wall and Dale, 1968a, Nehring, 1997a
Gonyaulax membranaceae	*Spiniferites membranaceus*	Ellegaard *et al.* 2003
Gonyaulax scrippsae	*Spiniferites belerius*	Reid, 1974
	Spiniferites bulloideus	Wall and Dale, 1968a; Sonneman and Hill, 1997
Gonyaulax spinifera	*Nematosphaeropsis labyrinthus*	Wall and Dale, 1968a
	Spiniferites mirabilis	Nerhing, 1977a
	Spiniferites ramosus	Matsuoka, 1985b; Ellegaard *et al.*, 2003
	Tectatodinium pellitum	Dodge, 1982
Gonyaulax verior	cyst of *Gonyaulax verior*	Matsuoka *et al.*, 1988; Sonneman and Hill, 1997
Gonyaulax spp. ident.	*Ataxiodinium choane*	Reid, 1974a
	Dalella chathamensis	McMinn and Sun, 1994
	Impagidinium paradoxum	Wall, 1967
	Impagidinium strialatum	Wall, 1967
	Genus *Impagidinium* spp. ident. 10 spp.	Bujak, 1984; Versteegh and Zonvenboom, 1995
	Genus Spiniferites spp. ident. 11 spp.	Harland *et al.*, 1980; Deflandre and Cookson, 1995
Lingulodinium polyedraum	*Lingulodinium machaerophorum*	Wall and Dale, 1968a; Kobayashi *et al.*, 1981
Peridiniella catenata	cyst of *Peridiniella catenata*	Kremp, 2000
Protoceratium reticulatum	*Operculodinium centrocarpum*	Wall and Dale, 1968a
Protoceratium sp.	*Operculodinium israelianum*	Matsuoka, 1987a
Pyrodinium bahamense	*Polysphaeridium zoharyi*	Wall and Dale, 1969, Matsuoka *et al.*, 1989
P. bahamense var *compressum*	*Polysphaeridium zoharyi*	Steidinger *et al.*, 1980; Matsuoka, 1989
Pyrophacus horolongum	cyst of *Pyrophacus horolongum*	Wall and Dale, 1971
Pyrophacus steinii	*Tuberculodinium vancampoae*	Wall and Dale, 1971; Matsuoka, 1987b

1. 알렉산드리움 속(Genus *Alexandrium*)

Alexandrium 속에서 시스트는 일반적으로 서양배 모양의 장타원형이나 구형을 한다. 세포벽은 투명하고 표면은 매끈하지만, 점액질로 덮여 있다. 점액질 두께는 종이나 개체에 따라 차이가 있어, 두껍고 미세 펄 입자나 규조 등의 생물유해가 많이 부착되어 있는 것부터 얇고 거의 확인할 수 없는 것까지 다양하다. 시스트 속은 투명한 입상물질이나 빨간색소, 작은 핵이 있지만, 엽색체는 분명하지 않다. 발아공은 세포 앞부분이나 기타 부위에 만들어지는 테로피릭형으로 보이지만(Yamaguchi *et al.*, 1995b), 정확한 위치와 형태가 알 수 없는 경우가 대부분이다.

Alexandrium 속의 시스트는 Braarud(1945)에 의해 *Gonyaulax excavata*와 *G. lobosa*의 두 종을 배양하여 배양기 밑에 만들어진 시스트를 처음으로 관찰하였다. 이후 20년 이상 별다른 연구 진전이 없었으나, Prakash(1967)가 일시적 시스트(temporary cyst)를 보고한 이후에 관심이 대상으로 변하였다. Wall(1975)은 *A. tamarense*의 시스트로 타원형의 세포와 세포벽 주변에 점액질을 그린 그림을 선보여 점액질 시스트(agglutinous cyst)라 불리기도 하였다. Dale *et al.*(1978)은 노르웨이 연안 퇴적물에서 *G. excavata* (= *A. tamarense*) 시스트를 채집하여, 배양으로 시스트와 유영세포의 관계를 분명히 하는 등, 최근 유해성 적조의 사회문제 발전 등으로 *Alexandrium* 속의 분류와 시스트 연구에는 비약적인 진적을 보이는 그룹이라 할 수 있다.

현재 *Alexandrium* 속의 유영세포는 약 39종이 알려지고 있으며, 유성생식에 의해 시스트를 생산하는 종은 *A. affinis, A. andersonii, A. catenella, A. cohorticula, A. fraterculus, A. fundyense, A. globosum, A. hiranoi, A. kutnerae, A. leei, A. margalefi, A. minutum, A. monillatum, A. osterfeldii, A. pervianum, A. pseudogonyaulax, A. tamarense, A. tamiyavanichii, A. tamutum, A. taylori* 등 20종으로 전체 절반 수준에 달한다(표 5-2). 여기에서 *A. catenella, A. hiranoi, A. minutum, A. osterfeldii, A. pervianum, A. pseudogonyaulax, A. tamarense, A. taylori* 등 8종은 생활사(Kita *et al.*, 1985, 1993; Montressor, 1995; Garcés *et al.*, 1998, 1999; Giacobbe and Yang, 1999; Figuerosa *et al.*, 2006a, 2008a), 수온, 탁도, 영양염등 환경의 변화(Dale, 1977b; Anderson and Wall, 1978; Schmitter, 1979; Doucette *et al.*, 1989; Fritz *et al.*, 1989; Scarrat *et al.*, 1993; Figuerosa *et al.*, 2005; Bolli *et al.*, 2007), 오랜 배양시간(Jansen and Moestrup, 1997; Østergaard and Moestrup, 1997), 고밀도 개체군(Garces *et al.*, 2004; , 섭식자에 의한 피식(Laabir and Centien, 1999; Laabir *et al.*, 2007), 기생 부착이나 감염(Delgado, 1999; Toth *et al.*, 2004) 등의 변화에서 휴면성 시스트와는 다른 일시성 시스트를 형성하는 것으로 알려진다(Bravo *et al.*, 2010b).

Alexandrium affine (Inoue et Fukuyo) Balech 1995
동종이명(synonym): *Protogonyaulax affinis* Inoue et Fukuyo 1985
시스트 이름: cyst of *Alexandrium affine* (Inoue et Fukuyo) Balech 1995

1974년 일본 오호츠크해 연안의 북해도 사로마호에서 적조가 발생한 해역의 퇴적물에서 시스트를 채집하여 처음 관찰하였다(福代, 1981). 당시 *Protogonyaulax* sp. (HIR)로 가칭했던 것을 신종 기재하였다(Fukuyo *et al.*, 1985). 그리고 유영세포에 대해서는 유전자 분석으로 분류를 정립하였고(Band-Schmidt *et al.*, 2003), 현장과 배양을 통해 시스트의 변화 등을 관찰하였다(Band-Schmidt *et al.*, 2005). 시스트는 배양기간에 따라 형태의 변화를 보여, 대서양 프랑스 연안에서 채집된 시스트는 길이가 43.8 ㎛, 폭이 31.0 ㎛로 장방형으로 투명한 과립상 물질로 채워져 있다(그림 5-3A). 본 종은 마비성 패류 독소인 삭시독신(saxitoxins)을 생산한다.

분포는 아시아의 일본(Fukuyo *et al.*, 1985; Leaw *et al.*, 2005), 한국(Kim *et al.*, 2004), 중국(Shi *et al.*, 2011; Lu *et al.*, 2012), 말레시아, 태국, 베트남 연안(Hansen *et al.*, 2003; Leaw *et al.*, 2005), 인도연안(D`Silva *et al.*, 2011), 북대서양 유럽연안(Genovesi *et al.*, 2009; Aydin *et al.*, 2011), 북태평양 동안해역(Band-Schmidt *et al.*, 2003). 호주연안(McMinn *et al.*, 2010) 등 북반구와 남반구 모두에서 광범위하게 출현한다(Anderson *et al.*, 2012).

Alexandrium andersonii Balech 1990
시스트 이름: cyst of *Alexandrium andersonii* Balech 1990

유럽 지중해의 이탈리아 연안에서 세디멘트 트랩에서 구형의 매끄러운 세포벽을 가지는 시스트에서 *A. andersonii*가 발아하는 것을 관찰하여 보고하였으나, 자세한 형태적 기술은 없었다(Montresor *et al.*, 1998). 북대서양 아일랜드 연안에서 채집된 *A. andersonii* 시스트는 직경 26.0 ㎛인 구형을 하며(그림 5-3B), 유영세포보다 크기가 크다(Touzet *et al.*, 2008). 본 종은 마비성 패류 독소인 삭시독신(saxitoxins)을 생산한다(Anderson *et al.*, 2012).

분포는 북대서양의 영국과 아일랜드 연안(Touzet *et al.*, 2008), 유럽유럽 지중해(Montresor *et al.*, 1998; Ciminiello *et al.*, 2000; Penna *et al.*, 2008), 그리고 북미 동안 (Montresor *et al.*, 2004, Leaw *et al.*, 2005)에서 보고된다.

Alexandriun catenella (Whedon et Kofoid) Balech 1985
동종이명(synonym): *Gessnerium catenella* (Whedon et Kofoid) Taylor 1979
Gonyaulax catenella Whedon et Kofoid 1936
Protogonyaulax catenella (Whedon et Kofoid) Taylor 1979

시스트 이름: cyst of *Alexandriun catenella* (Whedon et Kofoid) Balech 1985

일본 연안에서 처음으로 시스트가 발견된 이래(Yoshimatsu, 1981; Fukuyo, 1985), 전 해양에 분포한다. 시스트는 길이가 36~40 ㎛, 폭이 18~20 ㎛인 타원형으로 시스트의 외부적인 형태만으로 *A. tamarense*와는 구별되지 않는다. 확실한 동정에는 배양으로 유영세포를 발아시켜 피각판 배열을 관찰하여야 한다. 마미성 패류 독소인 삭시독신을 생산하는 대표적인 종이다. *A. tamarense* 항에서 보조적 설명을 추가한다.

분포는 북태평양의 서부해역인 일본이나 한국 등 북동아시아(Fukuyo, 1985; Tacheuchi *et al.*, 1990; Matsuoka and Takeuchi, 1995; Yamaguchi *et al.*, 1995a; Kotani *et al.*, 2006; Kamiyama *et al.*, 2007; Shin *et al.*, 2011)는 물론 동부 해역인 북미 서부 해역(Cox *et al.*, 2008; Tobin and Horner, 2011; Horner *et al.*, 2011), 북대서양 유럽연안, 유럽 지중해(Genovesi *et al.*, 2007; Bravo *et al.*, 2008)와 남반구의 남태평양과 대서양 연안(Hallegraeff *et al.*, 1998; Lembeye, 2004; Joyce and Picher, 2006) 등 범지구적 규모에서 출현한다(Anderson *et al.*, 2012).

Alexandrium cohorticula (Balech) Balech 1985
동종이명(synonym): *Gonyaulax cohorticula* Balech 1967
Protogonyaulax cohorticula (Balech) Taylor
Gessnerium cohorticula (Balech) Loeblich et Loeblich Ⅲ 1970
시스트 이름: cyst of *Alexandrium cohorticula* (Balech) Balech 1985

Matuoka and Fukuyo(2000)에 의하면 Fukuyo *et al.*(1988)에 의해 시스트 관찰되었다고 하지만, 시스트 기재를 확인할 수 없다. 현재의 문헌을 분석하면 Balech(1967)에 의해 맥시코 연안에서 처음 기록된 이래 미국동부, 호주, 태국, 일본 등에서 발견되는 열대성 종으로 마비성 패류 독소를 생산하는 것으로 알려진다(Fukuyo *et al.*, 1988; Ogata *et al.*, 1990; Lim *et al.*, 2007). 종의 분류에서 북태평양 서부해역에 출현하는 *A. tamiyavanichii*의 동종이명(Lim *et al.*, 2007)에 대한 논란이 있는 종이나 현재 독립된 종으로 취급하고 있다(Anderson *et al.*, 2012).

Alexandrium fraterculus (Balech) Balech 1985
동종이명(synonym): *Gessnerium fraterculum* (Balech)Loeblich et Loeblich Ⅲ 1970
Gonyaulax fraterculus Balech 1964
Protogonyaulax fratercula (Balech) Taylor
시스트 이름: cyst of *Alexandrium fraterculus* (Balech) Balech 1985

서일본 연안 해역에서 분리된 유영세포를 배양하여 시스트를 관찰하고 있다(Nagai *et al.*, 2009). 시스트는 직경이 37.5~50.0 ㎛로 대부분 원형이지만, 때로 달걀 모양을 하기도 한다(그림 5-3C). 시스트에서 유사 피각판 배열은 관찰되지 않고, 진한 갈색으로 매끈하다. 패류 독화의 원인이 되는 독성은 없다.

다른 해역에서 시스트의 보고는 없지만, 유영세포는 남태평양의 호주, 뉴질랜드 연안(MacKenzie *et al.*, 2004)에서 남대서양의 브라질(Omachi *et al.*, 2007)을 비롯하여 북태평양 서부해역인 북동아시아를 포함하는 온대해역에서는 범지구적으로 분포하면서 적조를 발생시킨다(Kim *et al.*, 2005; Leaw *et al.*, 2005; Nagai *et al.*, 2009)

Alexandrium fundyense Balech 1985

시스트 이름: cyst of *Alexandrium fundyense* Balech 1985

배양에 의해 Lewis *et al.*(2001)에 의해 시스트가 관찰되었다. 시스트는 둥근 형태에 두꺼운 세포벽을 하며, 세포 속에는 빨강색의 과립/입자성 물질을 가지는 것으로 기술하였다. 그리고 TEM 관찰에 이해 성장기 모두에서 0.2~1.0 ㎛ 크기의 세균이 세포 속에 존재하여 시스트 형성에 관여할 가능성을 제시하였다. 그러나 Kirn *et al.*(2005)은 미국 동부 마인만(Gulf of Maine)의 현장에서 긴 타원형으로 세포 속에 전분입자로 가득 채워진 시스트를 보고하고 있다. 또한 Kennaway and Lewis(2004)은 북대서양 스코트랜드 연안의 퇴적물과 배양주를 이용하여 시스트를 관찰하여, *A. fundyense*의 시스트는 배양 조건에 따라 두가지 형태를 보여, 퇴적물의 시스트는 달걀 모양이거나 콩팥 모양(57 × 35 ㎛)을 하며, 두꺼운 세포막을 가지는 것으로 설명하였다. 그리고 세포벽은 모래입자나 생물 파편의 붙어있는 점액질로 덮여있고, 시스트 내부는 전형적인 시스트 형태로서 핵, 전분과 지방질 입자로 채워져 있다(그림 5-3D). 마비성 패류 독성을 생산하며, 생활사에 의한 유영 패턴의 변화(Persson *et al.*, 2013)와 포식자에 의한 재순환과 확산 기작 등의 보고된다(Harper *et al.*, 2002).

분포는 미국 동부의 메인만(Anderson *et al.*, 2005; Stock *et al.*, 2007)을 중심으로 뉴욕(Anglès *et al.*, 2012) 등 동부 연안과 서부 캘리포니아 연안(Montresor *et al.*, 2004), 북대서양 스코틀랜드 연안(Kennaway and Lewis, 2004), 호주와 뉴질랜드 연안 해역(Leaw *et al.*, 2005) 등에서 보고된다.

Alexandrium globosum Nguyen-Ngoc et Larsen 2004

시스트 이름: cyst of *Alexandrium globosum* Nguyen-Ngoc et Larsen 2004

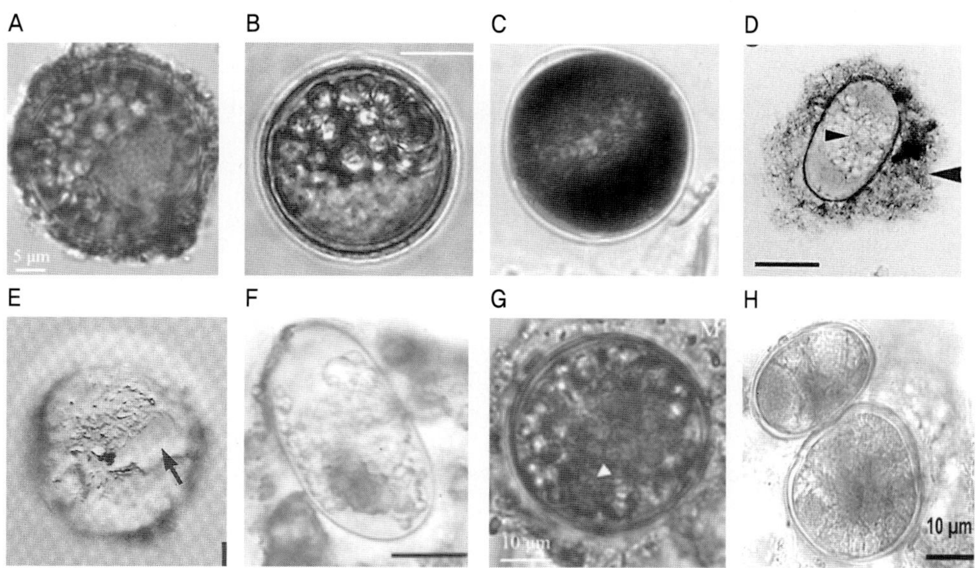

그림 5-3. Genus *Alexandrium*의 시스트 (1) (사진은 원기재 논문에서 인용)

(A: cyst of *A. affine*, B: cyst of *A. andersonii*, C: cyst of *A. fraterculus*, D: cyst of *A. fundyense*, E: cyst of *A. hiranoi*, F: cyst of *A, kutnerae*, G: cyst of *A, leei*, H: cyst of *A. margalefii*; 지정 없는 바의 크기는 10 ㎛)

시스트의 본체는 직경 20~30 ㎛로서 극 방향으로는 거의 원형, 측면에서는 잠두 콩(누에 콩) 모양이 된다. 일본 연안에서는 본 종의 유영세포는 보고되지만, 시스트는 아직 확인되지 않는다. 과거 대만이나 태국에서 *Protogonyaulax tamarensis*로서 보고된 유영세포는 외부 형태나 피각판 배열의 특징으로부터 본 종일 가능성이 크다.

Alexandrium hiranoi Kita et Fukuyo 1988

시스트 이름: cyst of *Alexandrium hiranoi* Kita et Fukuyo 1988

일본 태평양 연안의 조수웅덩이에서 채집하여 신종 기재하면서 시스트에 대한 간략한 기록을 남겼다(Kita and Fukuyo, 1988). 시스트는 직경이 35~40 ㎛로 구형을 나타내지만(Kita *et al.,* 1993), 타원형, 다각형 모양 등 다양한 변화를 한다. 세포벽은 두껍지만 부속장식물은 없다. 시스트 안쪽에는 무색이거나 얇은 미색의 미세 알갱이로 채워져 있고, 열은 노란색을 띤다(그림 5-3E). 발아공은 차스믹이다.

분포는 일본의 태평양 연안에서 봄과 여름에 적조를 발생시키기도 한다(Kita *et al.,* 1985). 일본 이외에는 북대서양 포루트칼 연안에 분포한다(Kita and Fukuyo, 1988).

Alexandrium kutnerae (Balech) Balech in Anderson, White et Baden 1985
동종이명(synonym): *Gonyaulax kutnerae* Balech
Protogonyaulax kutnerae (Balech) Sournia
시스트 이름: cyst of *Alexandrium kutnerae* (Balech) Balech in Anderson *et al.* 1985

유럽 지중해의 스페인 연안에서 채집한 퇴적물에서 시스트를 관찰하여, 길이가 55~66 ㎛, 폭이 32~35 ㎛로 긴 콩팥 모양으로 세포 양 끝이 둥근 원통형 시스트 기록하고 있다 Bravo *et al.,* 2006). 시스트의 내부에는 백색을 띄는 입장 물질로 채워있고, 주황색이 충전된 몸체를 가진다(그림 5-3F). *A. kutnerae* 시스트는 *A. tamarense*와 *A. catenella*의 시스트와 크기, 모양, 세포질에서 매우 유사하여 발아하여 유영세포를 관찰하여야 동정이 가능하다. 분포는 현재 서부 유럽 지중해의 빌라노바 항구에서만 관찰되었다(Bravo *et al.,* 2006).

Alexandrium leei Balech 1985
시스트 이름: cyst of *Alexandrium leei* Balech 1985

우리나라 진해만에서 채집한 표본을 관찰하여 신종 기재한 종이다. 유성생식에 의한 시스트를 형성하는 것으로 소개는 되고 있지만, 자세한 시스트 형태 기술은 없다(Balech, 1985). 현재 유영세포의 분포는 한국 남해 이외에 태국과 필리핀 등 열대해역에서 보고된다(Kodama *et al.,* 1982; Balech, 1987; Kim *et al.,* 2005; Leaw *et al.,* 2005)

Alexandrium margalefii Balech 1994
시스트 이름: cyst of *Alexandrium margalefii* Balech 1994

호주 연안에서 채집된 표본에서 *Alexandrium* sp.로 시스트 관찰하여, 직경이 28~34 ㎛인 구형으로 세포질에는 입상 물질로 채워져 노란색을 한다(Hallagraeff *et al.,* 1991), Tiffany *et al.*(2007)는 미국 서부의 캘리포니아에 소재하는 염호에서 발생한 적조 수역의 퇴적물에서 본 종의 시스트를 관찰하여, 직경이 35 ㎛ 이하로 주변부에 장식물은 없는 매끈한 구형으로 보고하였다. 그러나 퇴적물에서 관찰되는 시스트는 표면에 점액질로 덮여 있고, 속은 입자 물질로 채워져 때로 노란색을 띤다(그림 5-3H). 그러나 Bravo *et al.*(2006)은 유럽 지중해에서 본 종의 시스트를 관찰하여 크기가 40~45 ㎛로 보고하고 있다.

분포는 스페인 연안(Balech, 1994)을 포함하는 유럽 지중해(Band-Schmidt *et al.,* 2003), 호주와 뉴질랜드 연안해역(Mackenzie *et al.,* 2004), 북태평양 서부의 일본연안(Yoshida, 2002)과 동부인 캘리포니아만(Tiffany *et al.,* 2007), 러시아 동부해역(Selina and Morozova, 2005)에 분포한다.

Alexandrium minutum Halim 1960
동종이명(synonym): *Alexandrium ibericum* Balech 1985
Alexandrium lusitanicum Balech 1985
Alexandrium angustitabulatum Taylor 1995
Pyrodinium minutum (Halim) Taylor
시스트 이름: cyst of *Alexandrium minutum* Halim 1960

시스트는 호주의 남부 포트강(Port River)의 표층퇴적물에서 채집한 표본에서 관찰하여, 위에서 보면 둥근 반구형 모양을 하고 옆에서 보면 콩팥 모양을 하는 투명한 점액질 시스트로 보고하였다. 또한 긴 장방형을 보이는 *A. tamarense*이나 원반 형태를 보이는 *A. hiranoi*와 *A. lusitanicum*와는 뚜렷한 차이를 보이는 것으로 설명하였다(Bolch *et al.,* 1991), 이후 Garcés *et al.*(2004)에 의해 유럽 유럽 지중해에서 트랩에서 채집한 시스트을 관찰하여, 크기는 위에서 보면 직경이 23 ㎛ 정도로 소형이고, 측면은 콩팥 모양을 하며, 세포벽은 두껍다(그림 5-4A). Bolch *et al.* (1991)도 유사한 내용을 기술하고 있다. 그리고 본 종은 한 때 *A. lusitanicum*로 분류되어 철분의 결핍된 환경에서 시스트가 만들어지는 것(Blanco, 1995a)이나 자연 환경에서 약한 마비성 패독을 생산하는 것으로 알려진다(Juhl *et al.,* 1998).

분포는 유럽 지중해를 포함하여 북해, 발틱해, 흑해 등 북대서양 유럽연안 해역에서 광범위하게 출현하는 마비성 패독 원인 생물로 알려져 있고(Balech, 1989; Bolch *et al.,* 1991; Garcés *et al.,* 2004; Vila *et al.,* 2005; Figueroa *et al.,* 2007; Penna *et al.,* 2008; Touzet *et al.,* 2008; Brown *et al.,* 2010), 북대서양의 동부 뉴욕 연안(Balech, 1995), 남대서양의 남아프리카(McCauley *et al.,* 2009), 투니지아(Penna *et al.,* 2008), 북대평양 서부해역인 일본 연안(Yuki, 1994), 말레시아 등 남중국해(Leaw *et al.,* 2005; Lim *et al.,* 2006), 남태평양의 서부 해역인 호주와 뉴질랜드 연안(Bolch *et al.,* 1991; Hansen *et al.,* 2003; Lewis *et al.,* 2006; Harlow *et al.,* 2007; Chang *et al.,* 2012 등 범지구적으로 출현한다.

Alexandrium monilatum (Howell) Balech 1995
동종이명(synonym): *Gessnerium monilata* (Howell) Loeblich III 1970
Gonyaulax monilata Howell 1953
Pyrodinium monilatum (Howell) Taylor 1976
시스트 이름: cyst of *Alexandrium monilatum* (Howell) Balech 1995

시스트의 크기는 60~87 ㎛ 정도이며, 4~6 ㎛ 정도의 얇은 층이 관찰된다. 형태적으로는 눈물 모양과 아령 모양으로 다양하며, 외벽은 3개의 층으로 뚜렷이 구분되고 밝은 노란

색상을 가진다(그림 5-4B). 세포 내에 1개의 핵을 가진다.

이 시스트는 걸프연안에서 적조발생의 종자군 개체군 역할을 하는 것으로 알려져 있으며, 분포는 멕시코 만과 플로리다 연안에서 출현 한다(Howell, 1953; Walker and Steidinger, 1979).

Alexandrium ostenfeldii (Paulsen) Balech et Tangen 1985
동종이명(synonym): *Gessnerium ostenfeldii* (Paulsen) Loeblich et Loeblich III 1979
Goniodoma ostenfeldii Paulsen 1904
Gonyaulax ostenfeldii (Paulsen) Paulsen 1949
Heteraulacus ostenfeldii (Paulsen) Loeblich III 1970
Triadinium ostenfeldii (Paulsen) Dodge 1981
시스트 이름: cyst of *Alexandrium ostenfeldii* (Paulsen) Balech et Tangen 1985

시스트는 직경이 52.3 ㎛로 보고되나, 성숙 정도에 따라 다르다(그림 5-4C). 미성숙 시스트 두 층 구조의 세포벽에 어두운 갈색을 하여 외부 세포벽과 내부 세포벽 사이가 구분되지 않지만, 성숙한 시스트는 두 층이 뚜렷하게 구분되고 붉은 색 입상물질이 관찰된다. 핵은 몸체 중앙부나 주변부에 위치하며, 성숙한 시스트는 10일 이내에 발아가 가능한 것으로 알려진다. 분포는 아일랜드 연안과 뉴질랜드 연안에서 출현 한다(Lincoln *et al.* 1996; Touzet *et al.,* 2008).

Alexandrium peruvianum (Balech et Mendiola) Balech et Tangen 1985
동종이명(synonym): *Gonyaulax peruviana* Balech et Mendiola
Protogonyaulax peruviana (Balech et Mendiola) Taylor
시스트 이름: cyst of *Alexandrium peruvianum* (Balech et Mendiola) Balech et Tangen 1985

유럽 지중해 서부의 스페인 연안해역의 퇴적물에서 채집된 표본에서 시스트를 관찰하고 있다(Bravo *et al.,* 2008). 시스트는 직경이 50～53 ㎛로 두꺼운 세포막을 가지며, 평편한 모양을 나타낸다(그림 5-4D). 세포는 백색에서 검정 입상물질로 채워 있고, 진한 주황색을 띤다. 퇴적물에서 분리한 종을 배양하여 유성생식으로 얻은 시스트는 크기가 48～57 ㎛(평균 52.3 ㎛)로 광학현미경으로는 훈련된 사람이 분별할 정도의 납작한 원반 모양을 나타내었다. 그러나 주사형 전자현미경으로 관찰하면 불규칙한 표면에 유사 피각판 배열이 없는 평편한 모습을 확인할 수 있다(Figueroa *et al.,* 2008b).

본 종은 유영세포에서도 *A. ostenfeldii*와 매우 유사하여 구별하기가 쉽지 않다. 그리고 유럽 지중해에서는 SPXs (spirolides) 패류독을 생산하는 것으로 알려진다(Anderson *et al.,*

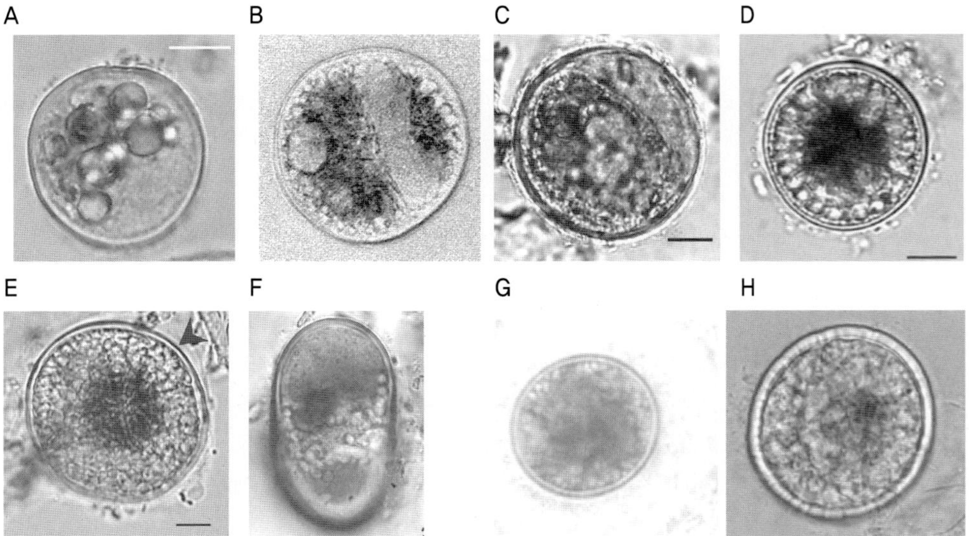

그림 5-4. Genus *Alexandrium*의 시스트 (2) (사진은 원기재 논문에서 인용)

(A: cyst of *A. minutum*, B: cyst of *A. monilatum*, C: cyst of *A. ostenfeldii*, D: cyst of *A. peruvianum*, E: cyst of *A. pseudogonyaulax*, F: cyst of *A. tamarense/catenella* complex, G: cyst of *A. tamiyavanichii*, H; cyst of *A. tamutum*, 지정 없는 바의 크기는 10 ㎛)

2012). 분포는 제한적으로 유럽 지중해를 포함하는 북대서양 연안 해역(Bravo *et al.*, 2006; Figueroa *et al.*, 2008; Touzet *et al.*, 2008)과 북태평양 서부의 동남아시아에 위치하는 말레시아 연안해역(Lim *et al.*, 2005)에서 출현이 보고된다.

Alexandrium pseudogoniaulax (Biecheler) Horiguchi ex Kita et Fukuyo 1992

동종이명(synonym): *Goniodoma pseudogonyaulax* Biecheler 1952

Triadinium pseudogonyaulax (Biecheleler) Dodge 1981

시스트 이름: cyst of *Alexandrium pseudogoniaulax* (Biecheler) Horiguchi ex Kita et Fukuyo, 1992

유럽 지중해의 푸사로 석호(Fusaro lagoon)에서 채집한 퇴적물에서 시스트를 관찰하고 있다(Montresor *et al.*, 1993). 시스트는 직경이 40～55 ㎛로 둥근 원형으로 갈색을 나타내고, 표면은 때로 점액질 물질로 덮여 있기도 한다. 시스트 내부는 다수의 알갱이로 채워져 노란색을 나타낸다(그림 5-4E). 세포벽의 표면은 약한 입상물질로 되어 있으며, 일부에서 미끈한 형태를 보이기도 하지만, 뚜렷한 유사 피각판 배열이 관찰된다. 세포벽은 두층으로 되어 있고, 발아공은 테로피릭형을 나타내지만 위치의 변화는 다양하여, 1c, 3'', 또는 4c,

5c 및 4"의 경계부의 유사봉합선에 붙어서 만들어 진다(Montesor *et al.,* 1993). Yuki *et al.*(1996)은 일본연안에서 채집된 시스트를 관찰하여 보고하고 있다.

분포는 유럽 지중해(Montesor *et al.,* 1993; Penna *et al.,* 2008)나 일본 연안의 내만성 퇴적물에서 검출되고 있다(Yuki *et al.,* 1996).

Alexandrium tamarense (Lebour) Balech 1995

동종이명(synonym): *Gonyaulax tamarensis* Lebour 1925

Gessnerium tamarensis (Lebour) Loeblich III et Loeblich 1979

Protogonyaulax tamarensis (Lebour) Taylor 1979

Gonyaulax tamarensis var. *excavata* Braarud 1945

Gonyaulax excavata (Braarud) Balech 1971

Protogonyaulax excavata (Braarud) Taylor 1979

Alexandrium excavatum (Braarud) Balech et Tangen 1985

시스트 이름: cyst of *Alexandrium tamarense* (Lebour) Balech 1995

시스트는 길이가 55 ㎛, 폭이 33 ㎛로 상하로 늘어뜨린 장방형의 타원형을 한다. 무색 또는 연한 노란색 과립 물질이 세포 속에 채워져 있다(Fukuyu, 1985). 세포벽의 표면은 두꺼운 점액질 물질로 덮여있다(그림 5-4F). 그러나 Matsuoka(1987a)는 길이가 32~44 ㎛, 폭이 16~24 ㎛로 세포 양단이 둥글고 부풀어 있어 아령 모양을 하는 표본도 관찰 되며, 해역에 따라 크기의 변화가 커서 시스트 형태로 유영세포인 *Alexandrium catenella*와 본종을 구별하는 것은 어렵다. 따라서 과거의 대부분 문헌에는 *Alexandrium* 둥근형, 타원형으로 구분하기도 하고, *Alexandrium catenella/tamarense* complex로 표현되고 있다.

마비성 패류 독성을 생산하는 대표적인 종으로 북반구에서는 태평양과 대서양의 극전선 남쪽의 온대 연안 연안에서 출현하고, 남반구는 오직 인도양의 동부 열대와 아열대 해역에서만 출현한다(Zonneveld *et al.,* 2013). 추가적으로 우리나라 남해, 일본 연안, 아르젠티나 파타고니아 등 연안의 내만해역과 양식장 해역에서 출현한다(Gayoso and Fulco, 2006; Kamikawa *et al.,* 2007; Pospelova and Kim, 2010 etc). 그리고 미국 남부, 아프리카 남부, 유럽 지중해, 인도, 호주와 뉴질랜드 등에서도 출현 보고가 있으며((Borel *et al.,* 2006; Bravo *et al.,* 2006; Bolch and de Salas, 2007; McCauley *et al.,* 2009), *A. catenella/tamarens* complex로 출현을 보고하는 해역은 유럽(Marret and Zonneveld, 2003; Genovesi *et al.,* 2009), 벵겔라 용승해역과 남아프리카(Joyce *et al.,* 2005; Pitcher and Joyce, 2009), 홍해(Mohamed and Al-Shehri, 2011), 인도(Godhe *et al.,* 2000), 호주 남부와 뉴질랜드 주변 해역(Bolch and Hallegraeff, 1990) 및 캐나다 서부 해역(Price and Pospelova, 2011) 등 양극 해역과 3대양의 중앙부 해역을 제외한 연안과 내만 해역에 분포한다.

Alexandrium tamiyavanichii Balech 1994

시스트 이름: cyst of *Alexandrium tamiyavanichii* Balech 1994

일본 세도내해의 적조발생 해역에서 분리한 종의 배양을 통해 시스트를 관찰하였다(Nagai *et al.*, 2003). 시스트는 길이가 40～60 ㎛, 폭이 35～60 ㎛로 연직으로 편압된 타원/사각형 모양과 구형의 두 가지 외부 형태를 보인다. 세포벽의 표면은 매끈하고 유사피각판 배열은 나타나지 않는다(그림 5-4G). 마미성패독을 발생시키는 독성 물질을 생산한다.

분포는 서일본에서 매년 적조를 형성하는 종으로 알려지고 있고(Nagai *et al.*, 2003, Leaw *et al.*, 2005), 기타 말레시아, 필리핀 등의 동남아시아)Montresor *et al.*, 2004; Leaw *et al.*, 2005; Lim *et al.*, 2006, 2007)을 포함하는 북태평양 서부해역과 호주, 뉴질랜드 연안(Chang *et al.*, 2012), 멕시코만 등 대서양 서부해역(Usup *et al.*, 2002; Nagai *et al.*, 2003)에 출현이 보고된다(Fukuyo *et al.*, 1988).

Alexandrium tamutum Montresor, Beran et John 2004

시스트 이름: cyst of *Alexandrium tamutum* Montresor, Beran et John 2004

2000년 유럽 지중해 이탈리아 연안에서 채집된 유영세포를 배양을 통해 시스트를 확인하면서, 신종기재 하였다(Montressor *et al.*, 2004). 시스트는 직경이 26～32 ㎛ (평균: 29.8 ㎛)로 거의 반구형을 한다. 세포는 주황색 과립물질로 채워져 있고, 세포벽은 두껍고 점액질 물질로 덮여있다(그림 5-4H). 유영세포의 형태는 소형종인 *A. minutum*과 유사하며, 마비성 패류독 물질을 생산한다(Figueroa *et al.*, 2007). 또한 시스트 생성에 세균이 관여하고 있을 가능성을 지적하기도 한다(Lewis *et al.*, 2001). 독성 물질은 생산하지 않는다.

분포는 영국연안 해역 (Brown *et al.*, 2010)과 유럽 지중해를 포함하는 북대서양 유럽연안(Montresor *et al.*, 2004; Leaw *et al.*,; 2005, Figueroa *et al.*, 2007; Penna *et al.*, 2008; Touzet *et al.*, 2008; Anderson *et al.*, 2012), 러시아 동부의 사하린 연안 해역(Selina and Morozova, 2005)과 남, 북태평양 서부의 대양역(Yoshida, 2002)에 분포한다.

Alexandrium taylorii Balech 1994

시스트 이름: cyst of *Alexandrium taylorii* Balech 1994

유럽 지중해 이탈리아 연안의 적조발생 해역에서 채집한 표본을 배양을 통해 유성생식 과정의 시스트를 관찰하였다(Garcés *et al.*, 1998). 시스트는 직경 40～45 ㎛의 구형으로 일시성 시스트보다 두꺼운 세포벽을 가지면서 빨강색으로 충전되는 것을 보고하였다. 그러나 같은 시기에 Giacobbe and Yang(1999) 역시 유럽 지중해의 적조발생 해역의 퇴적물에서 배양으로 얻은 표본을 이용하여 시스트는 길이가 22~48 ㎛, 폭이 22~40 ㎛로 타원형으로 노란색을 하며, 세포막은 3층 구조이다(그림 5-5A). 이후 Figueroa *et al.*(2006a)은 3가지이 다른 형태의 시스트에서 발아시킨 배양주를 이용하여 *A. taylorii*의 다양한 경로의 운동성 접합자와 일시성, 휴면성 시스트 형성, 유영세포의 발생에 대한 관찰로 두꺼운 세포벽에 원형 또는 타원형으로 노란색으로 충전된 시스트를 보고하고 있다.

분포는 주로 유럽 지중해를 포함한 북대서양 유럽 연안 해역에서 적조를 형성하면서 마비성 패류 독화을 발생시키는 것으로 알려지고 있고(Garcés *et al.,* 1998; Giacobbe and Yang, 1999; Montresor *et al.,* 2004; Figueroa *et al.,* 2006a; Penna *et al.,* 2008), 북태평양 서부의 말레시아 연안의 동남아시아에서도 출현 보고가 있다(Lim *et al.,* 2005)

2. *Ceratium* 속(Genus *Ceratium*)

Ceratium 속은 103종의 유영세포가 보고되나, 유성생식에 의한 시스트는 *Ceratium carolinianum* (Bailey) Jørgensen 1911, *Ceratium comutum* (Ehrenberg) Claparède et Lachmann 1859, *Ceratium hirundinella* (Müller) Dujardin 1841(그림 5-5B), *Ceratium horridum* (Cleve) Gran 1902 등 4종에서 관찰된다(von Stosch, 1964, 1965; Wall et Evitt, 1975; Chapmann *et al.,* 1981, 1982). 그러나 아직 바다 현장의 퇴적물에서 시스트 발견이 되지 않는 등 시스트 형성에 대한 정보에 많은 이견들이 제기되고 있다.

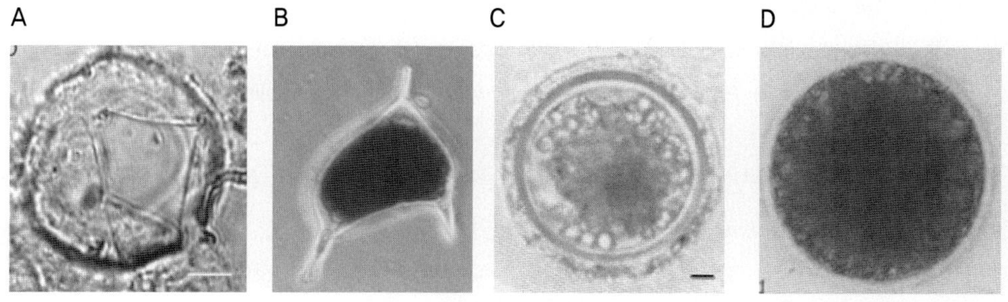

그림 5-5. Genus *Alexandrium/ Ceratium/ Fragilidium* 속의 시스트 (사진은 원기재 논문 인용)

(A: cyst of *A, taylorii* B: 담수산 cyst of *Ceratium hirundinella*, C: cyst of *F. maxicanum,* D: cyst of *F. subglobosum,* 바의 크기 A: 10 ㎛, C: 5 ㎛)

3. *Fragilidium* 속(Genus *Fragilidium*)

Fragilidium 속의 유영세포는 6종이 보고되지만, 유성생식은 *Fragilidium heterolobum, Fragilidium mexicanum, Fragilidium subglobosum* 등 3종에서 보고된다(von Stosch, 1969; Steidinger, 1975; Gu and Wang, 2007). 본 속의 시스트는 아직 유영세포와 대응관계 등 분명하지 않은 부분이 많다.

Fragilidium heterolobum Balech ex Loeblich III 1965
시스트 이름: cyst of *Fragilidium heterolobum* Balech ex Loeblich III 1965

북미 샌디에고 연안에서 채집한 유영세포를 관찰하여 신종 기재하였고(Balech, 1959), Steidinger (1975)가 본 종을 유성생식에 의항 시스트를 만드는 것으로 기록은 하고 있지만, 퇴적물에서 시스트의 발견이나 구체적인 시스트 형태를 설명하는 내용은 없다.

Fragilidium mexicanum Balech 1988
시스트 이름: cyst of *Fragilidium mexicanum* Balech 1988

동중국해의 퇴적물 표본에서 시스트의 형태적 특징을 기술하고 있다(Gu and Wang, 2007). 시스트는 직경이 54~60 ㎛의 구형을 하며, 세포에는 연한 백색의 과립과 자갈색 원형질로 채워져 있다. 발아공은 원모양이다(그림 5-5C). 시스트의 분포는 동중국해, 동해, 오호츠크해 등 북서 태평양 연안 해역에서 보고된다(Selina and Orlova, 2009).

Fragilidium subglobosum (von Stosch) Loeblich III 1965
동종이명(synonym): *Helgolandinium subglobosum* von Stosch 1969
시스트 이름: cyst of *Fragilidium subglobosum* (von Stosch) Loeblich III 1965

독일 헬골란트섬 주변 해역에서 채집한 플랑크톤 표본에서 본 종을 관찰하여 von Stoch(1969)가 *Helgolandium subglobosum*으로 신종 기재하였고, 신종 기재와 함께 시스트를 관찰하였다. 시스트는 직경이 39~41 ㎛인 구형으로 두꺼운 점액질로 덮여있다(그림 5-5D). 발아공 구조는 매우 두꺼운 세포벽으로 작은 구조를 나타내며, 유사 피각판 배열은 분명하지 않다. 북대서양과 남태평양 호주 연안 해역에서 보고된다(Sonneman and Hill, 1997).

4. *Gonyaulax* 속(Genus *Gonyaulax*)

유각종으로 종속영양을 영위하는 *Protoperidinium* 속과 함께 화석종을 합하면 많은 종의 시스트가 생산되는 생물그룹 중의 하나이다. 현재 유영세포로 약 73종이 보고되고 있으며, 화석종과 현생 시스트도 수 십 종이 보고되지만, 과거 보고된 종은 유영세포와 시스트의 분류체계가 다르게 적용되고 있어, 동일 생물이면서도 많은 종에서 유영세포와 시스트의 명칭이 다르다. 뿐만 아니라 유영세포와 시스트 사이의 상호 대응관계에 대해서는 아직 많은 종에서 해결되지 못한 실정이다(표 5-2).

Gonyaulax baltica Ellegaard, Lewis et Harding 2002
시스트 이름: cyst of *Gonyaulax baltica* Ellegaard *et al.,* 2002

북대서양 스웨덴 연안의 발틱해 표층퇴적물에서 채집한 시스트 표본과 발아하여 얻은 유영세포를 관찰하여 신종 기재하였다(Ellegaad *et al.,* 2002). 시스트는 장축 길이 35～45 ㎛, 폭은 31～40 ㎛로 달걀 모양이다. 발아공은 정중간각판 3″에 대응하지만, 때로는 3″와 4″유사 정중간각판에 대응하기도 한다. 외부 세포벽은 두껍고 매끄럽거나, 약간 우둘두둘 하다(그림 5-6A). 내부 세포벽은 두께 1 ㎛ 정도로 매끄럽다. 유사 피각판 배열이 보이고, 돌기물이 없는 시스트에서는 분명하다. 돌기물은 일반적으로 속이 빈 나팔관 모양이지만, 때로 속이 찬 것도 있다. 수온과 염분의 변화, 배양과 현장 표본에서 돌기물 변화가 크며, 현장 표본에서 돌기물이 뚜렷하다. 분포는 북대서양 유럽 연안에 제한적이며, 추가적인 분포에 대한 정보는 없다(Lundholm *et al.,* 2011).

Gonyaulax elongata (Reid) Ellegaard, Daugbjerg, Rochon, Lewis et Harding 2003
시스트 이름: *Spiniferites elongatus* Reid 1974

시스트는 장축이 36～62 ㎛, 폭이 20～30 ㎛으로 상하로 길게 늘어뜨린 달걀 모양이다. 외부 세포벽은 두껍고 다소 거칠지만, 내부 세포벽은 0.3 ㎛ 두께로 두껍지만 매끈하다. 돌기물은 유사 피각판의 봉합부분에서 나오는 속이 빈 나팔관 모양을 한다(그림 5-6B). 유사 피각판 배열이 관찰되며, 환대전각판 3″에 대응하는 발아공을 가진다. 앞 뒤로 길게 늘어진 모양이 다른 *Spiniferites* 종과 쉽게 구별하는 단서가 된다.

분포는 북반구의 극 해역에서 아열대까지 넓게 분포한다. 주로 북대서양 중앙부 전선부근 해역에서 높은 밀도로 분포하며(Zonenveld *et al.,* 2013), 북극 해역에서는 영구 빙하 해역에서 높게 분포한다(Radi and de Vernal, 2008). 다만 북극에서는 계절 변화가 보이지 않지만, 북대서양 중앙부의 영양조건이 높은 전선역과 해빙으로 얼음이 녹거나 담수 유입이 많은 해역에서 시스트가 감소하는 것을 보고하고 있다. 주로 북태평양 북미연안, 북대서양 영국, 스웨덴, 아일랜드, 그리고 그린랜드 해역(Ellegaard *et al.*, 2003; Lundholm *et al.*, 2011)에서 보고된다.

Gonyaulax digitalis (Pouchet) Kofoid 1911 complex
동종이명(synonym): *Protoperidinium digitale* Pouchet 1883
시스트 이름: *Bitectatodinium tepikiense* Wilson 1973
Spiniferites bentorii (Ross) Wall et Dale 1970

시스트는 길이가 38~48 ㎛, 폭이 34~40 ㎛로 거의 구형에 가까운 타원형으로 달걀 모양을 한다. 세포벽은 피각판 배열을 잘 반영하고 있으며, 10~18 ㎛ 크기의 돌기물이 발달되어 있다(그림 5-6C; Nehring, 1997a).

한편 Lewis *et al.*(2001)은 본 종의 시스트를 *Bitectatodinium tepikiense*도로 하고 있기에, *Bitectatodinium* 속에 대한 내용도 병기한다. *Bitectatodinium* 속의 시스트는 구형에 가까운 타원형으로 세포벽은 두 층 구조를 한다. 외부 세포벽은 두껍고, 표면은 매끄러우나 때로 우둘두둘하다. 환대전각판 2″+ 3″ 또는 3″+ 4″ 등 2장의 피각판에 대응하는 발아공을 가진다. 발아공을 제외한 유사 피각판 배열은 분명하지 않다. *Brigantedinium* 속(*Protoperidinium* 속의 구형 시스트)과는 세포벽의 색과 구성 막의 수, 발아공의 형태와 위치로서 구별할 수 있고, *Tectatodinium* 속과는 발아공의 위치하는 피각판의 수가 다르다. 본 속에는 *Bitectatodinium tepikiense* (synonym: *Caledodinium vermiculatum*)가 있다.

*Spiniferites bentorii*의 분포는 온대에서 적도 해역의 연안에서 광범위하게 분포한다. 북대서양 중앙부 해역을 제외하면 해양의 중앙부에서 출현은 보고되지 않는다. 우리나라 주변인 동중국해와 황해에서 높은 세포밀도로 출현하며, 질산염 농도가 낮은 곳에서 출현 기록은 없다(Zonneveld *et al.*, 2013). 반면, *Bitectatodinium tepikiense*의 분포는 북반구와 남반구 모두에서 아한대에서 온대 해역에 출현하며, 북해와 캐나다 동부, 그리고 아열대 전선 부근인 아르젠티나 해역에서 비교적 높게 출현한다.

Gonyaulax membranaceae (Rossignol) Ellegaard, Daugbjerg, Rochon, Lewis et Harding 2003
시스트 이름: *Spiniferites membranaceus* (Rossignol) Sarjeant 1970

시스트는 직경이 28~35 ㎛로 표면이 매끄러운 구형이다(그림 5-6D). 외부 세포벽은 아주 두껍고, 내부 세포벽과 분리된다. 때로는 일부에서 유사 정단 뿔이나 가로 홈이 발견되기도 하지만 유사 피각판 배열은 분명하지 않다(Ellegaard *et al.*, 2003). Sonneman and Hill(1997)은 호주 연안의 본 종 시스트를 관찰하여 길이 35 ㎛, 폭 31 ㎛의 달걀 모양을 하며, 길이 12~15 ㎛의 돌기물을 가지는 것으로 기술하고 있다.

분포는 북반구와 남반구의 온대에서 적도 해역에까지 출현한다. 특히 연안과 대양의 대륙사면부 해역에 많고, 아프리카 북서해역의 용승해역과 동중국해 등 우리나라 주변 해역에서 높은 밀도로 분포한다(Zonneveld *et al.*, 2013). AlgeBASE에서는 본 종이 시스트 이름을 *Hystrichosphaera furcata* var. *membranacea* Rossignol 1964로 기록 한다.

Gonyaulax scrippsae Kofoid 1911
시스트 이름: *Spiniferites belerius* Reid 1974
Spiniferites bulloideus (Deflandre et Cookson) Sargeant 1970

시스트 이름인 *Spiniferites bulloideus*의 형태는 길이가 32~42 ㎛, 폭이 29~39 ㎛로 구형에 가까운 타원형의 달걀 모양이다. 세포벽 표면의 장식물의 길이는 14~16 ㎛이다(Wall and Dale, 1968a; Nehring, 1997a). 세포벽 표면은 매끄럽지만 때로 약간 우둘두둘하다(그림 5-6E). 유사 피각판의 봉합 위치에서 돌기물이 나온다. 본 종은 세포의 크기 이외에 *Spiniferites ramosus*와 구별하기 어렵고, *Spiniferites delicatus*와 자주 혼동하게 된다. 본 종

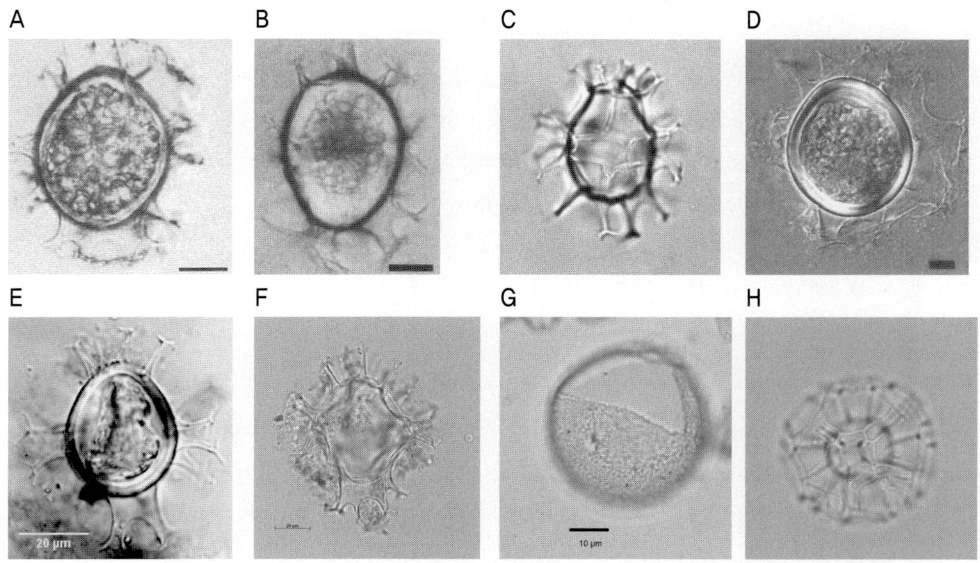

그림 5-6. Genus *Gonyaulax* 그룹의 시스트 (1) (사진은 시스트 기재 논문에서 인용)

(A: cyst of *G. baltica*, B: cyst of *G. elongata* (=*Spiniferites elongatus*), C: cyst of *G. digitalis* (=*Spiniferites bentorii*), D: cyst of *G. membranacea* (=*Spiniferites membranaceus*), E: cyst of *G. scrippsae* (=*Spiniferites bulloideus*), F: cyst of *G. spinifera* (=*Spiniferites mirabilis*), G: cyst of *G. digitalis* (=*Bitectatodinium tepikiense*), H: cyst of *G. spinifera* (=*Nematosphaeropsis labyrinthus*), 지정 없는 바의 크기는 10 ㎛; 사진C 출처: http://dino-atlas.pangaea.de)

은 발아 실험에 의해 *Gonyaulax scrippsae*의 시스트라는 것이 확인되었다(Wall et Dale, 1968a; Matsuoka, 1990). 본 시스트의 동종이명으로 *Hystrichosphaera bulloideus* Deflandre et Cookson가 있다.

*Spiniferites belerius*는 길이가 35∼42 ㎛, 폭이 28∼37 ㎛로 다소 앞, 뒤로 신장된 달걀 모양이다. 때로 위에서 보면 다이아몬드 모양을 하기도 한다. 세포벽은 매끈하며, 속이 빈 나팔관 모양의 돌기물을 한다. 때로 돌기물이 확장되어 막상 구조를 하기도 한다. 돌기물의 크기는 7∼10 ㎛ 정도이지만 최대는 15 ㎛까지도 관찰된다. 상대적으로 가로 홈은 좁아 약 8 ㎛의 폭을 보인다(Reid, 1974). 본 종은 Wall and Dale(1968a)에 의해 *Gonyaulax scrippsae*로 기술되었다.

분포는 북대서양의 유럽과 북미연안 해역, 북태평양의 일본 연안, 남미의 브라질 연안의 온대 해역의 내만과 연안 해역(Parke and Dixon, 1976, Steidinger and Tangen, 1987), 그리고 남극 주변 해역에서 출현한다(McMinn and Scott, 2005).

Gonyaulax spinifera (Claparède et Lachmann) Diesing 1866 complex
동종이명(synonym): *Gonyaulax levanderi* (Lemmermann) Paulsen 1907
Peridinium levanderi Lemmermann
Peridinium spiniferum Claparède et Lachmann 1859
시스트 이름: *Nematosphaeropsis labyrinthus* (Ostenfeld) Reid 1974
Spiniferites mirabilis (Rossignol) Sarjeant 1970
Spiniferites ramosus (Ehrenberg) Mantell 1854
Tectatodinium pellitum Wall 1967

Gonyaulax spinifera complex에는 다수의 시스트 종이 대응관계가 있는 것으로 알려진다(Nerhing, 1997a). 그 중에 Dodge(1982)는 *Spiniferites mirabilis*와 *Tectatodinium pellitum*을, Wall and Dale(1986a)는 *Nematosphaeropsis labyrinthus*을, 그리고 Ellegaard *et al.*(2003)은 *Spiniferites ramosus*를 본 종에 유영관계를 가지는 것으로 보고하고 있다.

Spiniferites mirabilis 길이가 28∼34 ㎛, 폭이 26∼32 ㎛로 구형에서 달걀 모양을 한다. 세포벽 표면은 매끄럽거나 다소 우둘두둘한 미립상을 나타내며, 피각판의 봉합선에서 시작되는 많은 돌기물을 가진다. 돌기물 길이는 16∼20 ㎛이다(Nerhing, 1997a). 특히 1″″ 와 3‴ 사이 피각판에서 유사 봉합선은 발달하여 돌기물은 막상이 된다(그림 5-6F). 본 종의 특징은 유사 봉합선에서 나오는 돌기물이다. *Spiniferites hyperacanthus*가 본 종과 유사하나, 1″″ 와 3‴ 사이의 막상 돌기물이 없다.

Ellegaard *et al.*(2003)에 의한 *Spiniferites ramosus*는 길이 42∼47 ㎛, 폭이 36∼38 ㎛인 달걀 모양을 하며, 두꺼운 세포벽을 가진다. 세포벽은 비교적 매끄럽고, 막대 모양의 돌기물을 가진다. 돌기물 길이는 12 ㎛ 정도이고, 때로 막상 돌기물을 가지기도 한다(Matsuoka, 1985b).

*Nematosphaeropsis labyrinthus*는 길이 31~42 ㎛, 폭이 31~40 ㎛으로 거의 구형에 가까운 달걀 모양을 한다. 세포벽은 두 층 구조를 하며, 외부 세포벽은 매끄럽고, 표면에는 나팔관 모양의 돌기물이 있다. 돌기물 길이는 최대 23 ㎛까지 달한다(그림 5-6H). 유사 피각판 배열이 확인되지만 유사 가로 홈과 후미 홈은 분명하지 않다. 유사 환대전각판 3″에 대응하는 발아공을 가진다(Reid, 1974).

Dodge(1982)에 의한 *Tectatodinium pellitum*의 형태적 특징은 일반적으로 *Tectatodinium* 속의 시스트는 구형에서 달걀 모양을 하지만, 일부는 반구형을 하고 있다(*T. psilatum*). 세포벽은 스폰지 모양의 두 층 구조를 하며, 돌기물 등 장식물은 없다. 환대전각판 3″에 대응하는 발아공을 가지며, 유사 피각판 배열은 분명하지 않은 특징을 가진다. *Bitectatodinium* 속과 유사하지만 발아공의 모양에서 차이가 난다. *T. pellitum*는 속의 특성과 같이 달걀모양에. 스폰지 모양의 세포벽 구조를 하며, 외피는 두껍다. 많고 가는 돌기물이 농밀하게 나있다. *Brigantedinium*속과는 세포벽이 두껍다는 것과 표면의 모양이 다르다는 것으로 구별된다.

이들 시스트의 분포는 종에 따라 다소 차이를 보이고 있으며, *Nematosphaeropsis labyrinthus*는 열대에서 극 해역까지 또한 빈영양에서 부영양해역까지 범세계적으로 분포한다. 극 해역에서 본 종은 계절변화를 보여 하천 유입이 있거나, 빙하가 녹아 담수가 유입될 때 세포밀도가 낮아진다(Golovnia and Polyakova, 2004; Novichkova and Polyakova, 2007). 또한 용승 해역에서도 출현하지만 수괴의 특성과 반응하지는 않는다(Biebow *et al.,* 1993; Godhe *et al.,* 2000; Zonneveld and Brummer, 2000; Ribeiro and Amorim, 2008; Zonneveld *et al.,* 2010). *Spiniferites mirabilis*는 남중국해, 일본 연안, 오만과 인도 연안, 페루 연안의 용승해역 등 온대에서 열대 해역에 거쳐 출현하며(Bredford, 1975; Biebow *et al.,* 1993; Godhe *et al.,* 2000; Zonneveld and Brummer, 2000; Fujii and Matsuoka, 2006; Ribeiro and Amorim, 2008), 전세계의 용승해역에서 출현하지만, 용승해역에 우점하는 종은 아니다(Zonneveld *et al.,* 2013). *Spiniferites ramosus*는 극전선 해역을 포함하여 아한대에서 적도 해역까지 분포하며, 알래스카 연안, 황해와 동해, 호주 다스만해, 적도 동부의 인도양, 아라비아해 및 아프리카 북서부와 남서부의 용승해역에서 비교적 높은 세포밀도로 출현한다. 하천의 유입되는 해역에서도 출현하지만 밀도는 높지 않다((Bredford, 1975; Biebow *et al.,* 1993; Godhe *et al.,* 2000; Zonneveld and Brummer, 2000; Fujii and Matsuoka, 2006; Ribeiro and Amorim, 2008; Grøsfjeld *et al.,* 2009; Pospelova *et al.,* 2010; Zonneveld *et al.,* 2013). *Tectatodinium pellitum*는 페류나 벵겔라의 용승 해역, 남중국해 등 열대에서 아열대의 연안 해역에서 낮은 밀도로 출현하며, 비교적 멕시코만에서 높은 세포밀도를 보인다(Biebow *et al.,*

1993; Marret and Zonneveld, 2003; Zonneveld *et al.,* 2013).

이외에 *Gonyaulax spinifera* complex에 대응할 것으로 판단되는 시스트 분류군의 *Spiniferites* 속에는 *Spiniferites asperulus* Matsuoka 1983, *Spiniferites cruciformis* Wall et Dale in Wall *et al,.* 1973 *Spiniferites delicatus* Reid 1974, *Spiniferites frigidus* Harland et Reid, in Harland *et al.*, 1980, *Spiniferites hyperacanthus* (Deflandre et Cookson) Cookson et Eisenack 1974, *Spiniferites inaequalis* Wall et Dale in Wall *et al.*, 1973, *Spiniferites lazus* Reid 1974, *Spiniferites pachydermus* (Rossignol) Reid 1974, *Spiniferites scabratus* (Wall) Sarjeant 1970, *Spiniferites septentrionalis* Harland 1977, *Spiniferites* spp. Indet. Mantell 1850 등 다양한 종이 존재한다. 이와 같은 *Spiniferites* 속의 형태적 특징을 보면, 시스트 모양은 구형에서 위아래로 확장된 달걀 모양이나 타원형을 한다. 세포벽은 2층 구조로 외부에는 유사 봉합선에 많은 돌기물이 있다. 돌기물 앞부분은 2~3개로 분기하여 발달하지만 가늘게 분기하기도 한다. 돌기물과 돌기물 사이의 유사 봉합선이 발달하여 막상 돌기물이 되기도 한다. 환대전각판 3″ 피각판에 대응한 발아공을 가지며, 유사 피각판 배열은 분명하다. 그러나 유사 가로 홈은 유영세포의 피각판 배열이 그대로 반영하지 못한다. 돌기물의 형태는 매우 다양하며, 많은 종이 세부적으로 기재되어 있어, 앞으로 발아 실험 등을 통해 세분화된 분류의 보편성은 물론 유영세포와의 대응에 대한 연구가 필요하다. 그리고 이들 화석종의 분석을 통해 과거의 해양 표층의 다양한 환경조건, 즉 수온, 염분, 해빙의 결성, 기초생산력, 계절변동, 수괴의 안정도 등을 파악하는 수단으로 널리 사용되고 있다(Rochon *et al.,* 2008)

Gonyaulax verior Sournia 1973
동종이명(synonym): *Amylax diacantha* Meunier 1919
Gonyaulax longispina Lebour 1925
Gonyaulax diacantha (Meunier) Schiller 1937
시스트 이름: cyst of *Gonyaulax verior* Sournia 1973

시스트는 길이가 31~38 ㎛, 폭이 26~35 ㎛로 구형에 가까운 달걀 모양으로 두 층의 세포벽 구조를 한다. 공 시스트에서는 시스트 표면에 돌기물 등 장식물이 없이 매끈하다. 그러나 생 시스트에서는 연한 갈색에 많은 과립상 물질을 포함한다. 세포벽 표면은 두꺼운 점액질 물질로 퇴적 입자는 물론 규질성 생물체인 입자성 물질을 가진 미세한 막으로 덮여있다(그림 5-7A). 정극의 유사 피각판에 대응한 차스믹 발아공을 가지며, 유사 피각판 배열은 관찰되지 않는다(Matsulka *et al.,* 1988). 그러나 호주 연안에서 관찰된 동 종 시스트는 길이가 31~34 ㎛, 폭이 25~27 ㎛로 길게 늘린 달걀 모양으로 기술되고 있는 등(Sonneman and Hill, 1997), 형태의 변화가 보여진다.

분포는 일본 연안과 호주 연안은 물론 북대서양의 영국, 크로아티아, 노르웨이, 스웨덴의 연안 남미 브라질 연안 등에서 출현한다(Parke and Dixon, 1976; Zonneveld and Dale, 1994; Vilicic *et al.*, 2009; Lundholm *et al.*, 2011).

다음에는 시스트의 형태적 특징으로 *Gonyaulax* 속의 유영세포에 해당할 것으로 판단되지만, 아직 유영세포와의 대응관계가 분명하지 않으면서 현생 퇴적물의 시스트로 출현하는 종에 대해 정리하여 둔다.

Gonyaulax sp. ident.
시스트 이름: *Ataxiodinium choanum* Reid 1974

일반적으로 *Ataxiodinium* 속의 시스트는 구형이거나 구형에 가까운 타원형으로 2층 구조의 세포벽을 가진다. 외부 세포벽은 얇으나, 내부 세포벽은 약간 두껍다. 두 층의 세포벽은 분리되어 속이 빈 나팔관 모양의 돌기물로 덮여있다. 환대전각판 3″ 에 대응하는 발아공을 가지나, 유사 피각판 배열은 분명하지 않다. *Planinosphaeridium* 속 시스트(Eisenack, 1965)와 동종이명일 가능성이 제시되기도 하였다(Matsuoka, 1987a). 본 에 속하는 시스트는 *A. choanum* 한 종이다. *A. choanum*은 길이가 28~40 ㎛, 폭이 26~37 ㎛인 구형에 가까운 달걀 모양을 하며, 단층 세포벽을 한다(그림 5-7B). 종명은 그리스어의 choane의 의미에서 온 것으로(Reid, 1974) *A. choane*로 사용되기도 한다(Rochon *et al.*, 2008). 발아 실험으로 *Gonyaulax spinifera* complex의 시스트 일종으로 보고하고 있지만(Matsuoka, 1987a), 아직 분명하게 확인되지 않았다. 분포는 원기재의 북대서양 영국 연안 이외에는 남태평양 호주 인근해역에서 출현 기록이 있다(Sandercombe, 2011).

Gonyaulax sp. ident.
시스트 이름: *Dalella chathamensis* McMinn et Sun 1994

*D. chathamensis*는 직경 26~28 ㎛인 구형 또는 구형에 가까운 달걀 모양으로 단층으로 섬유주 돌기물을 한 세포벽을 가진다. 돌기물은 유사 후미 홈에서 시작하며, 돌기물을 포함한 시스트의 직경은 51~65 ㎛이다. 발아공은 환대전각판 3″ 에 대응하는 것으로 추정한다. 유사 피각판 배열이 관찰된다.

분포는 현재 남반구의 열대와 적조 주변해역의 대양역과 남극해 주변 해역의 대양역에서 출현하는 남반구 시스트라 할 수 있다. 대륙붕이나 대륙사면에서 출현량은 낮거나 없다. 수온, 영양염류에 의해 분포가 결정되어, 수온 -0.1~28.4 ℃, 염분 33.8~36.8 psu, 인

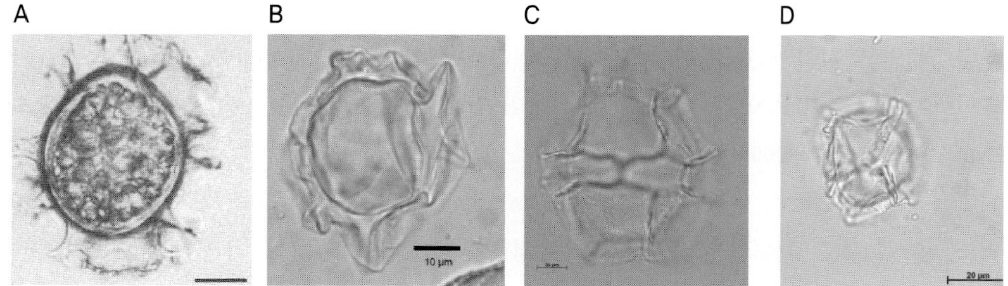

그림 5-7. Genus *Gonyaulax* 그룹의 시스트 (2) (사진은 시스트 기재 논문에서 인용)

(A: cyst of *G. verior*, B: *Ataxiodinium choanum*, C: *Impagidinium paradoxum*, D: *Impagidinium strialatum*), 지정이 없는 바의 크기는 10 ㎛; 일부 사진C 출처: http://dino-atlas.pangaea.de)

산 0.1~1.5 µM, 질산 0.04~22.3 µM로 부영양화 조건에서 상대적으로 세포밀도가 높다(McMinn and Sun, 1994; Esper and Zonneveld, 2002)

Gonyaulax sp. ident.

Impagidinium paradoxum (Wall 1967) Stover et Evitt 1978

시스트는 달걀 모양으로 크기는 29~38 ㎛의 소형이다. 40 ㎛를 초과하는 시스트의 출현은 매우 드물다. 외부 세포벽은 투명하지만, 모양은 매끄럽거나 다소의 우둘두둘한 미립상 구조를 보인다. 유사 후미 홈은 조금 넓고, 유사 가로 홈은 아래 방향으로 넓어진다(그림 5-7C). 유사 봉합선은 높이 약 3 ㎛이며, 유사 피각판 배열은 나타나지만. 유사 가로 홈과 경계가 분명하지 않다. 유사종으로 *Impagidinium patulum* (Wall) Stover et Evitt가 있으며, 두 사이에는 크기의 차이를 제외하고는 뚜렷이 구분할 수 있는 특징이 없다. 크기는 *Impagidinium patulum*이 50~60 ㎛의 대형으로 본 종보다 크다.

분포는 양반구의 아열대 전역역 등 온대에서 적도 해역까지 전해양에서 출현한다. 연안 해역과 열대, 아열대, 적도의 중앙부에서 비교적 높은 세포밀도로 출현한다(Zonneveld *et al.*, 2013). 영양염류 농도가 높은 곳을 피하지는 않지만, 세디멘트 트랩을 이용한 채집에서 아라비아해의 성층 해역에서 빈영양 특성을 보이는 상부 해수에서 채집되었다(Zonneveld and Brummer, 2000).

Gonyaulax sp. ident.

Impagidinium strialatum (Clarke et Verdier) Stover et Evitt 1978

시스트는 길이가 26~38 ㎛으로 달걀 모양으로 소형이다. 세포벽 표면은 매끈하거나 약간 우둘두둘한 미립상 구조를 한다(그림 5-7D). 유사 후미 홈과 유사 환대전각판 또는 유사 환대후각판 사이를 구분하는 유사 봉합선이 분명하지 않는 경우가 종종 있다. 특히 정중간각판 1c와 6c가 퇴화되어 있다. 유사 봉합선이 10 ㎛이 넘을 정도로 길다. 유사피각판 배열은 기본적으로는 *Impagidinium paradoxum*와 일치한다.

분포는 대서양에서는 양극 해역에서 적도 해역까지 광역적인 분포를 보인다, 태평양은 북미서북부 해역, 남미 칠레 남서해역, 다스매니아 섬을 포함하는 호주 남동부 해역과 호주 지중해 해역, 그리고 아라비아해 등에서 출현한다. 본 종은 연안 해역에서 출현한 기록은 없고, 적도에서 아열대 해역의 중앙부에서 높은 세포밀도로 출현한다.

이외에도 현재 *Impagidinium* Stover et Evitt, 1978 속에는 다수의 종이 존재하지만 유영세포와의 대응관계는 분명하지 않다. 앞으로 연구결과에 의해 재정립 될 것을 기대된다. 여기에서 *Impagidinium* 속에 대한 일반적인 내용과 주요 종에 대해 나열해 둔다. *Impagidinium* 속의 시스트는 구형에 가까운 타원형에서 앞과 뒤로 확장된 달걀 모양을 하며, 무색으로 단층 또는 밀착된 두 층의 세포벽 구조를 가진다. 환대전판 3″에 대응하는 발아공을 한다. 유사 봉합선으로 만들어지는 유사 피각판이 분명하여, 유사 피각판 배열을 알 수 있다. 유사 피각판 배열은 3~4′, 5~6″, 4~6a, 5~6‴, 0~1p, 1″″, 0~3ps로 표시되나, 유사 봉합선이 분명하지 않아 정확한 관찰이 되지 않는 종도 있다. *Impagidinium* 속은 *Leptodinium* Klement emend. Wall 1967 속에서 1′ 와 4′ 의 유사 피각판은 거의 같으나, 그 경계가 되는 유사 봉합선이 분명하지 않다는 이유로 발달은 불완전한 하다는 것으로부터 새로운 속으로 분리되었다.

Rochon *et al.*(2008)은 이들 속에 속하는 종의 분석을 통해 과거의 해양 표층의 다양한 환경조건, 즉 수온, 염분, 해빙의 결성, 기초생산력, 계절변동, 수괴의 안정도 등을 파악하는 수단으로 사용하고 있고, 그 대상 종은 앞에서 설명한 두 개의 종 이외에 다음과 같다. 즉, *Impagidinium aculeatum* (Wall) Lentin et William 1981, *Impagidinium japonicum* Matsuoka 1983, *Impagidinium multiplexum* (Wall et Dale) Stover et Evitt 1978, *Impagidinium pallidum* Bujak 1984, *Impagidinium patulum* (Wall) Stover et Evitt 1978, *Impagidinium plicatum* Versteegh et Zevenboom 1995, *Impagidinium sphaericum* (Wall) Lentin et Williams 1981, *Impagidinium* spp. Undet. Stover et Evitt 1978, *Impagidinium variaseptum* Marret et de Vernal 1997, *Impagidinium velorum* Bujak 1984 등 10여종이다.

5. *Linglodinium* 속(Genus *Linglodinium*)

Linglodinium 속은 7종의 유영세포 종이 알려지고 있고, 이 중 *L. polyedra*가 유성생식에 의한 휴면포자인 시스트를 만드는 것이 알려진다. 본 속의 시스트는 구형이나 퇴적물 에

서는 종종 반구상으로 검출된다. 세포벽은 두 층 구조로 되어있으나 무색으로 입상을 나타내는 격막이 특징적이다. 속이 비어있고 앞부분이 열려있는 관상의 다소 두꺼운 돌기물을 가진다. 돌기물 앞부분의 변화는 크다. 발아공은 조합형이며, 유사 피각판 배열은 발아공의 위치를 제외하고는 명확하지 않다.

Lingulodinium polyedra (Stein) Dodge 1989
동종이명(synonym): *Gonyaulax polyedra* Stein 1883
시스트 이름: *Lingulodinium machaerophorum* (Deflandre et Cookson) Wall 1967

시스트는 직경이 31~44 ㎛로 해역에 따라 변화가 많고, 돌기물의 길이는 9 ㎛ 이하이다. 두 층의 세포벽 구조와 환대전각판 1″에서 5″에 거쳐 만들어지는 큰 발아공이 특성이다(Wall and Dale, 1968a). Nerhing(1997a)은 돌기물 길이를 10~15 ㎛로 기록하고 있다. 시스트의 외형은 구형이며, 세포표면은 조금 거친 고립 또는 작은 원추형의 돌기물과 두꺼운 막대모양 등, 속이 빈 돌기물을 한다(그림 5-8A). 돌기물 앞부분은 열려있으며, 몇 가지의 형태적 변화가 보인다. 아래쪽의 현미경 상은 원형으로, 표면에 작은 실 모양이 있을 수도 있다. 본 종은 배양 중에 낮은 수온이나 낮은 광량, 또는 흐름에 따른 전단력에 의해 일시성 시스트를 만들기도 한다(Behrmann and Hardeland, 1995; Juhl and Latz, 2992).

호주 연안의 표층 퇴적물에서 본 종과 유사하나 외피낭 발아공을 가지는 시스트가 채집되어 *Lingulodinium hemicystum*으로 기재 되었다(McMinn, 1991). 그러나 발아공 형태 외에 *L. machaerophorum*과 차이점은 확인되지 않아 두 종은 동일종으로 보고 있다(Matsuoka and Fukuyo, 1995). 또한 *Operculodinium centrocarpum sensu* Wall 1967 (=*Protoceratium reticulatum)*이나 *Polykrikos hartmannii*의 시스트도 형태적으로 본 종과 유사하지만, 돌기물 모양의 차이로 구분할 수 있다. 그리고 *Acartia erythraeu, Centropages abdominalis*와 같은 요각류의 휴면 알의 형태도 본 종과 비슷하지만, 역시 돌기물이나 세포 표면의 모양의 차이로 구별된다.

분포는 북반구의 온대에서 적도 해역, 남반구에서 아열대에서 적도 해역까지 분포한다. 그리고 북극과 남극 해역과 아열대의 전선역에도 출현한다. 또한 일부 예외는 있지만, 연안 해역과 대륙사면 해역, 용승해역과 아마존강, 콩고강, 포강, 볼가강 등의 대형 하천의 유입되는 해역과 흑해와 같이 영구적 성층 형성이 되는 해역 등에서 출현한다(Joyce *et al.,* 2005; Ribeiro and Amorim, 2008; Pitcher and Joyce, 2009; Zonneveld *et al.,* 2010). 그리고 본 종은 용승해역의 와편모조류 대발생에서 종자군(seed population)의 역할을 하고 있기도 하지만(Smayda and Trainer, 2010), 강한 혼합에 의해 일시적인 시스트를 만드는 것도 알려진다(Figueroa and Bravo, 2005).

6. 오스트래오프시스 속(Genus *Ostreopsis*)

Ostreopsis 속은 저서성 와편모조류로서 유영세포는 10종이 보고되고 있고, 이 중 *O. ovata*의 시스트가 보고되지만, 시스트 형성에 대해 아직 명확하지 못한 부분이 많이 존재한다.

Ostreopsis ovata Fukuyo 1981
시스트 이름: cyst of *Ostreopsis ovata* Fukuyo 1981

저서성 와편모조류의 일 종으로 모래사장이나 대형 해조류에 부착하여 서식한다. 시스트의 형태에 대한 자세한 기술은 없지만 Bravo *et al.*(2012)이 배양과 현장에서 유성생식에 의한 시스트를 관찰하여 보고하고 있다(그림 5-8B). 시스트 외형은 구형에서 길고 가는 달걀 모양까지 다양하다(Penna *et al.*, 2010).

분포는 시스트의 경우는 한정되어 있지만, 유영세포의 분포는 유럽 지중해를 포함한 북대서양의 스페인 연안 해역(Faust and Gulledge, 2002; Penna *et al.*, 2005; Aligizaki and Nikokaidis, 2006; Ignatlades, 2012; Sechet *et al.*, 2012 etc), 남미 브라질 연안, 동남 아시아, 아프리카 튜니지 연안, 러시아 연안 등 매우 광범위하다(Penna *et al.*, 2005, 2012, Selina and Orlova, 2010; Sechet *et al.*, 2012).

7. 페리디니엘라 속(Genus *Peridiniella*)

Peridiniella 속의 유영세포는 4종이 보고되며, 이 중 *P. catenata*에서 유성생식에 의한 시스트가 보고된다.

Peridiniella catenata (Levander) Balech 1977
동종이명(synonym): *Peridinium catenata* Levander
Amylax catenata (Levander) Meunier 1910
Gonyaulax catenata (Levander) Kofoid 1911
시스트 이름: cyst of *Peridiniella catenata* (Levander) Balech 1977

발틱해의 핀란드 연안의 퇴적물 표본에서 시스트를 관찰하였다(Kremp, 2000). 시스트는 위에서 보면 직경 26~30 ㎛인 구형에서 약간 타원형을 한다. 그러나 측면에서 보면 두께가 6~12 ㎛로 납작하다. 세포벽은 두 층 구조를 하며, 공 시스트에서도 발아공은 분명하지 않다(그림 5-8C). 분포는 북대서양 발틱해 주변 해역에서만 보고된다.

8. 프로토세라티움 속(Genus *Protoceratium*)

Protoceratium 속의 유영세포는 11종이 보고되고 있지만, 이 중 *P. reticulatum*과 *Protoceratium* sp. 2종이 시스트를 만드는 것으로 알려진다. 그러나 본 종의 시스트는 *Operculodinium* 속으로 알려지며, 시스트는 구형에서 달걀 모양을 하고 세포벽은 2층 구조로 속이 비거나 채워진 돌기물을 가진다. 발아공은 환대전각판 3″에 대응하여 만들어 진다. 유사 피각판 배열은 분명하지 않지만, 일부 표본에서 유사 후미 홈이 관찰된다. *Operculodinium* 속에는 *Operculodinium centrocarpum, Operculodinium giganteum, Operculodinium israelianum, Operculodinium janduchenei, Operculodinium longispinigerum, Operculodinium psilatum* 등 다수의 종이 보고되지만 유영세포와의 대응관계가 아직도 확실하지 않다. 여기서는 유영세포와의 대응관계가 알려진 다음 두 종에 대해 부언한다.

Protoceratium reticulatum (Claparède et Lachmann) Butschli 1885
동종이명(synonym): *Peridinium reticulatum* Claparède et Lachmann 1859
시스트 이름: *Operculodinium centrocarpum* (Deflandre et Cookson) Wall 1967

시스트는 직경이 33～37 ㎛인 구형으로 2층 구조의 세포벽을 가진다. 세포벽의 표면에는 많은 수의 가늘고 긴 관상 돌기물을 가진다. 돌기물 길이는 6～16 ㎛로 변화가 크며, 돌기물 앞부분은 작은 T자 모양을 한다(그림 5-8D). 발아공은 환대전각판 3″에 대응한다(Wall and Dale, 1968a). 시스트의 크기와 돌기물 길이 등은 해역에 따라 많은 차이를 나타내어, Matsuoka(1987a)는 본 종의 크기를 40～60 ㎛로, Sonneman and Hill(1997)은 돌기물의 길이를 4～10 ㎛로 기술하고 있다.

본 종은 *Hystrichosphaeridinium centrocarpum* Deflandre et Cookso이라는 화석종으로 기재된 다음 *Operculodinium* 속으로 이전되었고, *Protoceratium reticulatum*의 시스트로 기재되었다(Wall et Dale, 1968a). 그러나 *H. centrocarpum* 화석 표본을 재검토한 결과, *H. centrocarpum*과 *P. reticulatum*의 시스트는 크기와 새포벽 표면의 형태에서 차이를 보이는 것으로부터 두 종은 일치하지 않기에(Matsuoka *et al.*, 1997), *P. reticulatum*의 시스트 이름으로 *O. centrocarpum*을 사용하는 것은 문제가 있음을 지적하고 있지만, 최근까지도 *O. centrocarpum*을 *P. reticulatum*의 시스트 이름으로 사용하고 있다(Zonneveld *et al.*, 2013).

분포는 범세계적으로 극 해역에서 적도 해역의 연안 해역과 대양역 모두에서 광범위하게 출현하며, 북대서양의 온대에서 한대해역에서 높은 세포밀도를 보인다. 본 종은 계절변동성은 뚜렷하지 않지만, 유럽 지중해에서는 여름에서 이른 가을에 시스트가 만들어 지는 것으로 보고하고 있다(Montresor *et al.,* 1998)

Protoceratium sp. cf. *reticulatum* Claparède et Lachmann 1859
시스트 이름: *Operculodinium israelianum* (Rossignol) Wall 1967

*O. israelianum*는 구형으로 2층 구조의 세포벽을 가진다. 세포벽 표면에는 3～6 ㎛ 크기의 짧고, 앞부분이 극상을 하는 돌기물을 가진다(그림 5-8E). 유사 피각판 배열은 분명하지 않지만, 환대전각판 3″에 대응한 발아공을 한다. 앞에서 설명한 *O. centrocarpum*과는 돌기물의 모양으로 구분된다. 발아 실험으로 *Protoceratium reticulatum*의 시스트로 알려진다(Matsuoka, 1987a). *O. centrocarpum*과 같은 종의 유영세포를 가지는 형태가 다른 2종의 시스트는 각각의 종의 생태학적 분포가 차이를 나타낼 수도 있기에 유영세포인 *Protoceratium reticulatum*의 분류학적 재검토가 필요하다.

분포는 주로 아열대에서 적도 해역의 연안과 대양역에서 출현한다. 나일 삼각주를 제외한 유럽 지중해의 동부, 북아르젠티나, 남브라질의 연안 해역과 대서양 동부의 중앙해역에서 비교적 높은 세포밀도를 보인다(Zonneveld *et al.,* 2013). 세부적으로는 동중국해와 황해 중앙부 해역, 서일본과 우리나라 남해의 내만해역을 비롯하여 아라비아해에서 출현 보고되며(Bradford and wall, 1984; Cho and Matsuoka, 2000; Sprangers *et al.,* 2004; Pospelova and kim, 2010), 열대나 아열대 해역의 소규모 초호(礁湖, lagoon)에서는 우점 출현한다(Bradford and Wall, 1984; Morzadec-Kerfourn *et al.,* 1990)

9. 피로디니움 속(Genus *Pyrodinium*)

유영세포로서는 다음 2종이 알려지며, 이들 모두 유성생식에 의한 시스트를 형성한다.

Pyrodinium bahamense Plate 1906
동종이명(synonym): *Pyrodinium bahamense* var. *bahamense* Plate 1906
시스트 이름: *Polysphaeridium zoharyi* (Rossignol) Davey et Williams 1966

*P. zoharyi*은 발아 실험에 의해 *Pyrodinium bahmense*의 시스트인 확인되었다(Wall and Dale, 1971). 형태는 구형으로 발아 시에 이분열하여, 퇴적물에서는 반원 모양으로 채집된다. 세포벽은 2층 구조로 표면에는 짧은 관상 돌기물을 가진다(그림 5-8F). 돌기물은 유사 피각판 한 장에 대해 여러 비율로 분포하며, 앞 부분은 열려있다. 유사 후미 홈의 윗부분을

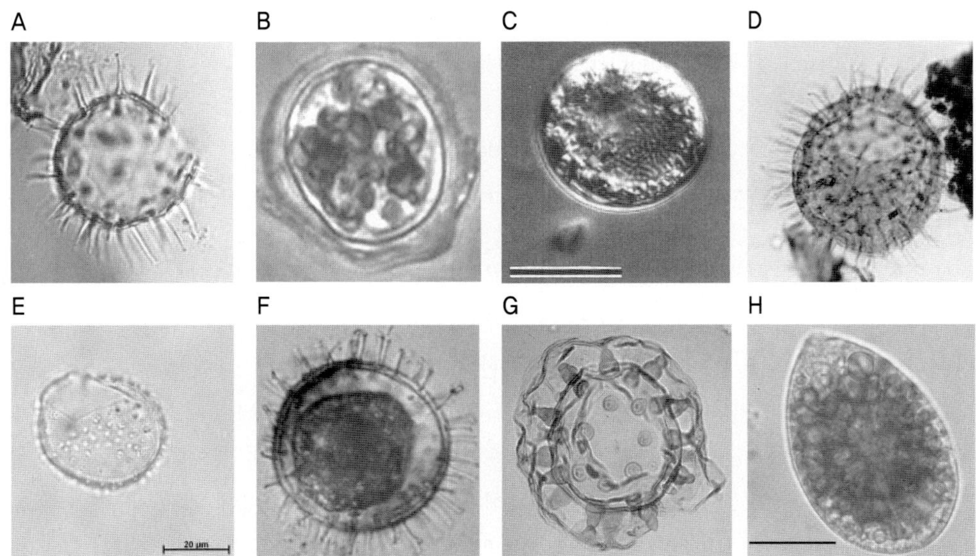

그림 5-8. 기타 *Gonyaulacales*의 시스트 (1) (사진은 시스트 기재 논문에서 인용)

(A: cyst of *Lingulodinium polyedra* (= *Lingulodinium machaerophorum*), B: cyst of *Ostreopsis ovata*, C: cyst of *Peridiniella catenata*, D: cyst of *Protoceratium reticulatum* (=*Operculodinium centrocarpum*), E: *Protoperidium* sp. (=*Operculodinium israelianum*). F: cyst of *Pyrodinium bahamense* (=*Polysphaeridium zoharyi*), G: cyst of *Pyrophacus steinii*(=*Polysphaeridium zoharyi*), H: cyst of *Ostreopsis cf. ovata*,; 바의 크기: 특별한 지정 없는한 10 ㎛)

경계로 나누어진 시스트 상층부에 발아공이 위치한다. 시스트의 위와 아래 부분은 새김길(sulcal notch)로 알 수 있다. 유사 피각판 배열은 분명하지 않지만 돌기물의 배열로 추정할 수 있다. *Polysphaeridium* 속에는 본 종 보다 짧은 돌기물을 하는 *P. zoharyi* var. *katana* 변종이 알려진다. 유영세포에서 var. *compressum*의 변종이 알려지고 있지만, 그 중 어느 하나가 *P. zoharyi* var. *katana*에 대응하는 것은 아니고, 돌기물의 길이 변이는 유영세포 2변종의 시스트에서 공통으로 확인되어 유영세포 2변종의 시스트는 형태상 차이가 현재까지 확인되어 있지 않다. 분포는 북대평양의 필리핀 등 동남아시아의 열대와 아열대 해역, 아프리카 열대해역 등 북대서양에서 출현이 보고된다(Azanza, 1997; Matsuoka *et al.,* 1998, 1999; Streftaris *et al.,* 2005; Zonneveld *et al.,* 2010)

Pyrodinium bahamense var. *compressum* (Böhm) Steidinger, Tester et Taylor 1980
동종이명(synonym): *Gonyaulax schilleri* Matzenauer
Pyrodinium bahamense f. *compressum* Böhm 1931
Pyrodinium schilleri (Matzenauer) Schiller

시스트 이름: *Polysphaeridium zoharyi* (Rossignol) Davey et Williams 1966

Matsuoka(1989)는 필리핀 연안에서 시스트를 채집하여, 직경 40～70 ㎛ 구형으로 무색의 2층 구조 세포벽을 하며, 외부 세포벽은 우둘두둘한 모양을 하는 것을 관찰하였다. 외부와 내부 세포벽 사이에 길이 13～18 ㎛ 크기의 돌기물을 하고, 발아공을 윗부분 시스트에 위치한다. 때로 발아공은 환대전각판과의 조합으로 나타나기도 한다. Matsuoka(1989)는 이 시스트를 *Polysphaeridium zoharyi* (Rossignol) Davey et Williams 1966로 동정하여, 유영세포인 *Pyrodinium bahamense*와 동일한 시스트를 갖는 것으로 평가하고 있다.

10. 피로파커스 속(Genus *Pyrophacus*)

유영세포는 4종이 알려지며 이 중 다음 2종에서 시스트가 보고된다. 본 속의 시스트의 외형(배복면)은 상하로 눌러 찌그러진 긴 타원형을 한다. 세포벽은 2층 구조로 되고, 무색투명하고, 주변부격막은 호리병 모양의 돌기물이 된다. 발아공은 3～5장의 환대후각판에 대응한다. 돌기물의 배열, 발아공의 형태로부터 유사 피각판 배열을 추정할 수 있다. 외부모양, 돌기물, 그리고 발아공의 특징으로 시스트 구분이 비교적 쉽다.

Pyrophacus horologium Stein 1883
시스트 이름: cyst of *Pyrophacus horologium* Stein 1883

본 종은 Wall and Dale(1971)에 의해 시스트 기재가 되어 있지만, 형태 및 해양퇴적물에서의 발견 등 불명확하다.

Pyrophacus steinii (Schiller) Wall et Dale 1971
동종이명(synonym): *Pyrophacus horologicum* var. *steinii* Schiller
Pyrophacus vancampoae (Rossignol) Wall et Dale 1971
시스트 이름: *Tuberculodinium vancampoae* (Rossignol) Wall 1967

*T. vancampoae*는 길이가 54～56 ㎛, 폭이 103～108 ㎛로 무색투명한 2층 구조의 세포벽에 짧은 호리병 모양의 장식물을 한 가로 장방형의 접시 모양이다. 호리병 모양의 장식은 시스트 중심체와 세포벽이 분리되는 주변부에 4개의 열로서 배열되고, 길이는 12～13 ㎛이다(그림 5-8G). 발아공은 3～5장의 환대후각판에 대응하여 만들어 진다. 돌기물의 배열, 발아공의 형태에서 유사 피각판 배열을 추정할 수 있으며, 특징적인 형태와 돌기물 및

발아공의 특성으로 다른 시스트와 쉽게 구분된다.

분포는 온대에서 열대 해역의 내만과 연안 해역에서 출현한다. 주로 남중국해, 인도네시아 연안, 호주 대륙붕, 홍해, 오만해 등에서 출현하고, 쓰시마 난류해류의 영향을 받는 북동 아시아의 내만해역과 아프리카 북서부의 용승 해역에서 상대적으로 높은 세포밀도로 출현한다(Matsuoka, 1987b; Marret and Zonneveld, 2003; Usup *et al.,* 2012).

§ 3. 페리디니움 목(Order Peridiniales)

현재 시스트의 형태적 특징, 특히 외부의 형태를 기준으로 *Protoperidinium* 속에 대응하는 분류체계를 사용한다. 이와 같은 기준에 대해 모든 연구자가 찬성하는 것은 아니다. Dale(1978)이 지적하는 것처럼 *Protoperidinium* 속의 분류에 시스트의 상, 하부의 형태와 정단과 배각판 뿔의 발달 정도 등, 변이 폭이 많은 부분에 대해 너무 세부적인 기준을 정하고 있다. 때문에 *Protoperidinium* 속의 경우 시스트와 유영세포가 속의 수준에서 거의 대응관계가 성립되지 않는다. 이는 현재 *Protoperidinium* 속 시스트 분류가 너무 세분화되어 있음을 반증하는 결과이다. 예로서 Wall and Dale(1968a)와 Fukuyo *et al.*(1977)은 유영세포 *Protoperidinium minutum*을 발아 시킨 시스트를 각각 동정하였다. 그러나 동일 유영세포를 발아시킨 시스트 사이에는 형태적 차이가 크다. 후에 Fukuyo 등이 동정했던 시스트의 유영세포는 *Protoperidinium aspidofum* (Balech) Balech로 동정되었다. 또 Abé(1981)는 *Proto- peridinium conicum*에 서로 다른 두 가지 형태가 있다는 것을 설명하고 있고, 小林 · 松岡(1984)는 *P. conicum*의 시스트로 알려진 *Multispinula quanta* (= *Selenopemphix quanta*)에도 두 가지 다른 형태가 있다는 것을 지적하고 있다. 즉 이와 같은 분류의 오류는 너무 세분화된 시스트 분류체계에서 발생하는 것이고, 유영세포의 분류학적 체계도 세심한 검토가 필요한 것을 나타낸다 할 수 있다(Matsuoka, 1987a).

현재 *Peridinium* 그룹 시스트, 특히 *Protoperidinium* 시스트의 유영세포와 시스트 사이의 대응관계는 Wall and Dale(1968a)의 결과를 기준으로 한다. 이 기준은 대상 유영세포의 전체 생활사를 확인하여 시스트와 유영세포의 대응관계를 파악하는 것이 아니라, 단순히 퇴적물에서 분리된 시스트를 발아 시켜 유영세포를 동정하는 것이다. 시스트에서 바로 발아한 와편모조류는 운동성 감수모세포(planomeiocyte)로서 두 개의 종편모을 가지는 복상 세대로 운동성 접합자와 같은 형태를 보인다. 운동성 접합자는 유영세포의 외형이나 색이 다른 것이 알려진다. 운동성 감수모세포와 유영세포에 대한 비교 연구가 충분하지

표 5-3. 시스트를 생산하는 페리디니움 목(Peridiniales)의 종 목록

생물명 (종명)		시스트 기재문헌
유영세포	시스트	
PERIDINIALES		
Archaeperidinium minutum	cyst of *A. minutum*	Yamaguchi *et al.*, 2011; Mertens *et al.*, 2012
Archaeperidinium saanichi	cyst of *A. saanichi*	Mertens *et al.*, 2012
Cachonina hallii	cyst of *Cachonina hallii*	AlgaeBASE
Coolia monotis	cyst of *Coolia monotis*	Faust, 1992
Diplopelta parva	cyst of *Diplopelta parva*	Matsuoka, 1988; Bolch and Hollagraeff, 1990
Diplopsalis lenticula	cyst of *Diplopsalis lenticula*	Matsuoka, 1988; Sonneman and Hill, 1997
Diplopsalis lebourae	cyst of *Diplopsalis lebourae*	Matsuoka, 1988
Diplopsalopsis orbicularis	cyst of *D. orbicu;aris*	Wall and Dale, 1968a; Matsuoka, 1988
Diplopsalopsis latipeltata	cyst of *D. latipeltata*	Dale *et al.*, 1993
Dissodinium symmetrica	cyst of *D. symmetrica*	Dale *et al.*, 1993
Ensiculifera carinata	cyst of *Ensiculifera carinata*	Matsuoka *et al.*, 1990
Ensiculifera imariensis	cyst of *E. imariensis*	Kobayash and Matsuoka, 1995
Gotoius abei	cyst of *Gotoius abei*	Matsuoka, 1988
Heterocapsa circularisquma	cyst of *H. circularisquma*	Uchida *et al.*, 1996, 1999
Heterocapsa triquetra	cyst of *Heterocapsa triquetra*	Braarud and Pappas, 1951
Labouraia minuta	cyst of *Labouraia minuta*	Sonneman and Hill, 1997
Oblea acanthocysta	cyst of *Oblea acanthocysta*	Kawami *et al.*, 2006
Oblea rotunda	cyst of *Oblea rotunda*	Lewis, 1990
Ostreopsis cf. *ovata*	cyst of *Ostreopsis* cf. *ovata*	Bravo *et al.*, 2012
Pentapharsodinium dalei	cyst of *P. dalei*	Dale, 1977a; Lewis, 1991
Pentapharsodinium tyrrhenicum	cyst of *P. tyrrhenicum*	Montresor *et al.*, 1993b
Peridinium limbatum	cyst of *Peridinium limbatum*	Wall and Dale, 1968a
Peridinium ponticum	cyst of *Peridinium ponticum*	Wall and Dale, 1968a
Preperidinium meunieri	*Dubridinium capitatum*	Wall and Dale, 1968a; Reid, 1977
Protoperidinium achromaticum	cyst of *P. achromaticum*	Sonneman and Hill, 1997
Protoperidinium americanum	cyst of *P. americanum*	Lewis and Dodge, 1987; Bolch and Hollegraeff, 1990
Protoperidinium antarcticum	cyst of *P. antarcticum*	Akselman, 1987

표 5-3. 계속

생물명		시스트 기재문헌
유영세포	시스트	
Protoperidinium avellanum	*Brigantedinium cariacoense*	Wall and Dale, 1968a; Matsuoka, 1984a; Lewis *et al.*, 1984
Protoperidinium brochii	cyst of *Protoperidinium brochii*	Blanco, 1989
Protoperidinium claudicans	*Votadinium spinosum*	Wall and Dale, 1968a; Akselman, 1987
Protoperidinium compressum	*Stelladinium reidii*	Wall and Dale, 1968a
Protoperidinium conicoides	*Brigantedinium simplex*	Wall and Dale, 1968a; Akselman, 1987
Protoperidinium conicum	*Selenopemphix quanta*	Wall and Dale, 1968a; Fukuyo, 1980; Kobayashi and Matsuoka, 1984
Protoperidinium denticulatum	*Brigantedinium irregulare*	Matsuoka, 1987
Protoperidinium divaricatum	*Xandarodinium xanthum*	Matsuoka *et al.*, 1983
Protoperidinium excentricum	cyst of *P. excentricum*	Wall and Dale, 1968a; Lewis *et al.*, 1984; Akselman, 1987
Protoperidinium expansum	cyst of *P. expansum*	Hallegraeff and Bolch, 1992
Protoperidinium grandii	cyst of *Protoperidinium grandii*	Meunier, 1910
Protoperidinium latissinum	cyst of *P. latissinum*	Wall and Dale, 1968a
Protoperidinium leonis	*Lejeunecysta sabrina?*	Wall and Dale, 1968a
	Quinquecuspis concreta	Wall and Dale, 1968a; Sonneman and Hill, 1997
Protoperidinium monospinum	cyst of *P. monospinum*	Zonneveld and Dale, 1994
Protoperidinium nudum	*Selenopemphix quanta*	Wall and Dale, 1968a
Protoperidinium oblongum	*Votadinium calvum*	Wall and Dale, 1968a; Akselman, 1987; Bolch and Hollegraeff, 1990
Protoperidinium obtum	cyst of *Protoperidinium obtum*	Akselman, 1987
Protoperidinium pellucidum? or *Protoperidinium steinii*	*Islandium brevispinosum*	Pospelova and Head, 2002
Protoperidinium pentagonum	*Trinovantedinium applanatum*	Wall and Dale, 1968a, Matsuoka, 1982; Lewis *et al.*, 1984; Inoue, 1990
Protoperidinium punctulatum	cyst of *P. punctulatum*	Wall and Dale, 1968a
Protoperidinium stellatum	*Stelladinium stellatum*	Rochon *et al.*, 1999

표 5-3. 계속

생물명		시스트 기재문헌
유영세포	시스트	
Protoperidinium subinerme	*Selenopemphix nephroides*	Wall and Dale, 1968a
Protoperidinium thorianum	cyst of *P. thorianum*	Lewis *et al.*, 1984
Protoperidinium thulesense	cyst of *P. thulesense*	Dodge, 1985; Matsuoka *et al.*, 2006
Protoperidinium tricingulatum	cyst of *P. tricingulatum*	Kawami *et al.*, 2009
Protoperidinium sp.	*Brigantedinium auranteum*	Sonnemen and Hill, 1997
	Islandinium cezare?	Head *et al.*, 2001
	Islandinium minutum	Head *et al.*, 2001
	Pyxidinopsis reticulata	Radi and de Vernal, 2004
Scrippsiella crystallina	cyst of *Scrippsiella crystallina*	Lewis, 1991; Ishikawa and Taniguchi, 1993
Scrippsiella donghaiensis	cyst of *S. donghaiensis*	Gu *et al.*, 2008
Scrippsiella enormis	cyst of *Scrippsiella enormis*	Gu *et al.*, 2013
Scrippsiella hangoei	cyst of *Scrippsiella hangoei*	Kremp *et al.*, 2005
Scrippsiella irregularis	cyst of *Scrippsiella irregularis*	Attaran-Fariman and Bolch, 2002
Scrippsiella lachrymosa	cyst of *Scrippsiella lachrymosa*	Lewis, 1991
Scrippsiella minima	cyst of *Scrippsiella iminima*	Gao *et al.*, 1989; Gao and Dodge, 1991
Scrippsiella patagonica	cyst of *Scrippsiella patagonica*	Akseiman and Keupp, 1990
Scrippsiella precaria	cyst of *Scrippsiella precaria*	Montresor and Zingone, 1988; Ishikawa and Taniguch, 1993; Kobayashi *et al.*, 1994
Scrippsiella ramonii	cyst of *Scrippsiella ramonii*	Montresor, 1995
Scrippsiella regalis	cyst of *Scrippsiella regalis*	Janofske, 2000
Scrippsiella rotunta	cyst of *Scrippsiella rotunta*	Lewis, 1991; Ishikawa and Taniguch, 1993
Scrippsiella sweeneyae	cyst of *Scrippsiella sweeneyae*	Wall and Dale, 1968b
Scrippsiella trifida	cyst of *Scrippsiella trifida*	Lewis, 1991
Scrippsiella trochoidea	cyst of *Scrippsiella trochoidea*	Wall *et al.*, 1970; Lewis, 1991

는 않지만, 유영세포와 운동성 접합자 사이에 형태적 차이가 발생할 가능성은 크다. 특히 *Protoperidinium* 속은 종속영양이기에 운동성 감수모세포에서 완성된 유영세포까지 배양을 지속하는 것이 쉽지 않다. 이와 같은 이유로 현재 *Protoperidinium* 그룹은 시스트와 유영

세포의 대응관계 기준이 확립되었다고 하기는 어렵다. 실제 井上(1990)는 Wall and Dale (1968a)의 양자 대응관계 방법에 많은 의문을 제기하고 있다.

1. 아키페리디니움 속(Genus *Archaeperidinium*)

Archaeperidinium 속의 유영세포는 *A. minutum*과 *A, saanich* 2종이 알려지며(AlgaeBASE), 2종이 모두 시스트를 만드는 것으로 보고된다.

Archaeperidinium minutum sensu Yamaguchi, Hoppenrath, Pospelova, Horiguchi et Leander 2011
동종이명(synonym): *Peridinium minutum* Kofoid 1907
Protoperidinium minutum (Kofoid) Loeblich III 1970
시스트 이름: cyst of *Archaeperidinium minutum sensu* Yamaguch *et al.,* 2011

캐나다의 태평양 연안인 브리티쉬 콜롬비아 해역의 세디멘트 트랩과 표층퇴적물에서 얻어진 표본의 시스트와 발아된 유영세포를 관찰하여 재기재하였다(Yamaguch *et al.,* 2011). 시스트는 직경이 24.0~33.1 ㎛로 소형인 구형으로 표면은 매끄럽고 세포벽은 두껍다. 세포 표면에는 가시 모양의 많은 돌기물을 가지며, 돌기물의 길이는 3.4~7.2 ㎛이다. 광학현미경으로 관찰하면 돌기물은 입자 형태로 보인다. 시스트는 원형질이 있을 때에는 어두운 갈색을 하지만, 발아 후의 공 시스트는 밝은 갈색을 한다. 다만 공 시스트고 세포벽이 점액질로 덮여 있을 때에는 어두운 갈색을 한다. 생 시스트는 빨강 색의 입자성 물질을 가진다(그림 5-9A). 발아공은 유사 정중간각판 2a에 대응하는 테로피릭형을 나타낸다 (Mertens *et al.,* 2012).

유영세포의 분포는 영국, 포루투칼 등 북대서양 유럽연안, 멕시코, 캐나다 등의 북태평양의 북미 서안, 일본 연안, 그리고 남태평양의 호주 연안과 남대서양의 브라질 연안에서 출현 한다(Okolodkov, 2005; Odebrecht, 2010; Ribeiro *et al.,* 2010; Yamaguchi *et al.,* 2011).

Archaeperidinium saanichi Mertens, Yamaguchi, Kawami et Matsuoka in Mertens, Yamauchi, Kawami, Rineiro, leander, Price, Pospelova, Ellegaard et Matsuoka 2012
시스트 이름: cyst of *Archaeperidinium saanichi* Mertens *et al.* in Mertens *et al.* 2012

캐나다의 태평양 연안인 브리티쉬 콜롬비아 해역의 세디멘트 트랩과 표층퇴적물에서 얻어진 표본의 시스트와 발아된 유영세포를 관찰하여 신종으로 기재하였다(Mertens *et al.,* 2012). 시스트는 직경이 36.0~52.0 ㎛로 크기의 변이가 큰 구형으로 표면은 매끄럽고 세포벽은 두껍다. 시스트 표면에는 가시 모양의 돌기물이 있고, 돌기물 길이는 2.8～7.8 ㎛이지만 광학현미경으로는 입자상을 보인다. 시스트는 원형질이 있을 때는 어두운 갈색을 하기만, 공 시스트는 밝은 갈색을 한다. 그리고 생 시스트는 오랜지 색의 입자성 물질을 가진다(그림 5-9B). 발아공은 정중간각판 2a에 대응한 테로피릭형을 나타낸다. 시스트 크기는 퇴적물 표본이 배양 표본보다 다소 크며, *A. minutum* 보다 크다.

분포는 캐나다 태평양 연안 해역에서 하구의 영향을 받는 곳에는 넓게 분포한다. 특히 수온 5～17 ℃, 표층 해수의 염분이 22～35 psu의 광염 조건의 표층퇴적물에서 쉽게 관찰된다.

2. 카초니나 속(Genus *Cachonina*)

Cachonina 속의 유영세포는 *C. hallii*와 *C. pygmaea* 2종이 알려지며, 이 중 *C. hallii*에서 시스트가 보고되는 것으로 알려진다.

Cachonina hallii (Freudenthal et Lee) Dodge 1982
동종이명(synonym): *Cachonina illdefina* Herman et Sweeney 1976
Glenodinium hallii Freudenthal et Lee 1963
시스트 이름: cyst of *Cachonina hallii* (Freudenthal et Lee) Dodge 1982

C. hallii 시스트는 von Stosch(1969)에 의해 형태적 특징 등이 설명된 것으로 기술된 문헌이 있지만(Matsuoka and Fukuyo, 2000), 1968년 캘리포니아에서 채집된 표본으로 신종 기재한 *Cachonia niei* Loeblich 1968에 대해 북해에 출현한 표본을 재관찰하여 구체적인 형태적 특징을 설명하고 있으나, *C. niei*는 현재 *Heterocapsa niei* (Loeblich III) Morrill & Loeblich III 1981의 동종이명으로 기재되어 있다. *Cachonia* 속의 종은 모세포 안쪽에 여러 층으로 된 두꺼운 세포벽을 가지는 시스트를 만드는 것으로 보고되고 있지만, 유성생식에 의한 시스트는 보고가 없다(AlgaeBASE)

3. 코오리나 속(Genus *Coolia*)

Coolia 속의 유영세포는 5종이 알려지나. *C. monotis*에서 시스트가 만들어 지는 것이 확인된다.

Coolia monotis Meunier 1919

동종이명(synonym): *Glenodinium monotis* (Meunier) Biecheler 1952
Ostreopsis monotis (Meunier) Lindemann 1928
시스트 이름: cyst of *Coolia monotis* Meunier 1919

C. monotis 시스트는 직경이 80~90 ㎛인 구형으로 2~3개의 오랜지 색의 입상물질로 채워있다. 세포벽은 두껍다(Faust, 1992). 그러나 본 종은 유성생식에 의한 시스트 형성이 보고되지만, 결과에 대해 이론이 많고, 최근에 환경 스트레스 등에 의한 일시성 시스트를 만드는 것으로 정리되어 있다(Aligizaki *et al.,* 2006; Bravo *et al.,* 2010).

4. 디프로펠타 속(Genus *Diplopelta*)

Diplopelta 속의 유영세포는 6종이 알려지나, *D. parva*에서 시스트가 보고된다.

Diplopelta parva (Abé) Matsuoka 1988
시스트 이름: cyst of *Diplopelta parva* (Abé) Matsuoka 1988

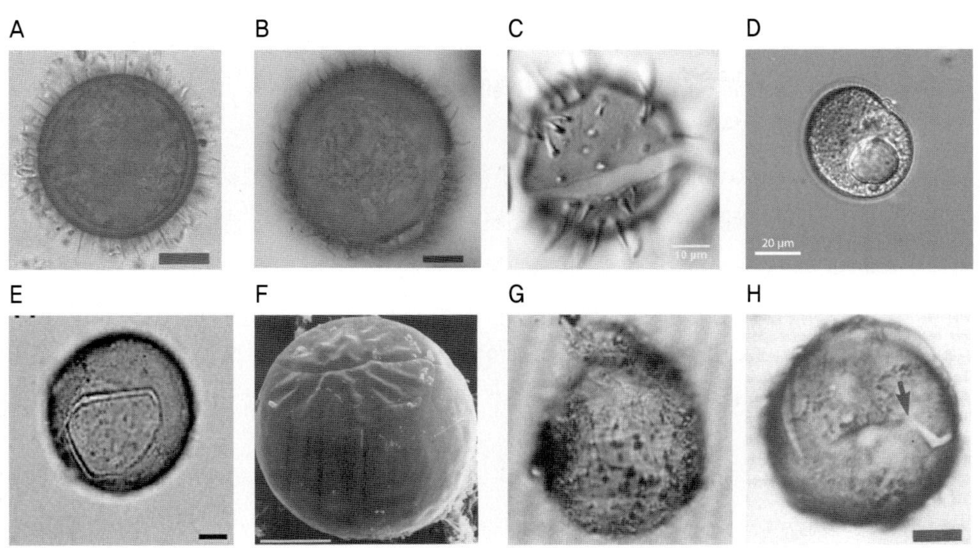

그림 5-9. 페리디니움 그룹의 시스트 (1) (사진은 원기재 논문에서 인용)

(A: cyst of *Archaeperidinium minutum*, B: cyst of *Archaeperidinium saanich,* C: cyst of *Diplopelta parva*, D: cyst of *Diplopsalis lenticula* , E: cyst of *Diplopsalis lebourae,* F: cyst of *Diplopsalopsis latipeltata,* G: cyst of *Diplopsalops orbicularis*, H: cyst of *Dissodium asymmetricum* ; 지정 없는 바의 크기는 10 ㎛; C, D: http://planktonnet.awi.de)

시스트는 직경이 27～30 ㎛인 구형이며, 세포벽은 1층 구조로 차갈색을 나타낸다. 세포벽 표면은 가늘고 긴 가시 모양의 돌기물로 덮여있다(그림 5-9C). 발아공은 정극판 또는 정극판과 정중간각판 사이에 가늘고 길게 지그자그 모양을 보이는 테로피릭형이다(Matsuoka, 1988; Bolch and Hallagraeff, 1990)

본 종은 고니아우락스 그룹의 *Lingulodinium machaerophorum*의 시스트와 유사하나, 세포벽의 색상과 열림판이 시스트에서 이탈되지 않는다는 점이 분류 형질로 이용되고 있다. 퇴적물 표본에서는 변형된 모양이 많고, 발아공 모양을 확인하는 것이 어렵다.

분포는 일본 연안 이외에 동남아시아(Furio *et al.,* 2006, 북대서양의 스웨덴 연안(Lundholm *et al.,* 2011)과 인도양의 인도 서부 해역(D`Silva *et al.,* 2011)에서 출현 보고가 있다.

5. 디프로프살리스 속(Genus *Diplopsalis*)

Diplopsalis 속의 유영세포는 8종이 알려지나, *D. lenticula*와 *D. lebourae* 2종에서 시스트가 보고된다.

Diplopsalis lenticula Bergh 1882
동종이명(synonym): *Dissodium lenticulum* (Bergh) Loeblich III 1970
Glenodinium lenticula Pouchet 1883
Peridiniopsis lenticula (Bergh) Starmach
시스트 이름: cyst of *Diplopsalis lenticula* Bergh 1882

시스트는 상대적으로 소형으로 직경이 50 ㎛인 구형으로 매끄럽고 어두운 자갈색의 세포벽을 한다(그림 5-9D). 세포벽은 1층 구조를 하며, 유사 피각판 배열은 관찰되지 않는다. 발아공은 정단판과 정중간각판 사이에 가늘고 길게 일자형으로 만들어진 테로피릭형을 한다(Matsuoka, 1988; Sonneman and Hill, 1997). 본 종은 발아공의 모양을 제외하면 *Protoperidinium* 그룹의 구형 시스트인 *Brigantedinium* 속과 구별 가능한 뚜렷한 분류 형질은 발견되지 않는다.

분포는 태평양의 일본 연안 및 호주 연안 해역, 북대서양의 루마니아, 덴마크, 스웨덴 연안 해역과 플로리다 및 브라질 연안 해역(Gribble and Anderson, 2006; Lundholm *et al.,* 2011), 그리고 북극해와 주변 해역(McMinn and Scott, 2005)

Diplopsalis lebourae (Nie) Balech 1967
동종이명(synonym): *Pyrophacus horologicum* var. *steinii* Schiller
시스트 이름: cyst of *Diplopsalis lebourae* (Nie) Balech 1967

시스트는 직경이 42～44 ㎛인 구형으로 소형이고 밝은 갈색을 한다. 세포벽의 두께는 2 ㎛로 두껍고, 표면은 미세한 입자 알갱이 모양으로 거칠다(그림 5-9E). 발아공은 유사 정중간각판 2a에 대응하여 오각형으로 비교적 크다. 열림판은 이탈되지 않고 시스트 뒤쪽에 붙어있다(Wall and Dale, 1968a; Matsuoka, 1988)

6. 디프로프살로프시스 속(Genus *Diplopsalopsis*)

Diplopsalopsis 속의 유영세포는 8종이 알려지나, *D. latipeltata*와 *D. orbicularis,* 2종에서 시스트가 보고된다.

Diplopsalopsis latipeltata Balech et Borgese 1990
시스트 이름: cyst of *Diplopsalopsis latipeltata* Balech et Borgese 1990

시스트는 직경이 26.0～46.5 ㎛인 구형으로 어두운 갈색을 한다. 공 시스트는 밝은 갈색을 한다. 세포벽은 매끄럽고, 세포 내에는 입상물질이 있다. 발아공은 유사 정중간각판과 가로 홈 사이에 가늘고 긴 모양으로 만들어진다(그림 5-9F). 전자현미경 관찰에서는 유사 피각판 배열이 관찰되기도 한다. 분포는 유럽 지중해 이탈리아 연안의 기수성 석호에서 겨울과 봄, 식물플랑크톤 대발생을 보일 때 출현하는 것이 보고 된다(Dale *et al*., 1993)

Diplopsalopsis orbicularis (Paulsen) Meunier 1910
동종이명(synonym): *Diplopsalis orbicularis* Steidinger et Williams 1970
시스트 이름: cyst of *Diplopsalops orbicularis* (Paulsen) Meunier 1910

시스트는 길이가 45～50 ㎛, 폭이 46～62 ㎛의 장방형에서 구형을 한다(그림 5-9G). 시스트는 갈색을 하며, 2층 구조의 세포벽을 가진다. 때로 세포벽이 제라틴 물질로 덮여 있기도 한다. 정단판 1′～3′, 정중간각판 1a와 2a에 거친 테로피릭형 발아공을 한다(Wall and Dale, 1968a; Matsuoka, 1988).

7. 디소디움 속(Genus *Dissodium*)

Dissodium 속의 유영세포는 13종이 알려지나, *D. asymmetricum*에서 시스트가 보고된다.

Dissodium asymmetricum (Mangin) Loeblich Jr 1970

동종이명(synonym): *Diplopsalis asymmetrica* Drebes & Elbrachter 1976

Diplopsalis lenticula Stein

Diplopsalis lenticula f. *asymmetrica* Steidinger et Williams 1970

Peridinium lenticula Paulsen 1912

Diplopelta symmetrica Pavillard 1913

Praeperidinium asymmetricum Mangin 1913

Peridiniopsis asymmetricum Lebour 1922

Peridinium asymmetricum Ostenfeld 1915

시스트 이름: cyst of *Dissodium asymmetricum* (Mangin) Loeblich Jr 1970

시스트는 직경이 37~50 ㎛인 구형으로 원형질이 있는 생 시스트는 어두운 갈색을 하며, 공 시스트는 밝은 갈색을 한다. 세포 내에는 입상물질이 있다. 세포벽은 두껍고, 광학현미경으로 관찰하면, 1~4 ㎛ 크기의 머리털 모양의 돌기물이 농밀하게 분포한다. 발아공은 테로피릭형으로 지그재그 모양을 한다(그림 5-9H). 분포는 유럽 지중해의 기수성 석호에서 겨울과 봄, 식물플랑크톤 대발생을 보일 때 출현하며, 노르웨이 연안에서도 관찰된다(Dale *et al.*, 1993)

8. 엔시쿠리페라 속(Genus *Ensiculifera*)

Ensiculifera 속의 유영세포는 3종이 알려지며, 그 중 *E. carinata*와 *E. imariensis*에서 유성생식에 의한 시스트가 알려진다.

Ensiculifera carinata Matsuoka, Kobayashi et Gains 1990

시스트 이름: cyst of *Ensiculifera carinata* Matsuoka, Kobayashi et Gains 1990

일본 태평양 연안인 고가소만과 캐리비아해의 영국령 버지니아제도에서 채집된 표본을 관찰하여 신종 기재하였다(Matsuoka *et al.*, 1990). 시스트는 직경 43~55 ㎛인 구형으로 어두운 갈색을 한다. 2층 구조인 세포벽에서 외부 세포벽은 5~8 ㎛의 두께의 석회질로 되어있다(그림 5-10A). 외부 세포벽은 산처리에 의해 사라진다. 세포 표면은 사마귀 모양의 장식물로 덮여있다. 유사 가로 홈과 후미 홈, 그리고 유사 피각판 경계는 뚜렷하게 관찰된다. 내부 세포벽은 두께가 2~3 ㎛로 매끈한 유기물 세포벽이다. 발아공은 정중간각판에 대응하는 테로피릭형이나, 정극판에서 정중간각판에 거쳐 형성된다. 분포는 일본 태평양 연안과 대서양의 버지니아제도 이외에 호주 연안(Hallegraeff *et al.*, 2010; McMinn *et al.*, 2010)에서 분포가 확인되고 있다.

Ensiculifera imariensis Kobayashi et Matsuoka 1995

시스트 이름: cyst of *Ensiculifera imariensis* Kobayashi et Matsuoka 1995

일본 규슈 연안 해역에서 채집된 표본을 관찰하여 신종 기재하였다(Kobayashi and Matsuoka, 1995). 시스트는 직경 23∼29 ㎛인 구형으로 매우 작다. 세포벽은 유기질로 구성되어 있고, 표면에는 가시 모양 또는 막 모양으로 길이가 5∼7 ㎛, 폭이 1.5∼2.2 ㎛가 되는 장식물로 덮여있다(그림 5-10B). 돌기물과 세포 모양은 다양하게 변화하며, 발아공의 관찰은 되지 않았다. 분포에 대한 추가 정보는 없다.

9. 고토이우스 속(Genus *Gotoius*)

Gotoius 속의 유영세포는 4종이 알려지며, *G. abei*에서 시스트가 보고된다.

Gotoius abei Matsuoka 1988

시스트 이름: cyst of *Gotoius abei* Matsuoka 1988

시스트는 직경이 54 ㎛로 구형 또는 거의 구형의 타원형을 하며, 세포는 어두운 갈색을 한다(그림 5-10C). 발아공을 제외하면 유사 피각판 배열은 관찰되지 않는다, 발아공은 사각형 모양으로 크며, 유사 피각판 1a와 2a에 대응하는 것으로 보아지나, 정극판과 정중간각판 경계 부분에 형성된다(Matsuoka, 1988).

10. 헤테로캅사 속(Genus *Heterocapsa*)

Heterocapsa 속의 유영세포는 20종이 알려지고, 이 중 *H. circularisquma*와 *H. triquetra*에서 시스트가 만들어지는 것으로 보고되고 있지만, 아직 분명하지 않은 부분이 많다.,

Heterocapsa circularisquma Horiguchi 1995

시스트 이름: *Heterocapsa circularisquma* Horiguchi 1995

일본 연안에서는 진주 조개 등 이매패 양식장에 적조를 발생시켜 막대한 피해를 주는 종으로, 진주조개 몸 속에서도 증식을 하는 등 휴면성 접합자가 존재하는 것으로 보아지나, 아직 그 상세한 내용에 대해서는 명확하지가 않다. 굴의 소화관에 있을 때, 세균에 노출될 경우, 두 종이상의 조류가 동시에 배양할 경우에 일시적인 시스트가 형성되는 것이 알려진다(Uchida *et al.,* 1996, 1999; Imada *et al.,* 2000; Nagasaki *et al.,* 2000; Tarutani *et al.*, 2001).

Heterocapsa triquetra (Ehrenberg) Stein 1883
동종이명(synonym): *Glenodinium triquetrum* Ehrenberg 1840
Peridinium triquetra (Ehrenberg) Lebour 1925
Peridinium triquetrum Schiller 1937
Properidinium heterocapsa (Stein) Meunier 1919
시스트 이름: cyst of *Heterocapsa triquetra* (Ehrenberg) Stein 1883

시스트는 장축이 32～40 ㎛, 단축이 20 ㎛의 타원형이나, 때로는 중앙부가 약간 함몰된다(그림 5-10D). 표면은 짧은 돌기물로 덮여있다(Braarud and Pappas, 1951). 그러나 접합자의 형성 과정의 관찰은 없었다. 또, 田中(1981)는 적조까지 증식한 유영세포를 배양하여 시스트가 만들어 진 것을 보고하고 있으나, 1년 이상 보존된 시스트는 장축이 23～25 ㎛, 단축이 13～15 ㎛인 타원형으로 중앙부에 비틀어짐 등을 관찰하고 있지만 돌기물에 대한 설명은 없었다. 이 또한 유성생식 과정은 확인되지 않았다. 우리나라 진해만에서도 본 종의 시스트를 보고하지만(Kim *et al.,* 1990), 아직 퇴적물에서 정확한 시스트가 보고되지 않고 있고, 배양에서고 접합자 형성이 관찰되지 않아 시스트에 대해서는 명확하지 않다.

11. 레보우라이아 속(Genus *Lebouraia* Abe ex Sournia 1986)

Lebouraia 속에는 *Lebouraia minuta* 단 한 종이 존재하며, 시스트를 생산한다.

Lebouraia minuta Abe 1941
시스트 이름: cyst of *Lebouraia minuta* Abe 1941

시스트는 직경이 36 ㎛로 구형을 하며, 밝은 자갈색으로 표면이 매끄러운 세포벽을 한다, 유사 피각판 배열은 관찰되지 않으며, 발아공은 시스트 주변을 거의 절반 가까이 회전하는 지그자그 모양을 한다. 또한 발아공은 정극판과 정중간각판의 경계에 만들어 진다(Sonneman and Hill, 1997). *Gymnodinium* 그룹의 시스트와 유사하다.

분포는 태평양의 호주 주변 해역은 물론 러시아 북극해 연안(Okolodkov, 1998), 인도양의 인도 연안 해역(D`Silva *et al.,* 2011; Narale *et al.,* 2013) 등에서 출현 보고가 있다.

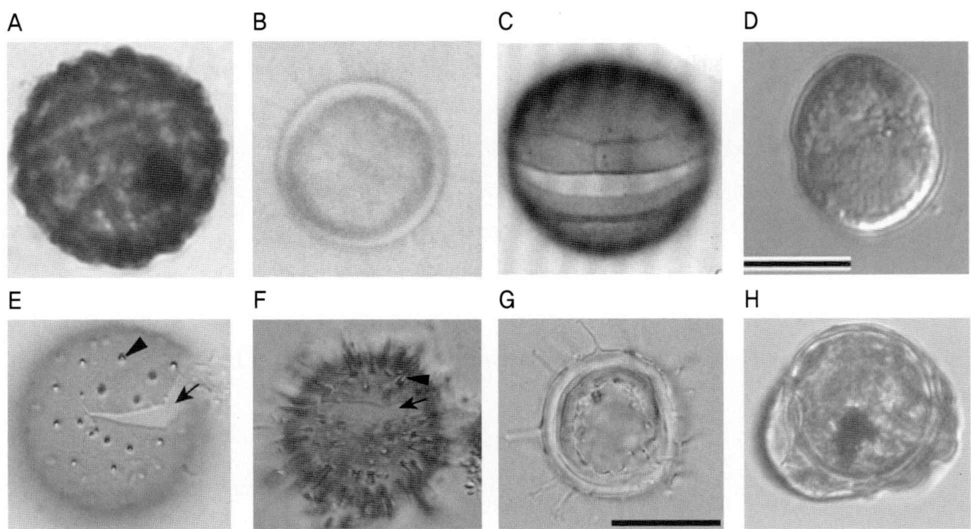

그림 5-10. 페리디니움 그룹의 시스트 (2) (사진은 원기재 논문에서 인용)

(A: cyst of *Ensiculifera carinata*, B: cyst of *Ensiculifera imariensis*, C: cyst of *Gotoius abei*, D: cyst of *Heterocapsa triquetra*, E~F: cyst of *Oblea acanthocysta,* G: cyst of *Pentapharsodinium dalei,* H: cyst of *Pentapharsodinium tyrrhenicum*, 지정 없는 바의 크기는 10 ㎛)

12. 오브레아 속(Genus *Oblea*)

Oblea 속의 유영세포는 4종이 알려지나, *O. acanthocysta*와 *O. rotunda*에서 유성생식에 의한 시스트가 보고된다.

Oblea acanthocysta Kawami, Iwataki et Matsuoka 2006
시스트 이름: cyst of *Oblea acanthocysta* Kawami, Iwataki et Matsuoka 2006

일본 규슈 오무라만에서 세티멘트 트랩에 채집된 시스트와 주변 해역에서 채집된 유영세포를 관찰하여 신종 기재하였다(Kawami *et al.,* 2006). 시스트는 직경이 30.0~53.0 ㎛(평균 35.4 ㎛)인 구형으로 연한 갈색을 띈다. 표면은 매끄럽지만 가시 모양의 돌기물이 80개 이상으로 많다. 다만 돌기물 길이는 1~8 ㎛으로 변동이 심하며, 짧은 돌기물을 하는 시스트가 드물게 출현한다. 발아공은 테로피릭형으로 지그자그 모양이 된다(그림 5-10E,F). 때로는 유사 피각판 배열을 한 시스트가 관찰되기도 한다, 분포는 서일본을 비롯하여 북태평양과 북대서양 고위도 해역의 주상 퇴적물에서도 출현한다(Radi *et al.,* 2013).

Oblea rotunda (Lebour) Balech ex Sournia 1973
동종이명(synonym): *Peridiniopsis rotunda* Lebour 1922
Glenodinium rotundum Schiller 1937
Diplopsalis rotunda Wood 1968
Diplopsalis rotundata Steidinger et Williams 1970
시스트 이름: cyst of *Oblea rotunda* (Lebour) Balech ex Sournia 1973

시스트는 직경이 22～31 ㎛인 구형으로 연한 갈색을 한다. 세포벽은 1층 구조로 매끄럽고, 유사 배열판 구조는 관찰되지 않는다. 발아공은 테로피릭형으로 세포의 2/3를 회전할 정도의 극단적으로 큰 특징을 갖는다(Lewis, 1990).

13. 펜타파소디니움 속(Genus *Pentapharsodinium*)

Pentapharsodinium 속의 유영세포는 2종이 알려지며, 모두 시스트를 만든다. 다만, 시스트 분류 기법이 발달하면서 유영세포의 후미 홈 피각판이 5～6장인 소형 페리디니움 목의 칼키오디네라 과에는 최근 많은 신종이 기재되고 있다. 이는 후미 홈 피각판 배열이 이들 시스트 분류 형질로서 중요하게 작용하기 때문이다(Lewis, 1991; Matsuoka *et al.*, 1990; Kobayashi and Matsuoka, 1995). 이들 종에서 유영세포의 피각판 배열이 후미 홈 피각판을 제외하면 거의 같으며, 크기가 30 ㎛ 전후의 소형으로 미세한 피각판의 형태와 배열을 정확히 관찰하는 것이 어려워 대응하는 시스트 외부 형태가 종 수준에서 다양하기 때문이다. 때문에 이들 소형 페리디니움 목의 신종 기재에 형태를 제외하고 설명하는 것은 생각할 수 없다. 지금까지 이들 그룹에 속하는 칼키오디네라 과에는 *Scrippsiella* 속, *Pentapharusodinium* 속 그리고 *Ensiculifera* 속이 포함되어, 석회질 세포벽을 가지는 것이 특징이었다. 그러나 보다 세밀한 관찰과 연구 결과 이들 그룹에 석회질 새포벽 없이 유기질 세포벽으로 구성되는 종이 존재가 알려지면서 하는 것이 판명되어, 석회질 시스트 세포벽이 칼키오디네라 과의 공통된 특징을 할 수 없게 되었다.

Pentapharsodinium dalei Indelicato et Loeblich III 1986
시스트 이름: cyst of *Pentapharsodinium dalei* Indelicato et Loeblich III 1986

Dale(1977a)에 의해 *Peridinium faeroense*로 기재된 종이다. 시스트는 직경 19～36 ㎛인 구형으로 극 소형의 시스트 중 하나이며, 1～8 ㎛ 크기의 많은 돌기물을 가지며, 이 돌기물은 현미경으로 관찰하면 입상 모양으로 보인다(그림 5-10G). 시스트를 발아시켜 유영세포를 관찰하고 있지만, 발아공은 분명하지 않아, 아크리타크와 유사한 모양을 한다(Dale, 1977a). 본 종의 시스트로 기재된 *Peridinium faeroense*는 *P. dalei*의 동종이명이 아니라 *Scrippsiella trochoidea*의 동종이명이다. 분포는 대서양의 영국, 스웨덴, 칠레 연안에서 보고된다(Lewis, 1991).

Pentapharsodinium tyrrhenicum (Balech) Montressor, Zingone et Marino 1993
동종이명(synonym): *Peridinium tyrrhenicum* Balech 1990
시스트 이름: cyst of *Pentapharsodinium tyrrhenicum* (Balech) Montressor, Zingone et Marino 1993

길이가 32～45 ㎛, 폭이 32～41 ㎛로 거의 구형에 가까운 타원으로 석회질 세포벽을 가진다. 세포는 자갈색에서 회색에 가깝다. 세포 속에는 과립상 물질이 존재하고, 불그스레한 황색으로 채워진다(그림 5-10H). 세포벽은 가느다란 석회질 섬유로 만들어진 정교한 메트릭스 모양을 한다. 발아공은 4개의 산마루가 대면하는 시스트 세포벽에 원형에서 하위 사각형을 한다(Sonneman and Hill, 1997). 분포는 유럽 지중해, 호주 연안 해역 등에서 보고되고 있다.

14. 페리디니움 속(Genus *Peridinium*)

Peridinium 속의 유영세포는 86종이 알려지나, 현재 4종 정도가 유성생식에 의한 시스트를 만드는 것으로 알려진다. 그러나 해산 *Peridinium* 속은 대부분 *Protoperidinium* 속으로 이전되었고, 문헌에 따라 본 속의 종들이 시스트를 만드는 것으로 설명하고 있지만, 대부분은 다른 종명이 동종이명이거나 일시성 시스트를 형성한다(Bravo *et al.,* 2010).

Peridinium hangoei Schiller 1935
시스트 이름: cyst of *Peridinium hangoei* Schiller 1935

북대서양 핀란드 연안 해역에서 봄 식물플랑크톤 대발생 때에 표영 환경에서 채수한 표본에서 본 종의 시스트를 관찰하고 있고, 표영 환경에서 시스트를 형성하여 침강하고 있어, 해역의 탄소 플럭스에 중요한 역할을 하고 있는 것으로 설명하고 있다. 시스트는 소형의 구형을 하고 있으며, 세포 표면에는 원추형의 가시 모양 돌기물이 랜덤하게 덮여 있다. 기타의 자세한 형태적 특징에 대한 설명은 없다(Heiskanen, 1993). 본 종은 현재 *Scrippsiella hangoei* (Schiller) Larsen 1995의 동종이명이다(AlgaeBASE)

Peridinium limbatum (Stokes) Lemmermann 1900
동종이명: *Protoperidinium limbatum* Stokes 1888
시스트 이름: cyst of *Peridinium limbatum* (Stokes) Lemmermann 1900

담수산 종으로 시스트는 길이가 45~50 ㎛, 폭이 46~62 ㎛의 장방형을 한다. 정단판 1′~3′, 정중간각판 1a와 2a에 거친 발아공을 한다(Wall and Dale, 1968a).

Peridinium ponticum Wall and Dale 1973
시스트 이름: cyst of *Peridinium ponticum* Wall and Dale 1973

*P. ponticum*은 Wall and Dale (in Wall *et al.,* 1973)에 의하여 흑해의 현생 퇴적물에서 얻어진 시스트로서, 유영세포의 형태는 분명하지 않다(그림 5-11A). 분포는 흑해나 흑해와 지중해 사이의 마르마라해에서 출현보고가 있고, 일본 근해의 주상 퇴적물에서도 드물게 보고된다. 기수환경에 제한적으로 출현하는 종이다(Zonneveld *et al.,* 2013).

Peridinium ponticum 속에는 이외에 *Peridinium inconspicuim* Lemmermann, *Peridinium quinquecorne* Abé 1927, *Peridinium volzii* Woloszynska 등 도 환경 스트래스에 의해 일시성 시스트를 만든다(Anderson *et al.,* 1995; Manjares and Fritz, 1999)

15. 프레페리디니움 속(Genus *Preperidinium*)

Preperidinium 속의 유영세포는 6종으로 이 중 *P. meunieri*의 시스트가 알려진다.

Preperidinium meunieri (Pavillard) Elbr   chter 1993
동종이명(synonym): *Diplopsalis lenticula* f. *minor* Paulsen 1907
Diplopsalis minor (Paulsen) Lindemann 1927
Diplopeltopsis minor Pavillard 1913
Glenodinium lenticula f. *minor* Schiller 1937
Peridinium lenticulum Mangin 1911; *P. meunieri* Pavillard 1912
Peridinium paulsenii Mangin 1911
Preperidinium paulseni (Mangin) Mangin
Zygabikodinium lenticulatum Loeblich Jr. et Loeblich III 1970
시스트 이름: *Dubridinium caperatum* Reid 1977

캡슐 속의 크기는 42 × 35 ㎛에서 58 × 58 ㎛로 변화하고 시스트 전체는 49 × 47 ㎛에서

63 × 63 ㎛으로 변화하는 동굴 모양, 구형 또는 달걀 모양으로 다소 편압된 형태를 한다(그림 5-11B～D). 캡슐은 두께가 0.7 ㎛로 어두운 자갈색으로 한 층 구조를 하지만, 안쪽은 우둘투둘하거나 미세한 미소 입자을 가진다. 연한 갈색 또는 무색의 외부 세포벽은 캡슐과 떨어져 있다(Reid, 1977). 이에 반해 Matsuoka(1987a)는 시스트는 길이가 36～43 ㎛, 폭이 42～54 ㎛로 수정체의 모양을 하고 세포벽은 2층 구조를 하며, 외부 세포벽은 1～2 ㎛ 두께로 미립상을 나타내는 것으로 다른 설명을 하고 있다. 본 종은 유사 피각판 배열이 뚜렷하다. 특히 유사 가로 홈과 후미 홈, 정극판에서 유사 피각판이 분명하게 관찰되며(Wall and Dale, 1968a), 두꺼운 미립상의 외부 세포벽을 가지는 것이 다른 종과 구별되는 형질로 설명된다. 그리고 종종 시스트는 유영세포의 안쪽에 존재하는 상태로 표영 환경의 플랑크톤 군집에 혼재하는 것이 알려진다(Matsuoka, 1987a). 또한 본 종은 많은 문헌에 유영세포의 명칭을 *Zygabikodinium lenticulatum* Loeblich Jr. et Loeblich III 1970으로 표기하고 있다.

분포는 아프리카 북서의 대서양 용승 해역, 북미와 남미의 서쪽의 태평양 용승 해역 등 온대에서 적도 해역의 연안에서 출현한다. 또한 아이리시해, 동중국해, 미국의 메사추세트 내만 등 오염의 진행된 해역에서도 출현한다. 상대적으로 높은 세포밀도는 연안용승 해역, 캐나다 벤쿠버 주변 해역, 우리나라 남해안 등에서 보고된다(Cho *et al.,* 2003; Rebeiro and Amorim, 2008; Kreoakevich and Pospelova, 2010; Pospelova and Kim, 2010; Shin *et al.,* 2010a; Price and Pospelova, 2011; Zonneveld *et al.*, 2013).

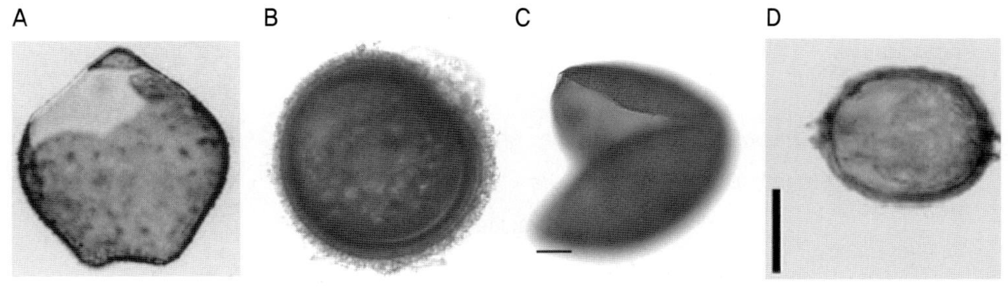

그림 5-11. 페리디니움 그룹의 시스트 (3) (사진은 원기재 논문에서 인용)

(A: cyst of *Peridinium ponticum*, B～D: cyst of *Preperidinium meunieri* (=*Dubridinium caperatum*): 바의 크기는 10 ㎛)

16. 프로토페리디니움 속(Genus *Protoperidinium*)

Protoperidinium 속의 유영세포는 약 325종이 알려지며, 이 중 30종 이상이 시스트를 만

드는 것으로 보이나, 시스트와 유영세포 사이의 대응관계에 아직도 분명하지 못한 부분이 많다. 화석종으로도 매우 다양한 종이 출현하는 그룹이다.

Protoperidinium achromaticum (Levander) Balech 1974
동종이명(synonym): *Peridinium achromaticum* Levander 1902
시스트 이름: cyst of *Protoperidinium achromaticum* (Levander) Balech 1974

시스트는 길이가 50 ㎛, 폭이 48 ㎛의 자갈색의 페리디니움 모양의 오각형을 하지만 위에서 보면 달걀 모양이다. (그림 5-12A). 세포 중앙부에 유사 가로 홈이 관찰되며, 발아공은 유사 정중간각판의 1a와 2a에 대응한 것으로 보인다(Sonneman and Hill, 1997). 분포는 러시아 연안(Orlova *et al.*, 2004), 북대서양의 유럽과 남대서양의 브라질 연안, 그리고 남태평양의 호주 주변해역에서 출현이 보고된다.

Protoperidinium americanum (Gran et Braarud) Balech 1974
동종이명(synonym): Peridinium americanum Gran et Braarud 1935
시스트 이름: cyst of *Protoperidinium americanum* (Gran et Braarud) Balech 1974

시스트는 직경이 33~40 ㎛로 구형을 한다. 세포벽은 2층 구조를 하며 밝은 자갈색을 하지만, 거칠고 얇은 막상 또는 주름살 모양을 한다. 발아공은 3매의 유사 정극판에서 만들어 진다(그림 5-12B). 열림판은 시스트에서 이탈되지 않고 세포벽에 남아있다. 와편모조류에서 유사 정극판 3매에 대응하는 발아공을 만들거나 네잎 크로바 모양을 하는 종은 본 종이 유일하다(Bolch and Hallegraeff, 1990).

일반적으로 *Protoperidinium* 속의 시스트는 1~2 장의 정중간각판에 대응한 발아공을 가지나, 본 종의 정극판 대응 발아공은 매우 예외적이다. 또, 2층 구조를 나타내는 세포벽도 특이하며, 유영세포에 3장의 정극판이 있는 것도 *Protoperidinium* 속의 다른 종과는 다른 형질이다. 이와 같은 다수의 특이 형질로부터 Matsuoka(1987a)는 본 종이 *Protoperidinium* 속과 다른 분류군일 가능성에 대해 의문을 제기하고 있다.

분포는 남・북태평양, 북대서양, 인도양의 아한대에서 열대 해역의 연안용승과 연안, 내만 해역에서 출현하며, 담수가 유입되는 하구역에서 출현이 되지 않은 것으로 보고하고 있다(Zonneveld *et al.*, 2013). 그러나 우리나라 가막만에는 본 종이 최 우점종으로 출현한다(박 등, 2004). 이외에도 남중국해, 호주 남부, 인도 서부의 연안과 내만해역에서도 우점 출현하며(Godhe *et al.*, 2000; Wang *et al.*, 2004?; Ribeiro and Amorim, 2008;) 그리고 본 종은 세디멘트 트랩 실험에 의해 연안 해역의 규산질, 바람, 염분 등에 의해 영향을 받는 것으로 알려지며(Price and Pospelova, 2011), 성층역의 상부에서도 출현 하는 것으로 보고한다

(Zonneveld and rummer, 2000; Susek *et al.,* 2005; Zonneveld *et al.,* 200). 또 영하의 수온을 나타내는 북극의 얼음 덮인 해역의 퇴적물에서도 출현이 보고된다(de Vernal *et al.,* 1998; Radi and de vernal, 2008).

Protoperidinium antarcticum (Schimper ex Karsten) Balech 1973
동종이명(synonym): *Peridinium antarcticum* Schimper ex Karsten 1905
Peridinium depressum (Bailey) Peters 1928
시스트 이름: cyst of *Protoperidinium antarcticum* (Schimper ex Karsten) Balech 1973

Akselman(1987)에 의해 시스트 형태적 관찰이 되어 있는 것으로 되어 있지만, 자세한 내용 알 수 없고, 남극 주변 해역에 한정되어 분포한다(MaMinn and Scott, 2005).

Properidinium avellana Meunier 1919
동종이명(synonym): *Protoperidinium avellanum* (Meunier) Balech 1974
Peridinium avellana Lebour 1925
시스트 이름: *Brigantedinium cariacoense* Wall 1967

시스트는 직경이 44~63 ㎛으로 구형을 한다. 세포벽은 매끄럽고 진한 자갈색을 한다(그림 5-12C). 세포벽에 돌기물은 없다. 발아공은 유사 정중각각판 2a에 대응하여 오각형을 하는 것이 일반적이지만, 때로는 상하로 늘어뜨린 모양이거나 초승달 모양을 하는 것이 관찰된다. 발아공을 가지며, 크기는 14 × 24 ㎛에서 25 × 31 ㎛이다(Wall and Dale, 1968a; Sonneman and Hill, 1997).

분포는 북대서양 유럽과 지중해, 북태평양의 북동 아시아 연안, 북미 서부해역, 호주와 뉴질랜드 연안 해역 등에서 출현이 확인 된다(Wall and Dale, 1968a; Lewis *et al.,* 1984; Matsuoka, 1984a; Pospelova *et al.,* 2004)

Protoperidinium brochii (Kofoid et Swezy) Balech
동종이명(synonym): *Peridinium brochii* Kofoid et Swezy 1921
시스트 이름: cyst of *Protoperidinium brochii* (Kofoid et Swezy) Balech

북대서양 스페인 연안의 바로셀로나 Galician Rias에서 채집한 표본을 관찰하여 형태를 기술하고 있다(Balnco, 1989b). 시스트는 길이가 78 ㎛로 우주선 비행접시와 같은 특이한 모양을 하고 있다(그림 5-12D). 시스트에 대한 보고는 거의 찾아 볼 수 없으나, 유영세포는 북대서양의 영국, 카나리아제도, 북태평양의 멕시코 연안해역 등에서 출현 보고가 있고,

브라질이나 호주, 뉴질랜드 주변 해역에서도 분포한다(Park and Dixon, 1976; Okolodkov, 2005; Chang *et al.,* 2012).

Protoperidinium claudicans (Paulsen) Balech 1974
동종이명(synonym): *Peridinium claudicans* Paulsen 1907
시스트 이름: *Votadinium spinosum* Reid 1977

시스트는 길이가 52~56 ㎛, 폭이 47~50 ㎛, 두께가 35~38 ㎛로 연안 갈색의 심장형을 한다. 뒤에서 보면 평편하게 보인다. 세포벽은 한 층으로 표면에는 길이가 2~3 ㎛의 가시모양의 돌기물이 많다(그림 5-12E). 유사 가로 홈에는 돌기물이 없다. 발아공은 유사 정중간각판 2a 중심으로 다른 피각판을 포함하는 것으로 보이는 오각형 또는 하위 사각형 모양으로 크기는 4 × 28 ㎛에서 24 × 32 ㎛이다(Wall and Dale, 1968a; Sonneman and Hill, 1997).

본 종의 분포는 동남 아시아(Furio *et al.,* 2012), 인도 연안 해역(Godhe *et al.,* 2000; D`Costa *et al.,* 2008), 대륙부 서부의 연안용승 해역(Biebow *et al.,* 1993; Sprangers *et al.,*

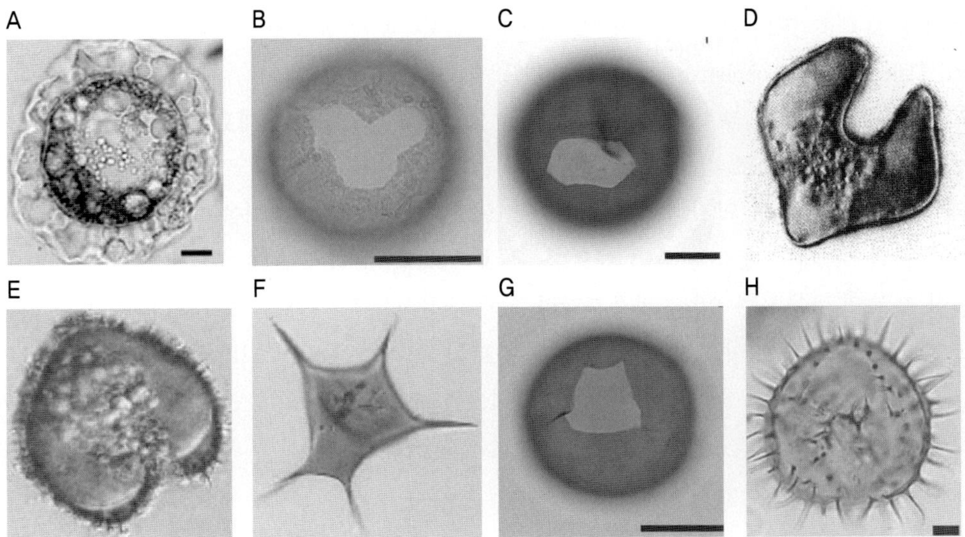

그림 5-12. Genus *Protoperidinium*의 시스트 (1) (사진은 시스트 기재 논문에서 인용)

(A: cyst of *Protoperidinium achromaticum*, B: cyst of *Protoperidinium americanum*, C: cyst of *Properidinium avellana* (=*Brigantedinium cariacoense*). D: cyst of *Protoperidinium brochii,* E: cyst of *Protoperidinium claudicans* (=*Votadinium spinosum*). F: cyst of *Protoperidinium compressum* (=*Stelladinium reidii*)., G: cyst of *Protoperidinium conicoides* (=*Brigantedinium simplex*), H: cyst of *Protoperidinium conicum* (=*Selenopemphix quanta*); 지정 없는 바의 크기는 10 ㎛)

2004; Joyce *et al.,* 2005; Ribeiro and Amorim, 2008; Pitcher and Joyce, 2009), 북미의 북동 연안 해역(Pospelova *et al.,* 2002; 2005), 지중해 연안(Satta *et al.,* 2010), 그리고 인위적 오염이 진행되는 연안 해역(Krepakevich and Pospelova, 2010; Pospelova and Kim, 2010)에 넓게 분포한다. 특히 본 종은 세디멘트 실험에서 표영 환경에서 규조류에 의해 이용될 수 있는 규산질 농도와 규조류 생물량에 상관을 보이고 있어, 규조류에 의해 생산이 지배되는 양상을 보인다(Jacobson and Andreson, 1986; Ribeiro and Amorim, 2008; Price and Pospelova, 2001).

Protoperidinium compressum (Abé) Balech 1974
동종이명(synonym): *Congruentidium compressum* Abé 1927
Peridinium compressum (Abé) Nie
시스트 이름: *Stelladinium reidii* Bradford 1977 1975

시스트는 길이가 72 ㎛, 폭이 72 ㎛로서 자갈색을 하는 별 모양이다, 배면으로는 평탄하게 보인다. 시스트는 하나의 정극판, 두 개의 배각판 뿔을 가진다(그림 5-12F). 유사 가로홈이 관찰되며, 발아공은 유사 정중간각판 2a 중심으로 다른 피각판을 포함하는 것으로 보이는 오각형 또는 하위 사각형 모양으로 크기는 4 × 28 ㎛에서 24 × 32 ㎛이다(Wall and Dale, 1968a; Sonneman and Hill, 1997).

본 종의 시스트를 포함하는 *Stelladinium* Bradford 1975 속은 세포 모양이 중앙부에서 보면 오각형 모양으로 각의 끝부분에서 긴 돌기물이 나오기에 별 모양으로 보인다. 앞과 뒤(배 · 복) 방향으로 약간 압축도며, 한 층으로 된 차갈색 세포벽을 가진다. 한 개의 긴 정극 뿔과 두 개의 배각판 뿔이 있으며, 유사 후미 홈 주벽에도 여러개의 긴 돌기물 또는 선반 모양의 돌출부가 있다. 정중간각판 2a에 대응하는 발아공을 가진다. 본 속에 속하는 종의 특징적인 별 모양의 형태는 다른 시스트와 쉽게 구별되는 키가 된다. 본 속에는 의 구별을 쉽게 한다. 본 속에는 *S. reidii* 이외에 *S. abeii* Matsuoka와 *S. reidii* Bradford, 두 종이 더 보고되며, 이 중 *S. stellatum*은 *Protoperidinium stellatum*에 대응 하지만, *S. abeii*의 유영 세포는 아직 알려져 있지 않다.

Protoperidinium conicoides (Paulsen) Balech 1973
동종이명(synonym): *Peridinium conicoides* Paulsen 1905
시스트 이름: *Brigantedinium simplex* (Wall) Reid 1977

시스트는 직경이 31∼39 ㎛로 진한 자갈색을 나타내는 구형에서 약한 달걀 모양의 타원을 한다. 세포벽은 매끈하다(그림 5-12G). 유영세포의 정중간각판 2a에 대응하는 발아공을 가지나, 열림판이 떨어지지 않고 원형으로 남아 쉽게 관찰된다. 유사 피각판 배열은 관찰되지 않는다(Wall and Dale, 1968a; Sonneman and Hill, 1997).

본 종과 유사한 종으로 *Brigantedinium majusculum* Reid 1977가 있으며, B. *majusculum*은 대형 시스트로서 세포벽은 2~3층 구조로 두껍고, 정극판 발아공을 한다. *B. simplex*와 크기에서 차이가 있다(Reid, 1977)

Protoperidinium conicum (Gran) Balech 1974

동종이명(synonym): *Peridinium divergens* var. *conica* Gran 1900

Peridinium conicum (Gran) Ostenfeld et Schmidt 1902

시스트 이름: *Selenopemphix quanta* Bradford 1975

시스트는 길이가 30~46 ㎛, 폭이 43~65 ㎛, 그리고 폭이 38~50 ㎛인 다소 둥근 오각형을 한다. 세포벽은 한 층구조로 밝은 갈색으로 매끈하지만 몇 개의 줄 모양의 긴 장식물을 한다(그림 5-11H). 장식물의 길이는 7~12 ㎛이다. 시스트 윗부분 중앙에 정중간각판 2a에 대응하는 하위 오각형 발아공을 가진다(Wall and Dale, 1968a; Reid, 1977; Sonneman and Hill, 1997).

본 종이 속하는 속은 배・복면에서 보면, 상하로 눌러 찌그러져 다소 둥근 모양을 하는 오각형 또는 반원 모양에서 타원형을 하며, 위에서 보면 달걀 모양이나 심장 모양을 한다. 정극 및 배각판 뿔을 가지기도 한다. 세포벽은 자갈색으로 1층 구조를 하며, 종에 따라서는 표면에 가시 모양의 돌기를 가진다. 유사 후미 홈은 가시 모양의 돌기물의 병렬 배열 또는 세포벽의 돌출로서 표현된다. 유사 가로 홈도 때에 따라서는 세포벽이 움푹 파져 있는 모양으로 확인 가능하다. 발아공은 정중간각판 2a에 대응하고, 중앙에서 다소 오른쪽에 위치한다. 이전에 돌기물의 유무에 따라, 돌기물이 없으면 *Omanodinium* 속, 있으면 *Multispinula* 속으로 구분하였으나 모두 상하로 눌러 찌그러진 모양을 하는 종을 모아 *Selenopemphix* 속으로 정리되어야 한다고 주장한 연구자도 있으며(Bujak, 1980), 많은 문헌에서 *Multispinula quanta*는 *Selenopemphix quanta*로 표기되고 있다.

Selenopemphix 속에는 위의 시스트 이외에 *S. alticinctum* (Bradford) Matsuoka, *S. nephroides* Benedek, *S. tholus* (Bradford) Matsuoka 등 3종이 더 보고되며, *S. alticinctum, S. nephroides* 및 *S. tholus*에서는 돌기물을 없다. Matsuoka(1987a)에 의하면 이들 종이 발아 실험 결과 *S. alticinctum*는 유영세포의 *Protoperidinium subinerme, S. quanta*는 돌기물을 가지는 종으로 유영세포 *Protoperidinium conicum* 및 *Protoperidinium nudum*와 대응하는 것으로 설명하고 있으나, 앞으로 보다 세심한 검토가 필요하다.

Protoperidinium denticulatum (Gran et Braarud) Balech 1974

동종이명(synonym): *Peridinium denticulatum* Gran et Braarud 1935

Protoperidinium clavus (Abé) Abé

Peridinium clavus Abe 1936

시스트 이름: *Brigantedinium irregulare* Matsuoka, 1987

시스트는 직경 49∼56 ㎛로 구형이다. 세포벽은 매끄럽고 진한 자갈색을 한다(그림 5-13A). 발아공은 2장이 정중간각판에 대응하며, 모양은 오각형, 다소 늘어뜨린 원형이나 초승달 모양을 한다(Wall and Dale, 1968a; Sonneman and Hill, 1997). Sonneman and Hill(1997)는 본 종을 발아시켜 동정한 결과 *Proroperidinium avellana*와 매우 유사하여, 두 종사이의 분류학적 재검토의 필요성을 제기하고 있다.

Protoperidinium divaricatum (Meunier) Balech 1974

동종이명(synonym): *Peridinium divaricatum* Meunier

Protoperidinium gainii (Dangeard) Balech

Peridinium gainii Dangeard

시스트 이름: *Xandarodinium xanthum* Reid 1977

시스트는 길이가 33∼43 ㎛, 폭이 53∼36 ㎛, 그리고 폭이 16∼22 ㎛로 타원형을 한다. 세포벽은 1∼2 층 구조를 하며, 매끄럽고 불투명에서 연한 자갈색을 하며, 가늘고 속이 빈 파이프 모양의 돌기물을 한다. 돌기물은 끝부분이 여러개로 분기되어 신장된 모양을 하며, 길이는 8∼10 ㎛이다(그림 5-13B). 세포 중앙부에 유사 가로 홈이 관찰되고, 유사 정중간각판 2a에 대응하여 하위 오각형으로 만들어진 발아공은 시스트 윗부분의 배면에 위치한다(Sonneman and Hill, 1997).

Matsuoka *et al.*(1983)은 본 종의 시스트를 *Xandarodinium xanthum*을로 정리하고 있지만, 시스트를 처음 기재한 Reid(1977)는 대응되는 유영세포 *Protoperidinium minutum*로 기술하고 있다. Matsuoka(1987a)도 본 종의 시스트 형태, 특히 돌기물 모양이 *Xandarodinium xanthum*과 다른 것에서 유영세포와 시스트의 대응관계에 대해 재검토가 필요하다는 의견을 제시하였으나, Sonneman and Hill(1997)은 Matsuoka *et al.*(1983)의 정리를 따라 시스트를 기재하고 있다.

본 종의 분포는 중국 연안(Wang *et al.*, 2004a), 인도 연안 해역(D`Costa *et al.*, 2008), 대륙부 서부의 연안용승 해역(Sprangers *et al.*, 2004; Ribeiro and Amorim, 2008), 앙골라와 벵겔라의 전선역(Dale *et al.*, 2002) 등에 분포하고 있고, 세디멘트 트랩 실험에서 계절 변화는 보이지 않는다.

Protoperidinium excentricum (Paulsen) Balech 1974
동종이명(synonym): *Peridinium excentricum* Paulsen 1907
시스트 이름: cyst of *Protoperidinium excentricum* (Paulsen) Balech 1974

시스트는 64 × 56 ㎛에서 96 × 93 ㎛, 두께는 약 60 ㎛의 둥근 오각형에서 구형 또는 강하게 찌그러진 모양을 한다(그림 5-13C). 세포벽은 매끄럽고 연한 갈색을 한다. 정중간각판 2a에 대응하는 발아공을 가지며, 크기는 24 × 24 ㎛에서 32 × 36 ㎛이다(Wall and Dale, 1968a).

Protoperidinium expansum Abé 1981
시스트 이름: cyst of *Protoperidinium expansum* Abé 1981

Hallegraeff and Bolch(1992)에 의해 선박 균형수 연구 과정에서 시스트가 관찰되었으나, 자세한 형태적 기재는 물론 분포에 대한 정보도 불충분하다.

Protoperidinium grandii (Ostenfeld) Balech 1974(그림 5-13F)
동종이명(synonym): *Peridinium granii* Ostenfeld 1906
시스트 이름: cyst of *Protoperidinium grandii* (Ostenfeld) Balech 1974

Matsuoka and Fukuyo(2000)에 의하면 Meunier(1910)에 의해 시스트가 관찰된 것으로 표기되고 있지만, 시스트 형태에 대한 구체적 내용이 파악되지 않는다. 분포는 북대서양 유럽 연안은 물론, 브라질, 호주와 뉴질랜드, 그리고 남극 주변 해역에 분포한다(McMinn and Scott, 2005; Chang *et al.,* 2012).

Protoperidinium latissinum (Kofoid) Balech 1974
동종이명(synonym): *Peridinium latissimum* Kofoid 1907
Peridinium pentagonoides Balech 1974
Peridinium pentagonum var. *latissinum* Schiller 1937
Protoperidinium pentagonoides Balech 1949
시스트 이름: cyst of *Protoperidinium latissinum* (Kofoid) Balech 1974

시스트는 길이가 65～100 ㎛, 폭이 56～85 ㎛이며, 두께가 32～49 ㎛인 페리디니움 모양의 오각형을 한다. 세포벽은 매끈하지만, 표면에는 강하면서 날카로운 끌 모양의 돌기물로 덮여있다(그림 5-13D). 유사 정중간각판 2a에 대응하여 만들어진 오각형 발아공은 시스트

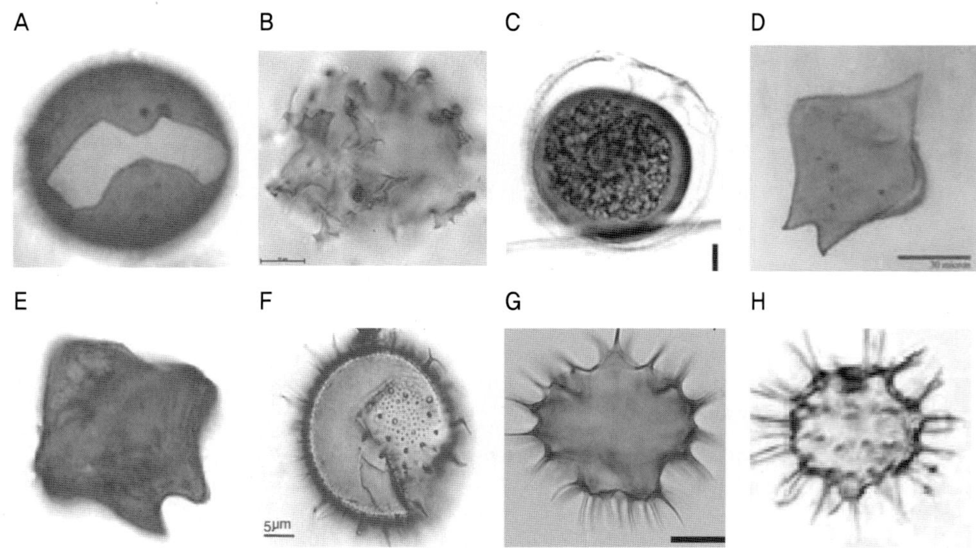

그림 5-13. Genus *Protoperidinium*의 시스트 (2) (사진은 시스트 기재 논문에서 인용)

(A: cyst of *Protoperidinium denticulatum (= Brigantedinium irregulare)*, B: cyst of *Protoperidinium divaricatum* (=*Xandarodinium xanthum*), C: cyst of *Protoperidinium grandii*, D: cyst of *Protoperidinium latissinum,* E: cyst of *Protoperidinium leonis* (=*Quinquecuspis concreta*), F: cyst of cyst of *Protoperidinium monospinum*, G~H: cyst of *Protoperidinium nudum* (=*Selenopemphix quanta*): 지정 없는 바의 크기는 10 ㎛)

윗부분의 배면에 위치한다. 본 종의 특징은 발아공이 크다는 것으로, 크기는 약 19 × 28 ㎛에서 24 × 44 ㎛을 나타낸다(Wall and Dale, 1968a; Sonneman and Hill, 1997).

Protoperidinium leonis (Pavillard) Balech 1974
동종이명(synonym): *Peridinium leonis* Pavillard 1916
Peridinium saltans Pavillard 1915
시스트 이름: *Quinquecuspis concreta* Reid 1977

시스트는 길이가 52~72 ㎛, 폭이 53~76 ㎛이며, 두께는 약 35 ㎛로 오각형의 페리디니움 모양을 하며, 연안 자갈색의 매끄러운 세포벽을 한다. 피각판 2a에 대응하는 발아공은 20 × 24 ㎛에서 24 × 30 ㎛의 크기이다(Wall and Dale, 1968a). 그러나 Sonneman and Hill(1997)는 호주 해역에서 본 종을 관찰하여 시스트에 3가지 유형이 존재하는 것으로 보고한다. 첫째 유형은 가장 일반적인 형태로 길이가 41~49 ㎛, 폭이 42~45 ㎛로 밝은 자갈색에 매끄러운 세포벽을 하는 심장 모양을 하는 시스트로서 유사 피각판 배열이 분명하다(그림 5-13E). 정중간각판 2a에 대응하는 오각형 발아공이 시스트 윗부분의 배면에 위치하지만, 발아공 확장이 정극판 3′를 포함할 수도 있다.

두 번째 유형은 길이가 72 ㎛, 폭이 61 ㎛로 보다 대형으로 어두운 자갈색에 매끄러운 세포벽을 하는 오각형 모양이지만 배면으로 보면 평탄하다. 유사 가로 홈이 관찰되며, 발아공은 유사 정중간각판 2a에 대응하는 사각형이나 하위 오각형을 한다.

세 번째 유형은 길이가 65～74 ㎛, 폭이 55～68 ㎛로 밝은 자갈색에 매끄러운 세포벽을 하는 오각형 모양하다. 유사 가로 홈이 관찰되며, 발아공은 유사 정중간각판 2a에 대응하는 사각형이나 오각형 모양을 한다. 미고생물 명칭의 *Quinquecuspis concreta* Reid 1977는 제3 유형에 속하는 것으로 평가된다.

Quinquecuspis Harland 1977 속은 형태는 페리디니움의 오각형 모양으로 차갈색을 하며, 세포벽은 1층 구조를 한다. 시스트 상부는 삼각형, 하부는 사각형을 하며, 정극 뿔 1개와 배각판 뿔 2개가 잘 구비되어 있다. 유사 후미 홈은 세포벽의 움푹 페인 것에서 확인되며, 위 피각판 배열은 관찰되지 않는다. 발아공은 정중간각판 2a에 대응하지만, 정극판 3′를 포함하기도 한다. *Lejeunecysta* 속과도 형태적으로 비슷하지만, 2개의 배각판 뿔이 분명한 것으로 쉽게 구별된다.

Lejeunecysta sablina (Reid) Bujak 1984 또한 본 종의 시스트로 표현된다(Zonneveld *et al.*, 2013 etc). *Lejeunecysta* 속의 형태는 페리디니움의 오각형 모양으로 시스트 상부의 배복면은 삼각형, 하부는 사각형을 하고, 세포벽은 1층 구조로 얇고, 차갈색에서 투명한 색상을 한다. 유사 가로 홈이 발달하나, 유사 피각판 배열이나 배각판 뿔은 분명하지는 않다. 정중간각판 2a에 대응하는 발아공을 가진다. 본 속은 *Leipokatium* 속이나 *Quinquecuspis* 속과 유사한 형태를 하고 있어, 관찰 방향이나 보존 상태에 따라서는 이들 속과 구별이 곤란할 수도 있다. 신생대 화석에서 출현하며, 현생 퇴적물에 출현하는 종은 *L. sablina* 이외에 *Lejeunecysta oliva* (Reid) Turon and Londeix 1988와 *Lejeunecysta paratenella* Benedek 1972 (=*Trinovantedinium olivum* Raid 1977) 등 2종이 보고되지만, 유영세포와의 대응 관계는 분명하지 않다.

분포는 *Quinquecuspis concreta*의 경우, 중국 연안과 동경만 북동아시아 해역(Matsuoka *et al.*, 2003; Wang *et al.*, 2004a; pospelova and Kim, 2010) 벵갈라해역과 남아프리카 해역(Joyce *et al.*, 2005; Pitcher and Joyce, 2009), 인도 서부의 내만 해역(D`Costa *et al.*, 2008) 등 열대에서 한대 해역의 연안과 연안 용승 해역에서 출현한다. 특히 동중국해와 같이 영양조건이 높거나, 유기오염이 높은 해역, 그리고 저염으로 강한 성층이 발달한 흑해, 용존산소 농도가 낮은 해역 등에서 더욱 높은 세포밀도로 출현한다(Mudie *et al.*, 2004; Krepakevich and Pospelova, 2010; Price and Pospelova, 2011)

*Lejeunecysta sabrina*는 북대서양의 서부해역, 유럽 지중해의 서부, 아드리아드해, 남중국해, 베링해 등 북반구의 온대에서 열대해역까지 단발적으로 출현하는 특성을 나타낸다

(Zonneveld *et al.*, 2013). 이외에도 북미 동부의 뉴잉글랜드 하구역(Pospelova *et al.*, 2004)나 우리나라 남해의 연안 양식장 해역(Pospelova and Kim, 192010) 등에 분포한다.

Protoperidinium minutum (Kofoid) Loeblich III 1970
동종이명(synonym): *Peridinium minutum* Kofoid
시스트 이름: cyst of *Protoperidinium minutum* (Kofoid) Loeblich III 1970

시스트는 직경이 25∼43 ㎛인 구형이다. 세포벽은 매끄럽거나, 다소 우둘두둘한 연안 녹색에서 갈색을 하며, 4∼9 ㎛ 크기(평균 6 ㎛)의 가시모양의 돌기물을 한다(그림 5-14A). 돌기물은 구형으로 다소 곡선을 나타낸다. 발아공은 유영세포의 정중간각판 2a에 대응하며, 오각형으로 크기는 17 × 28 ㎛ 이다(Wall and Dale, 1968a; Sonneman and Hill, 1997; Ribeiro *et al.*, 2010). 본 종은 Wall and Dale(1968a)과 福代 등(1977)에 의해서도 보고지만, 형태와 색상 등을 다르게 기술하고 있다. 예로서 돌기물에 대한 설명에서 매우 두꺼운 관상 돌기물(Wall and Dale, 1968a)에 대해 가는 돌기물이 밀생한다(福代 등, 1977). 이에 대해 福代 등(1977)의 *P. minutum*은 *Protoperidinium aspidofum* (Balech) Balech라는 의견도 있다. Ribeiro *et al.*(2010)은 포루투갈 연안에서 채집된 본 종의 시스트에서 가끔 세포벽 외부에 점액질 물질로 덮여있는 것을 관찰하여 기록하고 있다. 본 종은 *Archaeperidinium minutum sensu* Yamaguch *et al.* 2011의 동종 이명으로 알려진다.

Protoperidinium monospinum (Paulsen) Zonneveld et Dale 1994
동종이명(synonym): *Peridinium monospinum* Paulsen 1907
Protoperidinium constrictum Abé
시스트 이름: cyst of *Protoperidinium monospinum* (Paulsen) Zonneveld et Dale 1994

노르웨이 오슬로 연안에서 채집된 표본을 관찰하여 종을 재기재하였다. 시스트는 길이가 28∼40 ㎛, 폭이 28∼40 ㎛으로 거의 구형에 가까운 타원형을 하고 연한 갈색을 한다. 세포 표면에는 적어도 80개 이상 속이 빈 가시 모양 돌기물이 고르게 덮여있다(그림 5-13F). 돌기물은 두 가지 다른 모양을 한다. 하나는 길이 3∼7 ㎛로 크고 속이 빈 형태로 끝이 두 개 이상으로 분기된다. 또 다른 하나는 길이가 3 ㎛ 정도의 입자 모양의 큰 돌기물이 분산되어 있다(Zonneveld and Dale, 1994). 발아공은 가늘고 길게 형성되지만, 정확히 관찰 되어 있지 않다.

*P. monospirum*의 분포는 북대서양의 아프리카 북서해역의 용승역과 남대서양의 아프리카 남서해역에서 출현 보고되고 있다. 북대서양의 노르웨이 연안이나 유럽 지중해에서도 출현이 보고된다(Montresor *et al.*, 1998).

Protoperidinium nudum (Meunier) Balech 1974
동종이명(synonym): *Peridinium nudum* Meunier
시스트 이름: *Selenopemphix quanta* (Bradford 1975) Matsuoka 1985

시스트는 길이는 39 ㎛, 폭은 40~83 ㎛로 상하로 편압되어 옆으로 퍼진 장방형으로 자갈색을 나타낸다. 길이가 10~16 ㎛로 매우 긴 가시 모양 돌기물을 가진다(그림 5-13G, H). 돌기물은 현미경에서 입자 모양으로 관찰된다. 정중간각판 2a에 대응한 달걀 모양의 둥근 발아공을 한다(Wall and Dale, 1968a). *Protoperidinium conicum*과 유사하나, 크기가 작고, 형태가 다소 타원을 나타낸다.

Protoperidinium oblongum (Aurivillius) Parke et Dodge in Parke et Dixon 1976
동종이명(synonym): *Peridinium divergens* var. *oblongum* Aurivillius 1898
Peridinium oblongum (Aurivillius) Cleve 1900
Peridinium divergens (Ehrenberg) Bergh 1882
시스트 이름: *Votadinium calvum* Reid 1977

시스트는 전형적인 연안성으로 3가지 유형이 있다. 뿔이 있는 시스트는 길이가 74~102 ㎛, 폭이 53~77 ㎛, 마름모 모양의 시스트는 길이가 62~84 ㎛, 폭이 56~74 ㎛, 심장 모양의 시스트는 길이가 47~68 ㎛, 폭이 52~68 ㎛이고, 세포벽은 매끄럽거나 다소 우둘두둘하고 연한 올리브 갈색으로 1~2 ㎛ 두께를 가진다. 원형질이 있는 세포의 세포벽은 더 두껍다. 유사 가로 홈이 관찰된다(그림 5-14A). 발아공은 유사 피각판 2a에 대응하여 오각형의 모양을 나타낸다. 크기는 20 × 24 ㎛에서 20 × 48 ㎛를 보이지만, 발아공의 위치는 시스트 배면 윗부분의 정극판 밑 부분이나 때로는 정극판이 잘려 있기도 한다(Wall and Dale, 1968a; Sonneman and Hill, 1997).

본 종의 분포는 남중국해(Wang *et al.,* 2004a), 아라비아해의 동측, 인도, 오만 연안 해역(Bradford and Wall, 1984; Godhe *et al.,* 2000; Zonneveld and Brummer, 2000), 연안용승 해역(Biebow *et al.,* 1993; Ribeiro and Amorim, 2008), 북대서양의 유럽 연안 해역과 호주, 뉴질랜드 주변 해역(Nehring, 1994c, d; Persson *et al.,* 2000; Marret and Zonneveld, 2003) 등 온대에서 열대, 적도 해역의 연안에 분포한다. 세디멘트 트랩 실험에서 본 종이 계절변화는 나타나지 않지만(Zonneveld and Brummer, 2000; Ribeiro and Amorim, 2008; Price and Pospelova, 2001), 일본의 오무라만에서는 늦은 가을에서 겨울에 생산되었다(Fujii and Matsuoka, 2006). 인위적 오염 정도와 출현 세포밀도 사이에는 양의 상관이 있고, 특히 표영 환경에 먹이가 되는 규조량이 높거나, 질소 농도가 높은 해역에 높게 출현한다(Jacobson and Andreson, 1986; Krepakevich and Pospelova, 2010; Satta *et al.,* 2010).

Protoperidinium obtusum (Karsten) Parke et Dodge 1976
동종이명(synonym): *Peridinium obtusum* Karsten 1906
Peridinium divergens var. *obtusum* Karsten 1906
Peridinium leonis f. *matzenaueri* Schiller 1937
시스트 이름: cyst of *Protoperidinium obtusum* (Karsten) Parke et Dodge 1976

시스트는 길이가 35~65 ㎛, 폭이 35~64 ㎛로 거의 구형에 가까운 페리디니움 모양으로 밝은 갈색을 하며 돌기물이 없는 매끄러운 세포벽을 가진다(그림 5-14B). 유영세포의 정중간각판 2a에 대응하는 오각형의 발아공을 가진다(Sonneman and Hill, 1997; Uzar *et al.*, 2010).

Protoperidinium pellucidum Bergh ex Loeblich Jr. et Loeblich III, 1881
or Protoperidinium steinii
동종이명(synonym): *Peridinium pellucidum* Bergh 1882
Peridinium pellucidum (Bergh) Schütt, 1895
시스트 이름: *Islandium brevispinosum* Pospelova et Head 2002

미국 동부 대서양 연안인 로드아일랜드와 메사츄세츠주 연안 해역의 현생 퇴적물에서 채집한 표본을 관찰하여 신종 기재한 종이다(Pospelova and Head, 2002). 시스트는 직경 18~25 ㎛ (평균 21.5 ㎛)로 구형에서 약간 타원형이다. 세포벽은 두께가 약 0.3 ㎛이고 자갈색에서 연안 자갈색을 나타내지만, 표면은 매끄럽고 속이 찬 가시 모양의 돌기물로 덮여 있다(그림 5-14C). 돌기물은 모양과 길이에서 다소 차이는 있지만 길이는 0.3~3.0 ㎛(평균 1.1 ㎛)을 나타낸다. 발아공은 사포피릭형으로 유사 정극판 2′~4′에 대응하지만, 유사 피각판 배열은 분명하지 않다. 본 종은 *Protoperidinium americanum*과 정중간각판 피각판 배열을 제외하면 매우 유사한 것으로 보고하고 있다(Pospelova and Head, 2002).

Islandinium 속에는 본 종이외에도 *Islandinium cezare* (de vernal *et al*. ex de Vernak in Rochon *et al*.) Head *et al* 2001과 *Islandinium minutum* (Harland et Reid in Harland *et al*.) Head *et al*., 2001 en 종이 현생 퇴적물에서 보고되지만 유영세포와의 대응관계는 아직 분명하지 않다.

Protoperidinium pentagonum (Gran) Balech 1974
동종이명(synonym): *Peridinium pentagonum* Gran 1902
Peridinium sinuosum Lemmermann 1905
Protoperidinium parapentagonum Wang 1936

시스트 이름: *Trinovantedinium capitatum* Reid 1977

시스트는 길이가 75~80 ㎛, 폭이 60~76 ㎛이며, 두께는 48 ㎛로 전형적인 페리디니움 모양인 오각형이나, 배복면으로 편압되어 있다. 1개의 정극 뿔과 2개의 배각판 뿔을 가진다(그림 5-14D, E). 1층의 세포벽으로 표면에는 짧고, 경직된 가시 모양의 돌기물이 많게 덮여있다. 유사 가로 홈과 후미 홈이 관찰되며, 발아공은 유사 피각판 2a에 대응하여 오각형 모양을 하며, 시스트 윗부분의 배면 중앙부에 위치한다(Wall and Dale, 1968a; Reid. 1977; Sonneman and Hill, 1997). 본 종은 유영세포에 대하여 井上(1990)는 생활사 전체를 파악하여 *P. pentagonum*의 시스트와 *T. vantedinium* 사이에는 형태적 차이가 있고, 도리어 본 종은 차갈색으로 구형을 나타내는 *Brigantedinium* 속 특성을 가진 시스트를 만드는 것으로 보고하였다. 그러나 이와 같은 결과는 본 종의 시스트가 여러 형태를 하는 것이 아니라, 발아한 운동성 감수 모세포의 동정에 견해를 달리 하는 것으로 해석할 수도 있다.

그리고 본 종의 시스트가 속하는 속의 특성을 가지는 *Trinovantedinium* 속의 일반적 특성은, 세포 외형은 페리디니움 모양의 오각형을 하며, 세포벽은 1층으로 무색 투명하며, 한 개의 정극 뿔과 두 개의 배각판 뿔을 가지며, 배각판은 유사 후미 홈에 의해 나누어진다.

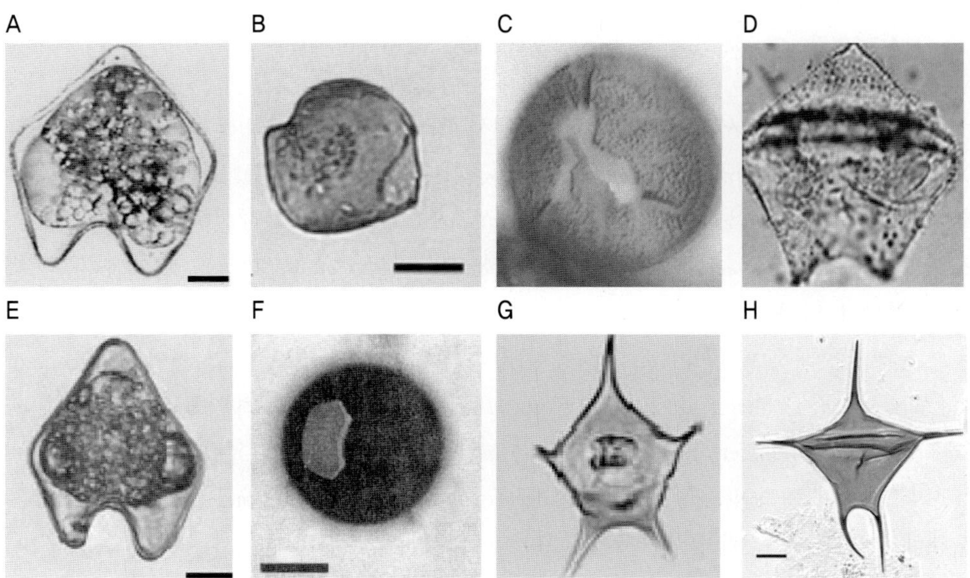

그림 5-14. Genus *Protoperidinium*의 시스트 (3) (사진은 시스트 기재 논문에서 인용)

(A: cyst of *Protoperidinium oblongum* (=*Votadinium calvum*), B: cyst of *Protoperidinium obtusum*, C: cyst of *Protoperidinium pellucidum* (=*Islandium brevispinosum?*), D~E: cyst of *Protoperidinium pentagonum* (=*Trinovantedinium capitatum*), F: cyst of *Protoperidinium punctulatum*, G~H: cyst of *Protoperidinium stellatum* (=*Stelladinium stellatum*), ;지정 없는 바의 크기는 10 ㎛)

짧은 가시 모양 돌기물이 각 유사 피각판을 따라 배열되고, 유사 가로 홈과 후미 홈은 가시 모양 돌기물의 배열로서 알 수 있다. 정중각각판 2a에 대응하는 발아공을 가지고, 본 속에는 *T. capitatum* 이외에 *T. concretum* Reid 1977과 *T. olivum* Reid 1977, *T. pallidifulvum* Matsuoka 1982, *T. sabrinum* Reid 1977 등 4종이 더 보고된다.

Protoperidinium punctulatum (Paulsen) Balech 1974
동종이명(synonym): *Peridinium punctulatum* Paulsen 1907
Peridinium subinerme var. *punctulatum* (Paulsen) Schiller 1937
시스트 이름: cyst of *Protoperidinium punctulatum* (Paulsen) Balech 1974

시스트는 직경이 52~65 ㎛으로 어두운 자갈색에 매끄러운 세포벽을 하는 구형이다. 발아공은 유사 피각판 2a에 대응하는 오각형 모양이나, 크기가 20 × 30 ㎛로 상대적으로 크다(그림 5-14F). 열림판은 유실되지 않고 종종 세포벽에 붙어 있다(Wall and Dale, 1968a; Sonneman and Hill, 1997).

Protoperidinium stellatum (Wall) Balech 1994
동종이명(synonym): *Peridinium stellatum* Wall
시스트 이름: *Stelladinium stellatum* (Wall and Dale) Reid 1977

시스트는 중앙부에서 길이가 25~47 ㎛에서 48~90 ㎛까지 변화가 큰 오각형 모양이다(그림 5-14G,H). 발아공은 피각판 2a에 대응한다.(Wall and Dale, 1968a). Reid(1977)은 *Stelladinium stellatum*을 발아 시켜 *Protoperidinium compressum*을 생산하는 것으로 설명하고 있고, *P. compressum*을 Wall and Dale(1968a)가 *Peridinium stellatum*으로 기술하는 것으로 설명하고 있다.

분포는 남중국해(Wang *et al.,* 2004a), 아라비아해의 동측, 인도, 오만 연안 해역(Bradford and Wall, 1984; Godhe *et al.,* 2000; D`Costa *et al.,* 2008), 연안용승 해역(Biebow *et al.,* 1993; Zonneveld and Brummer, 2000; Sprangers *et al.,* 2004), 북대서양의 유럽 연안 해역과 호주, 뉴질랜드 주변 해역(Nehring, 1994c, d; Persson *et al.,* 2000; Marret and Zonneveld, 2003) 등 온대에서 열대, 적도 해역의 연안에 분포한다. 세디멘트 트랩 실험에서는 겨울 수온이 10℃ 이하인 겨울에 많이 생산되었고, 인위적 오염이 진행되거나 용존산소 농도가 낮은 해역에서 높게 출현한다(Fujii and Matsuoka, 2006; Shin *et al.,* 2010a, b; Zonneveld *et al.,* 2012).

현생 퇴적물에서 출현하는 *Stelladinium* 속의 종은 *Stelladinium bifurcatum*, *Stelladinium reidii*, *Stelladinium reductum, Stelladinium robustum* 등 다양하지만, 이 존재하지만, *S. reidii* 와 *S. stellatum*을 제외하고는 유영세포와의 대응에 대해서는 아직 명확하지 않고, *S. reidii*

에 대해서도 완전하지는 않다.

Protoperidinium steinii (Jorgensen) Balech 1974
동종이명(synonym): *Peridinium michaelis* Stein 1883
Peridinium steinii Jörgensen 1889
시스트 이름: *Islandium brevispinosum*?

본 종에 대해서도 *Protoperidinium pellucidum*의 시스트로 추정되는 *Islandium brevispinosum* 본의 유영세포에 대응할 가능성은 있으나, 아직 시스트 형태 등 모든 부분에 신뢰할 수 있는 정보는 없다.

Protoperidinium subinerme (Paulsen) Loeblich III 1969
동종이명(synonym): *Peridinium subinermis* Paulsen 1904
시스트 이름: *Selenopemphix nephroides* Benedek 1972

시스트는 길이가 36~50 ㎛, 폭이 48~60 ㎛이고, 두께가 44~56 ㎛로 연한 자갈색에 매끄러운 세포벽을 가진다(그림 5-15A,B). 본 종의 특징은 폭의 넓고, 깊은 골의 유사 가로 홈에 있다. 발아공은 유사 피각판 2a에 대응하여 오각형이 모양을 하며, 시스트 배면 윗부분의 중앙부에 위치한다. 발아공의 크기는 24 × 24 ㎛이다(Wall and Dale, 1968a; Sonneman and Hill, 1997).

Protoperidinium thorianum (Paulsen) Balech 1974
동종이명(synonym): *Peridinium thorianum* Paulsen 1905
Properidinium thorianum Meunier 1919
시스트 이름: cyst of *Protoperidinium thorianum* (Paulsen) Balech 1974

시스트는 직경이 45~55 ㎛인 구형으로 짙한 갈색에 메끄러운 세포벽을 가진다. 발아공의 모양은 다소 찌그러진 오각형의 다양한 모습으로 유사 정중간각판 1a와 2a에 대응하여 나타난다(그림 5-15C). 발아공으로 탈락된 유사 피각판(열림판)은 자주 정극판 주변에 붙어있는 것이 관찰된다(Sonneman and Hill, 1997). 분포는 유럽 연안과 호주 연안 이외에서 추가적인 정보는 없다.

Protoperidinium thulesense (Balech) Balech 1973
동종이명(synonym): *Peridinium conicum* f. *islandica* Braarud 1935
Peridinium sympholis Hermosilla et Balech 1969

Peridinium thulesense Balech 1958

Protoperidinium sympholis Hermosilla & Balech 1969

시스트 이름: cyst of *Protoperidinium thulesense* (Balech) Balech 1973

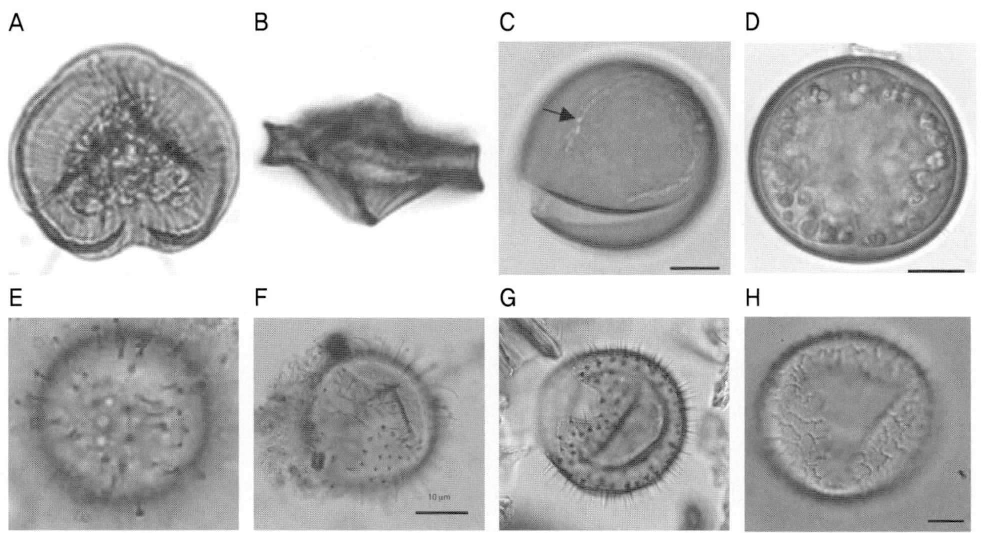

그림 5-15. Genus *Protoperidinium*의 시스트 (4) (사진은 시스트 기재 논문에서 인용)

(A, B: cyst of *Protoperidinium subinerme* (=*Selenopemphix nephroides*), C: cyst of *Protoperidinium thorianum*, D: cyst of *Protoperidinium thulesense*, E: cyst of *Protoperidinium tricingulatum*, F: *Islandinium? cezare*, G: *Islandinium minutum*, H: *Pyxidinopsis psilata*; 지정 없는 바의 크기는 10 ㎛)

시스트는 Dodge(1985)와 Matsuoka *et al.*(2006)에 의해 보고되지만, 여기서는 동중국해와 서일본에서 채집하여 관찰한 내용을 간략히 정리한다. 시스트는 직경이 33~50 ㎛인 구형으로 표면은 매끈하고 돌기물은 없다(그림 5-15D). 때로 발아공의 반대편에 하나 또는 두 개의 편모 흔적이 발견된다. 발아공은 세포 중앙부에 위치하여 크고 가는 테로피릭형으로 완만한 지그자그 모양을 나타낸다.

분포는 북대서양의 유럽연안(Park and Dixon), 북태평양의 동중국해 등 북서연안(Matsuoka *et al.,* 2006), 남극해 주변부에서 보고된다(McMinn and Scott, 2005).

Protoperidinium tricingulatum Kawami, van Wezel, Koeman et Matsuoka 2009

시스트 이름: cyst of *Protoperidinium tricingulatum* Kawami *et al.* 2009

북대서양 북해의 와덴해(Wadden Sea) 하부조간대에서 채집하여 신종 기재한 종이다. 시스트는 직경이 27~34 ㎛(평균 31 ㎛)인 구형으로, 세포벽은 매끄럽거나 약간 우돌두돌

하고, 많은 가시모양 돌기물이 랜덤하게 분포한다(그림 5-15E). 세포벽은 0.8 ㎛의 두께에 밝은 갈색을 한다. 발아공은 테로피릭형으로 정극판과 정중간각판 사이에 만들어 진다 (Kawami *et al.,* 2009). 분포는 추가적인 출현 정보가 없다.

이외에도 프로디니움 그룹에 속하는 화석종이나 현생 퇴적물에서 관찰되지만, 유영세포와 대응관계가 파악되지 않는 종은 많다. 또한 현생 퇴적물에서 화석종 분류체계에 의한 신종 기재도 계속되고 있다. 여기에서 모든 종을 열거 할 수 없기에 비교적 표층 퇴적물에서 쉽게 관찰되는 몇 종에 대해서 부가해 둔다.

Protoperidinium sp.
시스트 이름: *Brigantedinium auranteum* Reid 1977

시스트는 직경이 62~65 ㎛로 매끄럽고 어두운 자갈색을 한 세표벽을 가지는 구형이다. 비교적 대형으로 오각형 발아공을 가진다.(Sonnemen and Hill, 1997).

Protoperidinium sp.
시스트 이름: *Islandinium cezare* de Vernal *et al* 1989

직경이 29~45 ㎛인 구형으로 표면에 가시형 돌기가 많다. 돌기의 길이는 4~5.5 ㎛이다. 발아공은 정극판에서 만들어진다(그림 5-15F). *Isladinium brevispinosum*과 매우 유사하지만, 돌기물의 분포 상태와 형태로서 구분이 가능하다.

Protoperidinium sp.
시스트 이름: *Islandinium minutum* (Harland et Reid in Harland *et al.*) Head *et al.,* 2001

시스트 직경이 25~58 ㎛의 구형을 한다. 세포벽은 일반적으로 갈색이며, 세포 표면은 알갱이형 장식물로 덮여있다. 발아공은 정극판에서 만들어지며, 사포피릭형이다(그림 5-15G). 북극 주변과 한대해역, 남극 주변 해역에 주로 분포한다.

Protoperidinium sp.
시스트 이름: *Pyxidinopsis psilata* Wall and Dale in Wall *et al.,* 1973

두 가지 형태로 출현하며, 구형의 시스트는 직경이 37~52 ㎛인 반면, 십자형 시스트는 길이가 46~65 ㎛, 폭이 37~50 ㎛로 다양한 형태 변이가 보인다(그림 5-15H). 정중간각판 3″에 대응하여 발아공이 만들어 진다. 분포는 북미 서부해역의 중앙부, 30°S의 남대서양 동부와 서부의 가장자리, 흑해 등에서 산반적인 분포를 한다. 이외에도 *Pyxidinopsis* 속에는 북극의 극전선에 주로 분포하는 *Pyxidinopsis reticulata* Jiabo 1978 등 36종이 보고된다 (Radi and de Vernal, 2004).

17. 스크리프시엘라 속(Genus *Sccrippsiella*)

Scrippsiella 속의 유영세포는 28종이 보고되고, 이 중 *S. crystallina, S. donghaiensis, S. enormis, S. hangoei, S. irregularia, S. lachrymosa, S. minima, S. pentagonica, S. precaria, S. ramonii, S. regalis, S. rotunda, S. sweeneyae, S. trifida, S. trochoidea* 등 15종에서 시스트가 보고된다. 본 속의 시스트 특성은 소형으로 석회질의 세포벽을 가지며, 블록 모양의 장식물 또는 가시 모양의 돌기를 가진다. 또한 6장의 후미 홈판을 가진다. 호주 연안에서 보고되는 2종은 유기질의 세포벽을 가질 가능성이 제기되기도 하였다(Bolch and Hallegraeff, 1990).

Scrippsiella crystallina Lewis 1991
시스트 이름: cyst of *Scrippsiella crystallina* Lewis 1991

북대서양 스코트랜드의 멜포트 연안의 코아 샘플을 관찰하여 신종 기재하면서 시스트를 관찰하였다(Lewis, 1991). 시스트는 길이가 50~68 ㎛, 폭이 36~48 ㎛로 달걀 모양을 한다. 세포에는 빨강 과립물질(red body)을 포함하고 있고, 외부 세포벽은 두껍고, 석회질의 육각형 벽돌 모양으로 덮여있다(그림 5-16A). 유사 배열판 구조는 확실하지 않지만, 일부 표본에서 배열판 구조의 흔적을 볼 수 있다. 발아공은 가늘게 정극에 나타나며, 때로는 2′~4′, 그리고 1a~3a의 유사 피각판에 대응한다. Ishikawa and Taniguchi(1993)는 일본 오나가와만의 표본에서 본 종을 관찰하여 대서양 종보다 크기의 변화가 적은 것으로 보고하고 있지만, 측정 표본이 매우 적었다. 분포는 북대서양, 유럽 지중해(Montresor *et al.*, 1998), 북태평양의 연안 해역에서 보고된다.

Scrippsiella donghaiensis Gu, Sun, Kooistra et Zeng, 2008
시스트 이름: cyst of *Scrippsiella donghaiensis* Gu *et al.*, 2009

동중국해의 중국연안 해역에서 채집하여 신종으로 기재한 종이다(Gu *et al.*, 2008). 시스트는 직경이 22~30 ㎛ (평균 26.1 ㎛)로 구형으로 연한 백색과 녹색계열의 과립상 물질로 채워져 있다(그림 5-16B). 세포벽은 매끄럽고, 2층 구조이나, 전체 두께가 2~3 ㎛이지만 석회질은 아니다. 발아공은 유사 피각판 2′~4′의 정극판과 1a~3a의 정중간각판에 대응하여 만들어진다(Gu *et al.*, 2008. 분포에 대한 추가 정보는 없다.

Scrippsiella enormis Gu in Gu, Luo, Liu et Lan 2013
시스트 이름: cyst of *Scrippsiella enormis* Gu in Gu, Luo, Liu et Lan 2013

동중국해와 남중국해 등 중국 연안 해역의 표층 퇴적물에서 채집하여, 신종으로 기재한 종이다(Gu *et al.*, 2013). 시스트는 직경이 25~29 ㎛ (평균 26.1 ㎛)로 구형으로 연한 백색과 녹색계열의 과립상 물질로 채워져 있다(그림 5-16C). 전자현미경으로 관찰하면 시스트 표면은 매끄럽고, 미세한 실모양의 돌기물로 덮여 있다. 유사 피각판 배열이 관찰되지만 발아공은 분명하지가 않다. 분포에 대한 추가 정보는 없다.

Scrippsiella hangoei (Schiller) Larsen 1995
동종이명(synonym): *Peridinium hangoei* Schiller 1935
Protoperidinium hangoei (Schiller) Lewis, Dodge et Tett 1984
시스트 이름: cyst of *Scrippsiella hangoei* (Schiller) Larsen 1995

시스트는 북해 연안에서 채집하여 관찰하였다(Kremp *et al.*, 2005). 시스트는 직경이 18~30 ㎛의 구형으로 매끄러운 세포벽을 가지며, 점액 물질로 덮여있다. 발아 후에는 사각형에서 오각형의 발아공이 만들어진다(그림 5-16D). 본 종은 빛의 없는 조건이 지속되면

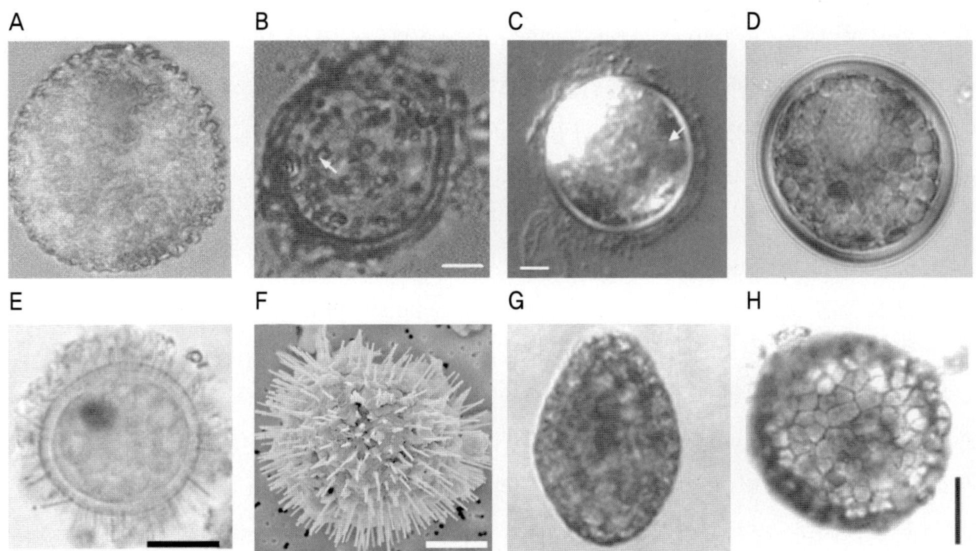

그림 5-16. Genus *Scrippsiella*의 시스트 (1) (사진은 시스트 원기재 논문에서 인용)

(A: cyst of *Scripsiella crystallina*, B: cyst of *Scrippsiella donghaiensis*, C: cyst of *Scrippsiella enormis*, D: cyst of *Scrippsiella hangoei*, E, F: cyst of *Scrippsiella irregularia*, G: cyst of *Scrippsiella lachrymosa*, H: cyst of *Scrippsiella patagonica*: 바의 크기는 10 ㎛)

일시적으로 환경스트레스에 의해 시스트를 만드는 것도 보고된다(Rintala *et al.*, 2007). 분포는 북대서양의 발틱해를 중심으로 하여, 유렵 연안 해역과 남극해 주변에 분포한다(Larsen *et al.*, 1995; Rengefors *et al.*, 2008).

Scrippsiella irregularis Attaran-Fariman et Bolch 2007
시스트 이름: cyst of *Scrippsiella irregularis* Attaran-Fariman et Bolch 2007

이란 남동 연안 해역에서 에크만 그랩으로 채집된 시스트를 발아시켜 관찰하여 신종 기재한 종이다(Attaran-Fariman and Bolch, 2007). 시스트는 직경이 20~26 ㎛(평균 24 ㎛)로 구형을 하며, 표면은 많은 바늘 모양의 석회질 돌기물로 덮여있다. 돌기물의 길이는 3.5~4.5 ㎛이다(그림 5-16E, F). 배양 중 돌기물이 없는 세포벽이 발견되기도 하고, 달걀모양이 세포가 출현하기도 한다. 발아공은 분명하지 않다(Attaran-Fariman and Bolch, 2002). 분포는 남서 아시아 이외 추가적인 정보가 없다.

Scrippsiella lachrymosa Lewis 1991
시스트 이름: cyst of *Scrippsiella lachrymosa* Lewis 1991

북대서양 스코트랜드의 멜포트 연안의 코아 샘플을 관찰하여 신종 기재하면서 시스트를 관찰하였다(Lewis, 1991). 시스트는 길이가 34~44 ㎛, 폭이 18~32 ㎛로 상하로 길게 늘어진 달걀 모양을 한다. 안쪽 유기물 세포벽 위에 두껍고 평탄한 석회질 판이 붙어있다. 일반적으로 세포 중앙부에 빨강 과립물질(red body)을 포함한다(그림 5-16G). Olli and Anderson(2002) 등도 배양 중에 본 종의 시스트를 관찰하고 있다.

Scrippsiella minima Gao et Dodge 1991
시스트 이름: cyst of *Scrippsiella minima* Gao et Dodge 1991

븍대서양에서 채집한 표본을 관찰하여 신종으로 기재하였다(Gao and Dodge, 1991). 시스트는 길이가 34 ㎛, 폭이 29 ㎛로 달걀 모양을 하고 있으며, 유영세포보다 크다. 소형 석회질 무사마귀로 덮여 있는 두꺼운 유기질 세포막을 가진다(Gao *et al.*, 1989). 세포막은 3층 구조를 한다. 추가적인 분포의 정보는 없다.

Scrippsiella patagonica Akselman et Keupp 1990
동종이명(synonym): *Pirumella irregularis* (Akselman et Keupp) Williamds, Lentin et Fensome
시스트 이름: cyst of *Scrippsiella patagonica* Akselman et Keupp 1990

아르젠티나 연안의 30m 수심에서 채집한 플랑크톤 표본에서 시스트를 분리하여 관찰하여 신종으로 기재한 종이다(Akseiman and Keupp, 1990). 시스트는 달걀 모양으로 한 층의 큰 세포벽으로 덮여 있다(그림 5-16H).

분포는 남미의 아르젠티나와 칠레 연안(Alves-de-Souza *et al.*, 2008), 북대서양 유럽지중해(Zinssmeister *et al.*, 2012)에서 관찰된다.

Scrippsiella precaria Montresor et Zingone 1988

시스트 이름: cyst of *Scrippsiella precaria* Montresor et Zingone 1988

유럽 지중해의 이탈리아 연안에서 채집된 표본을 신종 기재하면서, 시스트의 형태적 기재를 병행하였다(Montresor and Zingone, 1988). 동북 아시아 해역에서도 Ishikawa and Taniguch(1993)와 Kobayashi *et al.*(1994)에 의해 형태적인 기술이 되고 있다. Ishikawa and Taniguchi(1993)는 일본 태평양 연안의 내만 해역에서 채집한 시스트를 길이는 19~26 ㎛, 폭은 17~25 ㎛인 거의 구형에 가까운 타원형을 하며, 연안 자갈색으로 긴 석회질 가시 모양 돌기물로 덮여 있다. 돌기물의 길이는 3~6 ㎛ 정도이다. 중간 수준의 산 처리에 의해 세포벽 외부의 석회질 돌기물은 녹게 되지만, 많은 석회질 가시 돌기가 세포벽에 남는 것으로 보고한다(그림 5-17A). 세포 속에는 빨강 과립물질이 존재한다.

분포는 북대서양의 유럽 지중해, 북동 아시아 해역(Gu *et al.*, 2008), 남태평양의 호주와 뉴질랜드 연안 해역(Gottschling *et al.* 2005) 등에서 출현 보고가 있다.

Scrippsiella ramonii Montresor 1995

시스트 이름: cyst of *Scrippsiella ramonii* Montresor 1995

유럽 지중해의 이탈리아 연안에서 채집된 표본을 신종 기재하면서, 시스트의 형태적 기재를 병행하였다(Montresor 1995). 시스트는 긴 석회석 돌기물을 가지는 달걀 모양을 하고 있지만(그림 5-17B), 유영세포의 피각판 배열이나 시스트의 형태는 동일 해역에서 분리한 *Scrippsiella precaria*와 매우 유사한 것으로 보고된다. 분포는 유럽 지중해 이외의 추가적 정보는 없다(Montresor, 1995; Gottschling *et al.* 2005)

Scrippsiella regalis (Gaarder) Janofske 2000

동종이명(synnonym): *Discosphaera regalis* Gaarder 1954

Rhabdothorax regalis (Gaarder) Gaarder 1973

시스트 이름: cyst of *Scrippsiella regalis* (Gaarder) Janofske 2000

북대서양 적도 해역에서 채집한 표본에서 시스트를 관찰하여 신종 기재하였다(Janofske, 2000). 시스트는 약 직경 평균 30 ㎛ 정도의 구형을 한다. 생 시스트는 세포 속에 크고 빨강색의 입자성 물질을 가진 밝은 갈색을 한다. 세포벽은 석회질의 가시 모양 돌기물을 포함하는 1층 구조이다(그림 5-17C). 돌기물은 직경이 5 ㎛로 삼각형의 가시 모양으로 길이는 최대 9 ㎛이다. 발아공은 유사 정극판과 정중각각판을 포함하여 부드러운 원 모양을 나타낸다. 북대서양 유럽 연안 해역과 유럽 지중해에 분포한다.

Scrippsiella rotunda Lewis 1991

시스트 이름: cyst of *Scrippsiella rotunda* Lewis 1991

북대서양 스코트랜드의 멜포트 연안의 코아 샘플을 관찰하여 신종 기재하면서 시스트를 관찰하였다(Lewis, 1991). 일본 연안에서 채집한 표본은 Ishikawa and Taniguch(1993)에 의해 기재하고 있다. 시스트는 길이가 25~37 ㎛, 폭이 25~32 ㎛로 거의 구형에 가까운 달걀 모양을 한다. Lewis(1991)는 직경이 25~33 ㎛인 구형으로 표현하고 있다. 세포벽은 두껍고 자갈색을 띈다(그림 5-17D). 바깥 세포벽에는 2 ㎛ 정도의 가시 모양 돌기물이 있다. 이들 석회질 세포벽은 산처리에 의해 녹아 없어지나, 내부 세포벽은 남아있다. 유사 피각판 배열은 관찰되지 않지만, 발아공 외부에는 이물질이 붙어 있으며, 2′~4′와 1a~3a의 유사 피각판에 대응하여 만들어 진다. 분포는 북대서양 스코트랜드, 포루투갈 연안(Gott- schling *et al.* 2005), 유럽 지중해의 이탈리아 연안(Gottschling *et al.* 2005), 동중국해와 일본 연안 해역(Ishikawa and Taniguchi, 1993; Gu *et al.,* 2008) 등 넓게 출현한다.

Scrippsiella cf. *spinifera* Honsell et Cabrini 1991

시스트 이름: cyst of *Scrippsiella* cf. *spinifera* Honsell et Cabrini 1991

동중국해와 남중국해 등 중국 연안 해역의 표층 퇴적물에서 채집하여, 시스트를 기재하고 있다(Gu *et al.,* 2013). 시스트는 장축이 30~40 ㎛, 단축이 26~38 ㎛로 달걀 모양으로 연한 자갈색을 한다. 세포벽의 표면은 길이가 3~10 ㎛인 석회질 가시모양 돌기물로 덮여 있다(그림 5-17E). 분포는 시스트의 경우 중국 연안 해역 이외의 정보는 없지만, 유영세포는 신종 기재한 유럽 지중해와 브라질 연안에서 보고된다(Honsel and Cabrini, 1991).

Scrippsiella sweeneyae Loeblich III 1965

시스트 이름: cyst of *Scrippsiella sweeneyae* Loeblich III 1965

샌디에고 연안에서 채집한 유영세포를 신종 기재하였고(Balech, 1959), Wall and Dale

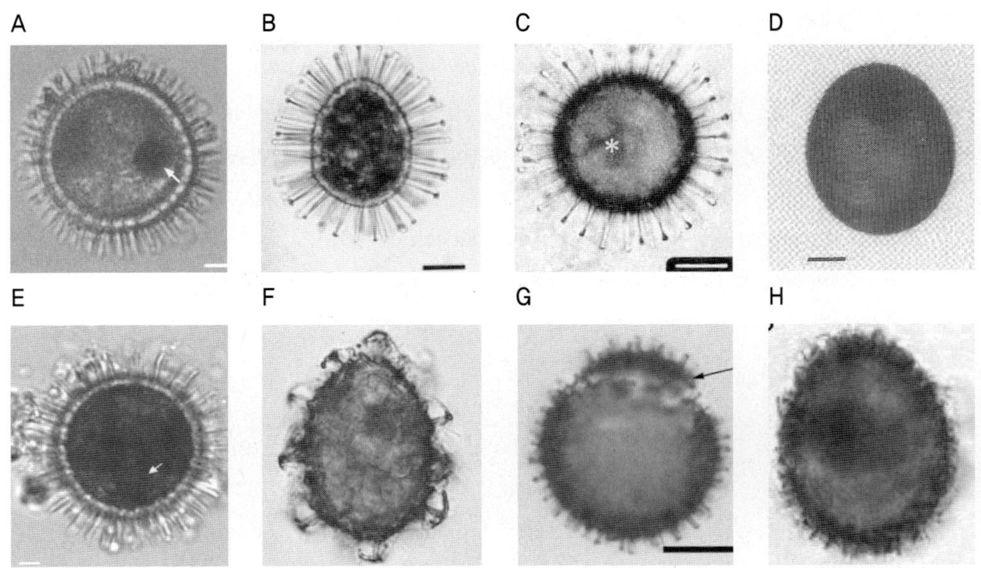

그림 5-17. Genus *Scrippsiella*의 시스트 (2) (사진은 시스트 원기재 논문에서 인용)

(A: cyst of *Scrippsiella precaria*, B: cyst of *Scrippsiella ramonii*, C: cyst of *Scrippsiella regalis*, D: cyst of *Scrippsiella rotunta*, E: cyst of *Scrippsiella* cf. *spinifera*, F: cyst of *Scrippsiella trifida*, G, H: cyst of *Scrippsiella trochoideai*, 바의 크기는 10 ㎛/B는 5 ㎛)

(1968b)에 의해 여러 해역의 코아 표본에서 석회석 와편모조류 2종, 본 종과 *S. trochoidea* (당시 *Peridinium trochoideum*)을 관찰하여, 직경 약 25~35 ㎛의 구형에서 달걀 모양을 두꺼운 유기물 세포벽을 가지나, 염산에 의해 녹는 등의 *S. trochoidea*와 매우 유사한 것으로 기술하고 있지만, 형태와 그림/사진은 제시되고 있지 않다.

Scrippsiella trifida Lewis 1991 ex Head 1996

시스트 이름: cyst of *Scrippsiella trifida* Lewis ex Head 1996

시스트는 스코트랜드 연안의 퇴적물에서 채집하여 보고하였지만(Lewis, 1991), 최근까지 유영세포에 대한 형태적 기술이 없었다. 최근 Head *et al.*(2006)에 의해 기술한 시스트의 형태는 길이가 29~36 ㎛, 폭이 19~26 ㎛의 장방형 달걀 모양을 나타내며, 세포 중앙에 빨강색의 바디를 포함한다. 세포벽은 두 층으로 내부 세포벽은 유기물 세포벽을 하고 외부 유기물 세포벽에는 석회질의 돌기물이 덮여있다. 돌기물은 두께 약 1.0~1.5 ㎛로 직경 5~7 ㎛, 길이가 약 3~5 ㎛로 Y자 모양을 한다(그림 5-17F). 발아공은 테로피릭형으로 2′~4′와 1a~3a의 피각판에 대응한 지그자그 모양을 한다.

분포는 온대와 아한대 해역의 저염분수(<20 psu)을 보이는 연안 해역에 출현한다. 스코트랜드, 덴마크, 독일 등 북해의 남부해역(Lewis, 1991; Ellegaard *et al.,* 1994; Nehring, 1994d; Godhe *et al.,* 2001; Joyce, 2004), 유럽 지중해(Montresor *et al.,* 1998; Moscatello *et al.,* 2004), 북태평양의 베링해와 알라스카 연안에서 출현한다(de Vernal *et al.,* 2001, 2005).)

Scrippsiella trochoidea (Stein) Balech ex Loeblich III 1965
동종이명(synonym): *Calciodinellum faeroense* (Paulsen) Havskum 1991
Glenodinium acuminatum Jörgensen 1899
Glenodinium trochoideum Stein 1883
Peridinium faeroense Paulsen 1905
Peridinium trochoideum (Stein) Lemmermann 1910
Scrippsiella faeronese Dickensheets et Cox 1971
Scrippsiella faeroensis (Paulsen) Balech et Soares 1966
시스트 이름: cyst of *Scrippsiella trochoidea* (Stein) Balech ex Loeblich III 1965

시스트는 Wall *et al.*(1970), Bolch and Hallagraeff(1990), Lewis(1991) 등 많은 연구자에 의해 형태적 특징을 설명하고 있다. 시스트는 길이가 25.5~42.5 ㎛, 폭이 23.5~34.6 ㎛로 긴 달걀 모양으로 표면에는 석회질의 짧은 가시 모양 돌기물로 덮여있다(Wang *et al.,* 2007). 돌기물은 무(저)산소 환경 등 수소이온 농도가 낮아지면 녹아 없어지는 등(Shin *et al.,* 2013), 크기와 형태에 변이가 크다. 원형질로 채워진 시스트는 흑갈색을 나타내며낸다(그림 5-17G,H). 세포벽은 석회질 성분을 다량으로 포함하고 있어, 산 처리하면 석회질은 없어지나, 안쪽의 유기질 막은 남는다. 표면은 가느다란 원주상의 짧은 돌기물로서 덮여 있다. 발아공은 정단판과 환대전각판의 경계부에 가늘고 길게 지그자그 모양의 테로피릭형이다. 본 종은 배양이 비교적 쉬워, 발아율 등 다양한 실험재료로 사용되고 있다. *Alexandrium*이 생산하는 물질에 의해 일시성 시스트를 만든다(Fistaro *et al.,* 2004).

분포는 북대서양 동부해역인 노르웨이, 스페인, 루마니아, 스웨덴, 영국, 독일 등과 카나리아 제도 해역(Dale, 1977a; Lewis, 1991; Montresor *et al.,* 2003; Gottsching *et al.,* 2005), 유럽 지중해(Meier *et al.,* 2002), 대서양 서부해역인 북미와 브라질 연안(Haywood *et al.,* 2007), 태평양의 동부의 캐나다와 아프리카 연안(Dale, 1977a; Gottsching *et al.,* 2005), 서안인 북동아시아 주변 해역(Ishikawa and Taniguchi, 2000; Gottsching *et al.,* 2005; Gu *et al.,* 2008), 인도양의 중동연안(Attaran-Fariman and Bolch, 2012), 호주, 뉴질랜드 등 남태평양 해역(Chang *et al.,* 2012) 그리고 남극과 주변 해역(McMinn and Scott, 2005) 등 범지구적으로 출현한다. 우리나라의 남해에서는 우점종으로 출현한다(박 등, 2005).

§ 4. 프로로센트럼 목(Order Prorocentrales)

프로로센트럼 목(Prorocentrales)의 *Prorocentrum* 속에는 82종의 유영세포가 보고되고 있으며, 이 중 *Prorocentrum lima* (Ehrenberg) Stein 1878(그림 5-18A), *Prorocentrum marinum* (Cienkowski) Loeblich Ⅲ 그리고 *Prorocentrum pyrenoideum* Bursa 1959(*Prorocentrum triestinum* Schiller 1918의 동종이명) 등 3종에서 유성생식에 의한 시스트가 보고 된다 (Bursa, 1959; Faust, 1990; 1993). 이들 시스트는 모두 약 20 ㎛ 직경을 가지는 구형의 소형 세포로 형태적 특징은 없다. 또한 *Prorocentrum micans, Prorocentrum minimum*에서도 생리 활성이 감소하거나 수온 변화에 의해 일시성 시스트를 만드는 것이 보고된다(Elbrächter and Drebes, 1978; Sakamoto *et al*., 2000; Mohamed and Al-Shehri, 2011). 그러나 본 속의 휴면 시스트에 대한 정확한 형태 기재가 불충분하고, 현생 퇴적물에서 발견되지는 않는 것으로부터 확실하게 시스트를 만드는 그룹으로 단정하기는 어렵다(Matsuoka and Fukuyo, 2000).

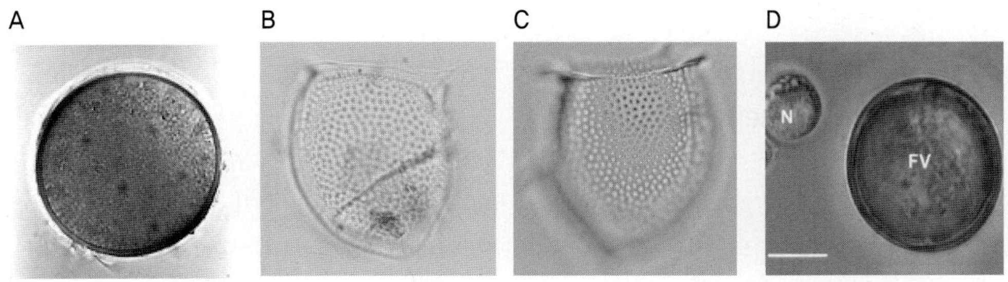

그림 5-18. 기타 와편모조 시스트 (사진은 시스트 기재 논문에서 인용)

(A: cyst of *Prorocentrum lima*, B: cyst of *Dinophysis acuta*, C: cyst of *Dinophysis norvegica*, D: cyst of *Pseudopfiesteria shumwayae* ; 바의 크기는 10 ㎛)

§ 5. 디노피시스 목(Order Dinopysiales)

디노피시스 목(Dinopysiales)의 *Dinophysis* 속에는 현재 132종의 유영세포가 보고되고 있다. 본 속의 *Dinophysis* cf. *acuminata* Claparède et Lachmann 1859, *Dinophysis acuta* Ehrenberg 1839(그림 5-18B), *Dinophysis fortii* Pavillard 1923, *Dinophysis norvegica* Claparède

& Lachmann 1859(그림 5-18C), *Dinophysis pavillardii* Schröder 1906 (*Dinophysis saccula* Stein 1883의 동명이종), *Dinophysis tripos* Gourret 1883등 6종에서 유성생식에 의한 시스트 형성이 보고된다(McLachlan, 1993; Moita and Sampayo, 1993; Subba Rao, 1995; Giaccobo and Gangemi, 1997; Uchida *et al.,* 1999; Mohamed and Al-Shehri, 2011; Price and Pospelova, 2011). 그러나 이들에서 시스트 벽이나 발아공의 특징은 명확하지 않고, 현생 퇴적물에서 보고도 없는 등 아직 휴면성 접합자인 시스트의 존재 유무는 확실하지 않다(Matsuoka and Fukuyo, 2000).

§ 6. 토라코스파에라 목(Order Thoracosphaerales)

토라코스파에라 목(Thoracosphaerales)에는 3개 분류과에 189종이 보고되고 있다(Gómez, 2012). 이 중에 오디니아 과(Oodiniaceae)의 *Pfiesteria* 속과 *Pseudopfiesteria* 속에서 유성생식에 의한 시스트가 보고된다.

1. 휘스테리아 속(Genus *Pfiesteria*)

Pfiesteria 속에는 *P. piscicida* Steidinger et Burkholder 1996 한 종이 보고되고 있으며, 생활사에서 유성생식에 의한 시스트를 형성하거나(Burkholder and Glasgow, 2002; Litaker *et al.,* 2002), 포식자인 굴의 소화과정에 시스트를 형성하는 것으로 알려진다(Springer *et al.,* 2002). 그러나 이는 일시성 환경스트레스에 의해 만들어 지는 일시성 시스트로 정리되었다(Bravo *et al.,* 2010).

2. 슈도휘스테리나 속(Genus *Pseudopfiesteria*)

Pseudopfiesteria 속은 *Pfiesteria* 속에는 분리되어 P. *shumwayae* (Glasgow et Burkholder) Litaker, Steidinger, Mason, Shields et Tester 2005 한 종이 보고되고 있으며, 생활사에서 유성생식에 의한 시스트를 형성하는 것이 알려지나(그림 5-18D; Parrow and Burkhplder, 2003), 일시성 시스트로 정리되어 있다(Bravo *et al.,* 2010).

§ 7. 디노코커스 목(Order Dinococcales)

디노코커스 목 (Dinococcales)에는 2개 분류과에 80종이 속하는 것으로 정리하고 있으며 (Gómez, 2012), 이 중 *Polarella glacialis*가 유성생식에 의한 시스트를 만드는 것으로 보고 하고 있다(Montresor *et al.,* 1999)

Polarella glacialis Montresor, Procaccini and Stoecker 1999
cyst of *Polarella glacialis* Montresor *et al.* 1999

남극의 얼음에서 분리한 종을 배양하여 유영세포와 시스트를 관찰하여 신종 기재한 종이다(Montresor *et al.,* 1999). 시스트는 길이가 12～17 ㎛ (평균 14.2 ㎛), 폭은 8～15 ㎛ (평균 10.3 ㎛)로 장방형의 타원형을 한다. 세포벽은 매끄럽고 표면에는 길이가 2.7～4.2 ㎛인 가시모양의 돌기물이 많다(그림 5-19A). 발아공에 대해서는 시스트 발아를 관찰 할 수 없어 정보가 제공되고 있지 않다. 분포의 추가적인 정보도 알 수 없다.

§ 8. 기타 목이 불명확 분류군

기타 현생 퇴적물에서 출현하여 유영세포까지 관찰되고 있지만 분류군이 명확하지 않은 시스트를 별도 표 5-4에 정리하여 두었다.

표 5-4. 분류군이 명확하지 않은 와편모조 시스트 목록

생물명 (종명)		기재 논문
유영세포, 영양세포	고생물 이름/시스트 이름	
Unknown *Echinidinium*?	*Echinidinium aculeatum*	Zonneveld, 1997
	Echinidinium bispiniformum	Zonneveld, 1997
	Echinidinium delicatum	Zonneveld, 1997
	Echinidinium granulatum	Zonneveld, 1997
	Echinidinium karaense	Head *et al.,* 2001; Radi *et al.,* 2013
	Echinidinium transparantum	Zonneveld, 1997
Tovellia coronata	*cyst of Tovellia coronata*	Moestrup *et al.,* 2005

1. 엔치디니움 속(Genus *Echinidinium*)

아라비안해에서 현생퇴적물과 세디멘트 트랩에 의해 채집된 표본을 관찰하여 새로운 속으로 정리하였다(Zonneveld, 1997a). 원기재자는 본 속을 짐노디니움 목에 삽입하여 설명하고 있지만, 아직까지 유영세포군에서 정확한 분류군이 지정되어 있지 않다. 본 속의 시스트는 구형으로 색소가 있는 세포벽을 가진다. 세포벽의 표면은 매끄럽지만 많은 가시형 돌기물을 가진다. 돌기물은 흩어진 모양으로 표현되지만, 모양과 길이에서 두 가지 형태를 나타낸다. 발아공은 일반적으로 차스믹이다.

Echinidinium aculeatum Zonneveld 1997

아라비안해에서 현생퇴적물과 세디멘트 트랩에 의해 채집된 표본을 관찰하여 신종 기재한 종이다(Zonneveld, 1997a). 시스트는 직경이 16~26 ㎛ (평균 20.0 ㎛)의 구형이며, 세포벽은 두껍고 매끈하지만, 표면에는 많은 가시형 돌기물이 랜덤하게 분포한다(그림 5-19B). 돌기물은 직경 1~2.5 ㎛ (평균 2.0 ㎛)에 길이 6~8 ㎛ (평균 7.0 ㎛)를 한다.

분포는 온대해역에서 적도 해역의 연안 해역에 분포한다. 멕시코, 칠레 및 아프리카 북서 연안의 용승해역에서 비교적 높은 세포밀도를 보인다(Zonneveld *et al.,* 2013). 최근 연구에서는 케나다 서부의 부영양화된 연안 해역(Krepakevich and Pospelova, 2010; Pospelova *et al.,* 2010; Price and Pospelova, 2011), 우리나라 남해 연안 해역(Pospelova and Kim, 2010; Shin *et al.,* 2010a, b), 포루투칼의 연안용승 해역(Ribeiro and Amorim, 2008) b), 과 태평양 동부의 용승해역, 소말리아 연안용승 해역(Zonneveld and Brummer, 2000)과 아프리카 북서부 용승해역(Zonnelveld *et al.,* 2010a)에서 출현이 보고된다.

Echinidinium bispiniformum Zonneveld 1997

아라비안해에서 현생퇴적물과 세디멘트 트랩에 의해 채집된 표본을 관찰하여 신종 기재한 종이다(Zonneveld, 1997a). 시스트는 직경이 16~26 ㎛ (평균 20.0 ㎛)의 구형이며, 세포벽은 두껍고 매끈하지만, 표면에는 많은 가시형 돌기물이 랜덤하게 분포하지만, 두 가지 다른 형태가 존재한다(그림 5-20C). 즉, 돌기물의 길이는 4.0~12.0 ㎛ (평균 7.5 ㎛)으로 비교적 큰 길이를 하는 집단과 2.0~6.0 ㎛인 짧은 길이를 하는 집단으로 구분된다.

분포는 비교적 영양상태가 좋은 아라비안해의 용승해역(Zonneveld *et al.,* 2013) 이외에도 베링해, 알라스카 연안 등 북대평양의 고위도 해역과 북대서양의 고위도 해역에서도 출현한다(Radi *et al.,* 2013).

Echinidinium delicatum Zonneveld 1997

아라비안해에서 현생퇴적물과 세디멘트 트랩에 의해 채집된 표본을 관찰하여 신종 기재한 종이다(Zonneveld, 1997a). 시스트는 직경이 17～25 ㎛ (평균 21.5 ㎛)의 구형이며, 세포벽은 두껍고 매끈하지만, 표면에는 많은 가시형 돌기물이 규칙적으로 분포한다(그림 5-20D). 돌기물의 길이는 2～4 ㎛ (평균 3.0 ㎛)이다.

분포는 온대해역에서 적도 해역의 연안 해역에 분포한다. 북미, 북서 아프리카 및 아라비안해의 용승해역에서 비교적 높은 세포밀도를 보이며, 아마존강 유입되는 하구역의 세포밀도는 낮았다(Zonneveld and Brummer, 2000; Pospelova *et al.*, 2010; Zonnelveld *et al.*, 2010a; Price and Pospelova, 2011; Zonneveld *et al.*, 2013).

Echinidinium granulatum Zonnefeld ex Head *et al.*, 2001

아라비안해에서 현생퇴적물과 세디멘트 트랩에 의해 채집된 표본을 관찰하여 신종 기재한 종이다(Zonneveld, 1997a). 시스트는 직경이 26～46 ㎛ (평균 33.5 ㎛)의 구형으로 세포 표면은 매끈하지만 많은 가시형 돌기물이 랜덤하게 분포한다(그림 5-20E). 돌기물은 직경 1～5.5 ㎛ (평균 2.5 ㎛)에 길이 5～11 ㎛ (평균 8.5 ㎛)을 한다.

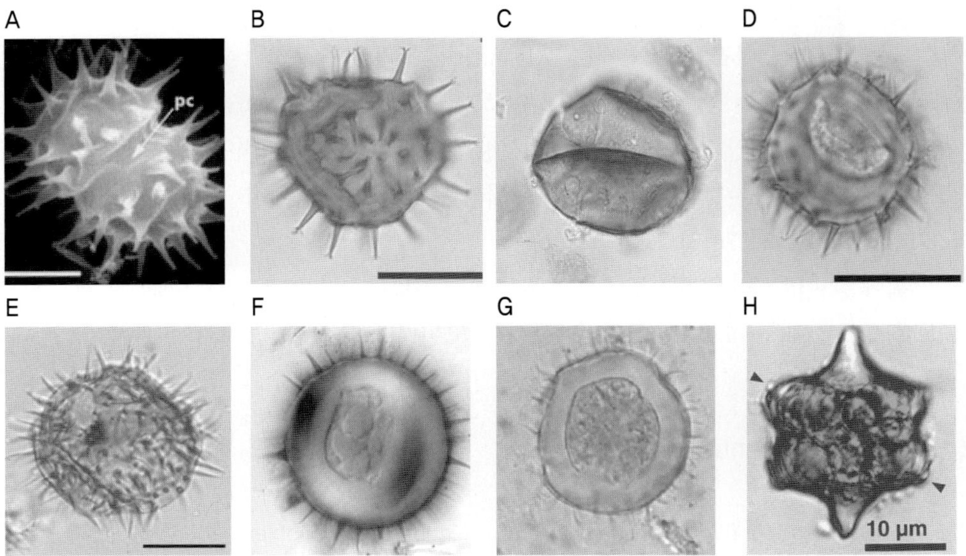

그림 5-20. Genus *Echinidinium*와 *Tovellia* 속의 시스트 (사진: 시스트 원기재 논문)

(A: *Polarella glacialis,* B: *E. aculeatum,* C: *E. bispiniformum*, D: *E. delicatum*, E: *E. granulatum*, F: *E. karaense,* G: *E. transparantum*, H. *Tovellia coronata*, 바의 크기는 10 ㎛, 일부 사진 발췌)

분포는 아한대에서 적도 해역의 연안 해역과 태평양 동부의 용승해역, 남, 북 대서양, 유럽 지중해 중앙부 해역 그리고 아라비안 해 등에서 관찰되며, 북태평양 동부의 용승해역과 캘리포니아만에서 높은 세포 밀도로 출현한다(Zonneveld *et al.,* 2013).

Echinidinium karaense (Head *et al.,* 2001) Radi *et al.,* 2013

북태평양과 북대서양의 고위도 해역의 주상 퇴적물에서 채집한 표본을 관찰하여 종의 생태적 내용을 기재하고 있다(Radi *et al.,* 2013) 시스트는 직경이 29~36 ㎛의 구형이며, 세포벽은 0.5 ㎛ 이하의 두께로 매끈하지만, 표면에는 다양한 폭과 길이를 하는 가시형 돌기물이 규칙적으로 분포한다(그림 5-20F). 돌기물의 길이는 5~7 ㎛이다. 발아공은 테로피릭형을 한다.

분포는 북극해 주변해역인 백해(Golovnina and Polyakova, 2004; Novichkova and Polyakova, 2007), 피오르드 해역(Grφsfjeld *et al.,* 2009) 등 북태평양과 북대서양의 고위도 해역에서 출현한다(Radi *et al.,* 2013).

Echinidinium transparantum Zonneveld 1997

아라비안해에서 현생퇴적물과 세디멘트 트랩에 의해 채집된 표본을 관찰하여 신종 기재한 종이다(Zonneveld, 1997a). 시스트는 직경이 22~36 ㎛ (평균 28.7 ㎛)의 구형이며, 세포벽은 두껍고 매끈하지만, 표면에는 많은 가시형 돌기물이 분포한다(그림 5-20G). 돌기물은 직경 1.5~2.5 ㎛ (평균 2.0 ㎛)에 길이 5~14 ㎛ (평균 9.5 ㎛)를 한다.

분포는 남, 북태평양의 동안, 남, 북 대서양, 유럽 지중해, 아리비안해 등의 용승해역에 분포하며, 특히 라마존강이 유입되는 아프리카 북서 용승해역에서 높은 세포밀도를 보인다 (Zonneveld *et al.*, 2013).

본 속에는 이외에도 *Echinidinium sleipnerensis* Head and Riding in Head *et al.,* 2004, *Echinidinium zonneveldiae* Head, 2003 등이 보고된다(Radi *et al.,* 2013).

2. 토벨리아 속(Genus *Tovellia*)

Tovellia coronata (Woloszynska) Moestrup, Lindberg et Daugbjerg 2005

동종이명(synonym): *Gymnodinium coronatum* Woloszynska 1917

Woloszynskia coronata (Woloszynska) Thompson 1951

시스트 이름: cyst of *Tovellia coronata* (Woloszynska) Moestrup *et al.,* 2005

북대서양 스웨덴 연안에서 채집된 표본을 관찰하여 속명을 변경한 종으로 (Lindberg *et al.*, 2005). 시스트 표면은 미립상 돌기물이 있으며, 유사 가로 홈은 관찰되지만, 유사 배열판 구조는 확인되지 않는다. 발아공도 관찰되어 있지 않다(그림 5-20H). 분포는 주로 북대서양의 스웨덴, 루마니아 및 영국 연안 해역에서 보고된다.

제6장

한국연안해역의 와편모조 시스트

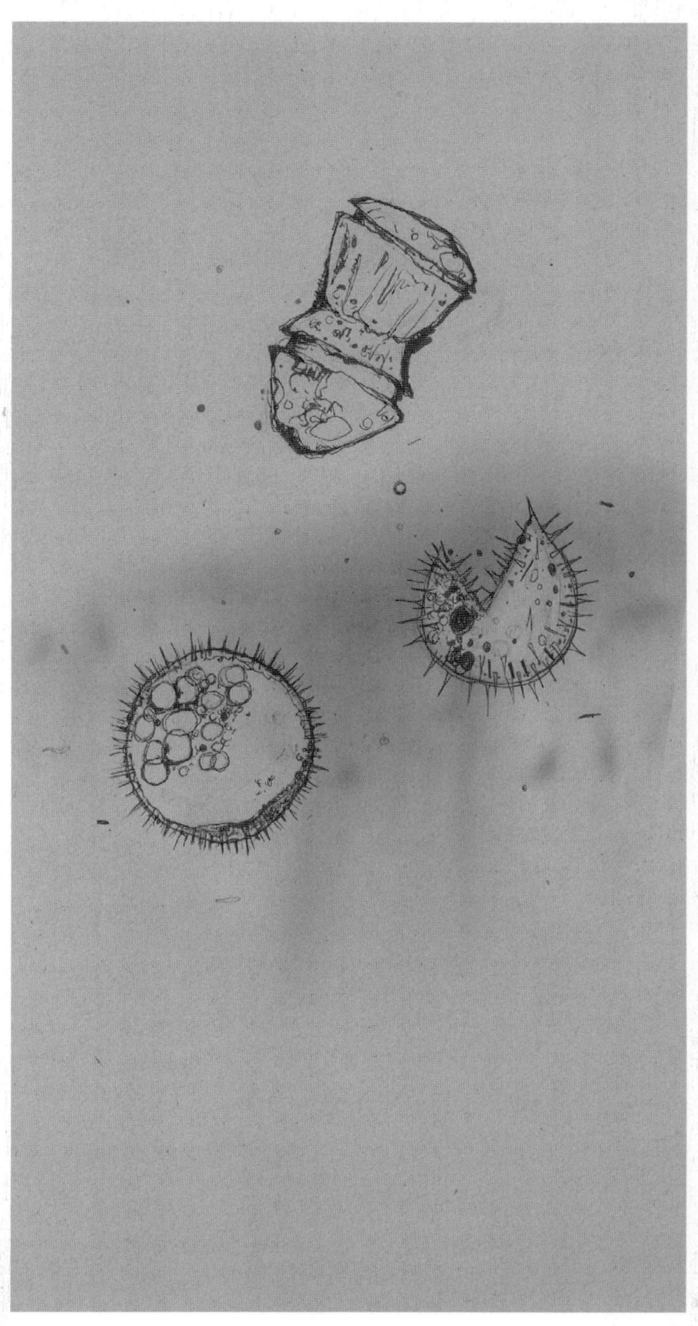

Polykrikos hartmannii by K.W. Yoon

한국연안해역의 와편모조 시스트에 대한 연구는 1990년 이후 시작되었고, 일부 화석 시스트에 대한 연구도 보이지만 본 장에서는 2013년 중반까지 한국연안해역을 대상으로 작성된 학술지 내용을 정리하여 저자들이 한국환경생물학회의 학술지인 환경생물에 게재된 내용을 편집하여 소개한다(윤과 신, 2013).

§ 1. 자료의 범위

한국연안해역의 와편모조 시스트 연구 현황과 특성을 분석하기 위해 제공한 자료는 2013년 8월까지 국내·외의 전문학술지와 전문도서로 발간된 것만을 대상으로 하였다. 와편모조 시스트를 대상으로 하여 작성된 학위논문이나 연구보고서가 있지만, 이들은 분석 대상에서 제외하였다. 그리고 대상 해역은 한국의 내만과 연안 해역은 물론 제주도 남부해역을 포함하는 동중국해와 황해를 대상으로 국내 연구자가 참여하여 작성한 학술논문은 대상에 포함시켰다. 분석에 사용한 문헌을 발표 년대 순으로 주된 연구내용과 함께 표 6-1에 정리하였다. 국내 전문학회지 25편, 국제전문학회지 16편을 포함하여 45편이다.

§ 2. 결과 및 분포해역

1. 와편모조 시스트의 연구변화와 특성

한국연안해역에서 수행된 와편모조 시스트의 연구는 1982년 한국 동남 연안 해역의 적조모니터링 정점의 표층퇴적물을 대상으로 한 것이 처음이다(Kim *et al.*, 1990). 1982년 2월에서 11월까지 주간 또는 격주로 약 40개의 정점을 대상으로 분석하여 적조원인종이 되는 와편모조 시스트 6종과 침편모조 시스트 2종, 모두 8종의 시스트를 동정하고 있다. 이후 1980년대 진해만의 대규모 적조와 관련하여 표층퇴적물에 포함된 시스트 연구는 Lee and Yoo(1991)와 문 등(1993) 등의 보고로 1990년대 전반은 진해만과 마산만을 중심으로 하는 극히 제한된 해역에서 출현종에 대한 연구가 수행되었다. 이와 함께 패류독화 원인종으로 알려진 유독 와편모조류인 *Alexandrium*의 발아와 독조성에 대한 연구가 있다(Kim 1994,

표 6-1. 한국연안과 주변해역의 와편모조 시스트 연구문헌과 내용

저자와 발간연도	대상해역 또는 생물	비 고
Kim *et al.*, 1990	남해 동부해역	
Kim, 1991	진해-마산만	도서(심포지움)
Lee and Yoo, 1991	진해-마산만	
문 등, 1993	진해-마산만	
Kim, 1994	진해-마산만/*Alexandrium* sp./발아실험	
Kim, 1995	진해-마삼만/*Alexandrium* sp./독성 조성	
Lee and Matsuoka, 1996	진해-마산만, 남해 중앙부해역	도서(심포지움)
Lee *et al.*, 1998	진해-마산만	
Kang *et al.*, 1999	통영연안	
이 등, 1999	가막만	
Kim and Han, 2000	영일만/*Scrippsiella trochoidea*/발아실험	
Cho and Matsuoka, 2001	동중국해 및 황해	
Cho *et al.*, 2001	동중국해	
Kim *et al.* 2002	한국연안/*Cochlodinium polykrokoides*/생활사	
Kim *et al.* 2002	진해-마산만/*Alexandrium tamarense*/발아실험	
Cho and Matsuoka, 2003	동중국해	
Cho *et al.*, 2003	남해 중앙부해역	
김 등, 2003a	광양만	
김 등, 2003b	광양만	
박과 윤, 2003	가막만	
조 등, 2004	제주 연안 및 동중국해	
박 등, 2004	가막만	
박 등, 2004	진해-마산만/*Alexandrium tamarense*/발아실험	
박 등, 2004	새만금연안	
Yoo and Shin, 2004	*A. catenella/tamarense, Gymnodinium catenatum*/발아	
김 등, 2005	부산항	
박 등, 2005	남해 중앙부해역	
Kim *et al.*, 2007	*Cochlodinium polykrokoides*/생활사	
Shin *et al.*, 2007	남해 서부해역	
Shin *et al.*, 2007	거제연안	
강 등. 2008	방법론	
박 등, 2008	남해 서부해역	우점종
Shin *et al.*, 2008	가막만/*Alexandrium tamarense*/출현종 보고	

표 6-1. 계속

저자와 발간연도	대상해역 또는 생물	비 고
황 등, 2008	황해	
Kim, 2009	*Cochlodinium polykrokoides*/생활사	요약
Kim *et al.*, 2009	광양만	
Park *et al.*, 2009	*Cryptoperidiniopsis brodyi*/생활사	외국주
Kim *et al.*, 2010	동중국해	
Pospelova and Kim, 2010	통영연안의 양식장	
Shin *et al.*, 2010	가막만	
Shin *et al.*, 2010	여자만	
Park *et al.*, 2011	새만금, 통영, 진해-마산만, 가막만	도서
Shin *et al.*, 2011	여자만, 가막만, 봇돌바다	
Shin *et al.*, 2012	가막만 (sediment trap)	
Shin *et al.*, 2013	가막만/*Scrippsiella trochoidea*/무산소에 따른 형태변화	

1995). 1990년대 후반에는 대상해역이 진해-마산만에서 통영연안해역과 가막만, 그리고 남해의 개방해역까지 확대되어, 시스트 출현종에 대한 연구가 수행되었다(Lee and Matsuoka, 1996; Lee *et al.*, 1998, 이 등, 1999; Kang *et al.*, 1999). 2000년대에 들어 국내 와편모조 시스트 연구는 활기를 띠게 되면서, 연구 해역도 동해를 제외한 남해와 서해(황해) 일부해역, 그리고 동중국해까지 확대된다.

연구 내용은 대부분 출현종 군집 파악이며, 이외에 특정 종이 발아 환경특성(Kim and Han 2000; Kim *et al.*, 2002; 박 등, 2004; Yoo and Shin 2004), 생활사 파악(Kim *et al.*, 2002, 2007; Kim, 2009; Park *et al.*, 2009), 주상 퇴적물 표본에 의한 부영양화 변화양상 파악 등 환경 변동 파악(김 등, 2003b; 박 등, 2004; 김 등, 2009) 등의 연구가 있다. 그리고 최근에는 양식장 등 특정 해역의 시스트 군집파악과 환경 해석(Pospelova and Kim, 2010; Shin *et al.*, 2010), Sediment trap을 이용한 시스트 형성과 변화과정 추적(Shin *et al.*, 2012), 그리고 빈/무산소수역에서의 시스트의 형태 변화(Shin *et al.*, 2013) 등 국제적 수준에 준하는 연구가 수행되고 있다.

그러나 2000년대 이후 활발한 와편모조 시스트 연구에도 불구하고 시스트 연구는 적조와 연안개발 등 사회적 이벤트와 관련되어 수행된 부분이 많고, 해역적으로는 남해안에 집중되어 있다(표 6-2). 표에서 현재 동해를 대상으로 한 시스트 연구는 발아 실험을 위해 영일만에서 *Scrippsiella trochoidea* 종을 분리한 것(Kim and Han 2000)을 제외하면 전무한 실정이며, 분석 대상 45편의 문헌에서 복수 대상 해역을 중복 포함하더라도 황해를 포함한 서해안 4편, 제주도를 포함하는 동중국해 5편을 제외한 35편은 남해에 집중되어 있다.

특히 진해만, 광양만, 가막만 등 적조발생 또는 대규모 임해공업단지 조성에 따른 개발 사업이 이루어지는 남해 중앙부에서 동부해역에 편중된 경향을 나타낸다. 즉 현재 와편모조 시스트의 연구는 다양한 분야에 응용되고 있고, 새롭게 그 영역을 확대하고 있으나, 국내의 여건은 아직도 제한된 연구 집단에 의해 산발적인 연구가 수행되고 있다고 할 수 있다(제3장 참조).

표 6-2. 한국연안해역별 와편모조 시스트 연구 내용의 요약

연구 해역		연구 테마	논문 수
동해		-	0
서해	새만금연안	시스트 군집 파악	2(1)
	황해 동부와 중앙부	시스트 군집 파악	2(1)
남해	부산항	시스트 군집 파악	1
	진해-마산만	시스트 군집 파악	6(1)
	게제도 연안	시스트 군집 파악	1
	통영연안	시스트 군집 파악	3(1)
	동부해역과 내만	적조원인종의 시스트 파악	1
	광양만	시스트 군집 파악	3(1)
		시스트 군집 파악과 환경변화 해석	2(1)
	가막만	시스트 군집 파악	4(2)
		시스트 군집 파악과 환경변화 해석	2
		세디멘트 트랩에 의한 시스트 형성과정 해석	1
		유독 플랑크톤 출현 기록	1
		무산소환경에서의 시스트 형태변화	1
	여자만	시스트 군집 파악과 환경변화 해석	2(1)
	봇돌바다	시스트 군집 파악	1
	서부해역	시스트 군집 파악	2
	주앙부 해역	시스트 군집 파악	4
동중국해		시스트 군집 파악	3(1)
		시스트 군집 파악과 환경변화 해석	2
기타		발아실험	5
		생활사 규명	4
		방법론 비교	1
		독성 분석	1
합계			55(10)

( ) 속의 숫자는 중복 논문 편수를 나타냄

2. 와편모조 시스트의 출현종

현재 한국연안해역에 출현이 확인된 시스트 종은 1990년대 초반에는 10종 내외로 매우 제한적이었으나(Kim *et al.,* 1990; Lee and Yoo, 1991), 지금까지의 결과를 종합하면 약 90종으로 유영세포의 명칭을 기준으로 하면 61종에 달한다(표 6-3). 이와 같이 유영세포와 시스트 기준에서 종 수 차이가 있는 것은 지구에 존재하는 생물군 중 유일하게 미세조류의 연구에서 유영세포는 생물학자에 의해 시스트는 미고생물 영역인 지질학자에 의해 서로 독립적인 분류기준으로 연구가 수행되었기 때문으로 동일 생물종에 대해 유영세포와 시스트가 각각 다른 종명을 사용하고 있다. 이와 같은 현상은 국제식물명명규약에서 용납될 수 없지만, 유영세포의 생활사가 확인된 것은 전체 출현종의 10% 내외로 시스트와 유영세포 사의의 대응관계가 충분하게 이해되지 못한 것과 현재 멸종된 2,000여종의 시스트에 대한 유영세포의 형태 파악은 불가능하여 화석의 형태로 분류할 수밖에 없다는 두 가지 이유에서 당분간은 동일종에 대한 두개의 분류체계는 양립될 수밖에 없을 것으로 판단되고 있다(Wall and Dale, 1968; Dale, 1983; Fensome *et al.,* 1993; Matsuoka and Fukuyo, 2000).

또한 와편모조류 유영세포는 갑짝스런 담수 유입 등 외부 환경의 일시적인 변화에 대해서도 형태를 변화시켜 해저에 침강하였다가 회복되는 일시성 시스트(pellicle cyst, temporary or ecdysal cyst)를 형성하는 것은 잘 알려져 있다(Dale, 1977; Walker, 1984). 일시성 시스트에서는 운동성 접합자는 관찰되지 않는다. 와편모조류가 유독/유해성 적조원인생물과 표영 환경이 누적지표로 환경분야 응용뿐만 아니라 독성 단백질 등 일부의 물질은 신약개발이나 기능성 물질 탐색이 중요한 대상이 되고 있어, 와편모조류가 중요 연구 대상 생물군이 되면서 다양한 유영세포에 대해 새로운 시스트 형태의 보고가 매우 활발하다. 이런 과정에 현생 유영세포에 대해 기존의 보고된 많은 시스트에는 시스트가 아닌 일시성 시스트임을 지적하는 등(Bravo *et al.,* 2010), 아직도 시스트 연구에는 많은 부분에서 안정화되지 못하고 있다.

한국연안해역에서 출현이 보고된 90종의 와편모조 시스트 종에는 특정 연구자에 특정 해역에서만 보고되는 종들이 다수 있어, 발아실험 등 제반 분류학적 검토가 필요한 부분은 있다고 하더라도, 현재 전 세계에서 보고되는 와편모조 시스트가 150~200종 전 후임을 고려하면(Matsuoka and Fukuyo, 2000), 국내 출현종은 매우 다양하다고 할 수 있다(표 6-3). 표에서 최근 새롭게 발견되는 현생 와편모조 시스트는 별도의 고생물학적 이름을 붙이지 않고 유영세포의 종명을 시스트 이름을 이용하고 있음을 알 수 있다. 또한 과거 고생물학적 종명의 시스트를 발아시킬 경우 현생 유영세포에서 상이한 종이 출현하고 있어, 하나의 유영세포 종명에 다수의 고생물학적 명칭이 나타나고 있는 점에 유의하기 바란다. 그리고 일부 종명 등 내용에서 제5장과 다른 부분은 제5장의 내용을 우선한다.

표 6-3. 한국연안해역에서 출현이 보고되는 와편모조 시스트 종 목록(유영세포 기준으로 정리)

유영세포 분류기준의 학명	고생물학적 분류기준의 학명
독립영양종	
Calciodineloid Group	
Ensiculifera carinata Matsuoka *et al.*, 1990	cyst of *Ensiculifera carinata* Matsuoka *et al.*, 1990
Pentapharsodinium dalei (Indelicato et Loeblich Ⅲ 1 Montreso *et al.*, 1993	cyst of *Pentapharsodinium dalei* (Indelicato et Loeblich Ⅲ 1 Montreso *et al.*, 1993
Scrippsiella crystallina Lewis 1991	cyst of *Scrippsiella crystallina* Lewis 1991
Scrippsiella trochoidea (Stein) Loeblich Ⅲ 1976	cyst of *Scrippsiella trochoidea* (Stein) Loeblich Ⅲ 1976
Scrippsiella sp	cyst of *Scrippsiella* sp.
Gonyaulacoid Group	
Alexandrium affinis (Inoue et Fukuyo) Balech 1985	cyst of *Alexandrium affinis* (Inoue et Fukuyo) Balech 1985
Alexandrium catenatum (Whedon et Kofoid) Balech 1985/*tamarense* (Lebour) Balech 1992	cyst of *Alexandrium catenatum* (Whedon et Kofoid) Balech 1985/*tamarense* (Lebour) Balech 1992
Alexandrium minutum Halim 1960	cyst of *Alexandrium minutum* Halim 1960
Alexandrium sp.	cyst of *Alexandrium* sp.
Gonyaulax digitalis (Pouchet) Kofoid 1911	*Spiniferites bentori (*Rossigno) Wall et Dale 1970
Gonyaulax elongata (Reid) Ellegaard *et al.* 2003	*Spiniferites elongatus* Reid 1974
Gonyaulax membranaceus (Rossignol) Ellegaard *et al.* 2003	*Spiniferites membranaceus* (Rossignol) Sarjeant 1970
Gonyaulax verior Sournia 1973	cyst of *Gonyaulax verior* Sournia 1973
Gonyaulax scrippsae Kofoid 1911	*Spiniferites bulloideus* (Deflandre et Cookson) Sarjeant 1975
Gonyaulax spinifera (Claparede et Lachmann) Diesing 1866 complex	*Ataxiodinium choane* Reid 1974
	Nematosphaeropsis labyrinthus (Ostenfeld) Reid 1974
	Nematosphaeropsis sp.
	Spiniferites hypercanthus (Deflandre et Cookson) Cookson et Eisenack 1974
	Spiniferites mirabilis (Rossignol) Sarjeant 1970
	Spiniferites ramosus (Ehrenberg) Mantell 1854
Gonyaulax sp.	*Bitectatodinium spongium* (Zonneveld) Zonneveld et Jurkschat 1999
	Impagidinium aculeatum (Well) Lentin et Williams 1981
	Impagidinium sp.
	Spiniferites delicatus Reid 1974
	Spiniferites spp.
Lingulodinium polyedrum (Stein) Dodge 1989	*Lingulodinium machaerophorum* (Deflandre et Cookson) Wall 1967
Protoceratium reticulatum (Claparde et Lachmann) Bütschli 1885	*Operculodinium centrocarpum* sensu Wall et Dale 1966

표 6-3. 계속

유영세포 분류기준의 학명	고생물학적 분류기준의 학명
Protoceratium sp. cf. *reticulatum* (Claparde et Lachmann) Bütschli 1885	*Operculodinium israelianum* (Rossignol) Wall 1967
Protoceratium sp.	*Operculodinium crassum* Harland 1979
Pyrodinium bahamense var. *bahamense* Plate 1906	*Polysphaeridinium zoharyi* (Rossignol) Bujak *et al.*, 1980
Gymnodiniod Group	
Cochlodinium polykrikoides. Margalef 1961	cyst of *Cochlodinium polykrikoides.* Margalef 1961
Cochlodinium sp.	cyst of *Cochlodinium* sp.
Gymnodinium catenatum Graham 1943	cyst of *Gymnodinium catenatum* Graham 1943
Gymmodinium impudicum (Fraga et Bravo) Hansen et Moestrup 2000	cyst of *Gyrodinium impudicum* (Fraga et Bravo) Hansen et Moestrup 2000
Gymnodinium sp.	cyst of *Gymnodinium* sp.
Gyrodinium instriatum Freudenthal et Lee 1963	cyst of *Gyrodinium instriatum* Freudenthal et Lee 1963
Gyrodinium sp.	cyst of *Gyrodinium* sp.
Pheopolykrikos hartmannii (Zimmermann) Matsuoka et Fukuyo 1986	cyst of *Pheopolykrikos hartmannii* (Zimmermann) Matsuoka et Fukuyo 1986
Tuberculodinoid Group	
Pyrophacus horologium Stein 1883	cyst of *Pyrophacus horologium* Stein 1883
Pyrophacus steinii (Schiller) Wall et Dale 1971	*Tuberculodinium vancampoae* (Rossignol) Wall 1967
Pyrophacus sp.	*Tuberculodinium* sp.
종속영양종	
Diplosaliod Group	
Diplopelta parva (Abe) Matsuoka 1988	cyst of *Diplopelta parva* (Abe) Matsuoka 1988
Diplosalis lenticula Bergh 1881	cyst of *Diplosalis lenticula* Bergh 1881
Diplosalis sp.	*Dulbridinium* sp.
Gotoius abei Matsuoka 1988	cyst of *Gotoius abei* Matsuoka 1988
Oblea acanthocysta Kawami *et al.*, 2006	cyst of *Oblea acanthocysta* Kawami *et al.*, 2006
Preperidinium meunieri (Pavillard) Elbrächter 1993	*Dulbridinium caperatum* Reid 1977
Protoperidiniod Group	
Heterocapsa triquetra (Ehrenberg) Stein 1883	*cyst of Heterocapsa triquetra* (Ehrenberg), Stein 1883
Peridinium limbatum (Stokes) Lemmerman 1990	cyst of *Peridinium limbatum* (Stokes) Lemmerman 1990
Protoperidinium americanum (Gran et Braarud) Balech 1974	cyst of *Protoperidinium americanum* (Gran et Braarud) Balech 1974

표 6-3. 계속

유영세포 분류기준의 학명	고생물학적 분류기준의 학명
Protoperidinium avellanum (Meunier) Balech 1974	*Brigantedinium cariacoense* (Wall) Lentin et Williams 1993
Protoperidinium claudicans (Paulsen) Balech 1974	*Votadinium spinosum* Reid 1977
Protoperidinium compressum (Nie) Balech 1974	*Stelladinium abeii* Matsuoka 1985
	Stelladinium reidii Bradford 1975
	Stelladinium stellatum (Wall et Dale) Reid 1977
Protoperidinium conicoides (Paulsen) Balech 1973	*Brigantedinium simplex* Wall 1965 ex Lentin et Williams 1993
Protoperidinium conicum (Gran) Balech 1974	*Selenopempbix quanta* (Bradford) Matsuoka 1985
Protoperidinium denticulatum (Gran et Braarud) Balech 1974	*Brigantedinium irregulare* Matsuoka 1987
Protoperidinium divaricatum (Meunier) Balech 1988	*Xandarodinium xanthum* Reid 1977
Protoperidinium latissimum (Kofoid) Balech 1974	cyst of *Protoperidinium latissinum* (Kofoid) Balech 1974
Protoperidinium leonis (Pavillard) Balech 1974	*Lejeunecysta sabrina* (Reid) Bujak 1984
	Quinquecuspis concreta Reid 1977
Protoperidinium minutum (Kofoid) Loeblich III 1970	cyst of *Protoperidinium minutum* (Kofoid) Loeblich III 1970
Protoperidinium oblongum (Aurivillius) Parke et Dodge 1976	*Votadinium calvum* Reid 1977
Protoperidinium petagonum (Gran) Balech 1974	*Brigantedinium majusculum* Reid ex Lentin et Williams 1993
	Trinovantedinium applanatum (Bradford) Bujak et Davies 1983
	Trinovantedinium capitatum Reid 1977
Protoperidinium stellatum (Wall) Balech 1994	cyst of *Protoperidinium stellatum* (Wall in Wall et Dale) Rocho *et al.*, 1999
Protoperidinium subinerme (Paulsen) Loeblich III 1970	*Selenopemphix alticinctum* (Bradford) Matsuoka in Nehring 1997
	Selenopemphix nephroides (Benedek) Benedek et Sarjeant 1981
Protoperidinium thorianum (Paulsen) Balech 1974	cyst of *Protoperidinium thorianum* (Paulsen) Balech 1974
Protoperidinium sp.	*Brigantedinium auranteum* Reid 1977
	Brigantedinium asymmetricum Matsuoka 1987
	Brigantedinium grande Matsuoka 1987
	Brigantedinium spp.
	Echinidinium aculenatum Zonneveld 1997
	Echinidinium delicatum Zonneveld 1997
	Echinidinium sp. cf. *delicatum* Zonneveld 1997

표 6-3. 계속

유영세포 분류기준의 학명	고생물학적 분류기준의 학명
Protoperidinium sp.	*Echinidinium granulatum* Zonneveld 1997
	Echinidinium spp.
	Islandinium brevispinosum Pospelova et Head 2002
	Islandinium minutum (Harland et Reid in Harland *et al.*, 1980) Head *et al.* 2001
	Lejeunecysta aliva (Reid 1977) Turon et Londeix 1988
	Selenopemphix sp.
	Stelladinium bifurcatum?
	Stelladinium robustum Zonneveld 1997
	Trinovantedinium pallidifulvum Matsuoka 1987
Gymnodiniod Group	
Polykrikos kofoidii Chatton 1914	cyst of *Polykrikos kofoidii* Chatton 1914
Polykrikos schwartzii Bütschli 1873	cyst of *Polykrikos schwartzii* Bütschli 1873
Polykrikos sp.	cyst of *Polykrikos* sp
총 61종	총 90종

한국연안해역의 시스트 연구가 남해연안에 집중되어 있어, 출현종에 대한 생물 · 지리학적 검토가 큰 의미를 나타내는 것은 아니지만, 현재까지의 연구결과를 정리하는 입장에서 각 출현종의 분포해역과 인용문헌, 그리고 광학현미경 사진을 첨부하여 정리하여 둔다. 다만 일부 종에 대해서는 현미경 사진을 제시하지 못하였다. 출현종은 시스트를 이용한 부영양화 과정 평가 등의 방법에 응용되는 독립영양종과 종속영양종으로 구분하였지만 (Dale *et al.,* 1999; Matsuoka, 1999, 2001, 2011; Dale, 2000, 2001, 2009), 와편모조류 유영세포에서 완전 독립영양을 하는 종은 수종에 지나지 않고 많은 종에서 반독립영양이나 종속영양을 한다(Taylor, 1987). 또한 최근 독립영양종과 종속영양종으로 구분하는 것에 대해서도 많은 토론이 있음을 병기하여 둔다.

AUTOTROPHIC SPECIES

Order GONYAULACALES Taylor 1980

Family CALCOIDINELLACEAE Taylor 1987 (Calciodineloid Group)

Genus *Ensiculifera* Balech 1967

Ensiculifera carinata Matsuoka *et al.*, 1990

- 시스트 이름: cyst of *Ensiculifera carinata* Matsuoka *et al.*, 1990 **(Plate I-1)**
- 분포해역: 가막만 (Shin *et al.,* 2012), 남해 서부해역 (Shin *et al.,* 2007)

Genus *Pentapharsodinium* Indelicato et Loeblich Ⅲ 1986

Pentapharsodinium dalei (Indelicato et Loeblich Ⅲ 1986) Montreso *et al.,* 1993

- 시스트 이름: cyst of *Pentapharsodinium dalei* (Indelicato et Loeblich Ⅲ) Montreso *et al.,* 1993 **(Plate I-2)**
- 동종이명(synonym): *Peridinium faeroense* Dale 1977
- 분포해역: 통영연안 (Pospelova and Kim, 2010)

Genus *Scrippsiella* Balech ex Loeblich Ⅲ 1965

Scrippsiella crystallina Lewis 1991

- 시스트 이름: cyst of *Scrippsiella crystallina* Lewis 1991 **(Plate I-3)**
- 분포해역: 새만금연안 (박 등, 2004; 박과 심, 2011), 동중국해 (Cho *et al.,* 2003)

Scrippsiella trochoidea (Stein) Loeblich Ⅲ 1976

- 시스트 이름: cyst of *Scrippsiella trochoidea* (Stein) Loeblich Ⅲ 1976 **(Plate I-4)**
- 분포해역: 영일만 (Kim and Han 2000), 진해-마산만 (Lee *et al.,* 1998; 박과 심, 2011), 거제연안 (Shin *et al.,* 2007), 통영연안 (Kang *et al.,* 1999; 박과 심, 2011), 광양만 (김 등, 2003a, b), 가막만 (이 등, 1999; 박 등, 2004; Shin *et al.,* 2010, 2012; 박과 심, 2011; Shin *et al.,* 2013), 남해 중앙부해역 (Lee and Matsuoka, 1996; Cho *et al.,* 2003; 박 등, 2005), 남해 서부해역 (신 등, 2007; 박 등, 2008) 새만금연안 (박 등, 2004; 박과 심, 2011), 황해 (Cho and Matsuoka, 2001), 동중국해 (Cho and Matsuoka, 2001)

Scrippsiella sp./spp.

- 시스트 이름: cyst of *Scrippsiella* sp. **(Plate I-5)**
- 분포해역: 통영연안 (Kang *et al.,* 1999), 봇돌바다 (Shin *et al.,* 2011), 남해 중앙부해역 (Lee and Matsuoka, 1996), 황해 (Cho and Matsuoka, 2001; 황 등, 2008), 동중국해 (Cho and Matsuoka, 2001; Cho *et al.,* 2001).

Family GONIODOMATACEAE Lindemann 1928 (Gonyaulacoid Group)

Genus *Alexandrium* Halim 1928

Alexandrium affinis (Inoue et Fukuyo 1985) Balech 1985

- 시스트 이름: cyst of *Alexandrium affinis* (Inoue et Fukuyo 1985) Balech 1985 **(Plate I-6)**
- 동종이명(synonym): *Protogonyaulax affinis* Inoue et Fukuyo 1985
  Alexandrium fukuyoi Balech 1985

• 분포해역: 진해-마산만 (Kim, 1991; 박과 심, 2011), 가막만 (이 등, 1999; Shin *et al.,* 2010b; 박과 심, 2011; Shin *et al.,* 2011; Shin *et al.,* 2012), 여자만 (Shin *et al.,* 2010a; Shin *et al.,* 2011), 거제연안 (Shin *et al.,* 2007), 남해 동부해역과 내만 (Kim *et al.*, 1990), 봇돌바다 (Shin *et al.,* 2011), 새만금연안 (박과 심, 2011), 동중국해 (Cho *et al.,* 2001; 김 등, 2010)

Alexandrium catenatum (Whedon et Kofoid) Balech 1985/*A. tamarense* (Lebour) Balech 1992

• 시스트 이름: cyst of *Alexandrium catenatum/tamarense* complex **(Plate I-7)**

• 동종이명(synonym): *Gonyaulax catenatum* Whedon et Kofoid 1936
Gessnerium catenatum (Whedon et Kofoid) Loeblich Ⅲ et L Loeblich 1979
Protogonyaulax catenatum (Whedon et Kofoid) Taylor 1979
Gonyaulax tamarensis Lebour 1925
G. tamarensis var. *excavata* Braarud 1945
G. excavata (Braarud) Balech 1971
Gessnerium tamarensis (Lebour) Loeblich Ⅲ et L. Loeblich 1979
Protogonyaulax tamarensis (Lebour) Taylor 1979
A. excavata (Braarud) Balech et Tangen 1985

• 분포해역: 부산항 (김 등, 2005), 진해-마산만 (Kim, 1991; Lee and Yoo, 1991; 문 등, 1993; Lee *et al.,* 1998; 박과 심, 2011), 가막만 (이 등, 1999; 박과 윤, 2003; 박 등, 2004; Shin *et al.,* 2010b; 박과 심, 2011; Shin *et al.,* 2011; Shin *et al.,* 2012), 여자만 (Shin *et al.,* 2010a; Shin *et al.,* 2011), 거제연안 (Shin *et al.,* 2007), 통영연안 (Kang *et al.,* 1999; Pospelova and Kim, 2010; 박과 심, 2011), 봇돌바다 (Shin *et al.,* 2011), 남해 서부해역 (신 등, 2007), 남해 중앙부해역 (Cho *et al.,* 2003; 박 등, 2005), 새만금연안 (박 등, 2004; 박과 심, 2011), 황해 (Cho and Matsuoka, 2001), 동중국해 (Cho and Matsuoka, 2001; Cho *et al.,* 2001; 조 등, 2004)

Alexandrium minutum Halim 1960

• 시스트 이름: cyst of *Alexandrium minutum* Halim 1960 **(Plate I-8)**

• 동종이명(synonym): *A. ibericum* Balech 1985

• 분포해역: 가막만 (박과 심, 2011), 새만금연안 (박과 심, 2011), 동중국해 (김 등, 2010)

Alexandrium sp.

• 시스트 이름: cyst of *Alexandrium* sp. **(Plate I-10)**

• 분포해역: 진해-마산만 (Lee *et al.,* 1998), 광양만 (김 등, 2003a, b), 남해 중앙부해역 (Cho *et al.,* 2003; Lee and Matsuoka, 1996), 새만금연안 (박 등, 2004), 황해 (황 등, 2008; Cho and Matsuoka, 2001), 동중국해 (Cho and Matsuoka, 2001; Cho *et al.,* 2001; Cho *et al.,* 2003)
• 참조: 문헌에 따라서는 *Alexandrium* 속의 시스트를 종까지 분류하지 않고 *Alexandrium* sp/spp.로 포괄적 표현을 하거나, 타원형, 구형 등으로 전체적인 형태로만 표현하는 문헌이 많음.

Genus *Pyrodinium* Plate 1906

Pyrodinium bahamense var. *compressum* (Böhm) Steidinger *et al.,* 1980
• 시스트 이름: *Polysphaeridinium zoharyi* (Rossignol) Bujak *et al.*, 1980
• 분포해역: 통영연안 (Pospelova and Kim, 2010), 황해 (황 등, 2008)

Family GONYAULACEAE Lindemann 1928 (Gonyaulacoid Group)

Genus *Gonyaulax* Diesing 1866

Gonyaulax digitalis (Pouchet) Kofoid 1991
• 시스트 이름: *Spiniferites bentori (*Rossigno) Wall et Dale 1970 **(Plate I-11)**
• 동종이명(synonym): *Gonyaulax digitale* Lemmerman 1899
Protoperidinium digitale Pouchet 1883
• 분포해역: 부산항 (김 등, 2005), 진해-마산만 (Kim, 1991; 문 등, 1993; Lee *et al.,* 1998; 박과 심, 2011), 가막만 (이 등, 1999; 박과 윤, 2003; 박 등, 2004; 박과 심, 2011; Shin *et al.,* 2011), 통영연안 (Pospelova and Kim, 2010), 봇돌바다 (Shin *et al.,* 2011), 남해 서부해역 (신 등, 2007), 남해 중앙부해역 (Cho *et al.,* 2003; 박 등, 2005), 황해 (Cho and Matsuoka 200), 동중국해 (Cho and Matsuoka, 2001; Cho *et al.,* 2001; Cho *et al.,* 2003)

Gonyaulax elongata (Reid) Ellegaard *et al.*, 2003
• 시스트 이름: *Spiniferites elongatus* Reid 1974 **(Plate I-12)**
• 분포해역: 진해-마산만 (Kim, 1991; 문 등, 1993; Lee and Matsuoka, 1996; Lee *et al.,* 1998; 박과 심, 2011), 광양만 (김 등, 2003a), 가막만 (이 등, 1999; 박과 윤, 2003; 박 등, 2004; Shin *et al.,* 2010b; 박과 심, 2011), 여자만 (Shin *et al.,* 2010a), 통영연안 (Kang *et al.,* 1999; 박과 심, 2011), 봇돌바다 (Shin *et al.,* 2011), 남해 서부해역 (신 등, 2007), 남해 중앙부해역 (Cho *et al.,* 2003; 박 등, 2005), 새만금연안 (박

등, 2004; 박과 심, 2011), 황해 (Cho and Matsuoka, 2001), 동중국해 (Cho and Matsuoka, 2001)

- 참조: 많은 문헌에서 유영세포의 명칭을 *Gonyaulax spinifera* complex로 표현하고 있음.

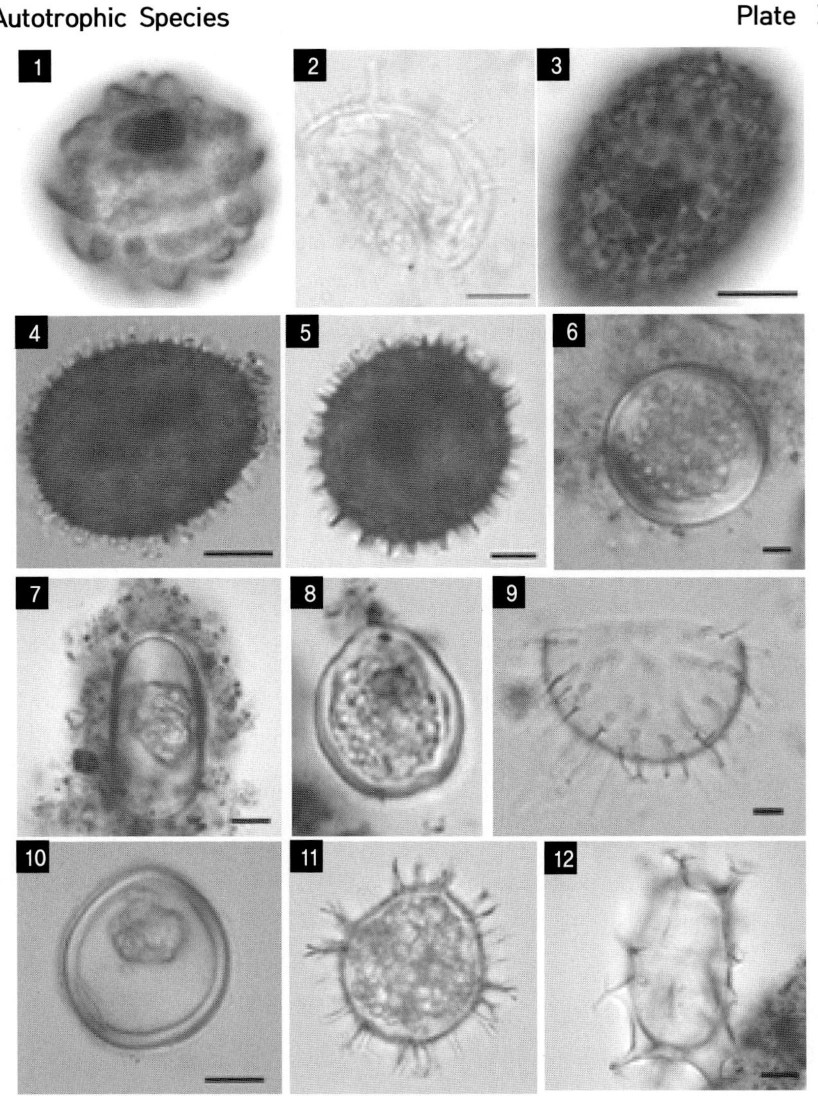

Plate Ⅰ. 한국연안해역에서 출현하는 와편모조 시스트의 광학현미경 사진 (1)

1. cyst of *Ensiculifera carinata,* 2. cyst of *Pentapharsodinium dalei,* 3. cyst of *Scrippsiella crystallina*, 4. cyst of *Scrippsiella trochoidea*, 5. cyst of *Scrippsiella* sp., 6. cyst of *Alexandrium affinis*, 7. cyst of *Alexandrium catenatum/tamarense,* 8. cyst of *Alexandrium minutum*, 9. *Polysphaeridinium zoharyi,* 10. cyst of *Alexandrium* sp., 11. *Spiniferites bentori*, 12. *Spiniferites elongatus* (scale bar = 10 ㎛)

Gonyaulax membranaceus (Rossignol) Ellegaard *et al.*, 2003

- 시스트 이름: *Spiniferites membranaceus* (Rossignol) Sarjeant 1970 **(Plate Ⅱ-1)**
- 분포해역: 광양만 (김 등, 2003a, b), 가막만 (박과 윤, 2003; 박 등, 2004), 통영연안 (Pospelova and Kim, 2010), 봇돌바다 (Shin *et al.,* 2011), 남해 서부해역 (신 등, 2007), 남해 중앙부해역 (Cho *et al.,* 2003), 동중국해 (Cho and Matsuoka, 2001; Cho *et al.,* 2001)
- 참조: 많은 문헌에서 유영세포의 명칭을 *Gonyaulax spinifera* complex로 표현되고 있음.

Gonyaulax verior Sournia 1973

- 시스트 이름: cyst of *Gonyaulax verior* Sournia 1973
- 동종이명(synonym): *Amylax diacantha* Meunier 1919
Gonyaulax diacantha sensu Schiller 1937
- 분포해역: 가막만 (이 등, 1999; 박과 심, 2011), 새만금연안 (박 등, 2004; 박과 심, 2011), 황해 (황 등, 2008)

Gonyaulax scrippsae Kofoid 1911

- 시스트 이름: *Spiniferites bulloideus* (Deflandre et Cookson) Sarjeant 1905 **(Plate Ⅱ-2)**
- 분포해역: 부산항 (김 등, 2005), 진해-마산만 (Kim, 1991; Lee and Matsuoka, 1996; Lee *et al.,* 1998; 박과 심, 2011; Shin *et al.,* 2011), 광양만 (김 등, 2003a, b), 가막만 (이 등, 1999; 박과 윤, 2003; 박 등, 2004; Shin *et al.,* 2010b; 박과 심, 2011; Shin *et al.,* 2011; Shin *et al.,* 2012), 여자만 (Shin *et al.,* 2010a), 거제연안 (Shin *et al.,* 2007), 통영연안 (Kang *et al.,* 1999; Pospelova and Kim, 2010; 박과 심, 2011), 봇돌바다 (Shin *et al.,* 2011), 남해 서부해역 (신 등, 2007), 남해 중앙부해역 (Cho *et al.,* 2003; 박 등, 2005), 새만금연안 (박 등, 2004), 황해 (황 등, 2008; Cho and Matsuoka, 2001), 동중국해 (Cho and Matsuoka, 2001; Cho *et al.,* 2001; Cho *et al.,* 2003; 조 등, 2004; 김 등, 2010)

Gonyaulax spinifera (Claparede et Lachmann) Diesing 1866 complex

- 시스트 이름: *Ataxiodinium choane* Reid 1974 **(Plate Ⅱ-3)**
- 동종이명(synonym): *Peridinium spinifera* Claparede et Lachmann 1859
- 분포해역: 통영연안 (Pospelova and Kim, 2010)

Gonyaulax spinifera complex

- 시스트 이름: *Nematosphaeropsis labyrinthus* (Ostenfeld 1903) Reid 1974 **(Plate Ⅱ-4)**
- 분포해역: 동중국해 (김 등, 2010)

Gonyaulax spinifera complex

- 시스트 이름: *Nematosphaeropsis* sp. **(Plate Ⅱ-5)**
- 분포해역: 통영연안 (Pospelova and Kim, 2010)

Gonyaulax spinifera complex

- 시스트 이름: *Spiniferites hypercanthus* (Deflandre et Cookson) Cookson et Eisenack 1974 **(Plate Ⅱ-6)**
- 분포해역: 부산항 (김 등, 2005), 광양만 (김 등, 2003a, b), 가막만 (박과 윤, 2003; 박 등, 2004; Shin *et al.,* 2011; Shin *et al.,* 2012), 여자만 (Shin *et al.,* 2010a; Shin *et al.,* 2011), 거제연안 (Shin *et al.,* 2007), 남해 서부해역 (신 등, 2007), 남해 중앙부해역 (Cho *et al.,* 2003; 박 등, 2005), 새만금연안 (박과 심, 2011), 동중국해 (Cho and Matsuoka, 2001; Cho *et al.,* 2001; Cho *et al.,* 2003; 조 등, 2004; 김 등, 2010)

Gonyaulax spinifera complex

- 시스트 이름: *Spiniferites mirabilis* (Rossignol) Sarjeant 1970 **(Plate Ⅱ-7)**
- 분포해역: 부산항 (김 등, 2005), 진해-마산만 (문 등, 1993), 광양만 (김 등, 2003a, b), 가막만 (박과 윤, 2003; 박 등, 2004; Shin *et al.,* 2010b; 박과 심, 2011; Shin *et al.,* 2012), 거제연안 (Shin *et al.,* 2007), 봇돌바다 (Shin *et al.,* 2011), 남해 서부해역 (신 등, 2007), 남해 중앙부해역 (Cho *et al.,* 2003; 박 등, 2005), 새만금연안 (Park and Shim, 2011), 황해 (Cho and Matsuoka, 2001), 동중국해 (Cho and Matsuoka, 2001; Cho *et al.,* 2001; Cho *et al.,* 2003; 조 등, 2004; 김 등, 2010)

Gonyaulax spinifera complex

- 시스트 이름: *Spiniferites ramosus* (Ehrenberg) Mantell 1854 **(Plate Ⅱ-8)**
- 분포해역: 부산항 (김 등, 2005), 광양만 (김 등, 2003a, b), 가막만 (박과 윤, 2003; 박 등, 2004; 박과 심, 2011), 거제연안 (Shin *et al.,* 2007), 통영연안 (Pospelova and Kim, 2010; 박과 심, 2011), 남해 서부해역 (신 등, 2007), 남해 중앙부해역 (Cho *et al.,* 2003; 박 등, 2005), 새만금연안 (박과 심, 2011), 황해 (Cho and Matsuoka, 2001), 동중국해 (Cho and Matsuoka, 2001; Cho *et al.,* 2001; Cho *et al.,* 2003; 조 등, 2004; 김 등, 2010)

Gonyaulax sp.
- 시스트 이름: *Bitectatodinium spongium* (Zonneveld) Zonneveld et Jurkschat 1999 **(Plate Ⅱ-9)**
- 분포해역: 통영연안 (Pospelova and Kim, 2010)

Gonyaulax sp.
- 시스트 이름: *Impagidinium aculeatum* (Well) Lentin et Williams 1981 **(Plate Ⅱ-10)**
- 분포해역: 통영연안 (Pospelova and Kim, 2010)

Gonyaulax sp.
- 시스트 이름: *Impagidinium* sp.
- 분포해역: 통영연안 (Pospelova and Kim, 2010), 동중국해 (Cho *et al.,* 2003; 김 등, 2010)

Gonyaulax sp.
- 시스트 이름: *Spiniferites delicatus* Reid 1974 **(Plate Ⅱ-11)**
- 분포해역: 광양만 (김 등, 2003a, b), 진해-마산만 (문 등, 1993), 가막만 (박 등, 2004; Shin *et al.,* 2010b), 여자만 (Shin *et al.,* 2010a), 통영연안 (Kang *et al.,* 1999), 남해 중앙부해역 (Cho *et al.,* 2003; 박 등, 2005), 황해 (Cho and Matsuoka, 2001), 동중국해 (Cho and Matsuoka, 2001; 조 등, 2004; 김 등, 2010)

Gonyaulax sp.
- 시스트 이름: *Spiniferites* spp.
- 분포해역: 부산항 (김 등, 2005), 진해-마산만 (문 등, 1993), 광양만 (김 등, 2003a, b), 가막만 (박과 윤, 2003; 박 등, 2004; Shin *et al.,* 2010b; Shin *et al.,* 2011; Shin *et al.,* 2012), 여자만 (Shin *et al.,* 2010a; Shin *et al.,* 2011), 거제연안 (Shin *et al.,* 2007), 통영연안 (Kang *et al.,* 1999; Pospelova and Kim, 2010), 봇돌바다 (Shin *et al.,* 2011), 남해 서부해역 (신 등, 2007), 남해 중앙부해역 (Cho *et al.,* 2003; Lee and Matsuoka, 1996; 박 등, 2005), 새만금연안 (박 등, 2004; 박과 심, 2011), 황해 (황 등, 2008; Cho and Matsuoka, 2001), 동중국해 (Cho and Matsuoka, 2001; Cho *et al.,* 2003; 조 등, 2004; 김 등, 2010)

Genus *Lingulodinium (*Stein) Dodge 1989

Lingulodinium polyedrum (Stein) Dodge 1989
- 시스트 이름: *Lingulodinium machaerophorum* (Deflandre et Cookson) Wall 1967 **(Plate Ⅱ-12)**
- 동종이명(synonym): *Gonyaulax polyedra* Stein 1833

Plate Ⅱ

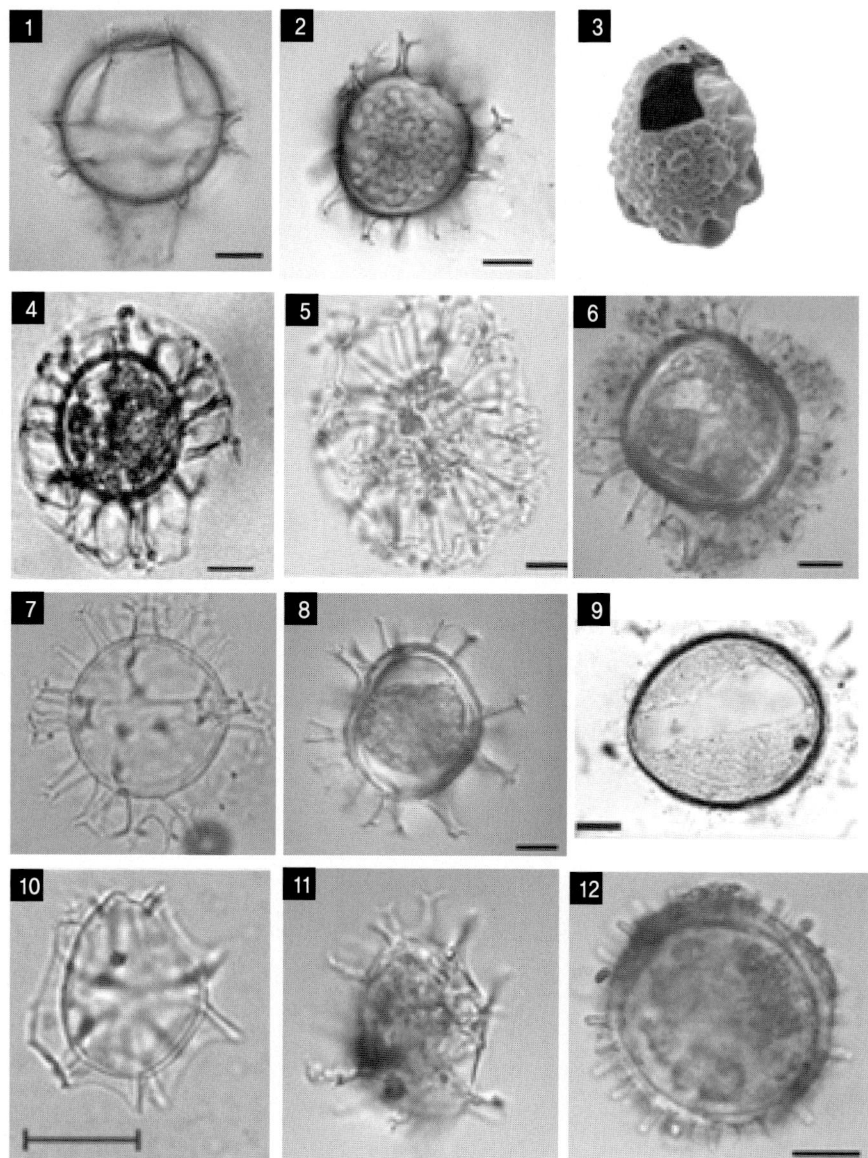

Plate Ⅱ. 한국연안해역에서 출현하는 와편모조 시스트의 광학현미경 사진 (2)

1. *Spiniferites membranaceus*, 2. *Spiniferites bulloideus*, 3. *Ataxiodinium choane*, 4. *Nematosphaeropsis labyrinthus*, 5. *Nematosphaeropsis* sp., 6. *Spiniferites hypercanthus*, 7. *Spiniferites mirabilis*, 8. *Spiniferites ramosus*, 9. *Bitectatodinium spongium*, 10. *Impagidinium aculeatum*, 11. *Spiniferites delicatus*, 12. *Lingulodinium machaerophorum*

• 분포해역: 진해-마산만 (Kim, 1991; 문 등, 1993; 박과 심, 2011), 광양만 (김 등, 2003a, b), 가막만 (이 등, 1999; 박과 윤, 2003; 박 등, 2004; Shin *et al.,* 2010b; 박과 심, 2011; Shin *et al.,* 2011; Shin *et al.,* 2012), 여자만 (Shin *et al.,* 2010a; Shin *et al.,* 2011), 거제연안 (Shin *et al.,* 2007), 통영연안 (Pospelova and Kim, 2010), 봇돌바다 (Shin *et al.,* 2011), 남해 서부해역 (신 등, 2007), 남해 중앙부해역 (Cho *et al.,* 2003; 박 등, 2005), 새만금연안 (박 등, 2004; 박과 심, 2011), 황해 (황 등, 2008), 동중국해 (Cho *et al.,* 2001; Cho *et al.,* 2003; 조 등, 2004; 김 등, 2010)

Genus *Protoceratium* Bergh 1881

Protoceratium reticulatum (Claparde et Lachmann) Bütschlii 1885

• 시스트 이름: *Operculodinium centrocarpum* sensu Wall et Dale 1966 **(Plate Ⅲ-1)**

• 동종이명(synonym): *Gonyaulax grindleyi* Reineeke 1967

• 분포해역: 진해-마산만 (Kim, 1991; 문 등, 1993; Lee *et al.,* 1998; 박과 심, 2011), 광양만 (김 등, 2003a), 가막만 (이 등, 1999; 박과 윤, 2003; 박 등, 2004; Shin *et al.,* 2010b; 박과 심, 2011; Shin *et al.,* 2011; Shin *et al.,* 2012), 여자만 (Shin *et al.,* 2010a; Shin *et al.,* 2011), 거제연안 (Shin *et al.,* 2007), 통영연안 (Pospelova and Kim, 2010), 봇돌바다 (Shin *et al.,* 2011), 남해 서부해역 (신 등, 2007), 남해 중앙부해역 (Cho *et al.,* 2003; 박 등, 2005), 새만금연안 (박 등, 2004; 박과 심, 2011), 황해 (황 등, 2008; Cho and Matsuoka, 2001), 동중국해 (Cho and Matsuoka, 2001; Cho *et al.,* 2001; Cho *et al.,* 2003; 조 등, 2004; Kim *et al.,* 2010)

Protoceratium sp. cf. *reticulatum* (Claparde et Lachmann) Bütschli 1885

• 시스트 이름: *Operculodinium israelianum* (Rossignol) Wall 1967 **(Plate Ⅲ-2)**

• 분포해역: 진해-마산만 (문 등, 1993), 가막만 (박과 윤, 2003; 박 등, 2004), 거제연안 (Shin *et al.,* 2007), 통영연안 (Pospelova and Kim, 2010), 남해 서부해역 (신 등, 2007), 남해 중앙부해역 (Cho *et al.,* 2003; 박 등, 2005), 동중국해 (Cho and Matsuoka, 2001; Cho *et al.,* 2001; Cho *et al.,* 2003; 김 등, 2010)

• 참조: 유영세포에서는 종 수준까지 동정이 되고 있지 못함.

Protoceratium sp.

• 시스트 이름: *Operculodinium crassum* Harland 1979

• 분포해역: 동중국해 (Cho *et al.,* 2003)

• 참조: 유영세포에서는 종 수준까지 동정이 되고 있지 못함.

Order GYMNODINIALES Lemmermann 1910

Family GYMNODINIACEAE Lankester 1885 (Gymnodiniod Group)

Genus *Cochlodinium* Schütt 1896

Cochlodinium polykrikoides. Margalef 1961

- 시스트 이름: cyst of *Cochlodinium polykrikoides* Margalef 1961
- 동종이명(synonym): *C. heterolobatum* Silva 1967
- 분포해역: 진해-마산만 (박과 심, 2011), 통영연안 (Pospelova and Kim, 2010)
- 참조: 휴면포자인 cyst 존재에 대해 오랜 기간 토론 대상이 되었던 종으로 아직도 명확하지 못함 점은 남아있지만, 최근 새로운 연구결과(Matsuoka *et al.* 2010; Tang *et al.* 2012)를 참고로 하여 본 종의 시스트명을 사용함.

Cochlodinium sp.

- 시스트 이름: cyst of *Cochlodinium* sp. **(Plate Ⅲ-3)**
- 분포해역: 진해-마산만 (Lee *et al.,* 1998), 가막만 (이 등, 1999; 박과 윤, 2003; 박 등, 2004; 박과 심, 2011; Shin *et al.,* 2012), 통영연안 (박과 심, 2011), 봇돌바다 (Shin *et al.,* 2011), 남해 서부해역 (Shin *et al.,* 2007), 남해 중앙부해역 (박 등, 2005), eastern South Sea (Kim *et al.,* 1990), 새만금연안 (박과 심, 2011), 동중국해 (Cho and Matsuoka, 2001)
- 참조: cyst of *Cochlodinium polykrikoides* 존재가 분명하여 짐에 따라 *C. polykrikoides* 시스트로 소속을 변경하어야 할 내용도 있지만, cyst of *Cochlodinium* sp.가 별도 종으로 존재하고 있어, 원 논문의 표현을 그대로 사용하고 있음.

Genus *Gymnodinium* Stein 1878

Gymnodinium catenatum Graham 1943

- 시스트 이름: cyst of *Gymnodinium catenatum* Graham 1943 **(Plate Ⅲ-4)**
- 분포해역: 광양만 (김 등, 2003a), 가막만 (박과 윤, 2003; 박 등, 2004; 박과 심, 2011; Shin *et al.,* 2011; Shin *et al.,* 2012), 여자만 (Shin *et al.,* 2010a; Shin *et al.,* 2011), 거제연안 (Shin *et al.,* 2007), 통영연안 (Pospelova and Kim, 2010; 박과 심, 2011), 봇돌바다 (Shin *et al.,* 2011), 남해 서부해역 (Shin *et al.,* 2007), 남해 중앙부해역 (박 등, 2005), 새만금연안 (박 등, 2004; 박과 심, 2011), 황해 (황 등, 2008),

Gymnodinium impudicum (Fraga et Bravo) Hansen et Moestrup 2000

- 시스트 이름: cyst of *Gyrodinium impudicum* (Fraga et Bravo) Hansen et Moestrup
- 동종이명(synonym): *Gyrodinium impudicum* Fraga et Bravo 1995

• 분포해역: 통영연안 (박과 심, 2011), 새만금연안 (박과 심, 2011)

Gymnodinium sp.

• 시스트 이름: cyst of *Gymnodinium* sp.

• 분포해역: 진해-마산만 (Lee and Matsuoka, 1996; Lee *et al.*, 1998), 통영연안 (Kang *et al.*, 1999), 가막만 (이 등, 1999),

Genus *Gyrodinium* Kofoid et Swezy 1921

Gyrodinium instriatum Freudenthal et Lee 1963

• 시스트 이름: cyst of *Gyrodinium instriatum* Freudenthal et Lee 1963

• 분포해역: 진해-마산만 (Kim, 1991; 문 등, 1993), 가막만 (박과 윤, 2003; 박 등, 2004), Eastern South Sea (Kim *et al.*, 1990), 새만금연안 (박과 심, 2011)

Gyrodinium sp.

• 시스트 이름: cyst of *Gyrodinium* sp.

• 분포해역: 진해-마산만 (Lee and Yoo, 1991; Lee *et al.*, 1998), 통영연안 (Kang *et al.*, 1999), 가막만 (이 등, 1999)

Genus *Pheopolykrikos* Chatton 1933

Pheopolykrikos hartmannii (Zimmermann) Matsuoka et Fukuyo 1986

• 시스트 이름: cyst of *Pheopolykrikos hartmannii* (Zimmermann) Matsuoka et Fukuyo 1986 **(Plate Ⅲ-5)**

• 동종이명(synonym): *Polykrikos hartmannii* Zimmermann 1930

• 분포해역: 진해-마산만 (Kim, 1991; 문 등, 1993; Lee *et al.*, 1998; 박과 심, 2011), 가막만 (이 등, 1999; 박과 윤, 2003; 박 등, 2004; 박과 심, 2011; Shin *et al.*, 2011; Shin *et al.*, 2012), 여자만 (Shin *et al.*, 2011), 거제연안 (Shin *et al.*, 2007), 통영연안 (Kang *et al.*, 1999; Pospelova and Kim, 2010; 박과 심, 2011), 봇돌바다 (Shin *et al.*, 2011), 남해 서부해역 (Shin *et al.*, 2007), 남해 동부해역과 내만(Kim *et al.*, 1990), 새만금연안 (박 등, 2004; 박과 심, 2011)

Family PYROCYSTACEAE (Schütt) Lemmerman 18995 (Tuberculodinoid Group)

Genus *Pyrophacus* Murray ex Lemmerman 1899

Pyrophacus horologium Stein 1883

• 시스트 이름: cyst of *Pyrophacus horologium* (?)

• 분포해역: 진해-마산만 (Kim, 1991)
• 참고: 시스트 형성 여부가 확실하지 않음.

Pyrophacus steinii (Schiller) Wall et Dale 1971
• 시스트 이름: *Tuberculodinium vancampoae* (Rossignol) Wall 1967 **(Plate Ⅲ-6)**
• 동종이명(synonym): *Pyrophacus horologium* var. *steinii* Schille 1935
• 분포해역: 부산항 (김 등, 2005), 진해-마산만 (Kim, 1991; Lee and Yoo, 1991; 문 등, 1993; Lee *et al.,* 1998), 광양만 (김 등, 2003a, b), 가막만 (이 등, 1999; 박과 윤, 2003; 박 등, 2004; Shin *et al.,* 2010b; 박과 심, 2011; Shin *et al.,* 2011; Shin *et al.,* 2012), 여자만 (Shin *et al.,* 2010a; Shin *et al.,* 2011), 거제연안 (Shin *et al.,* 2007), 통영연안 (Pospelova and Kim, 2010), 남해 서부해역 (Shin *et al.,* 2007), central South Sea (Lee and Matsuoka, 1996; 박 등, 2005), 새만금연안 (박 등, 2004; 박과 심, 2011), 황해 (황 등, 2008; Cho and Matsuoka, 2001), 동중국해 (Cho and Matsuoka, 2001; Cho *et al.,* 2001; Cho *et al.,* 2003; 조 등, 2004; 김 등, 2010)

Pyrophacus sp.
• 시스트 이름: *Tuberculodinium* sp.
• 분포해역: 동중국해 (Cho and Matsuoka, 2001)

Plate Ⅲ

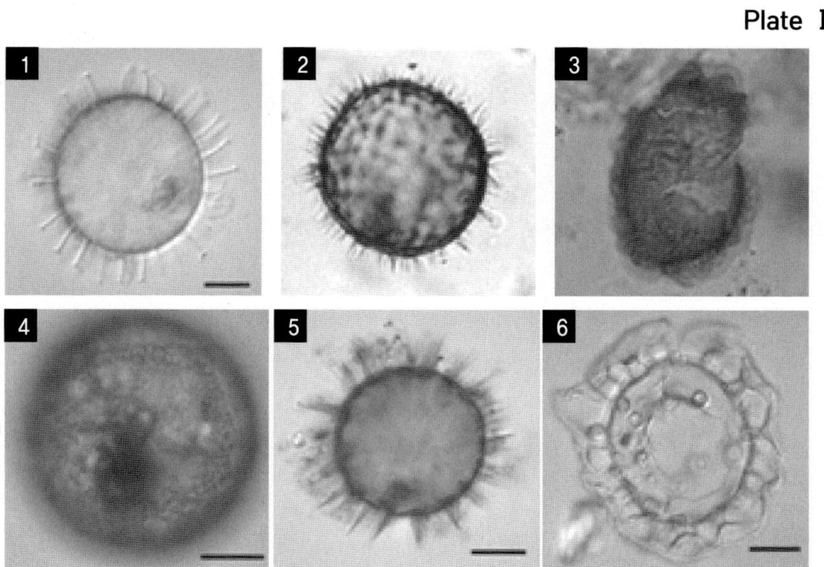

Plate Ⅲ. 한국연안해역에서 출현하는 와편모조 시스트의 광학현미경 사진 (3)

1. *Operculodinium centrocarpum* sensu, 2. *Operculodinium israelianum*, 3. cyst of *Cochlodinium* sp., 4. cyst of *Gymnodinium catenatum*, 5. cyst of *Pheopolykrikos hartmannii*, 6. *Tuberculodinium vancampoae*

Heterotrophic Species

Order PERIDINIALES Haeckel 1984

Family KOLKWITZIELLACEAE Lindemann 1928 (Diplosaliod Group)

Genus *Diplopelta* Stein ex Jørgensen 1912

Diplopelta parva (Abe) Matsuoka 1988

- 시스트 이름: cyst of *Diplopelta parva* (Abe) Matsuoka 1988
- 동종이명(synonym): *Dissodinium parvum* Abe 1941
- 분포해역: 가막만 (박과 윤, 2003; 박 등, 2004; Shin *et al.*, 2010b; 박과 심, 2011), 거제연안 (Shin *et al.*, 2007), 남해 서부해역 (Shin *et al.*, 2007), 남해 중앙부해역 (Cho *et al.*, 2003; 박 등, 2005), 새만금연안 (박 등, 2004; 박과 심, 2011), 황해 (Cho and Matsuoka, 2001), 동중국해 (Cho and Matsuoka, 2001; Cho *et al.*, 2001; Cho *et al.*, 2003)

Genus *Diplosalis* Bergh 1881

Diplopsalis lenticula Bergh 1881

- 시스트 이름: cyst of *Diplosalis lenticula* Bergh 1881
- 동종이명(synonym): *Peridiniopsis lentacula* (Bergh) Starmach 1974
  Diplosalis lenticulata Stein 1883,
  Glenodinium lentacula (Bergh) Schiller
  Dissodinium lentacula (Bergh) Loebliech Ⅲ 1973
- 분포해역: 부산항 (김 등, 2005), 진해-마산만 (Kim, 1991; Lee *et al.*, 1998; 박과 심, 2011), 광양만 (김 등, 2003a, b), 가막만 (이 등, 1999; 박과 윤, 2003; 박 등, 2004; 박과 심, 2011), 거제연안 (Shin *et al.*, 2007), 통영연안 (Kang *et al.*, 1999; 박과 심, 2011), 남해 서부해역 (Shin *et al.*, 2007), 남해 중앙부해역 (Cho *et al.*, 2003), 새만금연안 (박과 심, 2011), 황해 (황 등, 2008), 동중국해 (Cho and Matsuoka, 2001; Cho *et al.*, 2001; Cho *et al.*, 2003; 조 등, 2004)

Diplopsalis sp.

- 시스트 이름: *Dulbridinium* sp.
- 분포해역: 통영연안 (Pospelova and Kim, 2010)

Genus *Gotoius* Abe ex Matsuoka 1988

Gotoius abei Matsuoka 1988

- 시스트 이름: cyst of *Gotoius abei* Matsuoka 1988
- 분포해역: 새만금연안 (박과 심, 2011)

Genus *Oblea* Balech ex Loeblich Jr. et Loeblich Ⅲ 1966

Oblea acanthocysta Kawami *et al.,* 2006

- 시스트 이름: cyst of *Oblea acanthocysta* Kawami *et al.*, 2006 **(Plate Ⅳ-1)**
- 분포해역: 가막만 (Shin *et al.,* 2012), 여자만 (Shin *et al.,* 2010a)

Genus *Preperidium* Mangin 1913

Preperidinium meunieri (Pavillard), Elbrächter 1993

- 시스트 이름: *Dulbridinium caperatum* Reid 1977 **(Plate Ⅳ-2)**
- 동종이명(synonym): *Peridinium paulsenii* Mangin 1911,
  Diplopsalis minor (Paulsen) Lindermann 1927
  Zygabikodinium lenticulatum Loeblich Ⅲ Jr et Loeblich Ⅲ 1970
  Peridinium lenticulatum Mangin 1911
  P. paulsenii Mangin 1911
  Diplopsalis lenticula f. minor Paulsen
- 분포해역: 진해-마산만 (Kim, 1991; Lee and Yoo, 1991; 문 등, 1993; Lee *et al.,* 1998; 박과 심, 2011), 광양만 (김 등, 2003a), 가막만 (이 등, 1999; 박과 윤, 2003; 박 등, 2004; Shin *et al.,* 2010b; 박과 심, 2011; Shin *et al.,* 2011; Shin *et al.,* 2012), 거제연안 (Shin *et al.,* 2007), 여자만 (Shin *et al.,* 2010a; Shin *et al.,* 2011), 통영연안 (Kang *et al.,* 1999; 박과 심, 2011), 봇돌바다 (Shin *et al.,* 2011), 남해 중앙부해역 (박 등, 2005), 새만금연안 (박 등, 2004; 박과 심, 2011), 동중국해 (Cho and Matsuoka, 2001)

Family PERIDINIACEAE Ehrenberg 1831 (Diplosaliod Group)

Genus *Heterocapsa* Stein 1883

Heterocapsa triquetra (Ehrenberg) Stein 1883

- 시스트 이름: cyst of *Heterocapsa triquetra (*Ehrenberg) Stein 1883
- 분포해역: 진해-마산만 (Kim, 1991), 남해 중앙부해역 (Kim *et al.*, 1990),
- 참고: 시스트 형성 여부가 확실하지 않음.

Genus *Peridinium* Ehrenberg 1832

Peridinium limbatum (Stokes) Lemmerman 1990

- 시스트 이름: cyst of *Peridinium limbatum* (Stokes) Lemmerman 1990
- 동종이명(synonym): *Protoperidinium limbatum* Stockes 1888
- 분포해역: 통영연안 (Pospelova and Kim, 2010)

Genus *Protoperidinium* Taylor 1987

Protoperidinium americanum (Gran et Braarud) Balech 1974

- 시스트 이름: cyst of *Protoperidinium americanum* (Gran et Braarud) Balech 1974 **(Plate Ⅳ-3)**
- 동종이명(synonym): *Peridinium americanum* Gran et Braarud 1935
- 분포해역: 광양만 (김 등, 2003a, b), 가막만 (이 등, 1999; 박과 윤, 2003; 박 등, 2004; Shin *et al.*, 2010b; 박과 심, 2011; Shin *et al.*, 2011; Shin *et al.*, 2012), 여자만 (Shin *et al.*, 2010a; Shin *et al.*, 2011), 거제연안 (Shin *et al.*, 2007), 통영연안 (Kang *et al.*, 1999), 봇돌바다 (Shin *et al.*, 2011), 남해 중앙부해역 (Cho *et al.*, 2003; 박 등, 2005), 남해 서부해역 (신 등, 2007), 새만금연안 (박 등, 2004; 박과 심, 2011), 동중국해 (Cho and Matsuoka, 2001; 조 등, 2004)

Protoperidinium avellana (Meunier) Balech 1974

- 시스트 이름: *Brigantedinium cariacoense* (Wall) Lentin et Williams 1993 **(Plate Ⅳ-4)**
- 동종이명(synonym): *Peridinium avellana* (Meunier) Lebour 1925
- 분포해역: 부산항 (김 등, 2005), 진해-마산만 (Kim, 1991; 박과 심, 2011), 광양만 (김 등, 2003a), 가막만 (이 등, 1999; 박과 윤, 2003; 박 등, 2004; Shin *et al.*, 2011; Shin *et al.*, 2012), 여자만 (Shin *et al.*, 2011), 통영연안 (Pospelova and Kim, 2010), 봇돌바다 (Shin *et al.*, 2011), 남해 중앙부해역 (Cho *et al.*, 2003; 박 등, 2005), 새만금연안 (박과 심, 2011), 황해 (Cho and Matsuoka, 2001), 동중국해 (Cho and Matsuoka, 2001; Cho *et al.*, 2001; 조 등, 2004)

Protoperidinium claudicans (Paulsen) Balech 1974

- 시스트 이름: *Votadinium spinosum* Reid 1977 **(Plate Ⅳ-5)**
- 동종이명(synonym): *Peridinium claudicans* Paulsen 1907
- 분포해역: 진해-마산만 (문 등, 1993), 광양만 (김 등, 2003a), 가막만 (이 등, 1999; 박과 윤, 2003; 박 등, 2004; Shin *et al.*, 2010b; 박과 심, 2011; Shin *et al.*, 2011; Shin *et al.*, 2012), 여자만 (Shin *et al.*, 2010a; Shin *et al.*, 2011), 통영연안 (Kang *et*

al., 1999; Pospelova and Kim, 2010; 박과 심, 2011), 봇돌바다 (Shin *et al.,* 2011), 남해 서부해역 (신 등, 2007), 남해 중앙부해역 (Cho *et al.,* 2003; 박 등, 2005), 새만금연안 (박 등, 2004; 박과 심, 2011), 동중국해 (Cho and Matsuoka, 2001)

Protoperidinium compressum (Abe) Balech 1974

- 시스트 이름: *Stelladinium abeii* Matsuoka 1985
  Stelladinium reidii Bradford 1975
  Stelladinium stellatum (Wall et dale 1968) Reid 1977 **(Plate Ⅳ-6)**
- 동종이명(synonym): *Peridinium compressum (*Abe) Nie
  Pongruentinium compressum Abe 1927
- 분포해역: 부산항 (김 등, 2005), 진해-마산만 (Kim, 1991; 문 등, 1993; Lee and Matsuoka, 1996; Lee *et al.,* 1998; 박과 심, 2011), 가막만 (이 등, 1999; 박과 윤, 2003; 박 등, 2004; 박과 심, 2011; Shin *et al.,* 2011; Shin *et al.,* 2012), 여자만 (Shin *et al.,* 2011), 거제연안 (Shin *et al.,* 2007), 통영연안 (Pospelova and Kim, 2010), 봇돌바다 (Shin *et al.,* 2011), 남해 서부해역 (신 등, 2007), 남해 중앙부해역 (박 등, 2005), 새만금연안 (박과 심, 2011), 동중국해 (Cho and Matsuoka, 2001; Cho *et al.,* 2001; Cho *et al.,* 2003; 조 등, 2004)

Protoperidinium conicoides (Paulsen) Balech 1973

- 시스트 이름: *Brigantedinium simplex* Wall 1965 ex Lentin et Williams 1993 **(Plate Ⅳ-7)**
- 동종이명(synonym): *Peridinium conicoides* Paulsen 1907
- 분포해역: 부산항 (김 등, 2005), 광양만 (김 등, 2003a, b), 가막만 (이 등, 1999; 박과 윤, 2003; 박 등, 2004; Shin *et al.,* 2010b; 박과 심, 2011; Shin *et al.,* 2011; Shin *et al.,* 2012), 여자만 (Shin *et al.,* 2010a), 통영연안 (Pospelova and Kim, 2010), 거제연안 (Shin *et al.,* 2007), 봇돌바다 (Shin *et al.,* 2011), 남해 중앙부해역 (Cho *et al.,* 2003; 박 등, 2005), 새만금연안 (박과 심, 2011), 동중국해 (Cho and Matsuoka, 2001; Cho *et al.,* 2001; 조 등, 2004)

Protoperidinium conicum (Gran) Balech 1974

- 시스트 이름: *Selenopempbix quanta* (Bradford 1975) Matsuoka 1985 **(Plate Ⅳ-8)**
- 동종이명(synonym): *Peridinium conicum* (Gran) Ostenfeld et Schmidt 1905,
  Peridinium divergens var. *conica* Gran 1900
- 분포해역: 부산항 (Kim *et al.,* 2005), 진해-마산만 (Kim, 1991; Lee and Yoo, 1991; 문 등,

1993; Lee *et al.*, 1998; 박과 심, 2011), 광양만 (김 등, 2003a, b), 가막만 (이 등, 1999; 박과 윤, 2003; 박 등, 2004; Shin *et al.*, 2010b; 박과 심, 2011; Shin *et al.*, 2011; Shin *et al.*, 2012), 여자만 (Shin *et al.*, 2010a; Shin *et al.*, 2011), 통영연안 (Kang *et al.*, 1999; Pospelova and Kim, 2010; 박과 심, 2011), 봇돌바다 (Shin *et al.*, 2011), 남해 서부해역 (신 등, 2007), 남해 중앙부해역 (Cho *et al.*, 2003; Lee and Matsuoka, 1996; 박 등, 2005), 새만금연안 (박 등, 2004), 황해 (황 등, 2008), 동중국해 (Cho and Matsuoka, 2001; Cho *et al.*, 2001; Cho *et al.*, 2003; 조 등, 2004; 김 등, 2010)

Protoperidinium denticulatum (Gran et Braarud) Balech 1974

- 시스트 이름: *Brigantedinium irregulare* Matsuoka 1987 **(Plate Ⅳ-9)**
- 동종이명(synonym): *Protoperidinium clavus* Abe 1936
- 분포해역: 부산항 (김 등, 2005), 진해-마산만 (Kim, 1991; 문 등, 1993; 박과 심, 2011), 가막만 (박과 윤, 2003; 박 등, 2004; Shin *et al.*, 2010b; 박과 심, 2011; Shin *et al.*, 2011; Shin *et al.*, 2012), 여자만 (Shin *et al.*, 2010a; Shin *et al.*, 2011), 거제연안 (Shin *et al.*, 2007), 봇돌바다 (Shin *et al.*, 2011), 남해 중앙부해역 (박 등, 2005), 새만금연안 (박과 심, 2011), 동중국해 (조 등, 2004)

Protoperidinium divaricatum (Meunier) Parke et Dodge 1976

- 시스트 이름: *Xandarodinium xanthum* Reid 1977 **(Plate Ⅳ-10)**
- 동종이명(synonym): *P. gainii* (Dangeard) Balech 1974
  Protoperidinium divaricatum (Meunier) Balech 1988
- 분포해역: 가막만 (박과 윤, 2003; 박 등, 2004), 통영연안 (Pospelova and Kim, 2010), 봇돌바다 (Shin *et al.*, 2011), 남해 서부해역 (Shin *et al.*, 2007), 새만금연안 (박과 심, 2011), 동중국해 (김 등, 2010)

Protoperidinium latissimum (Kofoid) Balech 1974

- 시스트 이름: cyst of *Protoperidinium latissinum* (Kofoid) Balech 1974 **(Plate Ⅳ-11)**
- 동종이명(synonym): *Protoperidinium exiquipes* (Mangin) Dodge
  Protoperidinium pentagonoides Balech 1949
- 분포해역: 부산항 (김 등, 2005), 진해-마산만 (Lee and Yoo, 1991; Lee *et al.*, 1998), 광양만 (김 등, 2003a, b), 가막만 (이 등, 1999; 박과 윤, 2003; 박 등, 2004; Shin *et al.*, 2010b; 박과 심, 2011; Shin *et al.*, 2011; Shin *et al.*, 2012), 여자만 (Shin *et al.*,

2010a; Shin *et al.,* 2011), 거제연안 (Shin *et al.,* 2007), 통영연안 (Kang *et al.,* 1999; 박과 심, 2011), 봇돌바다 (Shin *et al.,* 2011), 남해 중앙부해역 (Cho *et al.,* 2003; 박 등, 2005), 새만금연안 (박과 심, 2011), 동중국해 (Cho and Matsuoka, 2001; Cho *et al.,* 2001; 조 등, 2004)

Heterotrophic Species **Plate Ⅳ**

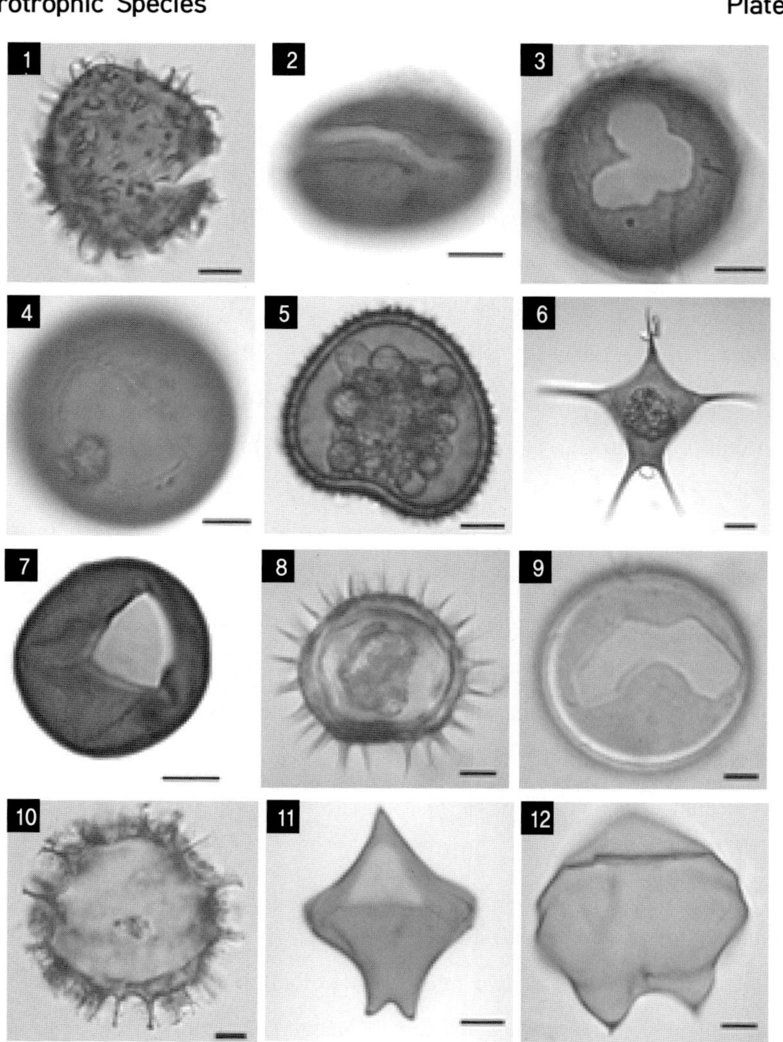

Plate Ⅳ. 한국연안해역에서 출현하는 와편모조 시스트의 광학현미경 사진 (4)

1. cyst of *Oblea acanthocysta,* 2. *Dulbridinium caperatum,* 3. cyst of *Protoperidinium americanum,* 4. *Brigantedinium cariacoense,* 5. *Votadinium spinosum,* 6. *Stelladinium stellatum,* 7. *Brigantedinium simplex,* 8. *Selenopempbix quanta,* 9. *Brigantedinium irregulare,* 10. *Xandarodinium xanthum,* 11. cyst of *Protoperidinium latissinum,* 12. *Lejeunecysta sabrina*

Protoperidinium leonis (Pavillard) Balech 1974

- 시스트 이름 1: *Lejeunecysta sabrina* (Reid 1977) Bujak 1984 **(Plate Ⅳ-12)**
- 동종이명(synonym): *Peridinium leonis* Pavillard 1916
- 분포해역: 진해-마산만 (Lee *et al.,* 1998), 통영연안 (Pospelova and Kim, 2010), 남해 중앙부해역 (Cho *et al.,* 2003), 동중국해 (Cho and Matsuoka, 2001)

- 시스트 이름 2: *Quinquecuspis concreta* Reid 1977 **(Plate Ⅴ-1)**
- 분포해역: 부산항 (김 등, 2005), 진해-마산만 (Kim, 1991; Lee and Yoo, 1991; 문 등, 1993; 박과 심, 2011), 광양만 (김 등, 2003a, b), 가막만 (이 등, 1999; 박과 윤, 2003; 박 등, 2004; Shin *et al.,* 2010b; 박과 심, 2011; Shin *et al.,* 2011; Shin *et al.,* 2012), 여자만 (Shin *et al.,* 2011), 거제연안 (Shin *et al.,* 2007), 통영연안 (Pospelova and Kim, 2010; 박과 심, 2011), 봇돌바다 (Shin *et al.,* 2011), 남해 서부해역 (신 등, 2007), 남해 중앙부해역 (Cho *et al.,* 2003; 박 등, 2005), 새만금연안 (박 등, 2004), 동중국해 (Cho and Matsuoka, 2001; Cho *et al.,* 2003; 김 등, 2010)

Protoperidinium minutum (Kofoid) Loeblich Ⅲ 1970

- 시스트 이름: cyst of *Protoperidinium minutum* (Kofoid) Loeblich Ⅲ 1970 **(Plate Ⅴ-2)**
- 동종이명(synonym): *Peridinium minutum* Kofoid 1907
- 분포해역: 진해-마산만 (Kim, 1991; Lee *et al.,* 1998; 박과 심, 2011), 통영연안 (Kang *et al.,* 1999; 박과 심, 2011), 가막만 (이 등, 1999; 박과 윤, 2003; 박 등, 2004; Shin *et al.,* 2010b; 박과 심, 2011; Shin *et al.,* 2011; Shin *et al.,* 2012), 여자만 (Shin *et al.,* 2010a; Shin *et al.,* 2011), 봇돌바다 (Shin *et al.,* 2011)

Protoperidinium oblongum (Aurivillius) Parke et Dodge 1976

- 시스트 이름: *Votadinium calvum* Reid 1977 **(Plate Ⅴ-3)**
- 동종이명(synonym): *Peridinium oblongum* Aurivillius 1898
- 분포해역: 부산항 (김 등, 2005), 진해-마산만 (Kim, 1991; Lee and Yoo, 1991; 문 등, 1993; Lee *et al.,* 1998; 박과 심, 2011), 통영연안 (Kang *et al.,* 1999; Pospelova and Kim, 2010; 박과 심, 2011), 거제연안 (Shin *et al.,* 2007), 광양만 (김 등, 2003a, b), 가막만 (이 등, 1999; 박과 윤, 2003; 박 등, 2004; Shin *et al.,* 2010b; 박과 심, 2011; Shin *et al.,* 2011; Shin *et al.,* 2012), 여자만 (Shin *et al.,* 2010a; Shin *et al.,* 2011), 봇돌바다 (Shin *et al.,* 2011), 남해 서부해역 (신 등, 2007), 남해 중앙부해역 (Lee and Matsuoka, 1996; Cho *et al.,* 2003; 박 등, 2005), 새만금연안 (박 등, 2004;

박과 심, 2011), 황해 (황 등, 2008), 동중국해 (Cho and Matsuoka, 2001; Cho *et al.*, 2001; Cho *et al.*, 2003; 김 등, 2010)

Protoperidinium petagonum (Gran) Balech 1974

- 시스트 이름 1: *Brigantedinium majusculum* Reid 1977 ex Lentin et Williams 1993 **(Plate V-4)**
- 동종이명(synonym): *Peridinium petagonum* Gran 1902
  Protoperidinium expensum Abe 1981
  P. parapetagonum Wang 1936
  P. sinuosum Lemmerman 1905
- 분포해역: 가막만 (Shin *et al.*, 2012), 남해 중앙부해역 (Cho *et al.*, 2003), 황해 (Cho and Matsuoka, 2001), 동중국해 (Cho and Matsuoka, 2001; Cho *et al.*, 2003)

- 시스트 이름 2: *Trinovantedinium applanatum* (Bradford 1977) Bujak et Davies 1983 **(Plate V-5, 6)**
- 분포해역: 가막만 (Shin *et al.*, 2011; Shin *et al.*, 2012), 여자만 (Shin *et al.*, 2010a; Shin *et al.*, 2011), 봇돌바다 (Shin *et al.*, 2011)

- 시스트 이름 3: *Trinovantedinium capitatum* Reid 1977
- 분포해역: 부산항 (김 등, 2005), 진해-마산만 (Kim, 1991; Lee and Yoo, 1991; 문 등, 1993; Lee *et al.*, 1998; 박과 심, 2011), 광양만 (김 등, 2003a, b), 가막만 (이 등, 1999; 박과 윤, 2003; Shin *et al.*, 2010b; 박과 심, 2011), 거제연안 (Shin *et al.*, 2007), 남해 서부해역 (신 등, 2007), 남해 중앙부해역 (Cho *et al.*, 2003; 박 등, 2005), 새만금연안 (박 등, 2004; 박과 심, 2011), 동중국해 (Cho and Matsuoka, 2001; Cho *et al.*, 2001; 조 등, 2004; 김 등, 2010)
- 참조: 유영세포의 한 종명에 다소 다른 형태를 나타내는 휴면세포, 시스트가 보고되고 있어, *Brigantedinium majusculum* (Baula *et al.*, 2011), *Trinovantedinium applanatum* (Marrel and Zonneveld, 2003), *Trinovantedinium capitatum* (Baula *et al.*, 2011) 등 다양한 고생물명(화석명)으로 표현되고 있음.

Protoperidinium stellatum (Wall) Balech 1994

- 시스트 이름: cyst of *Protoperidinium stellatum* (Wall in Wall et dale 1968) Rocho *et al.*, 1999
- 동종이명(synonym): *Peridinium stellatum* Wall 1968
- 분포해역: 광양만 (김 등, 2003a, b), 가막만 (Shin *et al.*, 2010b; Shin *et al.*, 2011; Shin *et al.*, 2012), 여자만 (Shin *et al.*, 2010a; Shin *et al.*, 2011), 통영연안 (Pospelova and Kim, 2010), 봇돌바다 (Shin *et al.*, 2011), 동중국해 (Cho and Matsuoka, 2001)

Protoperidinium subinerme (Paulsen) Loeblich Ⅲ 1970

- 시스트 이름: *Selenopemphix nephroides* (Benedek 1972) Benedek et Sarjeant 1981
  Selenopemphix alticinctum (Bradford) Matsuoka in Nehring 1997 **(Plate Ⅴ-7)**
- 동종이명(synonym): *Peridinium subinerme* Paulsen 1904
- 분포해역: 진해-마산만 (문 등, 1993; Lee and Matsuoka, 1996; Lee *et al.,* 1998), 광양만 (김 등, 2003a, b), 가막만 (이 등, 1999; 박과 윤, 2003; 박 등, 2004; Shin *et al.*, 2010b; 박과 심, 2011; Shin *et al.*, 2011; Shin *et al.*, 2012), 여자만 (Shin *et al.*, 2010a; Shin *et al.*, 2011), 거제연안 (Shin *et al.*, 2007), 통영연안 (Kang *et al.*, 1999; Pospelova and Kim, 2010; 박과 심, 2011), 봇돌바다 (Shin *et al.*, 2011), 남해 서부해역 (신 등, 2007), 남해 중앙부해역 (Cho *et al.*, 2003; 박 등, 2005), 새만금연안 (박과 심, 2011), 동중국해 (Cho and Matsuoka, 2001; Cho *et al.*, 2001; 조 등, 2004; 김 등, 2010)

Protoperidinium thorianum (Paulsen) Balech 1974

- 시스트 이름: cyst of *Protoperidinium thorianum* (Paulsen) Balech 1974 **(Plate Ⅴ-8)**
- 동종이명(synonym): *Peridinium thorianum* Paulsen 1905
- 분포해역: 진해-마산만 (박과 심, 2011), 새만금연안 (박과 심, 2011)

Protoperidinium spp.

- 시스트 이름: cyst of *Protoperidinium* sp./spp. **(Plate Ⅴ-9)**
- 분포해역: 진해-마산만 (Lee *et al.*, 1998), 통영연안 (Kang *et al.*, 1999; Pospelova and Kim, 2010), 가막만 (이 등, 1999), 남해 중앙부해역 (Lee and Matsuoka, 1996; Cho *et al.*, 2003), 새만금연안 (박 등, 2004), 황해 (황 등, 2008), 동중국해 (Cho and Matsuoka, 2001; Cho *et al.*, 2001; Cho *et al.*, 2003)

Protoperidinium sp.

- 시스트 이름: *Brigantedinium auranteum* Reid 1977 **(Plate Ⅴ-10)**
- 분포해역: 동중국해 (Cho and Matsuoka, 2001; Cho *et al.*, 2001)

Protoperidinium sp.

- 시스트 이름: *Brigantedinium asymmetricum* Matsuoka 1987 **(Plate Ⅴ-11)**
- 분포해역: 가막만 (Shin *et al.*, 2011), 여자만 (Shin *et al.*, 2010a), 봇돌바다 (Shin *et al.*, 2011)

Plate Ⅴ

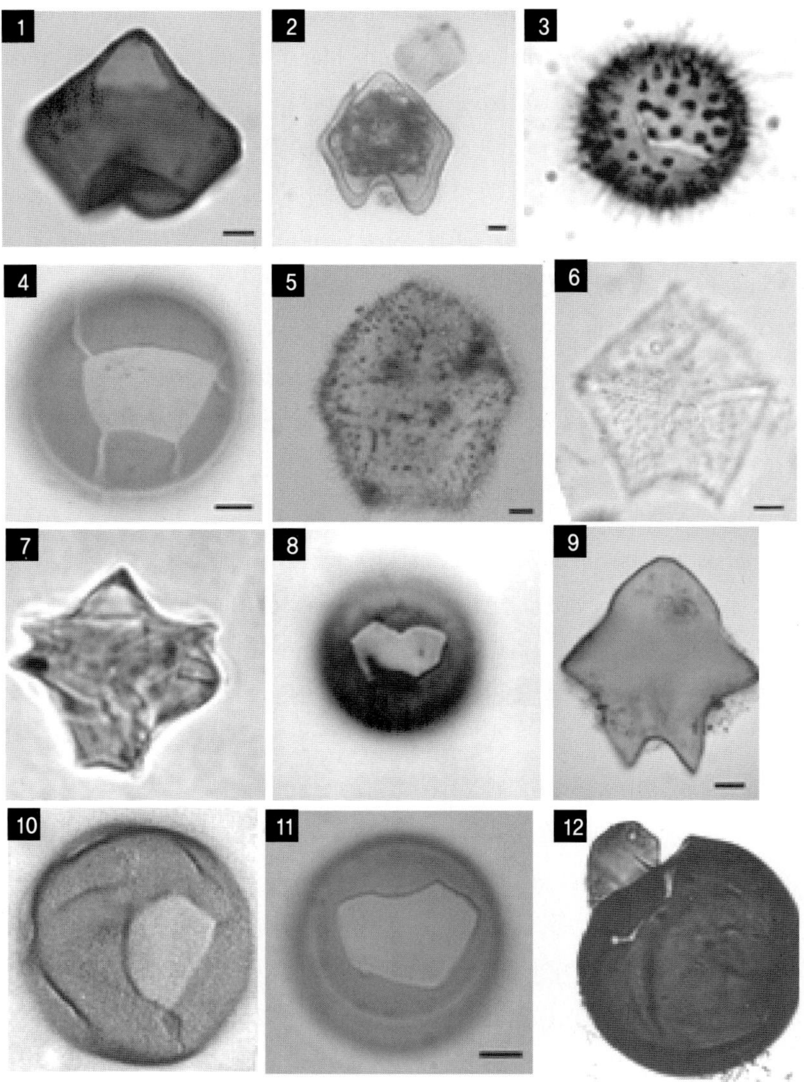

Plate Ⅴ. 한국연안해역에서 출현하는 와편모조 시스트의 광학현미경 사진 (5)

1. *Quinquecuspis concreta,* 2. *Votadinium calvum,* 3. cyst of *Protoperidinium minutum,* 4. *Brigantedinium majusculum,* 5~6.*Trinovantedinium applanatum,* 7. *Selenopemphix alticinctum,* 8. cyst of *Protoperidinium thorianum,* 9. cyst of *Protoperidinium* sp., 10. *Brigantedinium auranteum,* 11. *Brigantedinium asym- metricum,* 12. *Brigantedinium grande*

Protoperidinium sp.

- 시스트 이름: *Brigantedinium grande* Matsuoka 1987 **(Plate V-12)**
- 분포해역: 가막만 (Shin *et al.,* 2012)

Protoperidinium spp.

- 시스트 이름: *Brigantedinium* sp. **(Plate VI-1)**
- 분포해역: 부산항 (김 등, 2005), 광양만 (김 등, 2003a, b), 가막만 (박과 윤, 2003; 박 등, 2004; Shin *et al.,* 2010b; 박과 심, 2011; Shin *et al.,* 2011; Shin *et al.,* 2012), 여자만 (Shin *et al.,* 2010a; Shin *et al.,* 2011), 거제연안 (Shin *et al.,* 2007), 통영연안 (Pospelova and Kim, 2010; 박과 심, 2011), 봇돌바다 (Shin *et al.,* 2011), 남해 서부해역 (신 등, 2007), 남해 중앙부해역 (Cho *et al.,* 2003; 박 등, 2005), 새만금연안 (박과 심, 2011), 황해 (Cho and Matsuoka, 2001), 동중국해 (Cho and Matsuoka, 2001; Cho *et al.,* 2001; Cho *et al.,* 2003; 조 등, 2004; 김 등, 2010)

Protoperidinium sp.

- 시스트 이름: *Echinidinium aculenatum* Zonneveld 1997 **(Plate VI-2)**
- 분포해역: 가막만 (Shin *et al.,* 2010b), 여자만 (Shin *et al.,* 2010a), 통영연안 (Pospelova and Kim, 2010)

Protoperidinium sp.

- 시스트 이름: *Echinidinium delicatum* Zonneveld 1997 **(Plate VI-3)**
- 분포해역: 통영연안 (Pospelova and Kim, 2010)

Protoperidinium sp.

- 시스트 이름: *Echinidinium* sp. cf. *delicatum* Zonneveld 1997 **(Plate VI-4)**
- 분포해역: 통영연안 (Pospelova and Kim, 2010)

Protoperidinium sp.

- 시스트 이름: *Echinidinium granulatum* Zonneveld 1997 **(Plate VI-5)**
- 분포해역: 통영연안 (Pospelova and Kim, 2010)

Protoperidinium spp.

- 시스트 이름: *Echinidinium* sp./spp. **(Plate VI-6)**
- 분포해역: 통영연안 (Pospelova and Kim, 2010)

Protoperidinium sp.

- 시스트 이름: *Islandinium brevispinosum* Pospelova et Head 2002 **(Plate Ⅵ-7)**
- 분포해역: 통영연안 (Pospelova and Kim, 2010)

Protoperidinium sp.

- 시스트 이름: *Islandinium minutum* (Harland et Reid in Harland *et al*., 1980) Head *et al*., 2001 **(Plate Ⅵ-8)**
- 분포해역: 통영연안 (Pospelova and Kim, 2010)

Protoperidinium sp.

- 시스트 이름: *Lejeunecysta aliva* (Reid 1977) Turon et Londeix 1988
- 분포해역: 통영연안 (Pospelova and Kim, 2010)

Protoperidinium sp.

- 시스트 이름: *Selenopemphix* sp.
- 분포해역: 동중국해 (Cho and Matsuoka, 2001; Cho *et al.,* 2001)

Protoperidinium sp.

- 시스트 이름: *Stelladinium bifurcatum*
- 분포해역: 동중국해 (김 등, 2010)
- 참조: *Stelladinium bifurcatum*의 시스트 종명은 일부 학술지에 등장하지만, 원 출저는 확인이 되지 않음.

Protoperidinium sp.

- 시스트 이름: *Stelladinium robustum* Zonneveld 1997 **(Plate Ⅵ-9)**
- 분포해역: 부산항 (김 등, 2005)

Protoperidinium sp.

- 시스트 이름: *Trinovantedinium pallidifulvum* Matsuoka 1987 **(Plate Ⅵ-10)**
- 분포해역: 부산항 (김 등, 2005), 광양만 (김 등, 2003a), 가막만 (Shin *et al.,* 2010b; Shin *et al.,* 2011), 여자만 (Shin *et al.,* 2010a; Shin *et al.,* 2011), 봇돌바다 (Shin *et al.,* 2011), 남해 중앙부해역 (Cho *et al.,* 2003)

Order GYMNODINIALES Lemmerman 1910

Family GYMNODINIACEA Lankester 1885 (Gymnodiniod Group)

Genus *Polykrikos* Kofoid et swezy 1921

Polykrikos kofoidii Chatton 1914

- 시스트 이름: cyst of *Polykrikos kofoidii* Chatton 1914 **(Plate Ⅵ-11, 12)**
- 분포해역: 부산항 (김 등, 2005), 진해-마산만 (Kim, 1991; Lee and Yoo, 1991; 문 등, 1993; Lee *et al.*, 1998; 박과 심, 2011), 광양만 (김 등, 2003a, b), 가막만 (이 등, 1999; 박과 윤, 2003; 박 등, 2004; 박과 심, 2011; Shin *et al.*, 2011; Shin *et al.*, 2012), 여자만 (Shin *et al.*, 2010a; Shin *et al.*, 2011), 거제연안 (Shin *et al.*, 2007), 통영연안 (Kang *et al.*, 1999; Pospelova and Kim, 2010; 박과 심, 2011), 봇돌바다 (Shin *et al.*, 2011), 남해 서부해역 (신 등, 2007), 남해 중앙부해역 (Cho *et al.*, 2003; Lee and Matsuoka, 1996; 박 등, 2005), 새만금연안 (박 등, 2004; 박과 심, 2011), 동중국해 (Cho and Matsuoka, 2001; Cho *et al.*, 2001; 조 등, 2004; 김 등, 2010)

Polykrikos schwartzii Bütschli 1873

- 시스트 이름: cyst of *Polykrikos schwartzii* Bütschli 1873 **(Plate Ⅵ-13)**
- 분포해역: 부산항 (김 등, 2005), 진해-마산만 (Lee and Yoo, 1991; 문 등, 1993; Lee *et al.*, 1998; 박과 심, 2011), 광양만 (김 등, 2003a, b), 가막만 (이 등, 1999; 박 등, 2004; Shin *et al.*, 2010b; Shin *et al.*, 2011; Shin *et al.*, 2012), 여자만 (Shin *et al.*, 2010a; Shin *et al.*, 2011), 거제연안 (Shin *et al.*, 2007), 통영연안 (Kang *et al.*, 1999; Pospelova and Kim, 2010), 봇돌바다 (Shin *et al.*, 2011), 남해 서부해역 (신 등, 2007), 남해 중앙부해역 (Cho *et al.*, 2003; 박 등, 2005), 동중국해 (Cho and Matsuoka, 2001; Cho *et al.*, 2001; 조 등, 2004; 김 등, 2010)

Polykrikos sp.

- 시스트 이름: cyst of *Polykrikos* sp.
- 분포해역: 진해-마산만 (Kim, 1991; 박과 심, 2011), 가막만 (Shin *et al.*, 2010b; 박과 심, 2011), 거제연안 (Shin *et al.*, 2007), 통영연안 (박과 심, 2011), 새만금연안 (박과 심, 2011), 동중국해 (Cho *et al.*, 2003; 김 등, 2010)

Plate Ⅵ

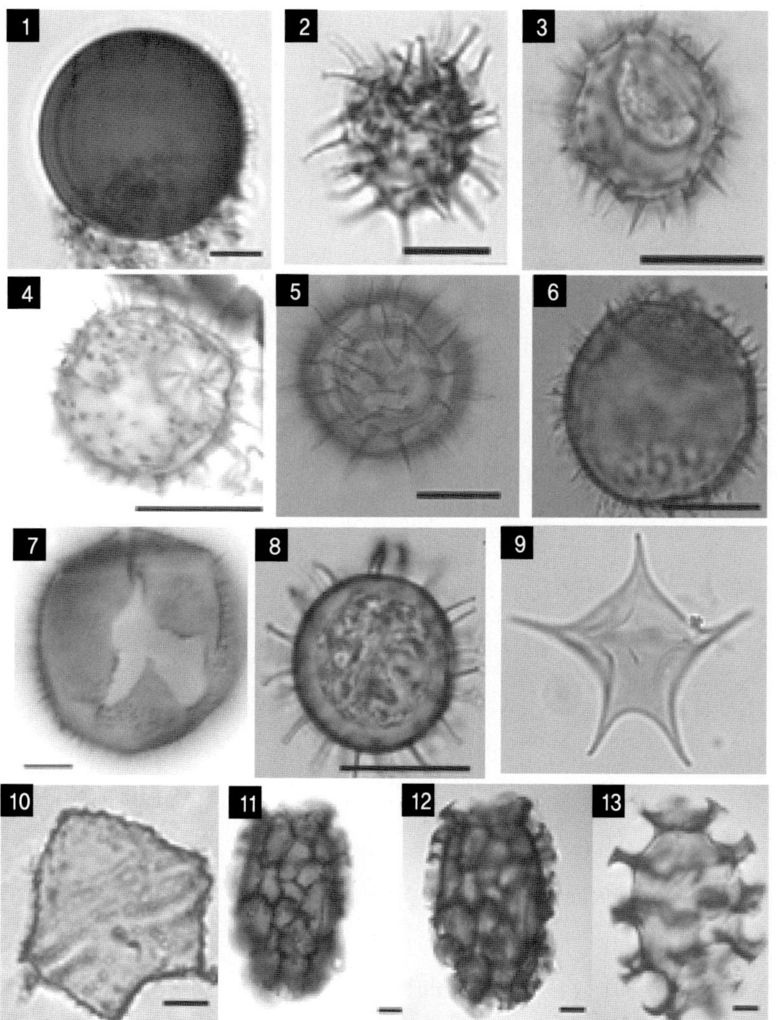

Plate Ⅵ. 한국연안해역에서 출현하는 와편모조 시스트의 광학현미경 사진 (6)

1. *Brigantedinium* sp. 2. *Echinidinium aculenatum,* 3. *Echinidinium delicatum,* 4. *Echinidinium* sp. cf. *delicatum,* 5. *Echinidinium granulatum,* 6. *Echinidinium* sp., 7. *Islandinium brevispinosum,* 8. *Islandinium minutum,* 9. *Stelladinium robustum,* 10. *Trinovantedinium pallidifulvum,* 11～12. cyst of *Polykrikos kofoidii,* 13. cyst of *Polykrikos schwartzii*

3. 한국 주변해역의 와편모조 시스트 출현 특성

한국연안해역의 와편모조 시스트의 우점 출현종과 시스트의 세포밀도를 표 6-4에 정리하였다. 한국연안해역에서 *Gymnodinium catenatum, Scrippsiella trochoidea, Lingulodinium polyedrum, Alexandrium* spp. *Cochlodinium polykrikoides* 등과 같은 유해/유독 와편모조류는 특정 해역과 시기에 높은 세포밀도로 출현하여 적조를 형성하기도 하지만, 표층퇴적물에서 이들 시스트가 매우 높게 출현한다. 1995년 이후 반복적으로 가을에 남해 고흥과 남면, 소리도 사이의 봇돌바다와 여수해만에서 적조를 발생시키는 *C. polykrikoides*에 대해 아직도 종자군으로서 역할 등은 명확하지 않지만(Matsuoka *et al.,* 2010), 시스트가 보고된다(Pospelova and Kim, 2010). 그리고 1986년에 부산 및 1996년 거제도에서 각각 2명의 사망자를 배출한 남해안의 마비성 패독(Paralytic Shellfish Poisoning, PSP) 원인종으로 알려진 *Alexandrium tamarense/catenella* complex (Han *et al.,* 1992)는 전 세계에서 아시아 해역에 유독 높은 세포밀도를 보여(Marret and Zonneveld, 2003; Zonneveld *et al.,* 2013), 동중국해를 중심으로 중국연안(Wang *et al.,* 2004)과 한국연안해역(Cho and Matsuoka, 2001; 박 등, 2004; Shin *et al.,* 2007)은 물론 일본 규슈서해안에 위치하는 아리아케만에서도 우점 출현하는 것이 보고된다(Shin, 2009). 국내에 유입되는 *Alexandrium tamarense/catenella* complex 의 기원은 분명하지 않지만, 이특 종의 분포적 특징(Zonneveld *et al.,* 2013)으로부터 일본열도 남쪽에서 분기되어 동중국해와 서일본, 그리고 한국 주변에 영향을 미치는 쓰시마난류와 밀접한 관련성(Teague *et al.,* 2003)을 보이는 것으로 추정하고 있고, 진해-마산만 주변해역은 *Alexandrium tamarense* 시스트의 집적과 발아, 그리고 유영세포의 성장에 좋은 환경 조건을 가지는 것으로 추정하고 있다(Shin *et al.,* 2007). 또한 탄산염의 세포벽은 가지는 *Scrippsiella trocoides* 또한 한국 남해안에 우점 출현하고 있을 뿐만 아니라(Kang *et al.,* 1999; 박 등, 2005, 2008, 해저 무산소와와 관련하여 해저환경의 pH 농도 변화에 따라 형태를 달리하는 것이 보고된다(Shin *et al.,* 2013).

와편모조 시스트 세포밀도는 적게는 개방된 외해에서 거의 제로 수준의 밀도를 보이기도 하지만, 많게는 부영양화가 진행된 진해만(Lee *et al.,* 1998)이나 통영 연안(Pospelova and Kim, 2010)에서는 10,000 cysts/g dry 수준의 높은 세포밀도를 보여, 해역에 따른 변화폭이 매우 큰 특징을 나타내었다(표 4). 종별로는 Gonyaulacoid 그룹과 Protoperidinioid 그룹의 *Spiniferites* 속과 *Brigantedinium* 속의 종이 비교적 높은 밀도로 출현하나, 해역에 따라 다른 경향을 보인다. 일 예로 가막만과 진해-마산만은 *Briganntedinium* 속과 *Protoperidinium* 속 같은 종속영양종이 많이 출현하는 반면에(Lee *et al.,* 1998; 박과 윤, 2003), 광양만이나 거제도 연안에서는 *Spiniferites* 속의 *S. bulloideus*와 *Alexandrium* 속 등의 독립영양종이 많이 출현하였다(김 등, 2003a, b; Shin *et al.,* 2007). 이와 같은 차이는 시스트가 퇴적되는

표 6-4. 한국연안해역에서 해역별 와편모조 시스트의 우점종(그룹)과 시스트 밀도

연구해역		시스트밀도 (cysts/g dry)	우점종	참고문헌
남해	부산항	210~869	*Gonyaulax* group/ *Spiniferites bulloideus*	김 등, 2005
	진해-마산만	48~1,279*	*Protoperidinium* group	Lee and Yoo, 1991
		627~5,026*	*Protoperidinium* group	Lee *et al.*, 1998
	통영연안	130~2,165*	*Scrippsiella trochoidea*	Kang *et al.*, 1999
		1,000~8,900	*Gonyaulax* group *Diplopsalis* group	Pospelova and Kim, 2010
	거제연안	528~2,834	*Alexandrium affinis* *A. catenella/tamarense* *Gonyaulax* group	Shin *et al.*, 2007
	광양만	115~2,188	*Spiniferites bulloideus* *Spiniferites delicatus* *Alexandrium* sp.(ellipsoid)	김 등, 2003a, b Kim *et al.*, 2009
	가막만	226~1,365*	-	이 등, 1999
		21~4,322	*Protoperidinium* group/ *Pt. americanum*	박과 윤, 2003
		446~892	*Alexandrium affinis* *A. catenella/tamarense* *Protoperidinium* cf. *minutum*	Shin *et al.*, 2011
	여자만/봇돌바다	331~1,276	*Alexandrium affinis* *A. catenella/tamarense* *Gonyulax* group	Shin *et al.*, 2011
	남해 서부해역	13~527	*Gonyulax* group *Protoperidinium* group	신 등, 2007
		16~1,501	*Spiniferites bulloideus* *Scrippsiella trochoidea*	박 등, 2008
	남해 중앙부해역	21~363*	*Gonyaulax* sp.	Lee and Matsuoka, 1994
		184~2,600	*A. catenella/tamarense* *Spiniferites bulloideus*	Cho *et al.*, 2003
		42~2,880	*Spiniferites bulloideus* *Scrippsiella trochoidea*	박 등, 2005
서해 (황해)	새만금해역	6~1,618	*A. catenella/tamarense*	박 등, 2004
	황해 남부해역	363~7,566	*Spiniferites bulloideus*	Cho and Matsuoka, 2001
	황해 동부해역	2~1,276	*Gonyulax* group *Protoceratium reticulatum*	황 등, 2008
동중국해	제주도 남부 포함	6~3,645	*Spiniferites bulloideus*	조 등, 2004
	기타	0~772	*Spiniferites bulloideus*	Cho and Matsuoka, 2001

* 표시는 cysts/㎤ 로 표현된 시스트 밀도

퇴적물의 입도조성(Dale, 1983)과 와편모조류 유영세포 서식환경의 차이를 나타내는 것으로 판단된다(Smayda and Reynolds, 2003). 즉 시스트는 미세한 세립질 퇴적물이 관찰되는 해역에서 높은 밀도를 보여, 펄 함량이 높은 남해 중앙부 해역보다 비교적 펄 함량이 낮은 진도, 완도가 위치한 남서연안에서 낮은 밀도로 관찰 된다(신 등, 2007). 시스트 분포는 이들 환경인자 이외에 수온, 광량, 염분, 영양염류, 그리고 용존산소와 같은 물리 · 화학적 환경인자 및 식물플랑크톤의 생물량과 세균의 활성도와 같은 생물학적 인자와도 밀접한 관련성을 보인다(Lee *et al.*, 1998; 이 등, 1999; 박과 윤, 2003).

이와 같은 내용을 요약하면 한국의 와편모조 시스트는 1980년대 후반부터 연구가 시작되었고, 대상 해역은 적조발생 등 부영양화 해역이나 연안개발이 이루어지는 해역에 집중되었으며, 동해를 대상으로 한 연구결과는 없었다. 연구 내용도 단순한 출현 종 분석에서 부영양화 진행 등 해양환경의 변화과정 추적, 적조 발생에서 종자군으로서 역할, 세디맨트 트랩을 이용한 시스트의 형성과 변화양상 추적, 수소이온 농도 등 해양환경 변화에 따른 형태변화, 실험실에서 특정 종의 발아 특성 등 국제적 수준의 다양한 연구가 진행되고 있었다. 출현종이나 출현 세포밀도 역시 해역에 따라 매우 다양한 특성을 보인다. 그러나 한국의 와편모조 시스트 연구는 아직 체계적 연구가 이루어지지 못하고 있고, 단편적이면서 개별적 내용으로 매우 제한적인 연구 성격을 나타내었다. 특정 해역에 편중된 연구결과와 특정 연구 집단에 의해 산발적인 연구가 수행되는 경향을 나타내었다. 해양에서 표층퇴적물의 와편모조 시스트는 표영 환경의 누적지표를 나타내는 것으로 해양환경 변화를 효율적으로 추적하는데 유용한 지표가 되고 있음을 고려할 때, 국내에서도 체계적인 인력양성과 함께 시스트 항목이 해양생태계의 필수 구성인자로서 해양생물 분야의 필수 조사항목으로 취급하는 연계적인 연구 추진이 절실하게 요구된다.

참고문헌

강영희(편), 2008. 생명과학대사전. 아카데미서적, 서울, 2281pp.

강윤자, 문창호, 조현진, 2008. 와편모조류 시스트 분리를 위한 Panning 방법과 SPT 용해방법의 비교. 한국수산학회지, 41, 228-231.

고철환, 박철, 유신재, 이원재, 이태원, 장창익, 최중기, 홍재상, 허형택, 1997. 해양생물학. 서울대학교출판부, 서울, 654pp.

김소영, 문창호, 조현진, 2003a. 한국남해 연안광양만 표층 퇴적물의 와편모조류 시스트 분포 특성과 식물플랑크톤 군집과의 비교. 한국해양학회지, 8, 111-120.

김소영, 문창호, 조현진, 2003b. 한국 남해 광양만 퇴적물에서 와편모조류 시스트의 수직적 군집 분포. 한국수산학회지, 36, 290-297.

김현정, 문창호, 조현진, 2005. 부산항 퇴적물속 와편모조류 시스트의 시공간적 분포 특성. 한국해양학회지 '바다', 10, 196-203.

김소영, 임동일, 강소라, 2010. 북동중국해 코어 퇴적물의 와편모조류 시스트 군집 특성과 의미. 지질학회지, 46, 221-231.

문성기, 유규열, 이종남, 홍채규, 1993. 진해만의 와편모조류 휴면포자의 분포. 경성대학교 논문집, 14(2), 129-148.

박기홍, 김근용, 김창훈, 김학균, 2004. 새만금 해역에서 와편모조류 휴면포자의 시공간적 분포. 한국수산학회지, 37, 202-208.

박명환, 김영옥, 조수연, 한명수, 2004. 마산만에서 분리한 *Alexandrium tamarense* 휴면시스트의 발아와 환경요인의 영향. 환경생물, 22, 200-205.

박종식, 윤양호, 2003. 와편모조류 cyst 분포에 의한 한국남서해역의 환경특성. 1. 가막만 와편모조류 cyst의 시·공간적 분포. 한국수산학회지, 36, 151-156.

박종식, 윤양호, 노일현, 2004. 와편모조류 시스트 분포에 의한 한국 남서해역의 해양환경 특성 2. 가막만 주상퇴적물 중 유기물 및 와편모조류 시스트 분포에 의한 해양환경 변화 추정. 한국해양환경공학회지, 7, 164-173.

박종식, 윤양호, 노일현, 서호영, 2005. 남해 중앙부해역의 표층퇴적물 중 유기물량과 와편모조류 시스트 분포. 환경생물, 23, 163-172.

박종식, 윤양호, 노일현, 서호영, 신현호, 2008. 한국남서해역의 해양환경과 와편모조류 시스트 분포 특성. Algae, 23, 135-140.

박재연, 심재형, 2011. 한국연안 퇴적물에서 관찰된 와편모조류 휴면포자. in "최중기(편). 한국연안해역의 플랑크톤생태학. 동화기술, 서울. pp.132-150.

이무형, 이준백, 이진애, 박종규, 1999. 가막만 일대 편모조류 군집구조의 휴면시스트의 동태. *Algae*, 14, 255-266.

신현호, 윤양호, 박종식, 2007. 한국 남서해여 표층퇴적물 중의 와편모조류 시스트 분포에 영향을 미치는 해양환경 요인. 환경생물, 25, 205-214.

양성기, 서해립, 윤양호, 1994. 해양과학, 문운당, 서울, 294pp.

윤양호, 2010. 바다의 반란 "적조(赤潮)". 문운당, 531pp.

윤양호, 김종덕, 오석진, 2012. 미세조류의 경이로운 세계와 산업적 이용. 전남대학교출판부, 광주, 352pp.

윤양호, 신현호, 2013. 한국연안해역 와편모조류 시스트 연구에 관한 고찰. 환경생물, 31, 243-247.

조현진, 이중백, 문창호, 2004. 제주를 중심으로 한 동중국해 표층 퇴적물에서의 와편모조류 시스트 분포 특성. 환경생물, 22, 192-199.

한국해양학회(편), 2005. 해양과학용어사전. 아카데미서적, 서울, 749pp.

황철희, 허승, 김창훈, 2009. 황해 남동부 해역 저질 내 와편모조류 휴면포자의 분포. 한국수산학회지, 42, 68-72.

Adachi, M., T. Kanno, T. Matsumoto, T. Nishijima, S. Itakura and M. Yamaguchi, 1999. Promotion of cyst formation in the toxic dinoflagellate *Alexandrium* (Dinophyceae) by natural bacterial assemblages from Hiroshima Bay, Japan. Marine Ecology Progress Series, 191, 175-185.

Adachi, M., T. Kanno, R. Okamoto, S. Itakura, M. Yamaguchi and T. Nishijima, 2003. Population structure of *Alexandrium* (Dinophyceae) cyst formation-promoting bacteria in Hiroshima Bay, Japan. Applied and Environmental Microbiology, 69, 6560-6568.

Akselman, R., 1987. Dinoflagellate planktonic cysts in the Atlantic southwest platform. 1. Taxonomic report of the Peridiniaceae Ehrenberg. Boletim do Instituto Oceanografico, 35, 17-32.

Akselman, R. and H. Keupp, 1990. 1987. Recent obliquipithonelloid calcareous cysts of *Scrippsiella patagnoica* sp. nov. (Peridiniaceae, Dinophyceae) from plankton of the Golfo San Jorge (Patagonia, Argentina). Marine Micropaleontology, 16, 169-179.

Alcaca, A.C., L.C. Alcaca, J.S. Garth, D. Yasumura and T. Yasumoto, 1998. Human fatality due to ingestion of the crab *Demania reynaudii* contained a palytoxin-like toxin. Toxicon, 26, 105-107.

Aligizaki, K. and G. Nikolaidis, 2006. The presence of the potentially toxic genera *Ostreopsis* and *Coolia* (Dinophyceae) in the North Aegean Sea, Greece. Harmful Algae, 5, 717-730.

Alldredge, A.L., U. Passow and S.H.D. Haddock, 1998. The characteristics and transparent exopolymer particle (TEP) content of marine snow formed from thecate dinoflagellates. Journal of Plankton Research, 20, 393-406.

Alpermann, T.J., B. Beszteri, U. John, U. Tillmann and A.D. Cembella, 2009. Implications of life history transitions on the population genetic structure of the toxigenic marine dinoflagellate *Alexandrium tamarense*. Molecular Ecology, 18, 2122-2133.

Alster, A., Z. Dubinsky and T. Zohary, 2006. Encystment of *Peridinium gatunense*: occurrence, favourable environmental conditions and its role in the dinoflagellate life cycle in a subtropical lake. Freshwater Biology, 51, 1219-1228.

Alves-de-Souza, C., D.l Varela, F. Navarrete, P. Fernández and Pablo Leal, 2008. Distribution, abundance and diversity of modern dinoflagellate cyst assemblages from southern Chile (43-54°S). Botanica Marina, 51, 399-4102.

Amorim, A. and B. Dale, 2006. Historical cyst record as evidence for the recent introduction of the dinoflagellate *Gymnodinium catenatum* in the North Eastern Atlantic. African Journal of Marine Science, 28, 193-197.

Amorim, A., B. Dale, G. Godinho and V. Brotas, 2001. *Gymnodinium catenatum*-like cysts (Dinophyceae) in recent sediments from the coast of Portugal. Phycologia 40, 572-582.

An, K.H., P. Lassus, P. Maggi, M. Bardouil and P. Truquet, 1992. Dinoflagellate cyst changes and winter environmental conditions in Vilaine Bay, southern Brittany (France). Botanica Marina, 35, 61-67.

Andersen, R.A., J.A. Berges, P.J. Harrison and M.M. Watanabe, 2005. Appendis A - Recipes for freshwater and seawater media. in "Andersen, R.A.(ed.), Algal Culturing Techniques. Elsevier Academic Press, Phycological Society of America", 429-538.

Anderson, D.M., 1980. Effects of temperature conditioning on development and germination of *Gonyaulax tamarensis* (Dinophyceae) hypnozygotes. Journal of Phycology 16, 166-172.

Anderson, D.M., 1984. The roles of dormant cysts in toxic dinoflagellate blooms and shellfish toxicity. in "Ragelis, E. (Ed.), Seafood Toxins. American Chem. Soc. Symp. Series. Washington, DC", 125-138.

Anderson, D.M., 1997. Bloom dynamics of toxic *Alexandrium* species in the northeastern US. Limnology and Oceanology, 42, 1009-1022.

Anderson, D.M., D.G. Aubrey, M.A. Tyler and D.W. Coats, 1982. Vertical and horizontal distributions of dinoflagellate cysts in sediments. Limnology and Oceanography, 27, 757-765.

Anderson, D.M,, T.J. Alpermann, A.D. Cembella, Y. Collos, E. Masseret and M. Montresor, 2012. The globally distributed genus *Alexandrium*: multifaceted roles in marine ecosystems and impacts on human health. Harmful Algae, 14, 10-35.

Anderson, D.M., S.W. Chisholm and C.J. Watras, 1983. Importance of life cycle events in population dynamics of *Gonyaulax tamarensis.* Marine Biology, 76, 179-189.

Anderson, D.M., D.W. Coats and M.A. Tyler, 1985a. Encystment of the dinoflagellate *Gyrodinium uncatenum*: temperature and nutrient effects. Journal of Phycology, 21, 200-206.

Anderson, D.M., Y. Fukuyo and K. Matsuoka, 1995. Cyst methodologies. in "Hallegraeff, G.M., D.M. Andesrson and A.D. Cembella (eds.), Manual on Harmful marine microalgae. IOC Manual and Guides No. 33, IOC of UNESCO", 229-250.

Anderson, D.M., J.D. Jacobson, I. Bravo and H.J. Wrenn, 1988. The unique microreticulate cyst of the naked dinoflagellate, *Gymnodinium catenatum* Graham. Journal of Phycology, 24, 255-262.

Anderson, D.M. and B.A. Keafer, 1985. Dinoflagellate cysts dynamics in coastal and estuarine waters. in "Anderson D.M., A.W. Alan and D.G. Baden (eds.), Toxic Dinoflagellates, Elsevier, New York", 219-224.

Anderson, D.M. and B.A. Keafer, 1987. An endogenous annual clock in the toxic marine dinoflagellate *Gonyaulax tamarensis.* Nature, 325(6105), 616-617.

Anderson, D.M., D.M. Kulis and B.J. Binder, 1984. Sexuality and cyst formation in the dinoflagellate, *Gonyaulax tamarensis*: cyst yield in batch cultures. Journal of Phycology, 20, 418-425.

Anderson, D.M., D.M. Kulis, J.A. Orphanos and A.R. Ceurvels, 1982. Distribution of the toxic red tide dinoflagellate, *Gonyaulax tamarensis* in the southern New England region. Estuarine, Coastal and Shelf Science. 14(4), 447-458.

Anderson, D.M. and N.L. Lindquist, 1985. Time-course measurements of phosphorus depletion and cyst formation in the dinoflagellate *Gonyaulax tamarensis* Lebour. Journal of Experimental Marine Biology and Ecology, 86, 1-13.

Anderson, D.M., J.J. Lively, E.M. Reardon and C.A. Price, 1985. Sinking characteristics of dinoflagellate cysts. Limnology and Oceanography, 30, 1000-1009.

Anderson, D.M. and F.M. Morel, 1979. The seeding to two red blooms by the germination of benthic *Gonyaulax tamarensis* hypnocysts. Estuarine and Coastal Marine Science, 8, 279-293.

Anderson, D.M. and K. Rengefors, 2006. Community assembly and seasonal succession of marine dinoflagellates in a temperate estuary: The importance of life cycle events. Limnology and Oceanography, 51, 860-873.

Anderson, D.M., C.A. Stock, B.A. Keafer, A.B. Nelson, D.J. McGillicuddy, M. Keller, B. Thompson, P.A. Matrai and J. Martind, 2005. *Alexandrium fundyense* cyst dynamics in the Gulf of Maine. Deep-Sea Research Part II, 52, 2522-2542.

Anderson, D.M. and K.D. Stolzenbach, 1985. Selective retention of two dinoflagellates in a well mixed estuarine embayment: the importance of diel vertical migration and surface avoidance. Marine Ecology Progress Series, 25, 39-50.

Anderson, D.M., C.D. Taylor, E.V. Armbrust, 1987. The effects of darkness and anaerobiosis on dinoflagellate cyst germination. Limnology and Oceanography, 32, 340-351.

Anderson, D.M. and D. Wall. 1978. Potential importance of benthic cysts of *Gonyaulax tamarensis* and *G. excavata* initiating toxic blooms. Journal of Phycology, 14, 224-234.

Andersoen, J.T., 1998. The effect of seasonal variability on the germination and vertical transport of a cyst forming dinoflagellate, *Gyrodinium* sp., in the Chesapeake Bay. Ecological Modelling, 112, 85-109.

Anglès, S., E. Garcés, T.K. Hattenrath-Lehmann and C.J. Gobler, 2012. *In situ* life-cycle stages of *Alexandrium fundyense* during bloom development in Northport Harbor (New York, USA). Harmful Algae, 16, 20-26.

Apprill, A.M. and R.D. Gates, 2007. Recognizing diversity in coral symbiotic dinoflagellate communities. Molecular Ecology, 16, 1127-1134.

Attaran-Fariman, G. and C.J.S. Bolch, 2007. *Scrippsiella irregularis* sp. nov. (Dinophyceae), a new dinoflagellate from the southeast coast of Iran. Phycologia, 46, 572-582.

Attaran-Fariman, G. and C,J.S. Bolch, 2012. Morphology and phylogeny of *Scrippsiella trochoidea* (Dinophyceae) a potentially harmful bloom forming species isolated from the sdiments of Iran's south coast. Iranian Journal of Fisheries Sciences, 11, 252-270.

Aydin, H., K. Matsuoka and E. Minareci, 2011. Distribution of dinoflagellate cysts in recent sediments from Izmir Bay (Aegean Sea, Eastern Mediterranean). Marine Micropaleontology, 80, 44-52.

Azanza, RV., 1997. Contribution to the understanding of the bloom dynamics of *Pyrodinium bahamense* var. *compressum*: a toxic red tide causative organism. Science Diliman, 9, 1-6.

Azanza, R.V., F.P. Siringan, M.L. San Diego-McGlone, A.T. Yñiguez, N.H. Macalalad, P.B. Zamora, M.B. Agustin and K. Matsuoka, 2004. Horizontal dinoflagellate cyst distribution, sediment characteristics and benthic flux in Manila Bay, Philippines. Phycological Research, 52, 376-386.

Baba, T., 2010, Effects of temperature and irradiance conditioning on germination of the toxic dinoflagellate *Gymnodinium catenatum* cysts collected by sediment trap in Senzaki Bay, Yamaguchi Prefecture, Japan. Bulletin of the Plankton Society of Japan, 57, 79-86.

Baig, H.S., S.M. Saifullah and A. Dar, 2006. Occurrence and toxicity of *Amphidinium carterae* Hulburt in the North Arabian Sea. Harmful Algae, 5, 133-140.

Baker, M., 1753. Employment for the microscope. Dodsley, London, 403pp.

Balch, W.M., P.C. Reid and S. Surrey-Gent, 1983. Spatial and temporal variability of dinoflagellate cyst abundance in a tidal estuary. Canadian Journal of Fisheries and Aquatic Sciences, 40, 244-261.

Baldwin, R.P., 1987. Dinoflagellate resting cysts isolated from sediments in Marlborough Sounds, New Zealand. New Zealand Journal of Marine and Freshwater Research, 21, 543-553.

Balech, E., 1959. Two new genera of dinoflagellates from California. Biological Bulletin, 116, 195-203.

Balech, E., 1967. Dinoflagelados nuevos o interesantes del Golfo de Mexico y Caribe. Rev. Mus. Argent. Cienc. Nat., "B. Rivadavia", Hidrobiolog. 2, 77-126.

Balech, E., 1985. The genus *Alexandrium* or *Gonyaulax* of the *tamarensis* group. in "Anderson, D.M., A.W. White and D.G. Baden (ed), Toxic Dinoflagellates, Elsevier. New York", p.33-38.

Balech, E., 1989. Redescription of *Alexandrium minutum* Halim (Dinophyceae) type species of the genus *Alexandrium*. Phycologia, 28, 206-211.

Balech, E., 1994. Three new species of the Genus *Alexandrium* (Dinoflagellata), Transactions of the American. Microscopical Society, 113, 216-220.

Balech, E., 1995. The Genus *Alexandrium* Halim (Dinoflagellata). Sherkin Island Marine Station, Ireland, 151pp.

Band-Schmidt, C.J., E.L. Lilly and D.M. Anderson, 2003. Identification of *Alexandrium affine* and *A. margalefii* (Dinophyceae) using DNA sequencing and LSU rDNA-based RFLP-PCR assays. Phycologia, 42, 261-268.

Band-Schmidt, C.J., C.H. Lechuga-Devéze, D.M. Kulis and D.M. Anderson, 2005. Culture studies of Alexandrium affine (Dinophyceae), a non-toxic cyst forming dinoflagellate from Bahía Concepción, Gulf of California. Botanica Marina, 46, 44-54.

Bardouil, M., B. Berland, D. Grzebyk and P.R.C. Lassus, 1991. First report on cyst production among Dinophysales. Comptes Rendus de l'Academie des Sciences. Serie 3., 312, 663-669.

Barlow, S.B. and R.E. Triemer, 1988. Alternate life history stages in *Amphidinium klebsii* (Dinophyceae, Pyrrophyta). Phycologia, 27, 413-420.

Barmawidjaja, D.M., G.J. van der Zwaan, F.J. Jorissen and S. Puskaric, 1995. 150 years of eutrophication in the northern Adriatic Sea: evidence from a benthic foraminiferal record. Marine Geology, 122, 367-384.

Baula, I.U., R.V. Azanza, Y. Fukuyo and F.P. Siringan, 2011. Dinoflagellate cyst composition, abundance and horizontal distribution in Bolinao, Pangasinan, Northern Philippines. Harmful Algae, 11, 33-44.

Bazzoni, A.M., M. Bastianini, M. Montresor and C. Totti, 2006. Annual cycle of phytoplankton assemblages and first studies of vertical fluxes of dinoflagellate cysts in the North-western Adriatic Sea. Biologia Marina Mediterranea, 13, 940-942.

Beam, C.A. and M. Himes, 1974. Evidence for sexual fusion and recombination in the dinoflagellate *Crypthecodinium cohnii*. Nature, 250, p.435.

Behrmann, G. and R. Hardeland, 1995. Ultrastructural characterization of asexual cysts of *Gonyaulax polyedra* Stein (Dinoflagellata). Protoplasma, 185, 22-27.

Benavides, H.R., R.M. Negri and J.I. Carreto, 1983. Investigations on the life cycle of the toxic dinoflagellate *Gonyaulax excavata* (Braarud) Balech (Dinophyceae). Physis(A) (Buenos Aires), 41(101), 135-142.

Bergman, B., G. Sandh1, S. Lin, J. Larsson and E.J. Carpenter, 2012. *Trichodesmium* - a widespread marine cyanobacterium with unusual nitrogen fixation properties. FEMS Microbiology Reviews, 1-17.

Besada, E.G., L.A. Loeblich and A.R. Loeblich Ⅲ, 1982. Observations on tropical, benthic dinoflagellates from Ciguatera-Endemic areas: Coolia, *Gambierdiscus* and *Ostreopsis*. Bulletin of Marine Science, 32, 723-735.

Bibby, B.T. and J.D. Dodge, 1972. The encystment of a freshwater dinoflagellate: a light and electronmicroscopical study. British Phycological Journal, 7, 85-100.

Biebow, N., W. Brenner, W.C. Dullo, W.C. and A.A. Schiebel, 1993. Dinoflagellate cysts from the Peruvian continental shelf. in "Weegink, J.W. (Ed.), Abstracts of the Fifth International Conference on Modern and Fossil Dinoflagellates. Laboratory of Palaeobotany and Palynology, Utrecht, Utrecht", p.20.

Binder, B.J. and D.A. Anderson, 1987. Physiological and environmental control of germination in *Scrippsiella trochoidea* (Dinophyceae) resting cysts. Journal of Phycology, 23, 99-107.

Bint, A.N., 1988. Recent dinoflagellate cysts from Mermaid sound, northwestern Australia. Memoirs of the Association of Australian Palaeontologists., 5, 329-341.

Blackburn, S.I., C.J., Bolch, K.A. Haskard and G.M. Hallegraeff, 2001. Reproduction compatibility among four global populations of the toxic dinoflagellate *Gymnodinium catenatum* (Dinophyceae). Phycologia, 40, 78-87.

Blackburn, S.I., G.M. Hallegraeff and C.J., Bolch, 1989. Vegetative reproduction and sexual life cycle of the toxic dinoflagellate *Gymnodinium catenatum* from Tasmania, Australia. Journal of Phycology, 25, 577-590.

Blackburn, S. and N. Parker, 2005. Microalgal life cycles: encystment and excystment. in "Andersen, R.A.(ed.), Algal Culturing Techniques. Elsevier Academic Press, Phycological Society of America", 399-417.

Blank, R.J. and R.K. Trench, 1986. Nomenclature of endosymbiotic dinoflagellates. Taxon, 35, 286-294.

Blanco, J., 1988. Vertical distribution and association with the sediment of dinoflagellate cysts, in the ria(s) of Ares and Betanzos. Scientia Marina, 52, 335-344.

Blanco, J., 1989a. Quistes de dinoflagelados de las costas de Galicia. I. Dinoflagelados gonyaulacoides. Scientia Marina, 53, 785-769.

Blanco, J., 1989b. Quistes de dinoflagelados de las costas de Galicia. II. Dinoflagelados peridinioides. Scientia Marina, 53, 797-812.

Blanco, J., 1989c. Dinoflagellate cysts of the Galician coast. Ⅲ. Gymnodinioid dinoflagellates. Scientia Marina, 53, 813-819.

Blanco, J., 1989d. Distribution of dinoflagellate cysts in the Ria Ares y Betanzos. Boletin del Instituto Espanol de Oceanografia, 5, 11-18.

Blanco, J., 1990. Cyst germination of two dinoflagellate species from Galicia (NW Spain). Scientia Marina, 54, 287-291.

Blanco, J., 1995a. Cyst production in four species of neritic dinoflagellates. Journal of Plankton Research, 17, 165-182.

Blanco, J., 1995b. The distribution of dinoflagellate cysts along the Galician (NW Spain) coast. Journal of Plankton Research, 17, 283-302.

Blanco, J., J. Marino and M.J. Campos, 1985. The first toxic bloom of *Gonyaulax tamarensis* detected in Spain (1984). in "Anderson D.M., A.W. Alan and D.G. Baden (eds.), Toxic Dinoflagellates, p 219-224. Elsevier, New York", 79-84,

Blank, R.J. and R.K. Trench, 1986. Nomenclature of endosymbiotic dinoflagellates. Taxon, 35, 286-294.

Bockelmann, F.D., K.A.F; Zonneveld and M. Schmidt, 2007. Assessing environmental control on dinoflagellate cyst distribution in surface sediments of the Benguela upwelling region (eastern South Atlantic). Limnology and Oceanography, 52, 2582-2594.

Boessenkool, K.P., M.-J. van Gelder, H. Brinkhuis and S.R. Troelstra, 2001. Distribution of organicwalled dinoflagellate cysts in surface sediments from transects across the polar front o!shore southeast Greenland. Journal of Quaternary Science, 16, 661-666.

Bolch, C.J., S.I. Blackburn, J.A. Cannon and G.M. Hallegraeff, 1991. The resting cyst of the red-tide dinoflagellate *Alexandrium minutum* (Dinophyceae). Phycologia, 30, 215-219.

Bolch, C.J.S. and M.F. de Salas, 2007. A review of the molecular evidence for ballast water introduction of the toxic dinoflagellates *Gymnodinium catenatum* and the *Alexandrium* "*tamarensis* complex" to Australasia. Harmful Algae, 6, 465-485.

Bolch, C.J. and G.M. Hallegraeff, 1990. Dinoflagellate cysts in recent marine sediments from Tasmania, Australia. Botanica Marina, 33, 173-192.

Bolch, C.J. and G.M. Hallegraeff, 1993. Chemical and physical treatment options to kill toxic dinoflagellate cysts in ships' ballast water. Journal of Marine Environmental Engineering, 1, 23-29.

Bolch, C.J., A.P. Negri and G.M. Hallegraeff, 1999. *Gymnodinium microreticulatum* sp. nov. (Dinophyceae): a naked, microreticulate cyst-producing dinoflagellate, distinct from *Gymnodinium catenatum* and *Gymnodinium nolleri*. Phycologia, 38, 301-313.

Bolch, C.J.S. and M.J. Reynold, 2002. Species resolution and global distribution of microreticulate dinoflagellate cysts. Journal of Plankton Research, 23, 889-891.

Bolli, L. G. Llaveria, E. Garcés, O. Guadayol, K. van Lenning, F. Peters and E. Berdalet, 2007. Modulation of ecdysal cyst and toxin dynamics of two *Alexandrium* (Dinophyceae) species under small-scale turbulence. Biogeosciences Discussions, 4, 893-908.

Boney, A.D. 1975. Phytoplankton. The Institute of Biology`s Studies in Biology 52. Edward Arnold, London, 116pp.

Bonnet, S., A. de Vernal, R. Gersonde and L. Lembke-Jene, 2012. Modern distribution of dinocysts from the North Pacific Ocean(37-64°N, 144°E-148°W) in relation to hydrographic conditions, sea-ice and productivity. Marine Micropaleontology 84/85, 87-113.

Borel, C.M., P.M. Cervellini and G.R. Guerstein, 2006. Quistes de dinoflagellados de sedimentos Holocenos y dinoflagellados modernos del Estuario de Bahía Blanca. Argentinia Geoacta, 31, 23-31.

Bouimetarhan, I., F. Marret, L. Dupont and K. Zonneveld, 2009. Dinoflagellate cyst distribution in marine surface sediments off West Africa (17 - 6°N) in relation to sea-surface conditions, freshwater input and seasonal coastal upwelling. Marine Micropaleontology, 71, 113-130.

Braarud, T., 1945. Morphological observations on marine dinoflagellate cultures (*Porella perforata, Gonyaulax tamarensis, Protoceratium reticulatum*). Norsk Viden-Akad. Oslo, Auh. Mat, Naturv., Kl., 1944, No. 11, 1-18.

Bradford, M.R., 1975. New dinoflagellate cyst genera from the recent sediments of the Persian Gulf. Canadian Journal of Botany, 53, 3064-3074.

Bradford, M.R. and D.A. Wall, 1984. The distribution of recent organic-walled dinoflagellate cystes in the Percian Gulf, Gulf of Oman and northwestern Arabian Sea. Palaeontographica, Abt, B, 192, 16-84.

Bravo, I. and D.M. Anderson, 1994. The effects of temperature, growth medium and darkness on excystment and growth of the toxic dinoflagellate *Gymnodinium catenatum* from northwest Spain. Journal of Plankton Research, 16, 513-525.

Bravo, I., R.I. Figueroa, E. Garcés, S. Fraga and A. Massanet, 2010a. The intricacies of dinoflagellate pellicle cysts:

the example of *Alexandrium minutum* cysts from a bloom-recurrent area (Bay of Baiona, NW Spain). Deep-Sea Research Part II, 57, 166-174.

Bravo, I., S. Fraga, R.I. Figueroa, Y., Pazos, A. Massanet and I. Ramilo, 2010b. Bloom dynamics and life cycle strategies of two toxic dinoflagellates in a coastal upwelling system (NW Iberian Peninsula). Deep Sea Research Part II, 57, 222-234.

Bravo, I., E. Garcés, J. Diogène, S. Fraga, N. Sampedro and R.I. Figueroa, 2006. Resting cysts of the toxigenic dinoflagellate genus *Alexandrium* in recent sediments from the Western Mediterranean coast, including the first description of cysts of *A. kutnerae* and *A. peruvianum.* European Journal of Phycology, 41, 293-302.

Bravo, I. and I. Ramilo, 1999. Distribution of microreticulate dinoflagellate cysts from the Galician and Portuguese coast. Scientia Marina, 63, 45-50.

Bravo, I., M. Vila, S. Casabianca, F. Rodriguez, P. Rial, P. Riobó and A. Penna, 2012. Life cycle stages of the benthic palytoxin-producing dinoflagellate *Ostreopsis* cf. *ovata* (Dinophyceae). Harmful Algae, 18, 24-34.

Brosnahan, M.L,, D.M. Kulis, A.R. Solow, D.L. Erdner, L. Percy, J. Lewis and D.M. Anderson, 2010. Outbreeding lethality between toxic Group I and non toxic Group III *Alexandrium tamarense* spp. isolates: predominance of heterotypic encystment and implications for mating interactions and biogeography. Deep-Sea Research Part II, 57, 175-18.

Brown, L., E. Bresnan, J. Graham, J.-P. Lacaze, E. Turrell and C. Collins, 2010. Distribution, diversity and toxin composition of the genus *Alexandrium* (Dinophyceae) in Scottish waters. European Journal of Phycology, 45, 375-393.

Buck, K.R. and P.A. Bolt, 1992. A dinoflagellate cyst from Antarctic sea ice. Journal of Phycology, 28, 15-18.

Bujak, J.P., 1984. Cenozoic dinoflagellate cysts and acritarchs from the Bering Sea and northern North Pacific, D.S.D.P. Leg 19. Micropaleontology, 30, 80-212.

Bujak, J.P. and E.H. Davies, 1983, Modern and Fossil Peridiniineae. A.A.S,P, Contribution Series, No. 13, 203pp.

Bujack, J.P. and G.L. William, 1979. Dinoflagellate diversity through time. Marine Micropaleontology, 4, 1-12.

Burkholder, J.M. and H.B. Glasgow, 2002, The life cycle and toxicity of *Pfiesteria piscicida* revisited. Journal of Phycology, 38, 1261-1267.

Burkholder, J.M., E.J. Noga, C.H. Hobbs, H.B. Glasgow, Jr. and S.A. Smith, 1992. New 'phantom' dinoflagellate is the causative agent of major estuarine fish kills. Nature, 358, 407-410.

Bütschli, O., 1885. Unterabtheilung (Ordnung) Dinoflagellata. in "Bronn, H.G. (ed), Klassen und Ordnungen des Thier-Reichs, wissenschaftlich dargestellt in Wort und Bild. Erster Band Protozoa. C.F. Winter'sche Verlagshandlung, Leipzig und Heidelberg", p.906-1029.

Byun, H., S. Yi, H. Yun and S.-K. Chang, 1992. Dinoflagellate cysts from surface sediments of the Bransfield Strait, Antarctica. Korean Journal of Polar Research, 3, 35-58.

Camacho, F.G., J.G. Rodriguez, A.S. Miron, M.C.C. Garcia, E.L. Belarbi, Y. Chisti and E.M. Grima, 2007. Biotechnological significance of toxic marine dinoflagellates. Biotechnology Advances, 25, 176-194.

Candel, M.S., T. Radi, A. de Vernal, G. Bujalesky, 2012. Distribution of dinoflagellate cysts and other aquatic palynomorphs in surface sediments from the Beagle Channel, Southern Argentina. Marine Micropaleontology, 96/97, 1-12.

Cao Vien, M., 1967. Sur l'exictence de phenomenes sexuels chez un Peridinien libre, l'*Amphidinium carteri.*

Comptes Rendus de Académie des Sciences. Paris, Série D, 264, 1006-1008.

Cao Vien, M., 1968. Sur la germination du zygote et sur un mode particulier de multiplication végétative chez le péridinien libre, *l'Amphidinium carteri*. Comptes Rendus de Académie des Sciences. Paris, Série D, 267, 701-703.

Casas-Monroy, O., S. Roy and A. Rochon, 2012. Dinoflagellate cysts in ballast sediments: differences between Canada's east coast, west coast and the Great Lakes. Aquatic Conservation: Marine and Freshwater Ecosystems. Wiley Online Library (wileyonlinelibrary.com). DOI: 10.1002/ aqc.2310.

Castro, P. and M.E. Huber, 2010. Marine Biology (8 eds.). McGraw Hill. New York:, 461pp.

Chang, F.H., W.A.G. Charleston, P.B. McKenna, C.D. Clowes, G.J. Wilson and P.A. Boady, 2012. Phylum Myzozoa: dinoflagellates, perkinsids, ellobiopsids, sporozoans. in "Gordon, D.P. (ed.), New Zealand inventory of biodiversity. Volume Three. Kingdoms Bacteria, Protozoa, Chromista, Plantae, Fungi. Canterbury University Press, Christchurch", 175-216.

Charlson, R.J., J.E. Lovelock, M.O. Andreae and S.G. Warren, 1987. Oceanic phytoplankton, atmospheric sulphur, cloud albedo and climate. Nature, 326, 655-661.

Chesnick, J.M. and E.R. Cox, 1989. Fertilization and zygote development in the binucleate dinoflagellate *Peridinium balticum* (Pyrrhophyta). Amerian Journal of Botany, 76, 1060-1072.

Chen, B,, A.J. Irwin and Z.V. Finkel, 2011. Biogeographic distribution of diversity and size structure of organic-walled dinoflagellate cysts. Marine Ecology Progress Series, 425, 35-45

Chen, L., K.A.F. Zonneveld and G.J.M. Versteegh, 2011. Short term climate variability during "Roman Classical Period" in the eastern Mediterranean. Quaternary Science Reviews, 30, 3880-3891.

Cho, H.J., C.H. Kim, C.H. Moon and K. Matsuoka, 2003. Dinoflagellate cysts in recent sediments from the southern coastal waters of Korea. Botanica Marina, 46, 332-337.

Cho, H.J. and K. Matsuoka, 2001. Distribution of dinoflagellate cysts in surface sediments from the Yellow Sea and East China Sea. Marine Micropaleontology, 42, 103-123.

Cho, H.J. and K. Matsuoka, 2003. Analysis of marine environmental changes based on dinoflagellate cyst biostratigraphy in the East China Sea. Bulletin of Marine Envionmental Research Institute, Jeju National University, 27, 9-13.

Cho, H.J., K. Matsuoka, J.B. Lee and C.H. Moon, 2001. Dinoflagellate cyst assemblages in the surface sediments from the northern East China Sea. Journal of Fisheries Science and Technology, 4, 120-129.

Cho, S.-Y., J.-S. Ki and M.-S. Han, 2008. Morphological characteristics and molecular phylogeny of five unarmored dinoflagellates in Korean coastal waters. Algae, 23, 15-29. (in Korean)

Chihara, M. and M. Murano, 1997. An illustrated guide of marine plankton in Japan. Tokai University Press, Tokyo, 1574pp. (in Japanese)

Chu, G, Q, Sun, X. Wang, D. Li, P. Rioual, L. Qiang, J. Han and J. Liu, 2009. A 1600 year multiproxy record of paleoclimatic change from varved sediments in Lake Xiaolongwan, northeastern China. Journal of Geophysical Research, 114, D22108, doi:10.1029/2009JD012077.

Ciminiello P., E. Fattorusso, M. Forino and M. Montresor, 2000. Saxitoxin and neosaxitoxin as toxic principles of *Alexandrium andersoni* (Dinophyceae) from the Gulf of Naples, Italy. Toxicon. 2000, 38, 1871-1877.

Coats, D.W., M.A. Tyler and D.M. Anderson, 1984. Sexual processes in the life cycles of *Gyrodinium uncatenum* (Dinophyceae): a morphogenetic overview. Journal of Phycology, 3, 351-361.

Coats, D.W., 1999. Parasitic life styles of marine dinoflagellates. Journal of Eukaryotic Microbiology, 46, 402-409.

Corrales, R.A. and J.l. Maclean, 1995. Impact of harmful algae on sea farming in the Asia-Pacific areas. Journal of Applied Phycology, 7, 151-162.

Corrales, R.A., M. Reyes and M. Martin, 1995. Notes on the encystment and excystment of *Pyrodinium bahamense* var, *compressum* in vitro. in "Lassus, P., G. Arzul, E. Erard, P. Gentien and C. Marcaillou (eds.) Harmful Marine Algal Blooms. Technique et Documentation-Lavoisier, Intercept Ltd.", 573-578.

Cox, A.M., D.H. Shull and R.A. Horner, 2008. Profiles of *Alexandrium catenella* cysts in Puget Sound sediments and the relationship to paralytic shellfish poisoning events. Harmful Algae, 7, 379-388.

Cremer, H., F. Sangiorgi, F. Wagner-Cremer, V. McGee, A.F. Loiter, others, 2007. Diatoms (Bacillariophyceae) and Dinoflagellate Cysts (Dinophyceae) from Rookery Bay, Florida, USA. Caribbean Journal of Science, 43, 23-58.

Crouch, E.M., D.C. Mildenhall and H.L. Neil, 2010. Distribution of organic-walled marine and terrestrial palynomorphs in surface sediments, offshore eastern New Zealand. Marine Geology, 270, 235-256.

Cullen, J.J., 1985. Diel vertical migration by dinoflagellates: roles of carbohydrate metabolism and behavioral flexibility. Contributions in Marine Science, 27 (Suppl.), 135-152.

Dai, X., D. Lu and C. Wang, 2012a. Analysis of the population structure of dinoflagellate cysts in the sediment of ballast tank of four cargo boats at Zhoushan Port. Journal of Marine Science, 30, 10-18.

Dai, X., D. Lu, P. Xia, H. Wang and P. He, 2012b. A 50-year temporal record of dinoflagellate cysts in sediments from the Changjiang estuary, East China Sea, in relation to climate and catchment changes. Estuarine, Coastal and Shelf Science, 112, 192-197.

Dale, B., 1976. Cyst formation, sedimentation and preservation: factors affecting dinoflagellate assemblages in recent sediments from Trondheimsfjord, Norway. Review of Palaeobotany and Palynology, 22, 39-60.

Dale, B., 1977a. New observations on *Peridinium faeroense* Paulsen (1905) and classification of small orthoperidinioid dinoflagellates. British Phycological Journal, 12, 241-253.

Dale, B., 1977b. Cysts of the toxic red-tide dinoflagellate *Gonyaulax excavata* (Braarud) Balech from Oslo fjorden, Norway. Sarsia, 63, 29-34.

Dale, B., 1983. Dinoflagellate resting cyst. in "Fryxell, G.A. (ed.), Survival Strategies of the Algae, Cambridge University Press, Cambridge", 69-144.

Dale, B., 2000. Dinoflagellate cysts as indicators of cultural eutrophication and industrial pollution in coastal sediments. Environmental Micropaleontology(Topics in Geobiology), 15, 305-321.

Dale, B., 2001a. Marine dinoflagellate cysts as indicators of eutrophication and industrial pollution: a discussion. Science of the Total Environment, 264, 235-240.

Dale, B., 2001b. The sedimentary record of dinoflagellate cysts: looking back into the future of phytoplankton blooms. Scientia Marina, 65 (Supp1. 2), 257-272.

Dale, B., 2009. Eutrophication signals in the sedimentary record of dinoflagellate cysts in coastal waters. Journal of Sea Research, 61, 103-113.

Dale, B., A.L. Dale and J.H.F. Jansen, 2002. Dinoflagellate cysts as environmental indicators in surface sediments from the Congo deep-sea fan and adjacent regions. Palaeogeography, Palaeoclimatology, Palaeoecology, 185, 309-338.

Dale, B and A. Fjellsa, 1994. Dinoflagellate cysts as paleoproductivity indicators: state of the art, potential and limits. in "Zahn, R. et al. (ed.), Carbon Cycling in the Glacial Ocean: Constrains on the Ocean's Role in Global Change, Springer-Verlag, Berlin", 521-537.

Dale, B., M. Montresor, A. Zingone and K. Zonneveld, 1993. The theca-motile stage relationship of the dino-flagellates *Diplopelta symmetrica* and *Diplopsalis latipeltata*. European Journal of Phycology, 28, 129-137.

Dale, B., C.M. Yentsch and J.W. Hurst, 1978. Toxicity in resting cyst of red-tide dinoflagellate *Gonyaulax excavata* from deeper water coastal sediments. Science, 201(4362), 1223-1225.

Dale, B., T.A. Thorsen and A. Fjellsa, 1999. Dinoflagellate cysts as indicators of cultural eutrophication in the Oslofjord, Norway. Estuarine, Coastal and Shelf Science, 48, 371-382.

D`Costa, P.M., A.C. Anil, J.S. Patil, S. Hegde, M.S. D`Silva and M. Chourasia, 2008. Dinoflagellates in a mesotrophic, tropical environment influenced by monsoon. Estuarine, Coastal and Shelf Science, 77, 77-90.

Deflandre, G. and I.C. Cookson, 1955. Fossil microplankton from Australian Late Mesozoic and Tertiary sediments. Australian Journal of Marine and Freshwater Research, 6, 242-313.

Delgado, M., 1999. A new "diablilloparasite"in the toxic dinoflagellate *Alexandrium catenella* as a possibility to control harmful algal blooms. Harmful Algae News, 19, 1-3.

Della Tommasa, L., R. Danovaro, G. Belmonte and F. Boero, 2004. Resting stage abundance in the biogenic fraction of surface sediments from the deep Mediterranean Sea. Scientia Marina, 68, 103-111.

De Schepper, S. and M.J. Head, 2008. New dinoflagellate cyst and acritarch taxa from the Pliocene and Pleistocene of the eastern North Atlantic (DSDP Site 610). Journal of Systematic Palaeontology, 6, 101-117.

Destombe, C. and A. Cembella, 1990. Mating-type determination, gametic recognition and reproductive success in *Alexandrium excavatum* (Gonyaulacales, Dinophyta), 1 toxic red-tide dinoflagellate. Phycologia, 29, 316-325.

de Vernal, A., F. Eynaud, M. Henry, C. Hillaire-Marcel, L. Londeixb, S. Mangin, J. Matthiessen, F. Marret, T. Radi, A. Rochon, S. Solignac and J.-L. Turon, 2005. Reconstruction of sea-surface conditions at middle to high latitudes of the Northern Hemisphere during the Last Glacial Maximum (LGM) based on dinoflagellate cyst assemblages. Quaternary Science Reviews, 24, 897-924.

de Vernal, A., M. Henry, J. Matthiessen, P.J. Mudie, A. Rochon, AK.P. Boessenkool, F. Eynaud, K. GrVsfjeld, J. Guiot, D. Hamel, R. Harland, M.J. Head, M. Kunz-Pirrung, E. Levac, V. Loucheur, O. Peyron, V. Pospelova, T. Radi, J.-L. Turon, E. Voronina, 2001. Dino£agellate cyst assemblages as tracers of sea-surface conditions in the northern North Atlantic, Arctic and sub-Arctic seas: the new 'n=677' data base and its application for quantitative paleoceanographic reconstruction. Journal of Quaternary Science. 16, 681-698.

de Vernal, A. and C. Hillaire-Marcel, 2000. Sea-ice cover, sea-surface salinity and halo/thermocline structure of the northwest North Atlantic: modern versus full glacial conditions. Quaternary Science Reviews, 19, 65-85.

de Vernal, A., C. Hillaire-Marcel, J.-L. Turon and J. Matthiessen, 2000. Reconstruction of sea-surface temperature, salinity and sea-ice cover in the northern North Atlantic during the last glacial maximum based on dinocyst assemblages. Canadian Journal of Earth Science, 37, 725-750.

de Vernal, A. and F. Marret, 2007. Organic-walled dinoflagellate cysts: tracers of sea-surface conditions.

Developments in Marine Geology, 1, DOI 10.1016/S1572-5480(07)01014-7.

de Vernal, A. and G. Norris, 1996. Homology and structure in dinoflagellate cyst terminology. Micropaleontology Supplement 42, 83-172.

de Vernal, A. and A. Rochon, 2011. Dinocysts as tracers of sea-surface conditions and sea-ice cover in polar and subpolar environments, IOP Conference Series. Earth and Environmental Science, 14, 1-12 (012007).

de Vernal, A., Rochon, A., Turon, J.L., Matthiessen, J., 1998. Organic-walled dinoflagellate cysts: palynological tracers of sea-surface conditions in middle to high lattitude marine environments. Geobios, 30, 905-920.

Devillers, R. and A. de Vernal, 2000. Distribution of dinoflagellate cysts in surface sediments of the northern North Atlantic in relation to nutrient content and productivity in surface waters. Marine Geology, 166, 103-124.

Dijkema, R., 1995. Large-scales recirculations systems for storage of imported bivalves as a means to counteract introduction of cysts of toxic dinoflagellates in the coastal waters of the Netherlands. Actes de colloques. IFREMER, 354-367.

Ding, D., S. Liu, C. Liu, X. Lin, J. Bian and X. Huang, 2005. Advances in researches on cyst and its relation to harmful algal blooms. Advances in Marine Science, 23, 1-10.

Dobell, P.E.R. and F.J.R. Taylor, 1981. Viable Spiniferites cysts with 2P archeopyles from recent marine sediments, British Colombia, Canada. Palynology, 5, 99-106.

Dodge, J.D., 1966. Cited but unreferenced in Steidinger, K.A. and Jangen, K., 1996. Dinoflagellates, in "Tomas, C.R.(ed), 1997. Identifying Marine Diatoms and Dinoflagellates. Academic Press", 387-584.

Dodge, J.D., 1982. Marine dinoflagellates of the British Isles. Her Majesty's Stationery Office. London, 303pp.

Dodge, J.D., 1985. Marine Dinoflagellates of the British Isles, 2. Auflage. Crown, Souththampton, 303pp.

Dodge, J.D., 1994. Biogeography of marine armoured dinoflagellates and dinocysts in the NE Atlantic and North Sea. Review of Palaeobotany and Palynology, 84, 169-180.

Dodge, J.D. and R. Harland, 1991. The distribution of planktonic dinoflagellates and thire cysts in the eastern and northeastern Atlantic Ocaen. New Phytologist, 118, 593-603.

Donders, T.H., P.M. Gorissen, F. Sangiorgi, H. Cremer, F. Wagner-Cremer and V. McGee, 2008. Three-hundred-year hydrological changes in a subtropical estuary, Rookery Bay (Florida): Human impact versus natural variability G3, 9(7) 10 July 2008. doi:10.1029/2008GC001980.

Donnelly, P.J. and D.R. Morris, 1980. Dinoflagellate cysts from the Indian River, Florida. Florida Scientist, 43(Suppl. 1), 14.

D`Onofrio, G., D. Marino, L. Bianco, E. Busico, M. Montresor, 1999. Toward an assessment on the taxonomy of dinoflagellates that produce calcareous cysts (Calciodinelloideae, Dinophyceae): A morphological and molecular approach. Journal of Phycology, 35, 1063-1078.

Doucette, G.J., A.D. Cembella and G.L. Boyer, 1989. Cyst formation in the red tide dinoflagellate *Alexandrium tamarense* (Dinophyceae): Effects of iron stress.. Journal of Phycology, 25, 721-731.

Doucette, G.J., E.R. McGovern and J.A. Babinchak, 1999. Algicidal bacteria active against *Gymnodinium breve* (Dinophyceae). I. Baterial isolation and characterization of killing activity. Journal of Phycology, 35, 1447-1454.

Downie, C. and G. Singh, 1969. Dinoflagellate cysts from estuarine and raised beach deposits at Woodgrange, co. down, N. Ireland. Grana, 9, 1-3.

Drira, Z., A. Hamza, M. Belhassen, H. Ayadi, A. Bouan and L. Aleya, 2008. Dynamics of dinoflagellates and environmental factors during the summer in the Gulf of Gabes (Tunisia, Eastern Mediterranean Sea). Scientia Marina, 72, 59-71.

D'Silva, M.S., A.C. Anil, D.V. Borole, B.N. Nath and R.K. Singhal, 2012. Tracking the history of dinoflagellate cyst assemblages in sediments from the west coast of India. Journal of Sea Research, 73, 86-100.

D'Silva, M.S., A,C. Anil and P.M. D'Costa, 2011. An overview of dinoflagellate cysts in recent sediments along the west coast of India. Indian Journal of Geo-Marine Sciences, 40, 697-709.

D'Silva, S.M., A.C. Anil and S.S. Sawant, 2013. Dinoflagellate cyst assemblages in recent sediments of Visakha-patnam harbour, east coast of India: Influence of environmental characteristics, Marine Pollution Bulletin, 66, 17-24.

Edwards, L.E. and A,S, Andrle, 1992. Distribution of selected dinoflagellate cysts in modern marine sediments. in "Head, M.J. and L.H. Wrenn(Eds.), Neogene and Quaternary Dinoflagellate Cysts and Acritarchs. American Association of Stratigraphic Palynologists Foundation, Dallas, Texas", 259-288.

Edwards, L.E., P.J. Mudie and A. de Vernal, 1991. Pliocene paleoclimatic reconstruction using dinoflagellate cysts: comparison of methods. Quaternary Science Review, 10, 259-274.

Eisenack, A. 1965. Über einige Mikrofossilien des saarländischen und norddeutsche Tertiärs. Neues Jahrbuch fur Geologie und Palaontologie. Abhandlungen., 123, 149-159.

Elbrächter, M. and D. Drebes, 1978, Life cycles, pylogeny and Taxonomy of Dissodiniumand Pyrocystis (Dinophyta). Helgoläander wiss Meeresunters, 31, 347-366.

Ellegaard, M., 2000. Variations in dinoflagellate cyst morphology under conditions of changing salinity during the last 2000 years in the Limfjord, Denmark. Review of Palaeobotany and Palynology, 109, 65-81.

Ellegaard, M., N.F. Christensen and Ø. Moestrup, 1993. Temperature and salinity effects on growth of a non-chain-forming strain of *Gymnodinium catenatum* (Dinophyceae) established from a cyst from Recent sediments in the Sound(Oresund), Denmark. Journal of Phycology, 29, 418-426.

Ellegaard, M., N.F. Christensen and Ø. Moestrup, 1994. Dinoflagellate cysts from recent Danish marine sediments. European Journal of Phycology, 29, 183-194.

Ellegaard, M., N. Daugbjerg, A. Rochon, J. Lewis and I. Harding, 2003. Morphological and LSU rDNA sequence variation wihin the *Gonyaulax spinifer-Spiniferites* group (Dinophyceae) and proposal of G. *elongata* comb. nov. and G. *membranacea* comb. nov. Phycologia, 42, 151-164.

Elleraard, M., D.M. Kulis and D.M. Anderson, 1998. Cyst of Danish *Gymnodinium nolleri* Ellegaard et Moestrum sp. ined. (Dinophyceae): studies on encystment, excystment and toxicity. Journal of Plankton Research, 20, 1743-1755.

Ellegaard, M., J. Lewis and L. Harding, 2002. Cyst-theca relationship, life cycle and effects of temperature and salinity on the cyst morphology of *Gonuaulax baltica* sp. nov. (Dinophyceae) from the Baltic sea area. Journal of Phycology, 38, 775-789.

Ellegaard, M. and Ø. Moestrum, 1999. Fine structure of the flagellar apparatus and morphologocal details of *Gymnodinium nolleri* sp. nov. (Dinophyceae), an unarmored dinoflagellate producing a microreticulate cyst. Phycologia, 38, 289-300.

Ellegaard, M. and Y. Oshima, 1998. *Gymnodinium nolleri* Ellegaard et Moestrup sp. ined. (Dinophyceae) from Danish waters, a new species producing *Gymnodinium catenatum*-like cysts: molecular and toxicological comparisons with Australian and Spanish strains of *Gymnodinium catenatum*. Phycologia, 37(5), 369-378.

Ellegaard, M., Y. Oshima, D.M. Kulis and D.M. Anderson, 1997. Comparisons of the cyst-producing *Gymnodinium catenatum* (dinophyceae) in northern Europe with toxic strains from Spain and Australia. IOC, Paris (France).

Elshanawany, R., K. Zonneveld, M. Ibrahim and S.E.A. Kholeif, 2010. Distribution patterns of recent organic-walled dinoflagellate cysts in relation to environmental parameters in the Mediterranean Sea. Palynology, 34, 233-260.

Erard-le, D.E., 1991. Recent occurrence of red tide dinoflagellate *Alexandrium minutum* Halim from the northwestern coast of France. In "Park, J.S. and H.K. Kim.(eds.), Recent Approaches on Red Tides. National Fish. Res. & Dev. Agency, Korea", 85-95.

Esper, O. and K.A.F. Zonneveld, 2007. The potential of organic-walled dinoflagellate cysts to reconstruct past sea-surface conditions in the Southern Ocean. Marine Micropaleontology, 65, 185-212.

Esper, O., K.A.F. Zonneveld and H. Willems, 2002. Distribution of organic-walled dinoflagellate cysts in surface sediments of the southern Ocean (Atlantic sector) between the Subtropical Front and Weddell Gyre. Marine Micropaleontology, 46, 177-208.

Estrada, M., F.J. Sanchez and S. Graga, 1984. Gymnodinium catenatum (Graham) en las rias gallegas (NO de Espana). Investiraciones Pesquera, 8, 31-40.

Evitt, W.R., 1963. A discussion and proposals concerning fossil dinoflagellates, hysteichosphers and Acritarchs. Proceeding of the National Academy of Sciences of the United Statea of America, 49, 158-164.

Evitt, W.R., 1974. Resting of an oligocene freshwater dinoflagellate from Vermont. Geoscience and Man, 9, 1-6.

Evitt, W.R., 1985. Sporopollenin Dinoflagellate Cysts. Their Morphology and Interpretation. American Association Stratigraphic Palynologists Foundation, Hart Graphics Inc, Texas. 333pp.

Fahnenstiel, G., Y. Hong, D. Millie, M. Doblin, T. Johengen and D. Reid, 2009. Marine dinoflagellate cysts in the ballast tank sediments of ships entering the Laurentian Great Lakes. Verhandlungen Internationale Verein Limnology, 30, 1035-1038.

Fang, Q., D. Lan, H. Gu and C. Li, 2003. Preliminary study on dinoflagellate cysts in sediment of Xiamen Harbor. Journal of Fisheries of China, 27, 137-142.

Fang, Q., D. Lan, H. Gu and C. Li, 2004. Preliminary study on dinoflagellate resting cysts in surface sediments from Minjiang Estuary. Marine Science Bulletin, 23, 21-25.

Faust, M.A., 1992. Observation on the morphology and sexual reproduction of *Coolia monotis* (Dinophyceae). Journal of Phycology, 28, 94-104.

Faust, M.A., 1993. Sexuality in a toxic dinoflagellat, *Prorocentrum lima*. in "Smayda, T.J. and Y. Shimizu (eds). Toxic Phytoplankton Blooms in the Sea. Elsevier Science Publisher, New York", 121-126.

Faust, M.A. and R.A. Gulledge, 2002. Identifying Harmful Marine Dinoflagellates. Smithsonia Institution, Contributions from the United States National Herbarium, 42, 1-144.

Fensome, R.A., F.J.R. Taylor, G. Norris, W.A.S. Sarjeant, D.I. Wharton and G.L. Williams, 1993. A Classification of Modern and Fossil Dinoflagellates. Micropaleontology Special Publication 7. Sheridan Press, New

Hampshire, 351pp.

Ferreira, A.A. and B. Dale, 1997. Distribution of cysts from toxic or potentially toxic dinoflagellates along the Portuguese coast. Abstract of VIIIth International Conference on Harmful Algae, Vigo, Spain.

Figueroa, R.I. and I. Bravo, 2005. Sexual reproduction and two different encystment strategies of *Lingulodinium polyedrum* (Dinophyceae) in culture. Journal of Phycology, 41, 370-379.

Figueroa, R.I., I. Bravo and E. Garcés, 2005. Effects of nutritional factors and different parental crosses on the encystment and excystment of *Alexandrium catenella* (Dinophyceae) in culture. Phycologia, 44, 658-670.

Figueroa, R.I., I. Bravo and E. Garcés, 2006a. Multiple routes of sexuality in *Alexandrium taylori* (Dinophyceae) in culture. Journal of Phycology, 42, 1028-1039.

Figueroa, R.I., I. Bravo and E. Garcés, 2008a. The life cycle of *Alexandrium peruvianum* (Dinophyceae) in culture. Harmful Algae, 7, 653-663.

Figueroa, R.I., I. Bravo and E. Garcés, 2008b. The significance of sexual versus asexual cyst formation in the lifecycle of the noxious dinoflagellate *Alexandrium peruvianum*. Harmful Algae, 7, 653-663.

Figueroa, R.I., I. Bravo, E. Garcés and I. Ramilo, 2006b. Nuclear features and nutrient effect on *Gymnodinium catenatum* (Dinophyceae) sexual stages. Journal of Phycology, 42, 67-77.

Figueroa, R.I., I. Bravo, I. Ramilo, Y. Pazos and M. Angeles, 2008c. New life-cycle stages of *Gymnodinium catenatum* (Dinophyceae): laboratory and field observations. Aquatic Microbial Ecology, 52, 13-23.

Figueroa, R.I., E. Garces and I. Bravo, 2007. Comparative study of the life cycles of *Alexandrium tamutum* and *Alexandrium minutum* (Gonyaulacales, Dinophyceae) in culture. Journal of Phycology, 43, 1039-1053.

Figueroa, R.I., J.A. Vazquez, A. Massanet, M.A. Murado and I. Bravo, 2011. Interactive effects of salinity and temperature on planozygote and cyst formation of *Alexandrium minutum* (Dinophyceae) in culture. Journal of Phycology, 47, 13-24.

Fistarol, G.O., C. Legrand, K. rangefors and E. Granéli, 2004. Temporary cyst formation in phytoplankton: a response to allelopathic competitions? Environmental Microbiology, 6, 791-798.

Fraga, S., I. Bravo, M. Delgado, J.M. Franco and M. Zapata, 1995. *Gyrodinium impudicum* sp. nov. (Dinophyceae), a non toxic, chain-forming, red tide dinoflagellate. Phycologia, 34, 514-521.

Fraga, S., F. Rodriguez, I. Bravo, M. Zapata and E. Maranon, 2012. Review of the main ecological features affecting benthic dinoflagellate blooms. Cryptogamie Algologie, 33, 171-179.

Franklin, D.J. and J.A. Berges, 2004. Mortality in cultures of the dinoflagellate *Amphidinium carterae* during culture senescence and darkness. Proceedings of the Royal Society of London, Series B, 271, 2099-2107.

Freudenthal, H.D. and J.J. Lee, 1963, *Glenodinium halli* n. sp. and *Gyrodinium instriatum* n. sp., Dinoflagellates from New York waters, Journal of Protozoologist, 10, 182-189.

Fritz,L., D.M. Anderson and R.E. Triemer, 1989. Ultrastructural aspects of sexual reproduction in the red tide dinoflagellate *Gonyaulax tamarensis*. Journal of Phycology, 25, 95-107.

Fujii, R. and K. Matsuoka, 2006. Seasonal change of dinoflagellates cyst flux collected in a sediment trap in Omura Bay, West Japan. Journal of Plankton Research, 28, 131-147.

Fukui, M., M. Murata, A. Inoue, M. Gawel and T. Yasumoto, 1987. Occurrence of palytoxin in the trigger fish *Melichtys vidua*. Toxicon, 25, 1121-1124.

福代康夫, 1981. 日本沿岸のプロトゴニオラックス屬. 赤潮研究會分類班資料 No. 3, 水産廳, 72pp.

Fukuyo, Y., 1982. Cysts of naked dinoflagellates. in "Okaichi, T. (ed.) Fundamental studies on the effects of the marine environment on the outbreaks of red tides, Reports of Environmental Science, Monbusho", 205-214, (in Japanese)

Fukuyo, Y., 1985. Morphology of *Protogonyaulax tamarensis* (Lebour) Taylor and *Protogonyaulax catenella* (Whedon et Kofoid) Taylor from Japanese coastal waters. Bulletin of Marine Science, 37, 529-537.

Fukuyo, Y., M. Kodama, T. Ogata, T. Ishimatsu, K. Matsuoka, T. Okaichi, A.M. Maala and J.A. Ordones, 1993. Occurrence of *Gymnodinium catenatum* in Manila Bay, the Philippines. in " Smayda, T.J. and Y. Shimiz (eds), Toxic Phytoplankton Blooms in the Sea. Elsevier, New York". 875-880.

Fukuyo, Y., P. Pholpunthin and K. Yoshida, 1988. *Protogonyaulax* (Dinophyceae) in the Gulf of Thailand. Bulletin of Plankton Society of Japan, 35, 9-20.

Fukuyo, Y., M.M. Watanabe and M. Watanabe, 1982. Encystment and excystment of red-tide flagellates II. seasonarity on excystment of *Protogonyaulax tamarensis* and *P. catenella*. Research Report from the National Institute for Environmental Studies, No. 30, 43-52. (in Japanese)

Fukuyo, Y., K. Yoshida and H. Inoue, 1985. *Protogonyaulax* in Japanese coastal waters. in "Anderson D.M., A.W. Alan and D.G. Baden (eds.), Toxic Dinoflagellates. Elsevier, New York", 27-32.

Furio, E.F., K. Matsuoka, K. Mizushima, I. Baula, K.W. Chan, A. Puyong, D. Srivila, B.R. Sidharta and Y. Fukuyo, 2006. Assemblage and geographical distribution of dinoflagellate cysts in surface sediments of coastal waters of Sabah, Malaysia. Coastal Marine Science, 30, 62-73.

Furio, E.F., R.V. Azanza, Y. Fukuyo and K. Matsuoka, 2012. Review of geographical distribution of dinoflagellate cysts in southeast Asian coasts. Coastal Marine Science, 35, 20-33.

Gao, X. and J.D. Dodge. 1991. The taxonomy and ultrastructure of a marine dinoflagellate *Scrippsiella minima* sp. nov. British Phycological Journal, 26, 21-31.

Gao, X., J.D. Dodge and J. Lewis. 1989. An ultrastructural study of planozygotes and encystment of a marine dinoflagellate, *Scrippsiella* sp. British Phycological Journal, 24, 153-165.

Gárate-Lizárraga, I., 2012. Proliferation of *Amphidinium carterae* (Gymnodiniales: Gymnodiniaceae) in Bahia de La Paz, Gulf of Calofornia. CICIMAR Oceánides 27, 37-49.

Garcés, E., I. Bravo, M. Vila, R.I. Figueroa, M. Masó and N. Sampedro, 2004. Relationship between vegetative cells and cyst production during *Alexandrium minutum* bloom in Arenysde Marharbour (NW Mediterranean). Journal of Plankton Research, 26, 637-645.

Garcés, E., M. Delgado, M. Masó and J. Camp. 1998, Life history and in situ growrh rates of *Alexandrium taylori* (Dinopjyceae, Pyrrophyta), Journal of Phycology, 34, 880-887.

Garcés, E., M. Masó and J. Camp, 1999. A recurrent and localized dinoflagellate bloom in a Mediterranean beach. Journal of Plankton Research, 21, 2373-2391.

Gayoso, A.M. and V.K. Fulco, 2006. Occurrence patterns of *Alexandrium tamarens* (Lebour) Balech populations in the Golfo Nuevo (Patagonia, Argentina), with observations on the ventral pore occurrence in natual and cultured cells. Harmful Algae, 5, 233-241.

Genovesi, B., M. Laabir and A. Vaquer, 2006. The benthic resting cyst: a key actor in harmful dinoflagellate blooms - a review. Vie et Milieu, 56, 327-337.

Genovesi, B., M. Laabir, E. Masseret, Y. Collos, A. Vaquer and D. Grzebyk, 2009. Dormancy and germination features in resting cysts of *Alexandrium tamarense* species complex (Dinophyceae) can facilitate bloom formation in a shallow lagoon (Thau, southern France). Journal of Plankton Research, 31, 1209-1224.

Genovesi, B., D. Mouillot, A. Vaquer, M. Laabir and A. Pastoureaud, 2007. Genovesi B, Mouillot D, Vaquer A, Laabir M, Pastoureaud Annie (2007). Towards an optimal sampling strategy for *Alexandrium catenella* (Dinophyceae) benthic resting cysts. Harmful Algae, 6, 837-848.

Genovesi, L., A. de Vernal, B. Thibodeau, C. Hillaire-Marcel, A. Mucci and D. Gilbert, 2011. Recent changes in bottom water oxygenation and temperature in the Gulf of St. Lawrence: micropaleontological and geochemical evidence. Limnology and Oceanography, 56, 1319-1329.

Giacobbe, M.G. and X. Yang, 1999. The life history of *Alexandrium taylori* (Dinophyceae). Journal of Phycology, 35, 331-338.

Gribble, K.E. and D.M. Anderson, (2006. Molecular phylogeny of the heterotrophic dinoflagellates, *Photoperidinium, Diplopsalis* and *Preperidinium* (Dinophyceae), inferred from large subunit rDNA. Journal of Phycology, 42, 1081-1095.

Giannakourou, A., T.Y. Orlova, G. Assimakopoulou and K. Pagou, 2005. Dinoflagellate cysts in recent marine sediments from Thermaikos Gulf, Greece: Effects of resuspension events on vertical cyst distribution. Continental Shelf Research, 25, 2585-2596.

Godhe, A. I. Karunasagar and I. Karunasagar, 1997. Dinoflagellate cysts in estuarine and offshore sediment around Mangalore, SW India. Abstract of VIIIth International Conference on Harmful Algae, Vigo, Spain.

Godhe, A., L. Karunasagar, I. Karunasagar and B. Karlson, 2000. Dinoflagellate cysts in recent marine sediments from SW India. Botanica Marina, 43, 39-48.

Godhe, A. and M.R. McQuoid, 2003. Influence of benthic and pelagic environmental factors on the distribution of dinoflagellate cysts in surface sediments along the Swedish west coast. Aquatic Microbial Ecology, 32, 185-201.

Godhe, A., F. Norén, M. Kuylenstierna, C. Ekberg and B. Karlson, 2001. Relationship between planktonic dinoflagellate abundance, cysts recovered in sediment traps and environmental factors in the Gullmar Fjord, Sweden. Journal of Plankton Research, 23, 923-938.

Goldman, J.C. and J.J. McCarthy, 1978. Steady state growth and ammonium uptake of a fast growing marine diatom. Limnology and Oceanography, 23, 617-624.

Golovnina, E.A. and E.I. Polyakova, 2004. Dinoflagellate cysts in bottom sediments of the White Sea (western Arctic). Doklady Earth Science, 400, 136-139.

Gómez., F., 2005. A list of free-living dinoflagellate species in the world's oceans. Acta Botanica Croatica, 64, 129-212.

Gómez, F., 2012. A checklist and classification of living dinoflagellates (Dinoflagellata, Alveolata). CICIMAR Océanides, 27, 65-140.

Gómez, F. and L. Boicenco, 2004. An annotated checklist of dinoflagellates in the Black Sea. Hydrobiologia, 517, 43-59.

González, C., L.M. Dupont, K. Mertens and G. Wefer, 2008. Reconstructing marine productivity of the Cariaco Basin during marine isotope stage 3 and 4 using organic-walled dinoflagellate cysts. Paleoceanography, 23, PA3215, doi:10.1029/2008PA001602,

Goodman, D.K., Dinoflagellate cysts in ancient and modern sediments. in "Tayloe, F.J.R. (ed), The Biology of Dinoflagellates. Blackwell, Oxford", p.649-722.

Goodson, M.S., L.F. Whitehead and A.E. Douglas, 2001. Symbiotic dinoflagellates in marine Cnidaria: diversity and function. Hydrobiologia, 461, 79-82, 2001.

Gottschling, M., R. Knop, J. Plötner, M. Kirsch, H. Willems and H. Keupp, 2005. A molecular phylogeny of *Scrippsiella* sensu lato (Calciodinellaceae, Dinophyta) with interpretations on morphology and distribution. European Journal of Phycology, 40, 207-220.

Granéli, E., and J.T. Turner (eds), 2006. Ecology of Harmful Algae. Ecological Studies 189. Springer, Berlin, 413pp.

Gregg, M.D. and G.M. Hallegraeff, 2007. Efficacy of three commercially available ballast water biocides against vegetative microalgae, dinoflagellate cysts and bacteria. Harmful Algae, 6, 567-584.

Grigorszky, I., K.T. Kiss, V. Béres, I. Bácsi, M. M-Hamvas, C. Máthé, G. Vasas, J. Padisák, G. Borics, M. Gligora and G. Borbély, 2006. The effects of temperature, nitrogen and phosphorus on the encystment of *Peridinium cinctum*, Stein (Dinophyta). Hydrobiologia, 563, 527-535.

Grøsfjeld, K., E. Larsen, H.P. Sejrup, A. de Vernal, T. Flatebø, M. Vestbø, H. Haflidason and I. Aarseth, 1999. Dinoflagellate cysts reflecting surface-water conditions in Voldafjorden, western Norway during the last 11.300 years. Boreas, 28, 403-415.

Grøsfjeld, K. and R. Harland, 2001. Distribution of modern dinoflagellate cysts from inshore areas along the coast of southern Norway. Journal of Quaternary Science, 16, 651-659.

Grøsfjeld, K., R. Harland and J. Howe, 2009. Dinoflagellate cyst assemblages inshore and offshore Svalbard reflecting their modern hydrography and climate. Norwegian Journal of Geology, 89, 121-134.

Gu, H., Q, Fang, R. Li, D. Lan and M. Zhu, 2004. Preliminary study on dinoflagellate cysts in Changjiang River Estuary. Oceanologia et Limnologia Sinica, 35(5), 413-423.

Gu, H., Q. Fang, J. Sun, D. Lan, F. Cai and Z.Y, Gao, 2003. Dinoflagellate cysts in recent marine sediment front Guangxi, China. Acta Oceanologica Sinica, 22, 407-419.

Gu, H., Z. Luo, T. Liu and D. Lan, 2013. Morphology and phylogeny of *Scrippsiella enormis* sp. nov. and *S.* cf. *spinifera* (Peridiniales, Dinophyceae) from the China Sea. Phycologia, 52, 182-190.

Gu, H., J. Sun, W.H.C.F. Kooistra and R. Zeng, 2008. Phylogenetic position and morphology of thecae and cysts of *Scrippsiella* (Dinophyceae) species in the East China Sea. Journal of Phycology, 44, 478-494.

Gu, H. and Y. Wang, 2007. The first record of *Ensiculifera* Balech and *Fragilidium* Balech (Dinophyceae) from Chinese coast. Acta Phytotaxonomica Sinica, 45, 828-840. (in Chinese)

Gu, H., N. Zeng, Z. Xie, D. Wang, W. Wang and W. Yang, 2013. Morphology, phylogeny and toxicity of *Atama* complex (Dinophyceae) from the Chukchi Sea. Polar Biology, 36, 427-436.

Guillard, R.R.L., 1975. Culture of phytoplankton for feeding marine invertebrates. in "Smith, W.L. and M.H. Chanley (eds.), Culture of Marine Invertebrate Animals. Plenum Press, New York", 26-60.

Guillard, R.R.L. and J.H. Ryther, 1962. Studies of marine planktonic diatoms. I. *Cyclotella nana* Hustedt and *Detonula confervacea* Cleve. Canadian Journal of Microbiology, 8, 229-239.

Guiot, J. and A. de Vernal, 2011. Is spatial autocorrelation introducing biases in the apparent accuray of paleoclimatic reconstructions?. Quaternary Science Reviews, 30, 1965-1972.

Hackett, J.D., D.M. Anderson, D.L. Erdner and D. Bhattacharya, 2004. Dinoflagellates: A remarkable evolutionary experiment. American Journal of Botany, 91, 1523-1534.

Haddock, S.H.D., M.A. Moline and J.F. Case, 2010. Bioluminescence of the sea. Annual Review of Marine Science,

2, 443-493.

Hallagraeff, G.M., 1993. A review of harmful algae blooms and their apparent global increase. Phycologia, 32, 79-99.

Hallegraeff GM, 1998, Transport of toxic dinoflagellates via ships' ballast water: bioeconomic risk assessment and efficacy of possible ballast water management strategies, Marine Ecology Progress Series, 168, 297-309.

Hallegraeff, G.M. and C.J. Bolch, 1991. Transport of toxic dinoflagellate cysts via ships' ballast water. Marine Pollution Bulletin, 22, 27-30.

Hallegraeff, G.M. and C.J. Bolch, 1992. Transport of diatom and dinoflagellate resting spores in ships' ballast water: implications for plankton biogeography and aquaculture. Journal of Plankton Research, 14, 1067-1084.

Hallegraeff, G.M., C.J. Bolch, S.I. Blackburn and Y. Oshima, 1991. Species of the toxic dinoflagellate genus *Alexandrium* in southeastern Australian waters. Botanica Marina, 34, 575-587.

Hallegraeff, G.M., C.J. Bolch, J. Bryan and B. Koerbin, 1990. Microalgal sporea in ships' ballast water: A danger to aquaculture. in "Graneli, E. et al. (eds.), Toxic Marine Phytoplankton, Elsevier, New York", 475-480.

Hallegraeff, G.M., C.J.S. Bolch, J.M. Huisman and M.F. de Salas, 2010. Planktonic dinoflagellates, Algae of Australia: Phytoplankton of Temperate Coastal Waters, 145-212.

Hallegraeff, G.M., J.A. Marshall, J. Valentine and S. Hardiman, 1998. Short cyst-dormancy period of an Australian isolate of the toxic dinoflagellate *Alexandrium catenella*. Marine and Freshwater Research, 49, 415-420.

Hallegraeff, G.M., S.O. Stanly, C.J. Bolch and S.I. Blackburn, 1989. *Gymnodinium catenatum* blooms and shellfish toxicity in southern Tasmania. in "Okaichi, T., Anderson, D.M. and Nemoto, K. (eds.) Red Tides: Biology, Environmental Science and Toxicology, Elsevies, New York", 77-80.

Hallegraeff, G,M,. J.P. Valentine, J.-A. Marshall and C.J. Bolch, 1997. Temperature tolerances of toxic dinoflagellate cysts: application to the treatment of ships'ballast water. Aquatic Ecology, 31, 47-52.

Hamer, J.P., I.A.N. Lucas and T.A. McCollin. 2001. Harmful dinoflagellate resting cysts in ships' ballast tank sediments: potential for introduction into English and Welsh waters. Phycologia, 40, 246-255.

Han M.S., J.K. Jeon and Y.O. Kim, 1992. Occurrence of dinoflagellate *Alexandrium tamarense,* a causative organism of paralytic shellfish poisoning in Chinhae Bay. Korea. Journal of Plankton Research, 14, 1581-1592.

Hansen, G., N. Daugbjerg and J.M. Franco, 2003. Morphology, toxin composition and LSU rDNA phylogeny of *Alexandrium minutum* (Dinophyceae) from Denmark, with some morphological observations on other European strains. harmful Algae, 2, 317-335.

原田憲一, 松岡數充, 1974. DinoflagellateとAcritarchaの概説. NOM特別號, 1-60.

Hardeland, R., 1994. Induction of cyst formation by low temperature in the dinoflagellate *Gonyaulax polyedra* Stein: dependence on circadian phase and requirement of light. Experientia, 50, 60-62.

Harding, I.C. and J. Lewis, 1995. Siliceous dinoflagellate thecal fossils from the Eocene of Barbados. Palaeontology, 37, 825-840.

Harland, R., 1983. Distribution maps of recent dinoflagellate cysts in bottom sediments from the North Atlantic Ocean and adjacent seas. Palaeontology, 26, 321-387.

Harland, R., K. Nordberg and H.L. Filipsson, 2004. The seasonal occurence of dinoflagellate cysts in surface sediments from Koljø Fjord, west coast of Sweden-a note. Review of Palaeobotany and Palynology, 128, 107-117.

Harland, R., K. Nordberg, H.L. Filipsson, 2006. Dinoflagellate cysts and hydrographical change in Gullmar Fjord, west coast of Sweden. Science of the Total Environment 355, 204-231.

Harland, R., K. Nordberg and H.L. Filipsson, 2010. A major change in the dinoflagellate cyst flora of Gullmar Fjord, Sweden, at around 1969/1970 and its possible explanation. Geological Society (London), Special Publications 344, 75-82.

Harland, R. and C.J., Pudsey, 1999. Dinoflagellate cysts from sediment traps deployed in the Bellingshausen, Weddell and Scotia seas, Antarctica. Marine Micropaleontology, 37, 77-99.

Harland, R., C.J. Pudsey, J.A. Howe and M.E.J. Fitzpatrick, 1998. Recent dinoflagellate cysts in a transect from the Falklands through to the Weddell Sea, Antarctica. Paleontology, 41, 1093-1131.

Harland, R., P.C. Reid, P. Dobell and G. Norris, 1980. Recent and sub-recent dinoflagellate cysts from the Beaufort Sea, Canadian Arctic. Grana, 19, 211-225.

Harlow, L.D., K. Koutoulis and G.M. Hallegraeff, 2007. S-adenosylmethionine synthetase genes from eleven marine dinoflagellates. Phycologia, 46, 46-53.

Harper, F.M., E.A. Hatfield and R.J. Thompson, 2002. Recirculation of dinoflagellate cysts by the mussel, *Mytilus edulis* L., at an aquaculture site contaminated by *Alexandrium fundyense* (Lebour) Balech. Journal of Shellfish Research, 21, 471-477.

Hastings, J.W., 1996. Chemistries and colors of bioluminescent reactions: a review. Gene, 173, 5-11.

Hastings, J.W. and B.M. Sweeney, 1964. Phased cell division in the marine dinoflagellates. in "Zeuthen, D.(ed), Synchrony in Cell Division and Growth, J. Wiley & Sons, New York", p.307-321.

Hayward, P.J. and J.S. Ryland (Eds.), 1990. The marine fauna of the British Isles and North-West Europe: 1. Introduction and protozoans to arthropods. Clarendon Press: Oxford,. 627pp.

Haywood, A.J., C.A. Scholin, R. Marin Ⅲ, K.A. Steidinger, C. Heil and J. Ray, 2007. Molecular detection of the brevetoxin-producing dinoflagellate *Karenia brevis* and closely related species using rRNA-targeted probes and a semiautomated sandwich hybridization assay. Journal of Phycology, 43, 1271-1286.

Head, M.J., 1996. Modern dinoflagellate cysts and their biological affinies. in "Jansonius, J. and D.C. McGregor (eds), Palynology: Principles and Applications, vol. 3, American Association of Stratigraphic Palynologists Foundation, Texas". p.1197-1248.

Head, M.J. 2000. *Geonettia waltonensis*, a new goniodomacean dinoflagellate from the Pliocene of the North Atlantic region and its evolutionary implications. Journal of Paleontology, 74, 812-827.

Head, M.J., 2007. Last Interglacial (Eemian) hydrographic conditions in the southwestern Baltic Sea based on dinoflagellate cysts from Ristinge Klint, Denmark. Geological Magazine, 144:, 987-1013.

Head, M.J., R. Harland and J. Matthiessen, 2001. Cold marine indicators of the late Quaternary: the new dinoflagellate cyst genus *Islandinium* and related morphotypes. Journal of Quaternary Science, 16, 621-636.

Heiskanen, A.-S., 1993. Mass encystment and sinking of dinoflagellates during a spring bloom. Marine Biology, 116, 161-167.

Hickel, B. and U. Pollingher, 1986. On the morphology and ecology of *Gonyaulax apiculata* (Penard) EZTZ from the Selenter Sea (West Germany). Archiv für Hydrobiologie, 73, 227-232.

Hickel, W., 1988. Sexual reproduction and life cycle of *Ceratium furcoides* (Dinophyceae) in situ in the lake Plub see (F.R.). Hydrobiologia, 161, 41-48.

Holzwarth, U., O. Esper and K. Zonneveld, 2007. Distribution of organic-walled dinoflagellate cysts in shelf surface sediments of the Benguela upwelling system in relationship to environmental conditions. Marine Micropaleontology. 64, 91-119.

Holzwarth, U., O. Esper and K.A. Zonneveld, 2010. Organic-walled dinoflagellate cysts as indicators of oceanographic conditions and terrigenous input in the NW African upwelling region. Review of Palaeobotany and Palynology, 159, 35-55.

Hong, Y., G.L. Fahnenstiel and R. Stone, 2003. Dinoflagellate cysts in NOBOB ballast tank sediment: potential risk of invasion to the Great Lakes. International Association for Great Lakes Research, [URL:http://iaglr.org/].

Honsell, G. and M. Cabrini, 1991. *Scrippsiella spinifera* sp. nov. (Pyrrhophyta) - a new Dinoflagellate from the northern Adriatic Sea. Botanica Marina, 34, 167-175.

Hoppenrath, M., M. Elbrachter and G. Drebes, 2009. Marine phytoplankton. selected microphytoplankton species from the North Sea around Helgoland and Sylt. E. Schweizerbart'sche Verlagsbuchhandlung (Nägele u. Obermiller). Stuttgart, 114pp.

Hoppenrath, M. and B.S. Leander, 2007. Character evolution in Polikrikoid dinoflagellates. Journal of Phycology 43, 366-377.

Horiguchi, T. and M. Chihara, 1988. Life-cycle behabior and morphology of a new tide pool dinoflagellate, *Gymnodinium pyrenoidosum* sp. nov(Gymnodiniales, Pyrrophyta). Botanicaa MagazineTokyo, 101, 255-265.

Horiguchi, T., A. Harada, S. Ohtsuka, H.Y. Soh and Y.H. Yoon, 2004. First record of ectoparasitic dinoflagellate, *Oodinium inlandicum* (Dinophyta) infecting a chaetognath, *Sagitta crassa* from the Korean coasts. Algae, 19, 201-205.

Horner, R.A., C.L. Greengrove, K.S. Davies-Vollum, J.E. Gawel, J.R. Postel, A.M. Cox, 2011. Spatial distribution of benthic cysts of *Alexandrium catenella* in surface sediments of Puget Sound, Washington, USA, Harmful Algae, 11, 96-105.

Howe, J.A., R. Harland, F.R. Cottier, T. Brand, K.J. Willis, J.R. Berge, K. Grøsfjeld and A. Eriksson, 2010. Dinoflagellate cysts as proxies for palaeoceanographic conditions in Arctic fjords. Geological Society of London, Special Publications 344, 61-74.

Howell, J.F., 1953. *Gonyaulax monilata* sp. nov., the causative dinoflagellate of a red tide in the east coast of Florida in August-September 1951. Transections of the American Microscopical Society, 72: 153-15.

Huber, G. and F. Nipkow, 1922. Experimentelle Untersuchungen uber Entwicklung von *Ceratium hirundinella* O.F.M. Zeitscher. Botanik, 14, 337-371.

Huber, G. and F. Nipkow, 1922. Experimentelle Untersuchungen uber Entwicklung und Formbildung *Ceratium hirundinella* O.Fr.Müller. Flora. New Series, 116, 114-215.

Ichikawa, S., Y. Wakao and Y. Fukuyo, 1992. Extermination efficacy of hydrogen peroxide against cysts of red tide and toxic dinoflagellates and its adaptability to ballast water of cargo ships. Nippon Suisan Gakkaishi, 58, 2229-2233. (in Japanese)

Ichimi, K., M. Yamasaki, Y. Okumura and T. Suzuki, 2001. The growth and cyst formation of a toxic dinoflagellate, *Alexandrium tamarense*, at low water temperatures in northeastern Japan. Journal of Experimental

Marine Biology and Ecology, 261, 17-29.

飯塚 昭二, 1979. 九州西岸域における主要赤潮生物寫眞集. 赤潮研究會分類班資料, No. 1, 10pp. (plate 10).

Igniatiades, L., 2012. Mixotrophic and heterotrophic dinoflagellates in eutrophic coastal waters of the Aegean Sea (eastern Mediterranean Sea). Botanica Marina, 55, 39-48.

Imada, N,, T. Honjo, H. Shibata, Y. Oshima, K. Nagai, Y. ,Matsuyama and T. Uchida, 2000. The quantities of *Heterocapsa circularisquama* cells transferred with shellfish consignments and the possibility of its establishment in new areas. in "Hallegraeff, G.M., C.J. Bolch and R.J. Lewis (Eds.), Harmful Algal Blooms. UNESCO, Paris", p.474-476.

Imai, I., 1989. Cyst formation of the noxious red tide flagellate *Chattonella marina* (Raphidophyceae) in culture. Marine Biology, 103, 235-239.

Imai, I., Y. Ishida and Y. Hata, 1993. Killing of marine phytoplankton by a gliding baterium *Cytophaga* sp. isolated from the coastal sea of Japan. Marine Biology, 116, 527-532.

今井一郎, 板倉茂, 2007. わが國における貝毒發生の歴史的經過と水産業への影響. in "今井一郎, 福代康夫, 廣石伸互(編), 貝毒研究の最先端 - 現況と展望. 恒星社厚生閣, 東京", p.9-18.

Imai, I. and K. Itoh, 1988. Cysts *Chattonella antiqua* and *Chattonella marina* (Raphidophyceae) in sediments of the Inland Sea of Japan. Bulletin of Plankton Society of Japan, 35, 35-44.

井上博明, 1990. 渦鞭毛藻綱 ペリディニウム目ペリディニウム科 *Protoperidinium pentagonum* (Gran) Balech. in "福代康夫, 高野秀昭, 千原光雄, 松岡 數充, 1990. 日本の赤潮生物-寫眞と解說-. 內田老鶴圃, 東京". 154-155.

Irwin, A., G.M. Hallegraeff, A. McMinn, J., Harrison and H. Heijnis, 2003. Cyst and radionuclide evidence demonstrate historic *Gymnodinium catenatum* dinoflagellate populations in Manukau and Hokianga Harbours, New Zealand. Harmful Algae 2, 61-74.

Ishikawa, A., 2000. Ecological studies on the cyst-formation armored dinoflagellates, with special reference to the population dynamic of *Scrippsiella* spp. Uminokennkyu, 9, 315-329. (in Japanese)

Ishikawa, A., N. Fujita and A. Taniguchi, 1995. A sampling device to measure *in situ* germination rates of dinoflagellate cysts in surface sediments. Journal of Plankton Research, 17, 647-651.

Ishikawa, A. M. Hattori and I. Imai, 2007. Development of the "plankton emergence trap/chamber (PET Chamber)", a new sampling device to collect *in situ* germinating cells from cysts of microalgae in surface sediments of coastal waters. Harmful Algae, 6, 301-307.

Ishikawa, A. and A. Taniguchi, 1997. *In situ* germination patterns of cysts and bloom formation of some armored dinoflagellates in Onagawa Bay, north-east Japan. Journal of Plankton Research, 19, 1783-1791.

Ishikawa, A. and A. Taniguchi, 2000. Vegetative cell and cyst assemblages of armored dinoflagellates in Onagawa Bay, northeast Japan. Plankton Biology and Ecology, 47, 12-22.

Iwatani, M., H. Kawami, H. Takayama, T. Yoshida, S. Hiroishi, Y. Matsuyama, J.R.Jr. Relox and K. Matsuyama, 2006. First report of *Gymnodinium microreticulatum* (Gymnodiniales, Dinophyceae) in Japanese coastal waters. Japanese Journal of Phycology, 54, 77-83.

Iwazaki, H., 1961. The life-cycle of *Porphyra tenera in vitro*. Biology Bulletin, 121, 173-187.

Janofske, D., 2000. *Scrippsiella trochoidea* and *Scrippsiella regalis* nov. comb. (Peridiniales, Dinophyceae): a comparison. Journal of Phycology, 36, 178-189.

Jensen, M.O. and O. Moestrup, 1997. Autecology of the toxic dinoflagellate *Alexandrium ostenfeldii*: life history and growth at different temperatures and salinities. European Journal of Phycology, 32, 9-18.

Jiabo, 1978. On the Peleogene Dinoflagellates and Acritarchs from Coastal Region of Bohai. Nanking Institure of Geology and Palaeontology, 190pp. (in Chinese)

Jimenez, R., 1963. Ecological factors related to *Gyrodinium instriatum* bloom in the inner estuary of the Gulf of Guayaquil, in "Smayda, T.J. and Y. Shimiz (eds), Toxic Phytoplankton Blooms in the Sea, Elsevier, Amsterdam", p.257-262.

John, D.A., B.A. Whitton and A.J. Brook (eds), 2011. The Freshwater Algal Flora of the British Isles. (2nd eds.), National History Meseum, Cambridge, 878pp.

Joyce, L.B., 2004. Dinoflagellate cysts in recent marine sediments from Scapa Flow, Orkney, Scotland. Botanica Marina, 47, 173-183.

Joyce, L.B. and C. Pitcher, 2004. Encystment of *Zygabikodinium lenticulatum* (Dinophyceae) during a summer bloom of dinoflagellates in the southern Benguela upwelling system. Estuarine, Coastal and Shelf Science, 59, 1-11

Joyce, L.B., G.C. Pitcher and P.A. Cook, 2002. Dinoflagellate cysts and the initiation of harmful blooms on the west coast of South Africa. Southern African Network for Coastal and Oceanographic Research (SANCOR), Benguela Environment Fisheries Interaction and Training Programme BENEFIT)

Joyce, L.B., G.C. Pitcher, A. du Randt and P.M.S. Monteir, 2005. Dinoflagellate cysts from surface sediments of Saldanha Bay, South Africa: an indication of the potential risk of harmful algal blooms. Harmful Algae, 4, 309-318.

Juhl, A.R. and M.I. Latz, 2002. Mechanisms of fluid shear-induced inhibition of population growth in a red-tide dinoflagellate. Journal of Phycology, 38, 683-694.

Juhl, A.R., C.A. Martins and D.M. Anderson, 2008. Toxicity of *Alexandrium lusitanicum* to gastropod larvae is not caused by paralytic-shellfish-poisoning toxins. Harmful Algae, 7, 567-573.

Juliano, V.B. and V.M.T. Garcia, 2006. Cysts of potentially harmful dinoflagellates, with emphasis on the genus *Alexandrium*, in Sepetiba Bay (Brazil) during a port survey of GloBallast. African Journal of Marine Science, 28, 299-303.

Kamikawa, R., S. Nagai, S. Hosoi-Tanabe, S. Itakura, M. Yamaguchi, Y. Uchida, T. Baba and Y. Sako, 2007. Application of real-time PCR assay for detection and quantification of *Alexandrium tamarense* and *Alexandrium catenella* cysts from marine sediments. Harmful Algae, 6, 413-420.

Kamiyama, T., 1997. Effects of phytoplankton abundance on excystment of Tintinned ciliates from marine sediments. Journal of Oceanography, 53, 299-302.

Kamykowski, D., 1981. Laboratory experiments on the diurnal vertical migration of marine dinoflagellates through temperature gradients. Marine Biology, 62, 57-64.

Kang, Y.J., T.H. Ko, J.A. Lee, J.-B. Lee and I.K. Chung, 1999. The community dynamics of phytoplankton and distribution of dinoflagellate cysts in Tongyoung Bay, Korea. Algae, 14, 43-54.

Kang, Y.J., C.H. Moon and H.J. Cho. 2008. Comparison of panning and sodium polytungstate methods for separating dinoflagellate cysts. Journal of Korean Fisheries Society, 41, 228-231. (in Korean)

Kat, M., 1980. Preliminary note on dinoflagellate cysts in the Oosterschelde (The Netherlands) in relation to shellfish poisoning. Aquaculture, 21, 97-100.

Katz, M.E., Z.V. Finkel, D. Grzebyk, A.H. Knoll, P.G. Falkowski, 2004. Evolutionary trajectories and biogeochemical impacts of marine eukaryotic phytoplankton. Annual Review of Ecology, Evolution and Systematics, 35, 523-556.

Kawami, H., M. Iwataki and K. Matsuoka, 2006. A new diplopsalid species *Oblea acanthocysta* sp. nov. (Peridiniales, Dinophyceae). Plankton and Benthos Research, 1, 183-190.

Kawami, H., R. van Wezel, R.P.T. Koeman and K. Matsuoka, 2009. *Protoperidinium tricingulatum* sp. nov. (Dinophyceae), a new motile form of a round, brown and spiny dinoflagellate cyst. Phycological Research, 57, 259-267.

Kawamura, H., 2004. Dinoflagellate cyst distribution along a shelf to sloope transect of an oligotrophic tropical sea (Sunda Shelf, South China Sea). Phycological Research, 52, 355-375.

Keafer, B.A., K.O. Buesseler, D.M. Anderson, 1992. Burial of living dinoflagellate cysts in estuarine and nearshore sediments.. Marine Micropaleontology, 20, 147-161.

Kelley, I. and L.A. Pfiester, 1989. Vegetative reproduction of the freshwater dinoflagellate *Glenodinium montanum*. Journal of Phycology, 25, 241-247.

Kelley, I. and L.A. Pfiester, 1990. Sexual reproduction in the freshwater dinoflagellate *Glenodinium montanum*. Journal of Phycology, 26, 167-173.

Kennaway, G.M. and J.M. Lewis, 2004. An ultrastructural study of hypnozygotes of *Alexandrium* species (Dinophyceae). Phycologia, 43, 353-363.

Kholeif, S.E.A., 2008. Dinoflagellate cysts as bio-indicator of marine pollution in bottom sediments of Abu-Qir Bay, Alexandria coastal water, Egypt. Egyptian Journal of Aquatic Research, 34, 110-126.

Kim, C.H., 1994. Germinability of resting cysts associated with occurrence of toxic dinoflagellate *Alexandrium* species. Journal of Aquaculture. 7, 251-264.

Kim, C.H., 1995. Paralytic shellfish toxin profiles of the dinoflagellate *Alexandrium* species isolated from benthic cysts in Jinhae bay, Korea. Journal of Korean Fisheries Society, 28, 364-372.

Kim, C.H., 2009. Life cycle of the harmful dinoflagellate *Cochlodinium polykrikoides*. Bulletin of Plankton Society of Japan, 56, 31.

Kim, C.H., H.J. Cho, J.B. Shin, C.H. Moon and K. Matsuoka, 2002. Regeneration from hyaline cysts of *Cochlodinium polykrikoides* (Gymnodiniales, Dinophyceae). a red tide organism along the Korean coast. Phycologia, 41, 667-669.

Kim, C.J., H.G. Kim, C.H. Kim and H.M. Oh, 2007. Life cycle of the ichthyotoxic dinoflagellate *Cochlodinium polykrikoides* in Korean coastal waters. Harmful Algae, 6, 104-111.

Kim, H.G., 1991. The distribution and role of benthic cysts on the dinoflagellate bloom in Chinhae bay. in "NFRDA,(eds), Recent approaches on red tides, Busan", 93-120.

Kim, H.G., J.S. Park and S.G. Lee. 1990. Coastal algal blooms caused by the cyst-forming dinoflagellates. Journal of the Korean Fisheries Society, 23, 468-474.

Kim, H.-S. and K. Matsuoka, 1998. Process of eutrophication estimated by dinoflagellate cyst assemblages in Omura bay, Kyushu, western Japan. Bulletin of Plankton Society of Japan, 45, 133-147. (in Japanese).

Kim, K.-Y., M. Yoshida and C.-H. Kim, 2005. Molecular phylogeny of three hitherto unreported *Alexandrium* species: *Alexandrium hiranoi, Alexandrium leei* and *Alexandrium satoanum* (Gonyaulacales, Dinophyceae) inferred from the 18S and 26S rDNA sequence data. Phycologia, 44, 361-368.

Kim, S., M.G. Park, W. Yih and D.W. Coats, 2004. Infection of the bloom-forming, thecate dinoflagellates *Alexandrium affine* and *Gonyaulax spinifera* by two strains of *Amoebophrya* (Dinophyta). Journal of Phycology, 40, 815-822.

Kim, S.-Y, C.-H. Moon, H.J. Cho and D.-I. Lim, 2009. Dinoflagellate cysts in coastal sediments as indicators of eutrophication: A case of Kwangyang bay, South Sea of Korea. Estuarine and Coasts, 32, 1225-1233.

Kim Y.-O. and M.S. Han. 2000. Seasonal relationships between cyst germination and vegetative population of *Scrippsiella trochoide*a (Dinophyceae). Marine Ecology Progress Series, 204, 111-118.

Kim Y.-O., M.-H. Park and M.-S. Han, 2002. Role of cyst germination in the bloom iniation of *Alexandrium tamarense* (Dinophyceae) in Masan Bay. Aquatic Microbial Ecolpgy, 29, 279-286.

Kirn, S.L., D.W. Townsend and N.R. Pettigrew, 2005. Suspended *Alexandrium* spp. hypnozygote cysts in the Gulf of Maine. Deep-Sea Research Part II, 52, 2543-2559.

Kita, T. and Y. Fukuyo, 1988. Description of the Gonyaulacoid dinoflagellate *Alexandrium hiranoi* sp. nov. inhabiting tidepools on Japanese Pacific coast. Bulletin of Plankton Society of Japan, 35, 1-7.

Kita, T., Y. Fukuyo, H. Tokuda and R. Hirano, 1985. Life history and ecology of *Goniodoma pseudogoniaulax* (Pyrrhophyta) in a rock pool. Bulletin of Marine Science, 37, 643-651.

Kita, T., Y. Fukuyo, H. Tokuda and R. Hirano, 1993. Sexual reproduction of *Alexandrium hiranoi* (Dinophyceae). Bulletin of Plankton Society of Japan, 39, 79-85.

Klais, R., T. Tamminen, A. Kremp, K. Spilling, B.W. An, S. Hajdu and K. Olli, 2013. Spring phytoplankton communities shaped by interannual weather variability and dispersal limitation: Mechanisms of climate change effects on key coastal primary producers. Limnology and Oceanography, 58, 753-762.

Kobayashi, S., N. Kojima, S. Itakura, I. Imai and K. Matsuoka, 2001. Cyst morphology of a chainforming unarmored dinoflagellate *Gyrodinium impudicum* Fraga et Bravo. Phycological Research, 49, 61-65.

小林聰, 松岡數充, 1984. *Protoperidinium conicum* (GRAN) BALECH (Dinophyceae)のシストと遊泳體. 藻類, 32, 251-256.

Kobayashi, S. and K. Matsuoka, 1995. A new species of *Ensiculifera, E. imariense* (Dinophyceae), producing organic-walled cysts. Journal of Phycology, 31, 147-152.

Kobayashi, S., Matsuoka, K., Iizuka, S., 1986. Distribution of dinoflagellate cysts in surface sediments of Japanese coastal water. I. Omura Bay, Kyushu. Bulletin of the Plankton Society of Japan, 33, 81-93. (in Japanese)

Kobayashi, S. and K. Yuki, 1991. Distribution of dinoflagellate cysts in surface sediments of Japanese coastal waters. 2. Matoya Bay. Bulletin of the Plankton Society of Japan, 38, 9-23.

Kodama, M., Y. Fukuyo, T. Igarashi, H. Kamiya and F. Matsuura, 1982. Comparison of toxicities of *Protogonyaulax* cells of various sizes. Bulletin of the Japanese Society of Scientific Fisheries, 48, 567-574.

Kojima, N., 2004. The characteristics of dinoflagellate assemblages in Lake Nakaumi. Laguna, 11, 87-96.

Kojima, N. and S. Kobayashi, 1992. Motile cell-like cyst of *Gyrodinium instriatum* Freudenthal et Lee (Dinophyceae). Review of Palaeobotany and Palynology, 74, 239-247.

Kojima, N., K. Seto, K. Takayasu and M. Nakamura, 1994. Distribution cysts assemblage found in the surface sediments of Lake Nakaumi, western Japan. Laguna, 1, 45-51.

Kokinos, J.P. and D.M. Anderson, 1995. Morphological development of resting cysts in cultures of *Lingulodinium polyedra* (=*L. machaerophorum*), Palynology, 19, 143-166.

Kotani, Y., A. Koyama, M. Yamaguchi and I. Imai, 1998. Distribution of resting cysts of the toxic dinoflagellates *Alexandrium catenella* and/or *A. tamarense* in the coastal area of western Shikoku and Kyushu, Japan. Bulletin of the Japanese Society of Fisheries Oceanography. 62, 104-111.

Kremp, A., 2000. Morphology and germination pattern of the resting cyst of *Peridiniella catenata* (Dinophyceae) from the Baltic Sea. Phycologia, 39, 183-186.

Kremp, A. and D.M. Anderson, 2000. Factors regulating germination of resting cysts of the spring bloom dinoflagellate *Scrippsiella hangoei* from the northern Baltic Sea. Journal of Plankton Research, 22, 1311-1327.

Kremp, A., M. Elbrachter, M. Schweikert, J.L. Wolny and M. Gottschling, 2005. *Woloszynskia halophila* (Biecheler) comb. nov.: a bloom-forming cold-water dinoflagellate co-occurring with *Scrippsiella hangoei* (Dinophyceae) in the Baltic Sea. Journal of Phycology, 41, 629-642.

Kremp, A. and A.S. Heeiskanen, 1999. Sexuality and cyst formation of the spring-bloom dinoflagellate *Scrippsiella hangoei* in the coastal northern Baltic Sea. Marine Biology, 134, 771-777.

Kremp, A. and M.W. Parrow, 2006. Evidence for asexual resting cysts in the life cycle of the marine peridinoid dinoflagellate, *Scrippsiella hangoei*. Journal of Phycology. 42, 400-409.

Kremp, A., D.H. Shull and D.M. Anderson, 2003. Effects of deposit-feeder gut passage and fecal pellet encapsulation on germination of dinoflagellate resting cysts. Marine Ecology Progress Series, 263, 65-73.

Krepakevich, A. and V. Pospelova, 2010. Tracing the influence of sewage discharge on coastal bays of Southern Vancouver Island (BC, Canada) using sedimentary records of phytoplankton. Continental Shelf Research. 30, 1924-1940.

Kudela, R.M. and C.J. Goble, 2012. Harmful dinoflagellate blooms caused by *Cochlodinium* sp.: Global expansion and ecological strategies facilitating bloom formation. Harmful Algae, 14, 71-86.

Kumar, A. and R.T. Patterson, 2002. Dinoflagellate cyst assemblages from Effingham Inlet, Vancouver Island, British Columbia, Canada. Palaeogeography, Palaeoclimatology, Palaeoecology, 180, 187-206.

Kunz-Pirrung, M., 2001. Dinoflagellate cyst assemblages in surface sediments of the Laptev Sea region (Arctic Ocean) and their relationship to hydrographic conditions. Journal of Quaternary Science, 16, 637-649.

Kunz-Pirrung, M., J. Matthiessen and A. de Vernal, 2001. Late Holocene dinoflagellate cysts as indicators for short-term climate variability in the eastern Laptev Sea (Arctic Ocean), Journal of Quaternary Science, 16, 711-716.

Kupinska, M., O. Sachs, E.J. Sauter and K.A.F. Zonneveld, 2012. Aerobic degradation of organic carbon inferred from dinoflagellate cyst decomposition in Southern Ocean sediments. Quaternary Research, 78, 130-138.

Laabir,M., Z. Amzil, P. Lassus, E. Masseret, Y. Tapilatu, R. De Vargas and D. Grzebyk, 2007. Viability growth and toxicity of *Alexandrium catenella* and *Alexandrium minutum* (Dinophyceae) following ingestion and gut passage in the oyster *Crassostrea gigas*. Aquatic Living Resources, 20, 51-57.

Laabir, M. and P. Gentien, 1999. Survival of toxic dinoflagellates after gut passage in the Pacific oyster *Crassostrea gigas* Thunburg. Journal of Shellfish Research, 18, 217-222.

Lan, D., Q. Fang, H. Gu and C. Li, 2004. Resting cysts of harmful and toxic dinoflagellates and potential damage of *Alexandrium tamarense* from Xiamen Bay sediments. Journal of Oceanography in Taiwan Strait, 23, 453-457.

Lan, D., C. Li, Q. Fang and H. Gu, 2003. Preliminary study on taxonomy of dinoflagellate cysts from major estuary and bays of Fujian Province, China. Acta Oceanologica Sinica, 22, 395-406.

Larrazabal, M.E., P. Lassus, P. Maggi and M. Bardouil, 1990. Modern dinoflagellate cysts in Vilaine Bay - southern Brittany (France). Cryptogamie algologie, 3, 171-185.

Larsen, J., H. Kuosa, J, Ikävalko, K. Kivi and S. Hällfors, 1995. A redescription of *Scrippsiella hangoei* (Schiller) comb. nov. - a 'red tide' dinoflagellate from the northern Baltic. Phycologia, 34, 135-144.

Leaw, C.P., P.T. Lim, B.K. Ng, M.Y. Cheah, A. Ahmad and G. Usup, 2005. Phylogenetic analysis of *Alexandrium* species and *Pyrodinium bahamense* (Dinophyceae) based on theca morphology and nuclear ribosomal gene sequence. Phycologia, 44, 550-565.

Lee, J.B. and K, Matsuoka. 1994. Distribution of dinoflagellate cysts from surface sediments in Southern Korean waters. in "Lee, K.W.(ed), Exploitation of Marine Resources. Second International Symposium on Marine Science, Marine Research Institute, Cheju National University", p.1-20.

Lee, J.B. and K. Matsuoka, 1996. Dinoflagellate cysts in surface sediments of southern Korean waters. in "Yasumoto, T., Y. Oshima and Y. Fukuyo (eds.): Harmful and Toxic Algal Blooms, IOC of Unesco, 586pp.", p.173-176.

Lee, J.B. and K.I. Yoo, 1991. Distribution of dinoflagellate cysts in Masan Bay, Korea. Journal of Oceanographical Society of Korea, 26, 304-312.

Lembeye, G., 2004. Distribution of cysts of *Alexandrium catenella* and other dinoflagellates in sediments of southern Chile. Ciencia y Tecnologia del mar, 27, 21-31.

Leong, S.C.Y., M. Nakazawa and S. Taguchi, 2006. Physiological and optical responses of the harmful dinoflagellate *Heterocapsa circularisquama* to a range of salinity. Hydrobiologia, 559, 149-159.

Lewis, J., 1990. The cyst-theca relationship of *Oblea rotunda* (Diplopsalidaceae, Dinophyceae). British Phycological Journal, 25, 339-351.

Lewis, J., 1991. Cyst-theca relationships in *Scrippsiella* (Dinophyceae) and related orthoperidinioid genera. Botanica Marina, 34, 91-106.

Lewis, J. and J.D. Dodge, 1987. The cyst-theca relationship of *Protoperidinium americanum* (Graand Braarud) Balech. Journal of Micropalaeontology, 6, 113-121.

Lewis, J., J.D. Dodge and A.J. Powell, 1990. 18. Quaternary dinoflagellate cysts from the upwelling system offshore Peru, Hole 686B, ODP LEG 112. Proceed. Ocean Drilling Program, Scientific Results, 112, 323-328.

Lewis, J., G. Kennaway, S. Franca and E. Alverca, 2001. Bacterium-dinoflagellate interactions: Investigative microscopy of *Alexandrium* spp. (Gonyaulacales, Dinophyceae). Phycologia, 40, 280-285.

Lewis, J., A. Rochon, M. Ellegaard, P.J. Mudie and I. Harding, 2001. The cyst-theca relationship of *Bitectatodinium tepikiense* (Dinophyceae). European Journal of Phycology 36, 137-146.

Li, C., D. Lan, Q. Fang, H. Gu, C. Chen and J. Wang, 2003. Dinoflagellate cysts from sediments of Sansha Bay, Fujian. Journal of Oceanography in Taiwan Strait, 22, 37-45.

Li, J., R. Wicander, K. Yan, H. Zhu, 2006. An Upper Ordovician acritarch and prasinophyte assemblage from Dawangou, Xinjiang, northwestern China: Biostratigraphic and paleogeographic implications. Review of Palaeobotany and Palynology, 139, 97-128.

Libeiro, S., N. Lundholm, A. Amorim and M. Ellegaard, 2010. *Protoperidinium minutum* (Dinophyceae) from

Portugal: cyst-theca relationship and phylogenetic position on the basic of single-cell SSU and LSU rDNA sequencing. Phycologia, 49, 48-63.

Licea, S., E. Zamudio, R. Luna and J. Soto, 2004. Free-living dinoflagellates in the southern Gulf of Mexico: Report of Data (1979-2002). Phycological Research, 52, 419-428.

Lim, P.-T., C.-P. Leaw and T. Ogata, 2007. Morphological variation of two *Alexandrium* species responsible for paralytic shellfish poisoning in Southeast Asia. Botanica Marina, 50, 14-21.

Lim, P.-T., C.-P. Leaw, G. Usup, A. Kobiyama, K. Koike and T. Ogata, 2006. Effects of light and temperature on growth, nitrate uptake and toxin production of two tropical dinoflagellates: *Alexandrium tamiyavanichii* and *Alexandrium minutum* (Dinophyceae). Journal of Phycology 42: 786-799.

Lim, P.-T., G. Usup, C.-P. Leaw and T. Ogata, 2005. First report of *Alexandrium taylori* and *Alexandrium pervianum* (Dinophyceae) in Malaysia waters. harmful Algae, 4, 391-400.

Limoges, A., J.-F. Kielt, T. Radi, A.C. Ruíz-Fernandez, A. de Vernal, 2010. Dinoflagellate cyst distribution in surface sediments along the south-western Mexican coast (14.76°N to 24.75°N). Marine Micropaleontology, 76, 104-123.

Lin, Y., W. Cao, S. Terdalkar, Q. Zhang and Y. Qi, 2002. Studies on dinoflagellate cysts and their distribution in Xiamen Western Harbour. Oceanologia et Limnologia Sinica, 33, 407-414.

Lindberg, K., Ø. Moestrup and N. Daugbjerg, 2005. Studies on woloszynskioid dinoflagellates I: *Woloszynskia coronata* re-examined using light and electron microscopy and partial LSU rDNA sequences, with description of *Tovellia* gen. nov. and *Jadwigia* gen. nov. (Tovelliaceae fam. nov.). Phycologia, 44, 416-440.

Lirdwitayaprasit, T., 1999a. Distribution of dinoflagellate cysts in the surface sediment of the South China Sea: Area 1: Gulf of Thailand and East Coast of Penisula Malaysia.. in "Southeast Asian Fisheries Development Cent. (SEAFDEC), Proceedings of the second Technical Seminar on Marine Fishery Resources Survey in the South China Sea, Area 2: Sarawak, Sabah and Brunei Darussalam waters.", p.294-309.

Lirdwitayaprasit, T., 1999b. Distribution of dinoflagellate cysts in the surface sediment of the South China Sea: Area 2: Off Sabah, Sarawak and Brunei Darussalam. in "Southeast Asian Fisheries Development Cent. (SEAFDEC), Proceedings of the second Technical Seminar on Marine Fishery Resources Survey in the South China Sea, Area 2: Sarawak, Sabah and Brunei Darussalam waters.", p.310-322.

Liu, D., Y. Shi, B. Di, Q. Sun, Y. Wang, Z. Dong and H. Shao, 2012. The impact of different pollution sources on modern dinoflagellate cysts in Sishili Bay, Yellow Sea, China. Marine Micropaleontology, 84/85, 1-13.

Loeblich, A.R., 1976. Dinoflagellate evolution: speculation and evidence. Journal of Protozoology, 23, 13-28.

Loeblich, A.R. Jr and H. Tappan, 1969, Acritarch excystment and surface ultrastructure with description of some Ordovician taxa. Macropaleontplogy, 1, 4-57.

López-Rivera, A., K. O'Callaghan, M. Moriarty, D. O'Driscoll, B. Hamilton, M. Lehane, K.J. James and A. Furey, 2010. First evidence of azaspiracids (AZAs): A family of lipophilic polyether marine toxins in scallops (*Argopecten purpuratus*) and mussels (*Mytilus chilensis*) collected in two regions of Chile. Toxicon, 55, 692-701.

Lotaker, R.W., M.W. Vandersea, S.R. Kibler, V.J. Madden, E.J. Noga and P.A. Tester, 2002. Life cycle of the heterotrophic dinoflagellate *Pfiesteria piscicida* (Dinophyceae). Journal of Phycology, 38, 442-463.

Lovejoy, C., J.P. Bowman and G.M. Hallegraeff, 1998. Algicidal effects of a novel marine *Pseudoalteromonas* isolate

(Class Proteobateria, Gamma subdivision) on harmful algal bloom species of the genera *Chattonella, Gymnodinium* and *Heterosigma*. Applied and Environmental Microbiology, 64, 2806-2813.

Lundholm, S., S. Ribeiro, T.J. Andersen, T. Koch, A. Godhe, F. Ekelund and M. Ellegaard, 2011. Buried alive-germination of up to a century-old marine protist resting stages. Phycologia, 50, 629-640.

MaCDonald, E.M., 1995. Dinoflagellate resting cysts and ballast water discharges in Scottish ports. International Counc. for the Exploration of the Sea, Theme Sess. on Ballast Water: Ecol. and Fish. Implications. ICES, Copenhagen (Denmark).

Mackenzie, L., M. Salas, J. Adamson and V. Beuzenberg, 2004. The dinoflagellate Genus *Alexandrium* (Halim) in New Zealand coastal waters: comparative morphology, toxicity and molecular genetics, Harmful Algae, 3, 71-92.

Mackenzie, L., D. White, Y. Oshima and J. Kapa, 1996. The resting cyst and toxicity of *Alexandrium ostenfeldii* (Dinophyceae) in New Zealand. Phycologia, 35, 148-155.

Manjares, B. and L. Fritz, 1999. Temporary cysts cycles in the freshwater dinoflagellate *Peridinium volzii* and *Peridinium incospicuum.* Proceedings of XVI International Botanical Congress, Journal of Phycology, 22.

Marasovic, I., 1989. Encystment and excystment of *Gonyaulax polyedra* during a red tide. Estuarine, Coastal and Shelf Science, 28, 35-41.

Margalef, R., 1998. Red tides and ciguatera as successful ways in the evolution and survival of an admirable old phylum. in "Reguera, B., J. Blanco, M.L. Fernandez and T. Wyatt (eds), Harmful Algae. Xunta de Galicia and Intergonernment Oceanographic Commission of Unesco", p.3-7.

Marret, F., 1994. Distribution of dinoflagellate cysts in recent marine sediments from the east Equatorial Atlantic (Gulf of Guinea). Review of Palaeobotany and Palynology, 84, 1-22.

Marret, F. and A. de Vernal, 1997. Dinoflagellate cyst distribution in surface sediments of the southern Indian Ocean. Marine Micropaleontology, 29, 367-392.

Marret F., J. Eiriksson, K.-L. Knudsen and J. Scourse, 2004. Distribution of dinoflagellate cyst assemblages in surface sediments from the northern and western shelf of Iceland. Review of Palaeobotany and Palynology, 128, 35-54.

Marret, F., S. Leroy, F. Chalie and F. Gasse, 2004. New organic-walled dinoflagellate cysts from recent sediments of Central Asian seas. Review of Palaeobotany and Palynology, 129, 1-20.

Marret, F. and J. Scourse, 2002. Control of modern dinoflagellate cyst distribution in the Irish and Celtic seas by seasonal stratification dynamics. Marine Micropaleontology, 47, 101-116.

Marret, F. and K.A.F. Zonneveld, 2003. Atlas of modern organic-walled dinoflagellate cyst distribution. Review of Palaeobotany and Palynology, 125, 1-200.

Matrai, P., B. Thompson and M. Keller, 2005. Circannual excystment of resting cysts of *Alexandrium* spp. from eastern Gulf of Maine populations. Deep-Sea Research Part II, 52, 2560-2568.

松岡數充, 1980. 渦鞭毛藻類シスト -その分類學上の意義について. 地球, 2, 319-326.

Matsuoka, K., 1981. Dinoflagellate cysts and pollen in pelagic sediments of the northern part of the Philippine Sea. Bulletin of the Faculty of Liberal Arts, Nagasaki University (Natural Sciences), 21, 59-70.

Matsuoka, K., 1985a. Archeopyle structure in modern gymnodinialean dinoflagellate cysts. Review of Paleaobotany and Palynology, 44, 217-231.

Matsuoka, K. 1985b. Organic walled dinoflagellate cysts from surface sediments of Nagasaki Bay and Senzaki Bay, West Japan. Bulletin of the Faculty of Liberal Arts, Nagasaki University (Natural Sciences), 25, 21-115.

Matsuoka, K., 1985d. Distribution of the dino£agellate in surface sediments of the Tsushima Warm Current (in Japanese). Quaternary Research, 24, 1-12. (in Japanese)

Matsuoka, K., 1987a. Dinoflagellates II, Cyst. in "Japan Fisheries Resource Conservation Association (ed.), A Guide for Studies of Red Tide Organisms. Shuwa, Tokyo", p.399-476. (In Japanese)

Matsuoka, K., 1987b. Organic-walled diniflagellate cysts from surface sediments of Akkesi Bay and lake Saroma, North Japan. Bulletin of faculty of Liberal. Arts, Nagasaki University (Natural Sciences), 28, 35-123.

Matsuoka, K., 1988. Cyst-theca relationships in the Diplosalid group (Peridiniales, Dinophyceae). Review of Palaeobotany and Palynology, 56, 95-122.

Matsuoka, K., 1989. Morphological feature of the cyst of *Pyrodinium bahamense* var. *compressum*. in "Hallegraeff, G.M. and J.L. Maclean (eds.), Biology, epidemiology and management of *Pyrodinium* red tides. ICLARM Conference Proceedings 21, Fisheries Department, Ministry of Development, Brunei Darussala and International Center for Living Aquatic Resoueces Management, Manila, Philippines", p. 219-229.

Matsuoka, K., 1999. Eutrophication process recorded in dinoflagellate cyst assemblages-a case of Yokohama Port, Tokyo Bay, Japan. Science of the Total Environment, 231, 17-35.

Matsuoka, K., 2001. Further evidence for a marine dinoflagellate cyst as an indicator of eutrophication in Yokohama Port, Tokyo Bay, Japan. Comments on a discussion by B. Dale. Science of the Total Environment, 264, 221-233.

Matsuoka, K., 2004. Changes in the aquatic environment of Isahaya bay, Ariake sound, west Japan: from the view points of dinoflagellate cyst assemblage. Bulletin on Coastal Oceanography, 42, 55-59. (in Japanese)

Matsuoka, K., 2005. Modern dinoflagellate cysts found in surface sediments of Santa Crus Island, Galapagos. Galapagos Research, 63. 8-11.

Matsuoka, K., 2011. Dinoflagellate cysts as a bio-signal for eutrophication. Buletin of the Plankton Society of Japan, 58, 55-59. (in Japanese)

Matsuoka, K. and H.J. Cho, 2000. Morphological variation in cysts of the gymnodinialean dinoflagellate *Polykrikos*. Micropaleontology, 46, 360-364.

Matsuoka, K., R. Fujii, M. Hayashi and Z. Wang, 2006. Recent occurrence of toxic *Gymnodinium catenatum* Graham (Gymnodiniales, Dinophyceae) in coastal sediments of West Japan. Paleontology Research, 10, 117-125.

Matsuoka, K. and Y. Fukuyo, 1986. Cyst and Motile morphology of a colonical dinoflagellate *Pheopolykrikos hartmannii* (Zimmermann) comb. nov. Journal of Plankton Research, 8, 811-818.

Matsuoka, K. and Y. Fukuyo, 1994. Geographical distribution of the cyst of toxic *Gymnodinium catenatum* Graham in Japanese coastal waters. Botanica Marina, 34, 109-117.

Matsuoka, K. and Y. Fukuyo, 1995. Taxonomy of cysts. in "Hallegraeff, G.M., D.M. Anderson and A.D. Cembella (eds), Manual on Harmful Marine Microalgae. IOC Manual and Guides No. 33, IOC of UNESCO, Paris", p.381-401.

Matsuoka, K. and Y. Fukuyo, 2000. Technical guide for modern diniflagellate cyst study. WESTPACHAB/

WESTPAC/IOC, 29pp., 24 figures, 21 plates

Matsuoka, K., Y. Fukuyo and D.M. Anderson, 1988. The cyst and theca of *Gonyaulax verior* SOURNIA (Dinophyceae) and their implication for the systematics of the genus *Gonyaulax*. Japanese Journal of Phycology, 36, 311-320.

Matsuoka, K., Y. Fukuyo, D.P. Praseno, Q. Adnan and M. Kodama, 1999a. Dinoflagellate cysts in surface sediments of Jakarta Bay, off Ujung Pandang and Larantuka of Flores Islands, Indonesia with Special Reference of *Pyrodinium bahamense*. Bulletin of the Facuty of Fisheries, Nagasaki University, 80, 49-54.

Matsuoka, K., M. Iwataki and H. Kawami, 2008. Morphology and taxonomy of chainforming species of the genus *Cochlodinium* (Dinophyceae). Harmful Algae, 7, 261-270.

Matsuoka, K., S.-Y. Jeong, M. Yoshida, H.-J. Cho, M. Hayashi and N. Tanto, 2000. Harmful dinoflagellate cysts found in surface sediments around Fukue Island of west Kyushu, Japan. Bulletin of the Faculty of Fisheries, Nagasaki University. 81, 55-62. (in Japanese)

Matsuoka, K., L.B. Joyce and Y. Matsuyama, 2003. Modern dinoflagellate cysts in hypertrophic coastal waters of Tokyo Bay, Japan. Journal of Plankton Research, 25, 1461-1470.

Matsuoka, K., H. Kawami, R. Fujii and M. Iwataki, 2006. Further examination of the cyst-theca relationship of *Protoperidinium thulesense* (Peridiniales, Dinophyceae) and the phylogenetic significance of round broun cysts. Phycologia, 45, 632-641.

Matsuoka, K., Kawami, H., Nagai, S., Iwataki, M., Takayama, H., 2009. Re-examination of cyst-motile relationships of *Polykrikos kofoidii* Chatton and *Polykrikos schwartzii* Büschli (Gymnodiniales, Dinophyceae). Review of Palaeobotany and Palynology, 154, 79-90.

Matsuoka, K. and H.S. Kim, 1999. Process of eutrophication in enclosed sea recorded in dinoflagellate cyst assemblages and sediments - the case in Nagasaki Bay, west Japan. Fossils, 66, 1-15. (in Japanese)

Matsuoka, K., S. Kobayashi and G. Gains 1990. A new species of the genus *Ensiculifera* (Dinophyceae); Its cyst and motile forms. Bulletin of the Plankton Society of Japan, 37, 127-143.

Matsuoka, K. and J.-B. Lee, 1994. Dinoflagellate cysts in surface sediments of Aso bay and Mine bay in Tsushima Island, western Japan. Bulletin of the Faculty of Liberal Arts, Nagasaki University (Natural Sciences), 34, 121-132. (in Japanese)

Matsuoka, K., A. Mizuno, M. Iwataki, Y. Takano, T. Yamatogi, Y.H. Yoon and J.-B. Lee, 2010. Seed populations of a harmful unarmored dinoglagellate *Cochlodinium polykrikoides* Margalef in the East China Sea. Harmful Algae, 9, 548-556.

Matsuoka, K., P. Pholpunthin and Y, Fukuyo, 1998. Is the archeopyle of *Tuberculodinium vancampoae* (Rossignol) (Gonyaulacales, Dinophyceae) on the hypocyst? Paleontological Research, 2, 183-192.

Matsuoka, K., Y. Saito, H. Katayama, Y. Kanai, J. Chen and H. Zho, 1999b. Marine palynomorphs found in surface sediments and a core sample collected from o! Chanjang River, western part of the East China Sea. Proceedins of 2nd International Workshop Oceanography and Fisheries in the East China Sea, 195-207.

Matsuoka, K. and T. Takeuchi, 1995. Productivity of vegetative cells, planozygotes and resting cysts of dinoflagellate *Alexandrium catenella* (Whedon et Kofoid) Balech based on the field observation. Fossils, 59, 32-56. (in Japanese)

Matsuyama, Y., 2012. Impacts of the harmful dinoflagellate *Heterocapsa circularisquama* bloom on shellfish aquaculture in Japan and some experimental studies on invertebrates. Harmful Algae, 14, 144-155.

Matthiessen, J., 1995. Distribution patterns of dino£agellate cysts and other organic walled microfossils in recent Norwegian-Greeland Sea sediments. Marine Micropaleontology, 24, 307-334.

Matthiessen, J., A. de Vernal, M. Head, Y. Okolodkov, P. Ángel, K. Zonneveld and R. Harland, 2005. Modern organic-walled dinoflagellate cysts in Arctic marine environments and their (paleo-) environmental significance. Paläontologische Zeitschrift 79, 3-51.

Mayali, X., P.J.S. Franks and F. Azam, 2008. Bacterial induction of temporary cyst formation by the dinoflagellate *Lingulodinium polyedrum*. Aquatic Microbial Ecology, 50, 51-62.

Maynard Smith, J., 1976. The Evolution of Sex. Cambridge University Press, Cambridge, 222pp.

Mazzocchi, M.G., M. Montresor, L. Nuzzo, 2003. Viability of dinoflagellate cysts after the passage through the copepod gut. Journal of Experimental Marine Biology and Ecology, 287, 209-221.

McCauley, L.A.R., D.L. Erdner, S., Nagai, M.L. Richlen and D.M. Anderson, 2009. Biogeographic analysis of the globally distributed harmful algal bloom species *Alexandrium minutum* (Dinophyceae) on rRNA gene sequences and microsatellite markers. Journal of Phycology, 45, 454-463.

McCarthy, F.M.G., K.N. Mertens, M. Ellegaard, K. Sherman, V. Pospelova, S. Ribeiro, S. Blasco and D. Vercauteren, 2011. Resting cysts of freshwater dinoflagellates in southeastern Georgian Bay (Lake Huron) as proxies of cultural eutrophication. Review of Palaeobotany and Palynology, 166, 46-62.

McLachlan, J., 1964. Some cosideratona of the growing of marine algae in artificial media. Canadian Journal of Microbiology, 10, 769-782.

McMinn, A., 1990. Recent dinoflagellate cyst distribution in eastern Australia. Review of Palaeobotany and Palynology, 65, 305-310.

McMinn, A., 1991. Recent dinoflagellate cysts from estuaries on the central coast of New South Wales, Australia. Micropaleontology, 37, 269-287.

McMinn, A., C.J.S. Bolch, M.F. de Salas and G.M. Hallegraeff, 2010. Recent dinoflagellate cysts, Algae of Australia: Phytoplankton of Temperate Coastal Waters, 260-292.

McMinn, A., G.M. Hallegraeff, P. Thomson, A.V, Jenkinson and H. Heijnis, 1997. Cyst and radionucleotide evidence for the recent introduction of the toxic dinoflagellate *Gymnodinium catenatum* into Tasmanian waters. Marine Ecology Progress Series, 161, 165-172.

McMinn, A. and F.J. Scott, 2005. Dinoflagellates. in "Scott, F.J. and H.J. Marchant (eds), Antarctic marine protists. Australian Biological Resources Study; Australian Antarctic Division, Canberra & Hobart", 202-250.

McMinn, A. and X.-K. Sun, 1994. Recent dinoflagellate cysts from the Chatham Rise, Southern Ocean, east of New-Zealand. Palynology, 18, 41-53.

McQuoid, M.R., A. Godhe and K. Nordberg, 2002. Viablility of phytoplankton resting stages in the sediments of a coastal Swedish fjord. European Journal of Phycology 37, 191-201.

Meier, K.J.S., C. Höll and H. Willems, 2004a. Effect of temperature on culture growth and cyst production in the calcareous dinoflagellates *Calciodinellum albatrosianum, Leonella granifera* and *Pernambugia tuberosa*. Micropaleontology, Suppl. 150, 93-106.

Meier, K.J.S., D. Janofske and H. Willems, 2002. New calcareous dinoflagellates (Calciodinelloidae) from the Mediterranean Sea. Journal of Phycology, 38, 602-615.

Meier, K.J.S., J.R. Young, M. Kirsch and S. Feist-Burkhard, 2007. Evolution of different life-cycle strategies in oceanic calcareous dinoflagellates. Europian Journal of Phycology, 42, 81-89.

Meier, K.J.S., K.A,F. Zonneveld, S. Kasten and H. Willems, 2004b. Different nutrient sources forcing increased productivity during eastern Mediterranean S1 sapropel formation as reflected by calcareous dinoflagellate cysts. Paleoceanography, 19, DOI: 10.1029/2003PA000895.

Mertens, K.N., C. González, I. Delusina and S. Louwye, 2009. 30,000 years of productivity and salinity variations in the late Quaternary Cariaco Basin revealed by dinoflagellate cysts. Boreas, 38, 647-662.

Mertens, K.N., K. Rengefors, Ø. Moestrup and M. Ellegaard, 2012. A review of recent freshwater dinoflagellate cysts: taxonomy, phylogeny, ecology and palaeocology. Phycologia, 51, 612-619.

Mohamed, Z.A. and A.M. Al-Shehri, 2011. Occurrence and germination of dinoflagellate cysts in surface sediments from the Red Sea off the coasts of Saudi Arabia. Oceanologia, 53, 121-136.

Moita, M.T. and M.A. de M. Sampayo, 1993. Are there cysts in the genus *Dinophysis*?. in "Smayda, T.J. and Y. Shimizu (eds). Toxic Phytoplankton Blooms in the Sea. Elsevier Science Publisher, New York", 153-157.

Montresor, M., 1995a. The life history of *Alexandrium pseudogonyaulax* (Gonyaulacales, Dinophyceae). Phycologia, 34, 444-448.

Montresor, M., 1995b. *Scrippsiella ramonii* sp. nov. (Peridiniales, Dinophyceae), a marine dinoflagellate producing a calcareous resting cyst. Phycologia, 34, 87-91.

Montresor, M., U. John, A. Beran and L.K. Medlin, 2004. *Alexandrium tamutum* sp. nov. (Dinophyceae): a new nontoxic species in the genus *Alexandrium*. Journal of Phycology, 40, 398-411

Montresor, M. and D. Marino. 1994. New observations on the life cycle of *Pyrophacus horologium* Stein (Dinophyceae). Bollettino Della Societa` Adriatica di Scienze, 75, 261-268.

Montresor, M. and D. Marino. 1996. Modulating effect of cold-dark storage on sxcystment in *Alaxandrium pseudogonyaulax* (Dinophyceae). Marine Biology, 127, 55-60.

Montresor, M., E. Montesarchio, D. Marino and A. Zingone. 1994. Calcareous dinoflagellate cysts in marine sediments of the Gulf of Naples (Mediterranean Sea). Review of Palaeobotany and Palynology, 84, 45-56.

Montresor, M., G. Procaccini and D.K. Stoecker, 1999. *Polarella glacialis*, gen. nov., sp. nov. (Dinophyceae): Suessisceae are still alive! Journal of Phycology, 35, 186-197.

Montresor, M., S. Sgrosso, G. Procaccini and W.H.C.F. Kooistra, 2003. Intraspecific diversity in *Scrippsiella trochoidea* (Dinophyceae): evidence for cryptic species. Phycologia, 42, 56-70.

Montresor, M., A. Zingone and D. Marino, 1993a. The paratabulate resting cyst of *Alexandrium pseudogonyaulax* (Dinophyceae). in "Smayda, T.J. and Y. Shimizu (eds), Toxic Phytoplankton Blooms in the Sea. Elsevier, New York", p.159-164

Montresor, M., A. Zingone and D. Sarno, 1998. Dinoflagellate cyst production at a coastal Mediterranean site. Journal of Plankton Research, 20, 2291-2312.

Morquecho, L. and C.H. Lechuga-Deveze, 2003. Dinoflagellate cysts in recent sediments from Bahia Concepcion Gulf of California. Botanica Marine, 46, 132-141.

Morey-Gains, G. and R.H. Ruse, 1980. Encystment and reproduction of the predatory dinoflagellate, *Polykrikos kofoidii* Chatton (Gymnodiniales). Phycologia, 19, 230-232.

Moritz, C. 1994. Defining "evolutionarily significant units" for conservation. Trends in Ecology & Evolution, 9, 373-375.

Morse, R.E., J. Shen, J.L. Blanco-Garcia, W.S. Hunley, S. Fentress, M. Wiggins and M.R. Mulholland, 2011. Environmental and physical controls on the formation and transport of blooms of the dinoflagellate *Cochlodinium polykrikoides* Margalef in the lower Chesapeake Bay and its tributaries. Estuaries and Coasts, 34, 1006-1025.

Morquecho, L. and C.H. Lechuga-Deveze, 2003. Dinoflagellate cysts in recent sediments from Bahia Concepcion Gulf of California. Botanica Marine, 46, 132-141.

Morquecho, L. and C.H. Lechuga-Devéze, 2004. Seasonal occurrence of planktonic dinoflagellates and cyst production in relationship to environmental variables in subtropical Bahía Concepción, Gulf of California. Botanica Marina, 47, 313-322.

Morzadec-Kerfourn, M.T., 1979. Dinoflagellate cysts. in "Maclean, J.L. (ed.), The Pelagian Sea. Sedimentological and ecological study of the Tunisian shelf and of the Gulf of Gabes. The Geology of Mediterranean", p.221-246.

Morzadec-Kerfourn, M.T., A.M.A. Barros and A.B. Barros, 1990. Microfossiles à paroi organique et substances organiques des sédiments Holocènes de la lagune de Guarapina (Rio de Janeiro, Brésil). Bulletin des Centres de Recherches Exploration-Production Elf-Aquitaine, 14, 575-582.

Moscatello, S., F. Rubino, O.D. Saracino, G. Fanelli, G. Belmonte and F. Boero, 2004. Plankton biodiversity around the Salento Peninsula (South East Italy): an integrated water/sediments approach. Scientina Marina, 68(Suppl. 1), 85-102.

Moszczyński, K., P. Mackiewicz and A. Body, 2012. Evidence for horizontal gene transfer from bacteroidetes bacteria to dinoflagellate minicircles. Molecular Biology and Evolution, 29, 887-892.

Mouradian, M., R.J. Panetta, A. de Vernal, Y. Gélinas, 2007. Dinosterols or dinocysts to estimate dinoflagellate contributions to marine sedimentary organic matter? Limnology and Oceanography, 52, 2569-2581.

Mudie, P.J., 1996. Fecal pellets. pellets of dinoflagellate-eating zooplankton. in Jansonius, J. and D.C. McGregor (Eds), Palynology: Principles and Applications, Vol. 3. AASP Foundation, Salt Lake City, p.1087-1089.

Mudie, P.J., S.A.G. Leroy, F. Marret, N. Gerasimenko, S.E.A, Kholeif, T. Sapelko and M. FilipovaMarinova, 2011, Nonpollen palynomorphs: Indicators of salinity and environmental change in the Caspian-Black Sea-Mediterranean corridor, in" Buynevich, I., V. Yanko-Hombach, A.S. Gilbert and R.E. Martin (eds), Geology and Geoarchaeology of the Black Sea Region: Beyond the Flood Hypothesis: Geological Society of America Special Paper 473", p. 1-30.

Mudie, P.J. and. A. Rochon, 2001. Distribution of dinoflagellate cysts in the Canadian Arctic marine region. Journal of Quaternary Science, 16, 603-620.

Mudie, P.J., A. Rochon, A.E. Aksu and H. Gillespie, 2002a. Dino£agellate cysts, freshwater algae and fungal spores as salinity indicators in Late Quaternary cores from Marmara and Black seas. Marine Geology, 190, 203-231.

Mudie, P.J., A. Rochon, A.E. Aksu and H. Gillespie, 2004. Recent dino£agellate cysts assemblages in the Aegean-Marmara-Black Sea corridor. statistical analysis and reinterpretation of the early Holocene Noah`s Flood hypothesis. Review od Palaeobotany and Palynology, 128, 143-167.

Mudie, P.J., A. Rochon and E. Levac, 2002b. Palynological records of red tide-producing species in Canada: past trends and implications for the future. Palaeogeography, Palaeoclimatology, Palaeoecology, 180, 159-186.

Mulholland, M.R., R.E. Morse, G.E. Boneillo, P.W. Bernhardt, K.C. Filippino, L.A. Procise, J.L. BlancoGarcia, H.G.

Marshall, T.A. Egerton, W.S. Hunley, K.A. Moore, D.L. Berry and C.. Gobler, 2009. Understanding Causes and Impacts of the Dinoflagellate, *Cochlodinium polykrikoides*, Blooms in the Chesapeake Bay. Estuaries and Coasts, 32, 734-747.

Müller, O.F., 1773. Vermium terrestrium et fluviatilium, seu Animalium Infusoriorum, Helmithicorum et Testaceorum, non marinorum, succincta historia, vol. 1. Pars prima. p. 34, 135. Faber, Havniae, et Lipsiae 1773

Murata, M., M. Kumagai, J.S. Lee and T. Yasumoto, 1987. Isolation and structure of yessotoxin, a novel polyether compound implicated in diarrheic shellfish poisoning. Tetrahedron Letters, 28, 5869-5872.

Murray, S., M. Hoppenrath, A. Preisfeld, J. Larsen, S. Yoshimatsu, S. Toriumi and D.J. Patterson, 2006. Phylogenetics of *Rhindinium broomeense* gen. et sp. nov. a Peridinioid, sand-dwelling dinoflagellate (Dinophyceae). Journal of Phycology, 42, 934-942.

Naidu, P.D., J.S. Patil, D.D. Narale and A.C. Anil, 2012. A first look at the dinoflagellate cysts abundance in the Bay of Bengal: implications on Late Quaternary productivity and climate change. Current Science, 102, 495-499.

Nagai, S., S. Itakura, Y. Matsuyama and Y. Kotani, 2003. Encystment under laboratory conditions of the toxic dinoflagellate *Alexandrium tamiyavanichii* (Dinophyceae) isolated from the Seto Inland Sea, Japan. Phycologia, 42, 646-653.

Nagai, S., Y. Matsuyama, T. Haruyoshi and Y. Kotani, 2002. Morphology of *Polykrikos kofoidii* and *P. schwartzii* (Dinophyceae, Polykrikaceae) cyst obtain in culture. Phycologia, 41, 319-327.

Nagai, S., G. Nishitani, Y. Takano, M. Yoshida and H. Takayama, 2009. Encystment and excystment under laboratory conditions of the nontoxic dinoflagellate *Alexandrium fraterculus* (Dinophyceae) isolated from the Seto Inland Sea, Japan. Phycologia, 48, 177-185.

Nagasaki, K., M. Yamaguchi and I. Imai, 2000. Algicidal activity of a killer bacterium against the harmful red tide dinoflagellate *Heterocapsa circularisquama* isolated from Ago Bay. Japan. Nippon-Suisan-Gakkaish, 66, 666-673.

NASA, 2009a. Satellite Detects Red Glow to Map Global Ocean Plant Health (May, 28, 2009)

NASA, 2009b. Satellite Sees Ocean Plants Increase, Coasts Greening. (January 12, 2009)

Nehring, S., 1994a. Dinoflagellate resting cysts in German coastal waters: Occurrence, distribution and importance as recruitment potential. in "Franke, H.-D. and K. Luening (eds), The Challenge to Marine Biology in a Changing World. Biologische Anstalt Helgpland, Hamburg", p.375-392.

Nehring, S., 1994b. Dinoflagellaten-Dauercysten in deutschen Küstengewässern: Vorkommen, Verbreitung und Bedeutung als Rekrutierungspotential. Berichte aus dem Institute für Meereskunde an der Chistian-Albrechts-Universität Kiel, Kiel, Germany, 231pp,

Nehring, S., 1994c. Spatial distribution of dinoflagellate resting cysts in recent sediments of Kiel Bight, Germany (Baltic Sea). Ophelia, 39, 137-158.

Nehring, S. 1994d. *Scrippsiella* spp. resting cysts from the German Bight (North Sea): A tool for more complete check-lists of dinoflagellates. Netherlands Journal of Sea Research, 33, 57-63.

Nehring, S. 1995. Dinoflagellate resting cysts as factors in phytoplankton ecology of the North Sea. Helgoländer Meeresunters. 49: 375-392.

Nehring, S. 1996. Recruitment of planktonic dinoflagellates: importance of benthic resting cysts and resuspension events. Internationale Revue der gesamten Hydrobiologie, 81, 513-527.

Nehring S. 1997a. Dinoflagellate resting cysts from recent German coastal sediments. Botanica Marina, 40, 307-324.

Nehring, S., 1997b. Dinoflagellate resting cysts in recent sediments of the western Baltic as indicators for the occurrence of 'non-indigenous' species in the water column. in "Andrusaitis, A.(ed.), Proceedings of the 13th Symposium of the Baltic Marine Biologists. Institute of Aquatic Ecology, University of Latvia. p.79-85.

Nichetto, P., G. Honsell and G. Bressan, 1995. First survey of dinoflagellates cysts in the Gulf of Trieste (northern Adriatic Sea). in "Lassus, P., G. Arzul, E. Erard, P. Gentien and C. Marcaillou (eds.), Harmful Marine Algal Blooms, Lavoisier Publishing Inc., Paris", p.205-211.

日本水産資源保護協會(編), 1987. 赤潮生物研究指針. 秀和, 東京., 740pp.

Novichkova, E.A. and E.I. Polyakova, 2007. Dinoflagellate cysts in the surface sediments of the White Sea. Oceanology, 47, 660-670.

Nuzzo, I. and M. Montresor, 1999. Different excystment patterns in two calcareous cyst-producing of the dinoflagellate genus *Scrippsiella*. Journal of Plankton Research, 21, 2009-2018.

Odebrecht, C., 1982. The production of resting cysts by planktonic organisms as a survival strategy in Harrington Sound, Bermuda. Atlantica, 5, 87-00.

Ogata, T., P. Pholpunthin, Y. Fukuyo and M. Kodama, 1990. Occurrence of *Alexandrium cohorticula* in Japanese coastal water. Journal of Applied Phycology, 2, 351-356.

Okaichi, T.(ed), 2003. Red Tides. Kluwer Academic Publisher, Tokyo, 439pp.

Okolodkov, Y.B., 1998, A checklist of dinoflagellates recorded from the Russian Arctic seas. Sarsia, 83, 267-292.

Okolodkov, Y.B., 2005. *Protoperidinium* Bergh (Dinoflagellata) in the southeastern Mexian Pacific Ocean: part I. Botanica Marina, 48, 284-296.

Olli, K., 2004. Temporary cyst formation of *Heterocapsa triquetra* (Dinophyceae) in natural populations. Marine Biology, 145, 1-8.

Olli, K. and D.M. Anderson, 2002. High encystment success of the dinoflagellate *Scrippsiella* cf. *lachrymosa* in culture experiments. Journal of Phycology, 38, 145-156.

Olli, K. and K. Trunov, 2010. Abundance and distribution of vernal bloom dinoflagellate cysts in the Gulf of Finland and Gulf of Riga (the Baltic Sea). Deep-Sea Research, II, 57, 235-242.

Omachi, C.Y., M.S. Tamanaha and L.A.O. Proença, 2007. Bloom of *Alexandrium fraterculus* in coastal waters off Itajaí, SC, Southern Brazil. Brazilian Journal of Oceanography, 55, 57-61.

Orlova, T.Y. and T.V. Morozova. 2003. On morphology of cysts and vegetative cells of *Scrippsiella crystallina* Lewis (Dinophyta) from the Far Eastern seas of Russia. International Journal on Algae, 4, 411-416.

Orlova, T.Y. and T.V. Morozova. 2013. Dinoflagellate cysts in recent marine sediments of the western coast of the Bering Sea. Russian Journal of Marine Biology, 39, 15-29.

Orlova, T.Y., T. Morozova, K.E. Gribble, M.D., Kulis and D.M. Anderson, 2004. Dinoflagellate cysts in recent marine sediments from the east coast of Russia. Botanica Marina, 47, 184-201.

Orlova, T.Y., M.S. Selina and O.G. Shevchenko. 2003. The morphology of cysts and motile cells of *Gyrodinium instriatum* (Dinophyta), a species new to the seas of Russia. Russian Journal of Marine Biology, 29,

120-122.

Ouchi, A., S. Aida, T. Uchida and T. Honjo, 1994. Sexual reproduction of a red tide dinoflagellate *Gymnodinium mikimotoi.* Fisheries Science, 60, 125-126.

Owen, K.C. and D.R. Norris. 1984. Cysts of the thecate dinoflagellate *Fragilidium*, Balech ex Loeblich. Litoralla, 1, 59-63.

Østergaard, M. and O. Moestrup, 1997. Autecology of the toxic dinoflagellate *Alexandrium ostenfeldii*: life history and growth at different temperatures and salinities. European Journal of Phycology, 32, 9-18.

Owen, K.C. and D.R.. Norris, 1985. Cysts and life cycle considerations of the thecate dinoflagellate *Fragilidium*. Journal of Coastal Research, 1, 263-266.

Pan, J., R. Li, Y. Li and P. Sun, 2010. Distribution of dinoflagellate cysts in surface sediments from the Southern Yellow Sea in autumn. Advances in Marine Science, 28, 41-49.

Park, T.G., Y.T. Park and H.M. Bae. 2009. Life cycle of heterotrophic dinoflagellate *Cryptoperidiniopsis brodyi* (Dinophyceae). Journal of Environmental Science, 18, 9-14.

Park, M. and P.S. Dixon, 1976. Check-list of British marine algae - third revision. Journal of the Marine Biological Association of the United Kingdom, 56, 527-594.

Parrow, M.W. and J.M. Burkholder, 2003. Reproduction and sexuality in *Pfisteria shumwayae* (Dinophyceae). Journal of Pjycology, 39, 697-711.

Parsons, T.R., T. Takahashi and B. Hargrave, 1984. Biological Oceanographic Processes (3rd ed). Pergamon Press, New York, 330pp.

Patil, J.G,, R.M. Gunasekera, B.E. Deagle, N.J. Bax and S.I. Blackburn, 2005. Development and evaluation of a PCR based assay for detection of the toxic dinoflagellate, *Gymnodinium catenatum* (Graham) in ballast water and environmental samples. Biological Invasions, 7, 983-994.

Pena-Manjarrez, J.L., G. Gaxiola-Castro and J. Helenes-Escamilla, 2009. Environmental factors influencing the variability of *Lingulodinium polyedrum* and *Scrippsiella trochoidea* (Dinophyceae) cyst production. Ciencias Marinas, 35, 1-14.

Peña-Manjarrez, J.L., J. Helenes, G. Gaxiola-Castroc and E. Orellana-Cepeda, 2005. Dinoflagellate cysts and bloom events at Todos Santos Bay, Baja California, México, 1999-2000. Continental Shelf Research, 25, 1375-1393.

Penaud, A., F. Eynaud, J.L. Turon, S. Zaragosi, F. Marret and J.F. Bourillet, 2008. Interglacial variability (MIS 5 and MIS 7) and dinoflagellate cyst assemblages in the Bay of Biscay (North Atlantic). Marine Micropaleontology, 68, 136-155.

Penna, A., S. Fraga, C. Battocchi, S. Casabianca, M.G. Giacobbe, P. Riobó and C. Vernesi, 2010. A phylogeographical study of the toxic benthic dinoflagellate genus *Ostreopsis* Schmidt. Journal of Biogeography, 37, 830-841.

Penna, A., S. Fraga, M. Masó, M.G. Giacobbe, I. Bravo, E. Garcés, M. Vila, E. Bertozzini, F. Andreoni, A. Luglié and C. Vernesi, 2008. Phylogenetic relationships among the Mediterranean *Alexandrium* (Dinophyceae) species based on sequences of 5.8S gene and internal transcript spacers of the rRNA operon. European Journal of Phycology, 43, 163-178.

Penna, A., S. Fraga, C. Nattocchi, S. Casabianca, F. Perini, S. Capellacci, A. Casabianca, P. Riobo, M.G. Giacobbe, C. Totti, S. Accoroni, M. Vila, A. René, M. Scardi, K. Aligizaki, L. Nguyen-Ngoc and C. Vernesi, 2012.

Genetic diversity of the genus *Ostreopsis* Schmidt: phylogeographical considerations and molecular methodology applications for field detection in the Mediterranean Sea. Cryptogamie Algologie, 33, 153-163.

Penna, A., M. Vila, S. Fraga, M.G. Giacobbe, F. Andreoni, P. Riobo and C. Vernesi, 2005. Characterization of *Ostreopsis* and *Coolia* (Dinophyceae) isolates in the western Mediterranean Sea based on morphology, toxicity and internal transcribed spacer 5.8S rDNA sequences. Journal of Phycology, 41, 212-225.

Peperzak, L., R. Verreussel, K.A.F. Zonneveld and W. Zevenboom, 1996. The distribution of flagellate cysts on the Dutch continental shelf (North Sea) with emphasis on *Alexandrium* spp. and *Gymnodinium catenatum*. in "Yasumoto, T., Y. Oshima and Y. Fukuyo (eds), Harmful and Toxic Algal Blooms. Intergovernmental Oceanographic Commission (IOC), UNESCO, Paris", 169-172.

Persson, A., 2000. Possible predation of cysts-a gap in the knowledge of dinoflagellate ecology? Journal of Plankton Research, 22, 803-809.

Persson, A., A. Godhe and B. Karlson, 2000. Dinoflagellate cysts in recent sediments from the west coast of Sweden. Botanica Marina, 43, 69-79.

Persson, A. and B.C. Smith, 2009a. Grazing on a natural assemblage of ciliate and dinoflagellate cysts by the eastern oyster *Crassostrea virginica*. Aquatic Biology, 6, 227-233.

Persson, A. and B.C. Smith, 2009b. Consumption of *Scrippsiella lachrymosa* resting cysts by the eastern oyster (*Crassostrea virginica*). Journal of Shellfish Research, 28, 221-225.

Persson, A., B.C. Smith, G.H. Wikfors and J.H. Alix, 2008. Dinoflagellate gamete formation and environmental cues: Observations, theory and synthesis. Harmful Algae, 7, 798-801.

Persson, A., B.C. Smith, G.H. Wikfors and J.H. Alix, 2013. Differences in swimming pattern between life cycle stages of the toxic dinoflagellate *Alexandrium fundyense*. Harmful Algae, 21/22, 36-43.

Pertola, S., M.A. Faust, H. Kuosa, 2006. Survey on germination and species composition of dinoflagellates from ballast tanks and recent sediments in ports on the south coast of Finland, North-Eastern Baltic Sea. Marine Pollution Bulletin, 52, 900-911.

Pfiester, L.A., 1975. Sexual reproduction of *Peridinium cinctum* f. *ovoplanum* (Dinophyceae). Journal of Phycology, 11, 259-265.

Pfiester, L.A., 1976. Sexual reproduction of *Peridinium willei* (Dinophyceae). Journal of Phycology, 12, 234-238.

Pfiester, L.A., 1977. Sexual reproduction of *Peridinium gatunense* (Dinophyceae). Journal of Phycology, 13, 92-95.

Pfiester, L.A. and D.M. Anderson, 1987. Dinoflagellate reproduction. in "Tayloe, F.J.R. (ed), The Biology of Dinoflagellates. Botanical monographs 21, Blackwell Scientific Publications, Oxfod" p.611-648.

Pfiester, L.A. and R.A. Lynch, 1980. Amoeboid stages and sexual reproduction of *Cystodinium bataviense* and its similarity to *Dinococus* (Dinophyceae). Phycologia, 19, 178-183.

Pfiester, L.A. and J.J. Skvarla, 1979. Heterothallism and thecal development in the sexual life history of *Peridinium limbatum* and *Peridinium cinctum* (Dinophyceae). Phycologia, 18, 13-18.

Pfiester, L.A., P. Timpano, J.J. Skvarla and J.R. Holt, 1984. Sexual reproduction of *Peridinium inconspicuum* Lemmermann (Dinophyceae). American Journal of Botany, 71, 1121-1127.

Pholpunthin, P., Y. Fukuyo, K. Matsuoka and Y. Nimura, 1999 Life history of a marine dinoflagellate *Pyrophacus steinii* (Schiller) Wall et Dale. Botanica Marina, 42, 189-197.

Pitcher, G. and L.B. Joyce, 2009. Dinoflagellate cyst production on the southern Namaqua shelf of the Benguela upwelling system. Journal of Plankton Research, 31, 865-875.

Pollingher, U., H. Burgi and H. Ambuhl, 1993. The cysts of *Ceratium hirundinella*: their dynamics and role within a eutrophic lake (Lake Sempach, Switzerland). Aquatic Sciences, 55, 10-18,

Popovsky, J. and L.A. Pfiester, 1990. Dinophyceae (Dinoflagellida). in "Ettl, H., J. Gerloff, H. Heyning and D. Mollenhauer (eds.) Suβwasserflora von Mitteleuropa, Band 6, 272pp."

Porter, K.G. and Y.S. Feig, 1980. The use of DAPI for identifying and counting aquatic microflora. Limnology and Oceanography, 25, 943-948.

Pospelova, V., G.L. Chmura, W.S. Boothman and J.S. Latimer, 2002. Dinoflagellate cyst records and human disturbance in two neighboring estuaries, New Bedford Harbor and Apponagansett Bay, Massachusetts (USA). Science of the Total Environment, 298, 81-102.

Pospelova, V., G.L. Chmura, W. Boothman and J.S. Latimer, 2005. Spatial distribution of modern dinoflagellate cysts in polluted estuarine sediments from Buzzards Bay (Massachusetts, USA) embayments. Marine Ecology Progress Series, 292, 23-40.

Pospelova, V., G.L. Chmura and H.A. Walker, 2004. Environmental factors influencing the spatial distribution of dinoflagellate cyst assemblages in shallow lagoons of southern New England (USA). Review of Palaeobotany and Palynology, 128, 7-34.

Pospelova, V. and M. Head, 2002. *Islandinium brevispinosum* sp. nov. (Dinophyceae), a new organicwalled dinoflagellate cyst fron moderm estuarine sediments of New England (USA). Journal of Phycology, 38, 593-601.

Pospelova, V., A. de Vernal and T.F. Pedersen, 2008a. Distribution of dinoflagellate cysts in surface sediments from the northeastern Pacific Ocean (43-25°N) in relation to sea-surface temperature, salinity, productivity and coastal upwelling. Marine Micropaleontology, 68, 21-48.

Pospelova, V., S. Esenkulova, S.C. Johannessen, M.C. O'Brien and R.W. Macdonald, 2010. Organicwalled dinoflagellate cyst production, composition and flux from 1996 to 1998 in the central Strait of Georgia (BC, Canada): A sediment trap study. Marine Micropaleontology, 75, 17-37.

Pospelova, V. and S.-J. Kim, 2010. Dinoflagellate cysts in recent estuarine sediments from aquaculture sites of southern South Korea. Marine Micropaleontology, 76, 37-51.

Pospelova, V., T.F. Pedersen and A. de Vernal, 2006. Dinoflagellate cysts as indicators of climatic and oceanographic changes during the past 40 kyr in the Santa Barbara Basin, southern California. Paleoceanography., 21, 1-16.

Pospelova, V., A. de Vernal and T.F. Pedersen, 2008b. Distribution of dinoflagellate cysts in surface sediments from the northeastern Pacific Ocean (43-25°N) in relation to sea-surface temperature, salinity, productivity and coastal upwelling. Marine Micropaleontology, 68, 21-48.

Prakash, A., 1967. Growth and toxicity of a marine dinoflagellate, *Gonyaulax tamarensis*. Journal of the Fisheries Research Board of Canada, 24, 1589-1606.

Price, A.M., K.N.M. Mertens, V. Pospelova, T.F. Pedersen, R.S. Ganeshram, 2013. Late Quaternary climatic and oceanographic changes in the northeast Pacific as recorded by dinoflagellate cysts from Guaymas Basin, Gulf of California (Mexico). Paleoceanography, 28, 200-212.

Price, A.M. and V. Pospelova, 2011. High-resolution sediment trap study of organic-walled dinoflagellate cyst production and biogenic silica flux in Saanich Inlet (BC, Canada). Marine Micropaleontology, 80, 18-43.

Probert, I., J. Lewis and E. Erard Deen. 1998. Intercellular nutrient status as a factore in the induction of sexual reproduction a marine dinoflagellate. in "Reguera,B., J. Blanco, M.L. Fernandez and T. Wyatt (eds), Harmful Algae. Xunta de Galicia and Intergonernment Oceanographic Commission of Unesco", p.343-344.

Provasoli, L., 1968. Media and prospects for the cultivation of marine algae. In " Watanabe, A. and A. Hattori (eds), Cultures and Collections of Algae. Proceedings of the U.S.-Japan Conference, Hakone 1996. Japanese Society of Plant Physiology", 63-75.

Provasoli, L., J.J.A. McLaughlin and M.R. Droop, 1957. The development of artificial media for marine algae. Arch. Mikrobiol., 25, 392-428.

Qi, Y.Z., Y. Hong, L. Zheng, D.M. Kulis and D.M. Anderson, 1996. Dinoflagellate cysts from recent marine sediments of the South and East China Seas. Asian Marine Biology 13, 87-103.

Quinn, P.K. and T.S. Bates, 2011. The case against climate regulation via oceanic phytoplankton sulphur emissions. Nature, 480, 51-56.

Radi, T., S. Bonnet, M.-A. Cormier, A. de Vernal, L. Durantou, É. Faubert, M.J. Head, M. Henry, V. Pospelova, A. Rochon, N. Van Nieuwenhove, 2013. Operational taxonomy and (paleo-) autecology of round, brown, spiny dinoflagellate cysts from the Quaternary of high northern latitudes. Marine Micropaleontology, 98, 41-57.

Radi, T. and A. de Vernal, 2004. Dinocyst distribution in surface sediments from the northeastern Pacific margin (40-60°N) in relation to hydrographic conditions, productivity and upwelling. Review of Palaeobotany and Palynology, 128, 169-193.

Radi, T. and A. de Vernal, 2007. Dinocysts as proxy of primary productivity in mid-high latitudes of the Northern Hemisphere. Marine Micropaleontology, 68, 84-114.

Radi, T., V. Pospelova, A. de Vernal and J.V. Barrie, 2007. Dinoflagellate cysts as indicators of water quality and productivity in British Columbia estuarine environments. Marine Micropaleontology, 62, 269-297.

Reid, P.C., 1972. Dinoflagellate cyst distribution around the British Isles. Journal of the Marine Biological Association of the United Kindom, 52, 939-944.

Reid, P.C., 1974. Gonyaulacacean dinoflagellate cysts from the British Isles. Nova Hedwigia, 25, 579-637.

Reid, P.C., 1975. A regional sub-division of dinoflagellate cysts around the British Isles. New Phytologist, 75, 589-603.

Reid, P.C., 1977a. Peridiniacean and Glenodiniacean dinoflagellate cysts from the British Isles. Nova Hedwigia, 29, 429-463.

Reid, P.C., 1977b. Continuous plankton records: changes in the composition and abundance of the phytoplankton of the north-eastern Atlantic Ocean and North Sea, 1958-1974. Marine Biology, 40, 337-339.

Reid, P.C., 1977c. Dinoflagellate cysts in the plankton. New Phytologist, 80, 219-229.

Reñé, A., C.T. Satta, E. Garcés, R. Massana, M. Zapata, S. Anglés and J. Camp, 2011. *Gymnodinium litoralis* sp. nov. (Dinophyceae), a newly identified bloom-forming dinoflagellate from the NW Mediterranean Sea, Harmful Algae, 12, 11-25.

Rengefors, K., D.M. Anderson and K. Pettersson, 1996. Phosphorus uptake by resting cysts of the marine dinoflagellate *Scrippsiella trochoidea*. Journal of Plankton Research, 18, 1753-1765.

Rengefors, K., J. Laybourn-Parry, R. Logares, W.A. Marshall and G. Hansen, 2008. Marine-derived dinoflagellates in Antarctic saline lakes: community composition and annual dynamics. Journal of Phycology, 44, 592-604.

Rhodes, L., K. Smith, A. Selwood, P. McNabb, R. van Ginkel, P. Holland and R. Munday, 2010. Production of pinnatoxins by a peridinoid dinoflagellate isolated from Northland, New Zealand. Harmful Algae, 9, 384-389.

Ribeiro, S. and A. Amorim, 2008. Environmental drivers of temporal succession in recent dinoflagellate cyst assemblages from a coastal site in the North-East Atlantic (Lisbon Bay, Portugal). Marine Micropaleontology, 68, 156-178.

Ribeiro, S., A. Amorim, T.J. Andersen, F. Abrantes and M. Ellegaard, 2012. Reconstructing the history of an invasion: the toxic phytoplankton species *Gymnodinium catenatum* in the Northeast Atlantic. Biological Invasions, 5, 969-985.

Richerol, T., R. Pienitz and A. Rochon, 2012. Modern dinoflagellate cyst assemblages in surface sediments of Nunatsiavut fjords (Labrador, Canada). Marine Micropaleontology, 88/89, 54-64.

Richerol, T., A. Rochon, S. Blasco, D.B. Scott, T.M. Schell, R.J. Bennett, 2008. Dstribution of dinoflagellate cysts in surface sediments of the Mackenzie Shelf and Amundsen Gulf, Beaufort Sea (Canada). Journal of Marine Systems, 74, 825-839.

Richlen, M.L., S.L. Morton, E.A. Jamali, A. Rajan and D.M. Anderson, 2010. The catastrophic 2008-2009 red tide in the Arabian gulf region, with observations on the identification and phylogeny of the fish-killing dinoflagellate *Cochlodinium polykrikoides*. Harmful Algae, 9, 163-172.

Rintala, J.M., K. Spilling anad J. Blomster, 2007. Temporary cyst enables long-term dark survivalof *Scrippsiella hangoei* (Dinophyceae). Marine Biology, 152, 57-62.

Robertson, R. and S.A. Goldthwait, 2010. Distribution and community composition of dinoflagellate resting cysts on the continental shelf and slope off northern California. American Geophysical Union, [URL:http://www.agu.org].

Rochon, A., 2009. The ecology and biological affinity of Arctic dinoflagellates and their paleoceanographical significance in the Canadian High Arctic. Earth and Environmental Science, 5, 012003, doi:10.1088/1755-1307/5/1/012003

Rochon, A., A. de Vernal, J.-L. Turon, J. Matthiessen, M. Head, 1999. Distribution of recent dinoflagellate cysts in surface sediments from the North Atlantic ocean and adjacent seas in relation to sea-surface parameters. American Association of Stratigraphic Palynologists Contributions Series 35, 146pp.

Rochon, A., A. Eynaud and de Vernal, 2008. Dinocysts as tracers of hydrographical conditions and productivity along the ocean margins: Introduction. Marine Micropaleontology, 68, 1-5.

Rørvik, K.-L., K. Grøsfjeld and M. Hald, 2009. A Late Holocene climate history from the Malangen fjord, North Norway, based on dinoflagellate cysts. Norwegian Journal of Geology 89, 135-147.

Rosales-Loessener, F., K. Matsuoka, Y. Fukuyo and E.H. Sanchez, 1996. Cysts of harmful dinoflagellates found from Pacific coastal waters of Guatemala. in "Yasumoto, T., Y. Oshima, Y. Fukuyo (Eds.), Harmful and Toxic Algal Blooms. International Oceanographic Commission of UNESCO, Paris", 000-000.

Rubino, F., M. Belmonte, C. Caroppo and M. Giacobbe, 2010. Dinoflagellate cysts from surface sediments of Syracuse Bay (Western Ionian Sea, Mediterranean). Deep-Sea Research, II, 57, 243-247.

Rubino, F., G. Belmonte, A.M. Miglietta, S. Geraci and F. Boero, 2000. Resting stages of plankton in recent North Adriatic sediments. Marine Ecology, 21, 263-284.

Saito, K., T. Drgon, D.N. Krupatkina, J. Drgonova, D.E. Terlizzi, N. Mercer and G.R. Vasta, 2007. Effect of biotic and abiotic factors on in vitro proliferation, encystment and excystment of *Pfiesteria piscicida*. Applied and Environmental Microbiology, 73, 6410-6420.

Sakamoto, B., Y. Hokama, F.D. Horgen, P.J. Scheuer, Y. Kan and H. Nagai, 2000. Isolation of a sulfoquinovosyl monoacyglycerol from *Bryopsis* sp. (Chlorophyta): identification of a factor causing a possible specoes-specific ecdysis respose in *Gambierdiscus toxicus* (Dinophyceae). Journal of Phycology, 36, 924-931.

Sako, Y., Y. Ishida, H. Kadota and Y. Hata, 1984. Sexual reproduction and cyst formation in the freshwater dinoflagellate *Peridinium cunningtonii.* Bulletin of the Japanese Society of Scientific Fisheries, 50, 743-750.

Sako, Y., Y. Ishida, T. Nishijima and Y. Hata, 1987. Sexual reproduction and cyst formation in the freshwater dinoflagellate *Peridinium penardii.* Nippon Suisan Gakkaishi, 53, 473-478.

Sampayo, M.A. 1985 Encystment and excystment of a Portugese isolate of *Amphidinium carterae* in cultures. in "Anderson, D.M., A.W.White and D.G. Baden (eds), Toxic Dinoflagellates. Elsevier, Amsterdam," p.125-130.

Sandercombe, S., 2011. The marine record of abrupt climate change at Bay of Islands, Newfoundland. Ms Thesis, McGill University, 63pp.

Sangiorgi, F., L. Boni, K.P. Boessenkool and H. Brinkhuis, 2001. Organic-walled dinoflagellate cysts from the Northwestern Adriatic Sea: preliminary results. Biologia Marina Mediterranea, 8, 562-565.

Sangiorgi, F., D. Fabbri, M. Comandini, G. Gabbianelli and E. Tagliavini, 2005. The distribution of sterols and organic-walled dinoflagellate cysts in surface sediments of the North-western Adriatic Sea (Italy). Estuarine, Coastal and Shelf Science, 64, 395-406.

Sangiorgi, F. and T.H. Donders, 2004. Reconstructing 150 years of eutrophication in the north-western Adriatic Sea (Italy) using dinoflagellate cysts, pollen and spores. Estuarine, Coastal and. Shelf Science, 60, 69-79.

Sarjenat, W.A.S., 1974. Fossil and Living Dinoflagellates. Academic Press, London & New York, 182pp.

Sarjeant, W.A.S., 2002. As chimney-sweeps, come to dust: a history of palynology to 1970. in "Oldroyd, D.R. (ed), The earth inside and out: some major contributions to geology in the twentieth century. Geological Society (London) Special Publication No. 192", p.273-327.

Sarjenat, W.A.S., T. Lacalli and G. Gains, 1987. The cysts and skeletal elements of dinoflagellates: speculations on the ecological causes for their morphology and development. Micropaleontology, 33, 1-36.

Sarma, Y.S.R.K. and R. Shyam, 1974. On the morphology, reproduction and cytology of two new freshwater dinoflagellates from India. British Phycological Journal, 9, 21-29.

Satatake, M., K. Ofuji, H. Naoki, K. J. James, A. Furey and T. McMahon, 1998. Azaspiracid, a new marine toxin having unique spiro ring assembles, isolated from Irish mussels, *Mytilus edulis.* Journal of American Chemical Society, 120, 9967-9968.

Sætre, M.M.L., B. Dale, M.I. Abdullah and G.-P. Sætre, 1997. Dinoflagellate cysts as potential indicators of industrial pollution in a Norwegian Fjord. Marine Environmental Research 44, 167-189.

Satta, C.T., S. Angles, E. Garces, A. Lugli, B.M. Padedda and N. Sechi, 2010. Dinoflagellate cysts in recent sediments from two semi-enclosed areas of the Western Mediterranean Sea subject to high human impact. Deep-Sea Res. II, 57, 256-267.

Satta, C.T., S. Anglès, A. Lugliè, J. Guillén, N. Sechi, J. Camp and E. Garcés, 2013. Studies on dinoflagellate cyst assemblages in two estuarine Mediterranean bays: A useful tool for the discovery and mapping of harmful algal species. Harmful Algae, 24, 65-79.

Scarrat, A.M., D.J. Scarrat and M.G. Scarrat, 1993. Survival of live *Alexandrium tamarense* cells in mussel an scallop spat under simulated transfer conditions. Journal of Shellfish Research, 12, 383-388.

Schmitter, R.E., 1979. Temporary cysts of *Gonyaulax excavata:* effects of temperature and light. in "Taylor, D.L. and H.H., Seliger (Eds.), Toxic Dinoflagellate Blooms. Elsevier, New York", p.123-126.

Seaborn, D.W. and H.G. Marshall, 2008. Dinoflagellate cysts within sediment collections from the southern Chesapeake Bay and tidal regions of the James, York and Rappahannock rivers. Virginia Journal of Sciece, 59, 135-141.

Sebastian, M.K.J. and H. Willems, 2003. Calcareous dinoflagellate cysts in surface sediments from the Mediterranean Sea: distribution patterns and influence of main environmental gradients. Marine Micropaleontology, 48, 321-354.

Sechet, V., M. Sibat, N. Chomérat, E. Nézan, H. Grossel, J.-B. Lehebek-Peron, T. Jaiffrair, N. Ganzin, F. Marco-Miralles, R. Lemée and Z. Amzil, 2012. *Ostreopsis* cf. *ovata* in the French Mediterranean coast: molecular characterisation and toxin profile. Cryptogamie Algologie, 33, 89-98.

Selina, M.S. and T.V. Morozova, 2005. First records of dinoflagellates *Alexandrium margalefi* Balech, 1994 and *A. tamutum* Montresor, Beran et John, 2004 in the Seas of the Russian Far East. Russian Journal of Marine Biology, 31, 187-191.

Selina, M.S. and T.Y. Orlova, 2009. Morphological peculiaritie of *Fragilidium mexicanum* Balech, 1988 (Dinophyta) from the Far-Eastern Seas of Russia. Russian Journal of Marine Biology, 35, 151-155.

Selina, M.S. and T.Y. Orlova, 2010. First occurrence of the genus *Ostreopsis* (Dinophyceae) in the Sea of Japan. Botanica Marina, 53, 243-249.

Sgrosso, S., F. Esposito and M. Montresor, 2001. Temperature and daylength regulate encystment in calcareous cyst-forming dinoflagellates. Marine Ecology Progress Series, 211, 77-87.

Shao, K., N. Gong, Q. Yang and K. Li, 2011. Distribution of dinoflagellate cysts in surface sediments from Changshan Archipelagoin the North Yellow Sea. Acta Ecologica Sinica, 31, 2854-2862.

Sheehan, J., T. Dunahay, J. Benemann and P. Roessler, 1998. A look back at the U.S. department of Energy`s Aquatic Species Program - Biodiesel from algae. National Renewable Energy Laboratory, Colorado, 294pp.

Shi, Y., D. Liu, H. Shao, B. Di, Z. Dong and Y. Wang, 2011. Distribution of dinoflagellate cysts in the surface sediments from the northern Yellow Sea, China. Marine Science Bulletin, 30, 320-327.

Shikata, T., S. Nagasoe, T. Matsubara, Y. Yamasaki, Y. Shimasaki, Y. Oshima, T. Uchida, I.R. Jenkinson and T. Honjo, 2008. Encystment and Excystment of *Gyrodinium instriatum* Freudenthal et Lee. Journal of Oceanography, 64, 355-365.

Shimazaki, T., 1979. Introduction of palynological processing technique using screens. Japanese Journal of Palynology, 23, 33-45.

Shin, H.H., K. Matsuoka, Y.H. Yoon, Y.-O. Kim, 2010a. Response of dinoflagellate cyst assemblages to salinity changes in Yeoja Bay, Korea. Marine Micropaleontology, 77, 15-24.

Shin, H.H., S.W. Jung, M.C. Jang and Y.O. Kim, 2013. Effect of pH on the morphology and viability of *Scrippsiella trochoidea* cysts in the hypoxia zone of eutrophied area. Harmful Algae, 28. 37-46.

Shin, H.H, K. Mizushima, S.J. Oh, J.S. Park, I.H. Noh, M. Iwataki, K. Matsuoka and Y.H. Yoon, 2010b. Reconstruction of historical nutrient levels in Korean and Japanese coastal areas based on dinoflagellate cyst assemblages. Marine Pollution Bulletin, 60, 1243-1258.

Shin, H.H., J.S. Park, Y.-O. Kim, S.H. Baek, D.I. Lim and Y.H. Yoon, 2012. Dinoflagellate cyst production and flux in Gamak Bay, Korea: A sediment trap study. Marine Micropaleontology, 94/95, 72-79.

Shin, H.H., Y.H. Yoon, H. Kawami, M. Iwataki and K. Matsuoka, 2008. The first appearance of toxic dinoflagellate *Alexandrium tamarense* (Gonyaulacales, Dinophyceae) responsible for the PSP contaminations in Gamak Bay, Korea. Algae, 23, 251-255.

Shin, H.H., Y.H. Yoon Y.-O. Kim and K. Matsuoka, 2011. Dinoflagellate cysts in surface sediments from Southern Coast of Korea. Estuaries and Coasts, 34, 712-725.

Shin, H.H., Y.H. Yoon and K. Matsuoka, 2007. Modern dinoflagellate cyst distribution off the eastern part of Geoje Island, Korea. Ocean Science Journal, 42, 31-39.

Shumilovskikh, L.S., F. Marret, D. Fleitmann, H.W. Arz, N. Nowaczyk and H. Behling, 2013. Eemian and Holocene sea-surface conditions in the southern Black Sea: Organic-walled dinoflagellate cyst record from core 22-GC3. Marine Micropaleontology, 101, 146-160.

Shumway, S.E. and T.L. Cucci, 1987. The effects of the toxic dinoflagellate *Protogonyaulax tamarensis* on the feeding and behaviour of bivalve molluscs. Aquatic Toxocology, 10, 9-27.

Siano, R., W.H.C.F. Kooistra, M. Montresor and A. Zingone, 2009. Unarmoured and thin-walled dinoflagellates from the Gulf of Naples, with the description of *Woloszynskia cincta* sp. nov. (Dinophyceae, Suessiales). Phycologia, 48, 44-65.

Silke, J. and T. McMahon, 1999. Dinoflagellate resting cysts in Cork Harbour: Implications for shellfish aquaculture. Journal of Shellfish Research, 18, 728-000.

Silva, E.S. and M.A. Faust, 1995. Small cells in the life history of dinoflagellate (Dinophyceae): A review. Phylogia, 34, 396-408.

Siringan, F.P., R.V. Azanza, R.N.J.H. Macalalad, P.B. Zamora and M.Y.Y. Sta Maria, 2008. Temporal changes in the cyst densities of *Pyrodinium bahamense* var. *compressum* and other dinoflagellates in Manila Bay, Philippines. Harmful Algae, 7, 523-531.

Skovgaard, A., 2000. A phagotrophically derivable growth factor in the plastidic dinoflagellate *Gyrodinium relendens* (Dinophyceae). Journal of Phycology, 36, 1069-1078.

Skovgarrd, A., S.A, Karpov and L. Guillou, 2012. The parasitic dinoflagellate *Blastodinium* spp. inhabiting the gut of marine, planktonic copepods: morphology, ecology and unrecognized species diversity. Frontiers in Microbiology, 3, doi: 10.3389/fmicb.2012.00305

Smayda, T.J., 2008. Complexity in the eutrophication - harmful algal bloom relationship, with comment on the importance of grazing. Harmful Algae, 8, 140-151.

Smayda, T.J. and C.S. Reynolds, 2003. Strategies of marine dinoflagellate survival and some rules of assembly. Journal of Sea Research, 49, 95-106.

Smayda, T.J. and V.L. Trainer, 2010. Dinoflagellate blooms in upwelling systems: seeding, variability and contrasts with diatom bloom behaviour. Progress in Oceanography, 85, 92-107.

Solignac, S., K. Grøsfjeld, J. Giraudeau and A. de Vernal, 2009. Distribution of recent dinocyst assemblages in the Western Barents Sea. Norwegian Journal of Geology, 89, 109-119.

Solignac, S., A. de Vernal and J. Giraudeau, 2008. Comparison of coccolith and dinocyst assemblages in the northern North Atlantic: How well do they relate with surface hydrography? Marine Micropaleontology, 68, 115-135.

Sombrito, E.Z., A.dM. Bulos, E,J, Sta Maria, M.C.V. Honrado, R.V. Azanza and E.F. Furio, 2004. Application of super(210)Pb-derived sedimentation rates and dinoflagellate cyst analyses in understanding *Pyrodinium bahamense* harmful algal blooms in Manila Bay and Malampaya Sound, Philippines. Journal of Eenvironmental Radioactivity, 76, 177-194.

Sonneman, J.A. and D.R.A. Hill, 1997. A taxonomic survey of cyst-producing dinoflagellates from Recent sediments of Victorian coastal waters, Australia. Botanica Marina, 40, 3, 149-177.

Sorrel, P., S.-M. Popescu, M.J. Head, J.P. Suc, S. Klotz and H. Oberhänsli, 2006. Hydrographic development of the Aral Sea during the last 2000 years based on a quantitative analysis of dinoflagellate cysts. Palaeogeography, Palaeoclimatology, Palaeoecology, 234, 304-327.

Sosales-loessener, F., K. Matsuoka, Y. Fukuyo and E.H. Sanchez, 1996. Cysts of harmful dinoflagellates found from Pacific coastal waters of Guatemala. in "Yasumoto, T., Y. Oshima and Y. Fukuyo (eds.): Harmful and Toxic Algal Blooms, IOC, Unesco", p.193-195.

Sparmann, S.F., B,S. Leander and M. Hoppenrath, 2008. Comparative morphology and molecular phylogeny of *Apicoporus* n. Gen.: A new genus of marine benthic dinoflagellates formerly classified within *Amphidinium*. Protist, 159, 383-399.

Spero, H.J. and M.D. Morée, 1981. Phagotrophic feeding and its importance to the life cycle of the holozoic dinoflagellate, *Gymnodinium fungiforme*. Journal of Phycology, 17, 43-51.

Spilling, K., A. Kremp and T. Tamelander, 2006. Vertical distribution and cyst production of *Peridiniella catenata* (Dinophyceae) during a spring bloom in the Baltic Sea. Journal of Plankton Research, 28, 659-665.

Springer, J.J., S.E. Shumway, J.M. Burkholder and H.B. Glasgow, 2002, Interactions between the toxic estuarine dinoflagellate *Pfiesteria piscicida* and two species of bivalve molluscs. Marine Ecology Progress Series, 245, 1-10.

Sprangers, M., N. Dammers, H. Brinkhuis, T.C.E. van Weering, A.F. Lotter, 2004. Modern organicwalled dinoflagellate cyst distribution offshore NW Iberia; tracing the upwelling system, Review of Palaeobotany and Palynology, 128, 97-106.

Srivilai, D., T. Lirdwitayaprasit and Y. Fukuyo, 2012. Distribution of dinoflagellate cysts in the surface sediment of the coastal area in Chonburi Province, Thailand. Coastal Marine Science, 35, 11-19.

Steidinger, K.A., 1975. Basic factors influencing red tides. in "Locicero, V.R,(ed), Proc. 1st Conf. on Toxic Dinoflagellate Blooms. Massachusetts Science and Technology Foundatin, Wakefield", 153-162.

Steidinger, K.A., J.H. Landsberg, E.W. Truby and B.S. Roberts, 1998. First record of *Gymnodinium pulchellum* (Dinophyceae) in North America and associated fish kills in the Indian River, Floroda. Journal of Phycology, 34, 431-437.

Steidinger, K.A. and K. Tangen, 1997. Dinoflagellates. in "Tomas, C.R. (ed.), Identifying Marine Phytoplankton. Academic Press, San Diego", p.387-584.

Stock, C.A., D.J. McGillicuddy, D.M. ,Anderson, A.R. Solow and R.P. Signell, 2007. Blooms of the toxic dinoflagellate *Alexandrium fundyense* in the western Gulf of Maine in 1993 and 1994: a comparative modeling study. Continental Shelf Research, 27, 2486-2512.

Stoecker, D.K., K.R. Buck and M. Putt, 1991. Photosynthetic dinoflagellates and their cysts characteristic of the land-fast ice. Antarctic Journal of the United States, 26, 143-144.

Streftaris, N., A. Zenetos and E. Papathanassiou, 2005. Globalisation in marine ecosystems: the story of non-indigenous marine species across European seas. Oceanography and Marine Biology; An Annual Review, 43, 419-453.

Subba rao, D.V., 1995. Life cycle and reproduction of the dinoflagellate *Dinophysis norvegica*. Aquatic Microbial Ecology, 9. 199-201.

Sun, A., C. Li, D. Lan and B. Guan, 2006. Dinoflagellate cysts records from core samples of modern marine sediment in Luoyuan Bay mouth. Journal of Oceanography in Taiwan Strait, 25, 10-18.

Sun, A., C. Li, D. Lan and Y. Zhu, 2007. Dinoflagellate cysts records from core samples of modern marine sediment at the Luoyuan Bay Mouth. Marine Science Bulletin, 9, 36-45.

Sun, X. and A. McMinn, 1994. Recent dinoflagellate cyst distribution associated with the subtropical convergence on the Chatham Rise, east of New Zealand. Marine Micropaleontology, 23, 345-356.

Sundström, A., A. Kremp, N. Daugbjerg, Ø. Moestrup, M. Ellegaard, R. Hansen and S. Hajdu, 2009. *Gymnodinium corollarium* sp. nov. (Dinophyceae) - a new cold-water dinoflagellate responsible for cyst sedimentation events in the Baltic sea. Journal of Phycology, 45, 938-952.

Susek, E., K.A.F. Zonneveld, G. Fischer, G.J.M. Versteegh and H. Willems, 2005. Organic-walled dinoflagellate cyst production in relation to upwelling intensity and lithogenic influx in the Cape Blanc region (off north-west Africa. Phycological Research, 53, 97-112.

田中義興, 1980. 福岡灣に出現した*Heterocapsa triquetra*の遊泳細胞から得た休眠細胞につて. 昭和54年度福岡縣水産試驗場研究報告, 147-150.

Takeuchi, T., 1985. Ecology in west coast of Kii Peninsula. in "Fukuyo, Y. (ed.), Toxic Dinoflagellate -Implication in Shellfish Poisoning-. Koseisha-Koseikaku, Tokyo", p.98-108. (in Japanese)

Takeuchi, T., T. Kokubo and Y. Fukuyo, 1990. Distribution of vegetative cells and cysts of *Alexandrium catenella* (Dinophyceae) in Tanabe Bay. Bulletin of the Plankton Society of Japan, 37, 157-165.

Tang, Y.Z. and C.J. Gobler, 2012, The toxic dinoflagellate *Cochlodinium polykrikoides* (Dinophyceae) produces resting cysts. Harmful Algae, 20, 71-80.

Tangen, K., L.E. Brand, P.L. Blackwelder and R.R.L. Guillard, 1982. *Thoracosphaera heimii* (Lohmann) Kamptner is a dinophyte: Observations on its morphology and life cycle. Marine Micropaleontology, 7, 193-212.

Taniyama, S., O. Arakawa, M. Terada, S. Nishio, T. Takatani, Y. Mahmud and T. Noguchi, 2003. *Ostreopsis* sp., a possible origin of palytoxin(PTX) in perrotfish *Scarus ovifrous*. Toxicon, 42, 29-33.

Tappan, H., 1980. The Paleobiology of Plant Protists. W.H. Freeman and Company, San Francisco, 1028pp.

Targarona, J., J. Warnaar, K.P. Boessenkool, H. Brinkhuis and M. Canals, 1999. Recent dinoflagellate cyst distribution in the North Canary Basin, NW Africa. Grana, 38, 170-178.

Tarutani, K., K. Nagasaki, S. Itakura and M. Yamaguchi, 2001. Isolation of a virus infecting the novel shellfish-killing dinoflagellate *Heterocapsa circularisquama*. Aquatic Microbial Ecology, 23, 103-111.

Taylor, F.J.R. (ed). 1987. The Biology of Dinoflagellates. Blackwell Scientific Publications. London, 785pp.

Taylor, F.J.R., M. Hoppenrath and J.F. Saldarriaga, 2008. Dinoflagellate diversity and distribution. Biodiversity and Conservation, 17, 407-418.

Teague, W.J., G.A. Jacobs, D.S. Ko, T.Y. Tang, K.-I. Chang and M.-S. Suk. 2003. Connectivity of the Taiwan, Cheju and Korea Straits. Continental Shelf Research, 23, 63-67.

Thorsen, T.A. and B. Dale, 1997. Dinoflagellate cysts as indicators of pollution and past climate in a Norwegian fjord. The Holocene, 7, 433-446.

Tiffany, M.A., J. Wolny, M. Garrett, K. Steidinger and S.H. Hurlbert, 2007. Dramatic blooms of *Prymnesium* sp. and *Alexandrium margalefii* in the Salton Sea, California. Lake and Reservoir Management, 23, 620-629.

Tobin, E.D. and R.A. Horner, 2011. Germination characteristics of *Alexandrium catenella* cysts from surface sediments in Quartermaster Harbor, Puget Sound, Washington, USA. Harmful Algae, 10, 216-223.

Tonzar, E., 2008. Dinoflagellate cysts distribution in the Gulf of Trieste. Biologia Marina Mediterranea, 15, 400-401

Toth, G.B., F. Norén, E. Selander and H. Pavia, 2004. Marine dinoflagellates show induced life-history shifts to escape parasite infection in response to waterborne signals. Proceedings of the Royal Society of London B: Biological Sciences, 271, 733-738.

Touzet, N. J.M. Franco and R. Raine, 2008. Morphogenetic diversity and biotoxin composition of *Alexandrium* (Dinophyceae) in Irish coastal waters. Harmful Algae, 7, 782-797.

Trainer, V.L., G.C. Pitcher, B. Reguera and T.J. Smayda, 2010. The distribution and impacts of harmful algal bloom species in eastern boundary upwelling systems. Progress in Oceanography, 85, 33-52.

Trench, R.K., 1997. Diversity of symbiotic dinoflagellates and the evolution of microalgal-invertebrate symbioses. in "Lessios, H.A. and I.G. MacIntyre (eds). Proceedings of the Eighth International Coral Reef Symposium 2, Smithsonian Tropical Research Institute, Balboa, Panama", p.1275-1286.

Tsim, S.-T., L.Y. Yung, J.T.Y. Wong and Y.H. Wong, 1996. Possible involvement of G proteins in indoleamine-induced encystment in dinoflagellates. Molecular Marine Biology and Biotechnology, 5, 162-167.

Turpin, D.H., P.E.R. Dobell and F.J.R. Taylor, 1978. Sexuality and cyst formation in Pacific strains of the toxic dinoflagellate *Gonyaulax tamarensis*. Journal of Phycology, 14, 235-238.

Tuttle, R.C. and A.R. Loeblich III, 1974. Genetic recombination in the dinoflagellate *Crypthecodinium cohnii*. Science, 185, 1061-1062.

Tyler, M.A., D.M. Coasts and D.M. Anderson, 1982. Encystment in a dynamic environment: deposition of dinoflagellate cysts by a frontal convergence. Marine Ecology Progress Series, 7, 163-178.

Uchida, T., 1991. Sexual reproduction of *Scrippsiella trochoidea* isolated from Muroran Harbour, Hokkaido. Nippon Suisan Gakkaishi, 57, p.1215.

Uchida, T., 2001. The role of cell contact in the life cycle of some dinoflagellate species. Journal of Plankton Research, 23, 889-891.

Uchida, T., Y. Matsuyama and T. Kamiyama. 1999. Cell fusion in *Dinophysis fortii*. Bulletin of Fisheries and Environment of the Inland Sea, 1, 163-135.

Uchida, T., Y. Matsuyama, M. Yamaguchi and T. Honjo. 1996. The life cycle of *Gyrodinium instriatum* (Dinophyceae) in culture. Phycological Research, 44, 119-123.

Uchida, T., Y. Matsuyama, M. Yamaguchi and T. Honjo, 1996b. Growth interatctions between a redtide *Heterocapsa circularisquama* and some other phytoplankton species in culture.in "Yasumoto,T., Y. Oshima and Y. Fukuyo (Eds.), Harmful and Toxic Algal Blooms. UNESCO, Paris", p.369-372.

Uchida, T., S. Toda, Y. Matsuyama, M. Yamaguchi, Y. Kotani and T. Honjo, 1999. Interactions between the red tide dinoflagellates *Heterocapsa circularisquama* and *Gymnodinium mikimotoi* in laboratory culture. Journal of Experimental Marine Biology and Ecology, 241, 285-299.

上眞一, 1987. 動物プランクトンによる攝食. in "岡市友利(編), 赤潮の科學. 恒星社厚生閣, 東京", p.124-148.

Usup, G., A. Ahmad, K. Matsuoka, P.T. Lim and C.P. Leaw, 2012. Biology, ecology and bloom dynamics of the toxic marine dinoflagellate *Pyrodinium bahamense*. Harmful Algae, 14, 301-312.

Usup, G., C.P. Leaw, A. Ahmad and L.P. Teen, 2002. Phylogenetic relationship of *Alexandrium tamiyavanichii* (Dinophyceae) to other *Alexandrium* species based on ribosomal RNA gene sequence, Harmful Algae, 1, 59-68

Uzar, S., H. Aydin and E. Minareci, 2010. Dinoflagellate cyst assemblages in the surface sediments from Izmir bay, Aegean sea, Eastern Mediterranean. Scietific Research and Essays, 5, 285-295.

Van Nieuwenhove, N., H.A. Bauch and J. Matthiessen, 2008. Last Interglacial surface water conditions in the eastern Nordic Seas inferred from dinocyst. Marine Micropaleontology, 66, 247-263.

Vásquez-Bedoya, L.F., T. Radi, A.C. Ruiz-Fernández, A. de Vernal, M.L. Machain-Castillo, J.F. Kielt and C. Hillaire-Marcel, 2008. Organic-walled dinoflagellate cysts and benthic foraminifera in coastal sediments of the last century from the Gulf of Tehuantepec, south Pacific coast of Mexico. Marine Micropaleontology, 68, 49-65.

Vasquez-Bedoya, L.F., A. de Vernal, A.C. Ruiz-Fernandez, M.L. Machain-Castillo, T, Radi, OTHERS, 2007. Distribution of organic-walled dinoflagellate cysts in recent marine sediments from the Gulf of Tehuantepec, South Pacific of Mexico. American Geophysical Union, [URL:http://www.agu.org].

Verleye, T.J. and S. Louwye, 2010. Recent geographical distribution of organic-walled dinoflagellate cysts in the southeast Pacific (25-53°S) and their relation to the prevailing hydrographical conditions. Palaeogeography Palaeoclimatology Palaeoecology, 298, 319-340.

Versteegh, G.J.M., 1997. The onset of northern hemisphere glaciations and its impact on dinoflagellate cysts and acritarchs from the Singa section (south Italy) and ODP core 607 (North Atlantic). Marine Micropaleontology, 30, 319-343.

Versteegh, G.J.M. and D. Zevenboom, 1995. New genera and species of dinoflagellate cysts from the Mediterranean Neogene. Review of Palaeobotany and Palynology, 85, 213-229.

Vila M., M.G. Giacobbe, M. Masaó, E. Gangemi, A. Penna, N. Sampedro, F. Azzaro, J. Camp and L. Galluzzi, 2005. A comparative study on recurrent blooms of *Alexandrium minutum* in two Mediterranean coastal areas. Harmful Algae, 4, 673-695.

Vilicic, D., T. Djakovac, Z. Buric and S. Bosak, 2009. Composition and annual cycle of phytoplankton assemblages in the northeastern Adriatic Sea. Botaica Marina, 52, 291-305.

Viner-Mozzini, Y., T. Zohary and A. Gasith, 2003. Dinoflagellate bloom development and collapse in Lake Kinneret: a sediment trap study. Journal of Plankton Research, 25, 591-602.

Vink, A.K.A., F. Zonneveld and H. Willems. 2000a. Distribution of calcareous dinoflagellate cysts in surface sediments of the western equatorial Atlantic Ocean and their potential use in palaeoceanography. Marine Micropaleontology, 38, 149-180.

Vink, A., K.A.F. Zonneveld and H. Willems, 2000b. Organic-walled dinoflagellate cysts in western equatorial Atlantic surface sediments: distribution and their relation to environment. Review of Palaeobotany and Palynology, 112, 247-286

Vlcek, C., W. Marande, S. Teijeiro, J. Lukes and G. Burger, 2011. Systematically fragmented genes in a multipartite mitochondrial genome. Nucleic Acids Research, 39, 979-988.

von Stosch, H.A., 1964. Zum problem der sexuellen Fortpfanfzung in der Peridineengattung *Ceratium*. Helgoländer wissenschaftliche Meeresuntersuchungen, 10, 140-152.

von Stosch, H.A., 1965. Sexualitat ber *Ceratium cornutum* (Dinophyta). Naturwissenschaftern, 52, 112-113.

von Stosch, H.A., 1969. Dinoflagellaten aus der Nordsee I. Helgoländer wissenschaftliche Meeresuntersuchungen, 19, 558-568.

von Stoch, H.A., 1969b. Dinoflagellaten aus der Nordsee Ⅱ. *Helgolandinium subglobosum* gen. et. spec. nov. Helgoländer wiss Meeresunters, 19, 569-577.

von Stosch, H.A., 1972. La signification cytologoque de la `cyclose nucléairé dans le vie des Dinoflagalles. Mem. Soc. Bot. France, 201-212.

von Stosch, H.A., 1973. Observation on vegetative reproduction and sexual life cycles of two freshwater dinoflagellates, *Gymnodinium pseudopalstre* Schiller and *Woloszynskia apiculata* sp. nov. British Phycological Journal, 8, 105-134.

Walker, L.M., 1982. Evidence for a sexual cycle in the Florida red tide dinoflagellate, *Ptychodiscus brevis* (=*Gymnodinium breve*). Transactions of the American Microscopical Society, 101, 809-810.

Walker, L.M., 1984. Life histories, dispersal and survival in marine prvival in dinoflagellates. in "Steidinger, K.A. and L.M. Walker (eds), Marine Survival Life Cycle Strategies, CRC press, Inc, Florida", p.19-34.

Walker, L.M. and K.A. Steidinger, 1979. Sexual reproduction in the toxic dinoflagellate *Gonyaulax monilata*. Journal of Phycology, 15, 312-315.

Wall, D., 1965, Modern hystrichospheres and dinoflagellate cysts from the Woods Hole region, Grana Palynologica, 6, 297-314.

Wall, D., 1967: Fossil microplankton in deep-sea cores from the Caribbean Sea. Palaeontology, 10, 95-123.

Wall, D. 1975. Taxonomy anf cysts of red-tide dinoflagellates. in "Locicero, V.R,(ed), Proc. 1st Conf. on Toxic Dinoflagellate Blooms. Massachusetts Science and Technology Foundatin, Wakefield", 249-255.

Wall, D. and B. Dale, 1966. "Living fossils" in western Atlantic plankton. Nature, 211(5053), 1025-1026.

Wall, D. and B. Dale, 1968a. Modern dinoflagellate cysts and evolution of the Peridiniales. Microplaleontology, 14, 265-304.

Wall, D. and B. Dale, 1968b. Quaternary calcareous dinoflagellates (Calciodinellidae) and their natural affinities. Journal of Paleontology, 42, 1395-1408

Wall, D. and B. Dale, 1973. Paleosalinity relationships of dinoflagellates in the Late Quaternary of the Black Sea - A summary. Geoscience and Man, 7, 95-102.

Wall, D., B. Dale and K. Harada, 1973. Descriptions of new fossil dinoflagellates from the Late Quaternary of the Black Sea. Micropaleontology, 19, 18-31.

Wall, D., B. Dale, G.P. Lohmann and W.K. Smith, 1977. The environmental and climatic distribution of dinoflagellate cysts in modern marine sediments from regions in the North and South Atlantic Oceans and adjacent seas. Marine Micropaleontology, 2, 121-200.

Wall, D. and W.R. Evitt, 1975. A comparison of the modern genus *Ceratium* Schrank, 1793, with certain Cretaceous marine dinoflagellates. Micropaleontology, 21, 18-31.

Wall, D., R.R.L. Guillard and B. Dale, 1967. Marine dinoflagellate cultures from resting spores. Phycologia, 6, 83-86.

Wall, D. and J.S. Warren, 1969. Dinoflagellates in Red Sea piston cores. in "Degens, E.T. and D.A. Ross (Eds), Hot Brines and recent heavy metal deposits in the Red Sea. Springer Verlag, Berlin". p.317-327.

Wang, D.-Z., 2008. Neurotoxins from marine dinoflagellates : A brief review. Marine Drugs, 6, 349-371.

Wang, W. and J. Hong, 1994. Preliminary study on distribution of dinoflagellate cysts in neritic surface sediments of East China Sea in summer, 1992. Marine Science Bulletin, 13, 53-59.

Wang, Z., K. Matsuoka, Y. Qi and J. Chen, 2004a. Dinoflagellate cycts in recent sediments from Chinese coastal waters. Marine Ecology, 25, 289-311.

Wang, Z., K. Matsuoka, Y. Qi, J. Chen and S. Lu, 2004b. Dinoflagellate cyst records in recent sediments from Daya Bay, South China Sea. Phycological Research, 52, 396-407

Wang, Z., K. Matsuoka, Y. Qi and X. Gu, 2003. The vertical distribution of dinoflagellate resting cysts in surface sediments from the Aotou area of Daya Bay. Marine Environmental Science, 22, 5-8.

Wang, Z., Y. Qi, T. Jiang and Z. Xu, 2004c. Vertical distribution of dinoflagellate resting cysts in recent sediments from Daya Bay, the South China Sea. Acta Hydrobiologica Sinica, 28, 504-510.

Wang, Z., Y. Qi, S. Lu, Y. Wang and K. Matsuoka, 2004d. Seasonal distribution of dinoflagellate resting cysts in surface sediments from Changjiang River Estuary. Phycological Research, 52, 387-395.

Wang, Z., D. Mu Y. Li, Y. Cao and Y. Zhang, 2011. Recent eutrophication and human disturbance in Daya Bay, the South China Sea: dinoflagellate cyst and geochemical evidence. Estuarine, Coastal and Shelf Science, 92, 403-414.

Wang, Z., Y. Qi and Y.-F. Yang, 2007. Cyst formation: an important mechanism for the termination of *Scrippsiella trochoidea* (Dinophyceae) bloom. Journal of Plankton Research, 29, 209-218.

Webber, H.H. and H.V. Thurman, 1991. Marine Biology. Harper Collins college Publisher, New York, 424pp.

Wendler, I., K.A.F. Zonneveld and H. Willems, 2002a. Production of calcareous dinoflagellate cysts in response to monsoon forcing o! Somalia: a sediment trap study. Marine Micropaleontology, 46, 1-11.

Wendler, I., K.A.F. Zonneveld and H. Willems, 2002b. Oxygen availability effects on early diagenetic calcite dissolution in the Arabian Sea as inferred from calcareous dinoflagellate cysts. Global and Planetary Change, 34, 219-239.

Withers, N., 1987. Dinoflagellate sterols. in "Taylor, F.J.R.[ed.], The Biology of Dinoflagellates, Blackwell, Oxford", p.316-359.

Wu, G.X. and X,J, Sun, 2000. Distribution of dinoflagellate cysts in surface sediments from South China Sea. Tropic Oceanology, 19, 8-16.

Xiao, Y., Y. Qi, Z. Wang and S. Lu, 2001. The relationship between *Scrippsiella trochoidea* red tide and cysts in the Daya Bay. Marine Sciences, 25, 50-54.

Xiao, Y., Z. Wang, J. Chen, S. Lu and Y. Qi, 2003. Seasonal dynamics of dinoflagellate cysts in sediments from Daya Bay, the South China Sea, Its relationship to the bloom of *Scrippsiella trochoidea*. Acta Hydrobiologica Sinica, 27, 372-377.

Yamaguchi, A., M. Hoppenrath, V. Pospelova, T. Horiguchi and B.S. Leander, 2011. Molecular phylogeny of the marine sand-dwelling dinoflagellate Herdmania litoralis and an emended description of the closely related planktonic genus *Archaeperidinium* Jörgensen. European Journal of Phycology, 46, 98-112.

Yamaguchi, M., S. Itakura and I. Imai, 1995a. Vertical and horizontal distribution and abundance of resting cysts of the toxic dinoflagellate *Alexandrium tamarense* and *Alexandrium catenella* in sediments of Hiroshima Bay, the Seto Inland Sea, Japan, Nippon Suisan Gakkaishi, 61, 700-706. (in Japanes)

Yamaguchi, M., S. Itakura, I. Imai and Y. Ishida, 1995b. A rapid and precise technique for enumeration of resting cysts of *Alexandrium* spp. (Dinophyceae) in natural sediments. Phycologia, 34, 207-214.

Yasumoto, T., N. Seino, Y. Murakami and M. Murata. 1987. Toxins produced by benthic dinoflagellates. Biological Bulletin, 172, 128-131.

Yentsch, C.M., C.M. Lewis and C.S. Yentsch, 1980. Biological resting in the dinoflagellate *Gonyaulax excavata*. BioScience, 30, 251-254.

Yoo, J.S and H.W. Shin, 2004. Effects of basic oxygen furnace slag and inorganic nutrients on the germination of resting cysts of two toxic dinoflagellates. Journal of Environmental Biology, 25, 147-150.

Yoon , H.S., J.D. Hackett, C. Ciniglia, G. Pinto and D. Bhattacharya. 2004. A molecular timeline for the origin of photosynthetic eukaryotes. Molecular Biology and Evolution, 21, 809-818

Yoon, H.S., J.D. Hackett, F.M. Van Dolah, T. Nosenko, K.L. Lidie and D. Bhattacharya, 2005. Tertiary endosymbiosis driven genome evolution in dinoflagellate algae. Molecular Biology and Evolution, 22, 1299-1308.

Yoshida, M., 2002. *Alexandrium* spp. (Dinophyceae) in the western North Pacific. Fisheries Sciece, 68, 511-514.

Yoshida, M. and T. Ogata, C.V. Thuoc, K., Matsuoka, Y. Fukuyo, N.C. Hoi and M. Kodama, 2000. The first finding of toxic dinoflagellate *Alexandrium minutum* in Vietnam. Fisheries Science, 66, 177-179.

Yoshimatsu, S., 1981. Sexual reproduction of *Protogonyaulax catenella* in culture I. Heterothallism. Bulletin of the Plankton Society of Japan, 28, 131-139. (in Japanese)

Yoshimatsu, S., 1984. Sexual reproduction of *Protogonyaulax catenella* in culture II. Determination of mating type. Bulletin of the Plankton Society of Japan, 31, 107-111. (in Japanese)

Yoshimatsu, S., S. Toriumi and J.D. Dodge, 2000. Light and scanning microscopy of two benthic species of *Amphidiniopsis* (Dinophyceae), *Amphidiniopsis hexagona* sp. nov. and *Amphidiniopsis swedmarkii* from Japan. Phycological Research, 48, 107-113.

Yuki, K., 1994. First report of Alexandrium minutum Halim (Dinophyceae) from Japan. Japanese Journal of Phycology, 42, 425-4308.

Yuki, K., S. Kobayashi and Y. Fukuyo, 1996. Thecate and cyst forms of *Alexandrium pseudogonyaulax* (Dinophyceae) from Japanese coastal waters. Bulletin of Plankton Society of Japan, 43, 46-50.

Zhang, S. and S. Li, 1990. Sexual reproduction and hypnozygote formation in the freshwater dinoflagellate *Peridinium bipes* Stein. Acta Hydrobiologica Sinica, 14, 1-9.

Zheng, L., Y. Qi, D.M. Anderson, 1997. Distribution of dinoflagellate cysts in Dapeng bay, South China Sea. Abstract of VIIIth International Conference on Harmful Algae, Vigo, Spain.

Zhu, Y., A. Sun, C.; Li, D. Lan and J. Zhang, 2008. Dinoflagellate cysts records from sediments of Xinghua Bay, Fujian Province. Journal of Oceanography in Taiwan Strait, 27, 309-316.

Zinssmeister, C., S. Soehner, M. Kirsch, E. Facher, K.J.S, Meier, H. Keupp and M. Gottschling, 2012. Same but different: two novel bicarinate species of extant calcareous dinophytes (Thoracosphaeraceae, Peridiniales) from the Mediterranean sea. Journal of Phycology, 48, 1107-1118.

Zonneveld, K.A.F., 1997a. New species of organic walled dinoflagellate cysts from modern sediments of the Arabian Sea (Indian Ocean). Review of Palaeobotany and Palynology, 97, 319-337.

Zonneveld, K.A.F., 1997b. Dinoflagellate cyst distribution in surface sediments from the Arabian Sea (northwestern Indian Ocean) in relation to temperature and salinity gradients in the upper water column. Deep-Sea Research part II, 44, 1411-1443.

Zonneveld, K.A.F., F. Bockelmann and U. Holzwarth, 2007. Selective preservation of organic-walled dinoflagellate cysts as a tool to quantify past net primary production and bottom water oxygen concentrations. Marine Geology, 237, 109-126.

Zonneveld, K.A.F. and G.-J.A. Brummer, 2000. (Palaeo-)ecological significance, transport and preservation of organic-walled dinoflagellate cysts in the Somali Basin, NW Arabian Sea. DeepSea Research II, 47, 2229-2256.

Zonneveld, K.A,F., L. Chen, R. Elshanawany, H.W. Fischer, M. Hoins, M.I. Ibrahim, D. Pittauerova and G.J.M. Versteegh, 2012. The use of dinoflagellate cysts to separate human-induced from natural variability in the trophic state of the Po River discharge plume over the last two centuries. Marin Pollution Bulletin, 64, 114-132.

Zonneveld, K.A.F., L. Chen, J. Möbius and M.S. Mahmoud, 2009. Environmental significance of dinoflagellate cysts from the proximal part of the Po-river discharge plume (off southern Italy, Eastern Mediterranean). Journal of Sea Research, 62, 189-213.

Zonneveld, K.A.F. and B. Dale, 1994. The cyst-motile stage relationships of *Protoperidinium moltospinum* (Paulsen) Zonneveld et Dale comb. nov. and *Gonyaulax verior* (Dinophyta, Dinophyceae) from the Oslo Fjord (Norway). Phycologia, 33, 359-368.

Zonneveld KAF, R.P. Hoek H. Brinkhuis and H. Willems, 2001. Geographical distributions of organicwalled dinoflagellate cysts in surface sediments of the Benguela upwelling and their relationship to upper ocean conditions. Progress in Oceanography, 48, 25-72.

Zonneveld, K.A.F., F. Marret, G.J.M. Versteegh, K. Bogus, S. Bonnet, I. Bouimetarhan, E. Crouch, A. de Vernal, R. Elshanawany, L. Edwards, O. Esper, S. Forke, K. Grøsfjeld, M. Henry, U. Holzwarthc, J.-F. Kielt,. S.-Y. Kim, S. Ladouceur, D. Ledu, L. Chen, A. Limoges, L. Londeix,. S.-H. Lu, M.S. Mahmoud, G. Marino, K. Matsouka, J. Matthiessen, D.C. Mildenhal, P. Mudie, H.L. Neil, V. Pospelova, Y. Qi, T. Radi, T. Richerol, A. Rochon, F. Sangiorgi, S. Solignac, J.-L. Turon, T. Verleye, Y. Wang, Z. Wang and M. Young, 2013. Atlas of modern dinoflagellate cyst distribution based on 2405 datapoints. Review of Palaeobotany and Palynology, 191, 1-197.

Zonneveld, K.A.F., K.J.S. Meier, O. Esper, D. Siggelkow, I. Wendler and H. William, 2005. The (palaeo-) environmental significance of modern calcareous dinoflagellate cysts: a review. Paläontologosche Zeitschrift, 79, 61-77.

Zonneveld, K.A.F. and E. Susek, 2007. Effects of temperature, light and salinity on cyst production and morphology of *Tuberculodinium vancampoae* (the resting cyst of *Pyrophacus steinii*). Review of Palaeobotany and Palynology, 145, 77-88.

Zonneveld, K.A.F., E. Susek and G. Fischer, 2010a. Seasonal variability of the organic-walled dinoflagellate cyst production in the coastal upwelling region off Cape Blanc (Mauritania) : a fiveyear survey. Journal of Phycology, 46.

맺음말

십년이면 강산이 변한다고 한다. 이런 여유는 우리 삶이 자연이라는 생태계와 조화를 이루면서 여유로운 생활이 가능하였을 때, 자연의 변화와 함께 느낄 수 있는 감정은 아닐까? 반문 해본다. 지금의 사회 환경은 어떠한가? 사회의 변화는 참으로 빠르다. 변화의 속도를 따라잡기가 버거울 정도이다. 특히 IT를 중심으로 하는 사회의 변화는 우리와 같은 중년은 도저히 따라갈 수 없는 속도라고 할까?

개인 컴퓨터가 등장하기 이전의 1960/70년대, 미래 공상만화에 등장하는 IT 주도의 정보사회는 인간의 여유로움을 만끽 할 수 있는 세상이어 거 늘! 현실은 과거보다 수배에서 수십 배 빠르게 변화하는 뜸 바구니 속에 끼어, 수동적인 삶 속에 여유를 찾기 힘든 생활이 연속이다. 미래의 사회는 어떻게 변화될 것인가? 그러나 의료기기의 발전으로 인류의 생명이 연장되는 것처럼, 산업발전에 따라 인류의 양적 생활의 질은 향상되는 것에 동반하여, 우리 생활을 윤택하게 하고 있음은 부정은 할 수 없다. 모든 일에는 정 · 반 · 합에 따른 상대적 부분이 있기에…….

학문의 분야에도 예외는 아니다. 연구 진행에 필수적인 정밀 광학기기의 비약적인 발전은 과거 인류가 접근하기 어려웠던 미소생물의 세계에 대한 많은 정보들을 제공하게 되었다. 때문에 과거 우리의 일상생활과 그다지 관계가 없을 것으로 생각되어 크게 관심을 가지지 못했던 미생물들이 실제로는 우리의 모든 생활 속에 매우 밀접하게 관계하고 있다는 사실도 알게 되었다. 바이러스, 세균, 단세포 식물과 동물, 그리고 균류와 같이 현미경을 사용하지 않고는 확인이 되지 않은 미생물은 지금 생물학에서 가장 활발하게 연구가 진행되는 분야이다.

바다에서도 그 경향은 유사하다. 실제 바다에서 태양에너지를 고정하여 동물군집의 에너지원으로 공급되는 광합성 미소생물과 그를 둘러싼 마소생물군의 상호관계인 미세먹이망에 대한 고리는 인류가 생각하는 이상으로 상호 의존적이나, 항상성의 균형을 나타내고 있다. 또한 인간의 산업 활동에 의한 부정적 영향은 이들 생물군에 가장 먼저 영향을 미치게 되고, 이는 점차 상위 영양단계로 전송되어 인류의 삶까지도 위협하게 된다.

따라서 최근 지구적 규모에서 발생하는 다양한 환경문제와 종 다양성 등 생물교란과 생태계 파괴 등 다양한 생태계와 관련된 문제에서 에너지 흐름의 출발이 되는 해양 미소생물의 이해 없이 현황과 원인 파악은 물론, 근본적 문제 해결을 위한 대책 수립도 할 수 없게 된다. 이런 해양 미소생물은 종수와 형태적인 면은 물론, 해양생태계 속에서 이들 생물의 수행하는 기능까지도 매우 넓고 황홀감을 더하는 신비로움을 포함하고 있다. 바다의 미소생물의 신비로운 생활방식, 특히 생태계 구성 인자로서 자신의 기능을 충실하게 수행하면서, 다른 생물군집을 배려하는 질서 있는 삶의 방식은 지구 생태계에서 만물의 영장이라고 하는 우리 인류가 자연과 함께 어떻게 살아가야 하는 가에 대한 방향을 제시할 수도 있을 것이다. 본 도서에서는 미소생물의 삶의 방식에 대한 생태학적 내용은 크게 다르지 못했다. 앞으로의 기획에서 이들 미소생물의 삶에 대해 심도 있게 다루어 보고자 한다.

본 도서가 독자들에게 새로운 미지세계에 대한 새로운 정보와 해양환경 및 생물군집에 대한 관심과 이해를 넓힐 수 있는 계기와 되기를 희망한다.

본 도서는 2013년도 전남대학교 학술지원비와 2013년도 정부(교육과학기술부)의 제원으로 한국연구재단의 기초연구사업 지원을 받았다(No. 2013005394). 또 자료 수집에 전남대학교 도서관 여수분소 직원 선생님들과 편집 및 출판에 전남대학교출판부 여러 선생님들에 많은 도움을 받았다. 또한 표지 및 각 장의 삽화는 딸 경화의 도움을 받았다. 지면을 통해서 협력 해주신 모든 분께 감사를 드린다.

색인

ㄱ

가로 홈(cingulum) __21
간극형성 시스트(cavate cyst) __90, 92
감수모세포(planomeiocyte) __38
갑주형(armored type) __26
계수판(Sedgwick-Rafter chamber) __76
고니아우락스 목(Order Gonyaulacales) __34, 123
고니아우락스 속(Genus *Gonyaulax*) __139
고토이우스 속(Genus *Gotoius*) __164
공 시스트(empty cyst) __58
공생종(symbiotic species) __29
글루타알데히드(glutaraldehyde) __64
글리세린 젤리(glycerine-jelly) __73
기생종(parasitic species) __29
기억상실성 패독 (Amnesic Shellfish Poison, ASP) __25

ㄴ

내부격막(endophragm) __90
노출형(naked type) __26
녹티루카 목(Noctilucales) __34

ㄷ

단세포 생물(unicellular organisms) __16
대형 저서생물(macrobenthos) __61
독립영양(autotroph) __22
돌기물(process, spine) __86
돌기형 시스트(chorate cyst 또는 proximochorate cyst) __90, 91
동물플랑크톤(zooplankton) __16
동종이명(同種異名, synonym) __33
동형배우자접합(同型配偶子接合, isogamy) __38
디노스폴린(dinospolin) __58, 92
디노코커스 목(Order Dinococcales) __197
디노피시스 목(Order Dinopysiales) __32, 195
디메칠설파이드(dimethyl sulfide, DMS) __19
디소디움 속(Genus *Dissodium*) __162
디프로펠타 속(Genus *Diplopelta*) __160
디프로프살로프시스 속 (Genus *Diplopsalopsis*) __162
디프로프살리스 속(Genus *Diplopsalis*) __161

ㄹ

레보우라이아 속(Genus *Lebouraia*) __165
루시페린-루시페아제 반응 (luciferin-luciferase reaction) __23
린그로디니움 속(Genus *Linglodinium* __147

ㅁ

마비성 패독(Paralytic Shellfish Poisoning, PSP) __25
막상 장식물(membranous ornaments) __91
무각종(unarmored species) __26
미세먹이망(micro-food web) __22
미토콘드리아(mitochondria) __23
미화석(微化石, microfossil) __42

ㅂ

바이알 샘플병(vial bottle) _69
발아공(發芽孔, germ pore) _42
발아공(archeopyle) _88, 94
배각판(背殼板, antapical plates) _27
보조 표본(sub-sample) _61, 66
부영양화(eutrophication) _18, 19, 47
분할 시스트(division cyst) _40
빈영양(oligothrophic) _19

ㅅ

사포피릭(Saphopylic)형 _95
사포피릭형 발아공(Saphopylic archeopyle) _95
삭시독신(saxitoxins) _127
상각(epitheca) _27
새김길(sulcal notch) _152
생 시스트(living cyst) _58, 65
생물 · 지리학적(biogeology) _49
생물 · 지리적 분포 _52
생물발광(bioluminescence) _23
생체고분자(biopolymer) _58
생체고분자물질(biopolymer) _71
생활사(life cycle) _86
샤레(petri-dish) _68
서식지(habitat) _43
선박 균형수(ballast water) _47
설사성 패독(Diarrhetic Shellfish Poison, DSP) _25
세디맨트 트랩(sediment trap) _59, 62
세라티움 속 (Genus *Ceratium*) _137
소화 시스트(digestive cyst; digestion cysts) _40
속피낭(hypocyst) _96
속피낭 발아공(hypocystal archeopyle) _96
수온 창(temperature window) _45
숨겨진 식물(hidden flora) _16
슈도휘스테리나 속(Genus *Pseudopfiesteria*) _196
스크리프시엘라 속(Genus *Sccrippsiella*) _188
스포로폴레닌(sporopollenin) _58
스폴로폴레닌(spollopolenin) _92
시스트(cyst) _38
시카테라 어류독(Ciguatera Fish Poison, CFP) _25
식물플랑크톤(Phytoplankton) _16
신경성 패독(Neurological Shellfish Poison, NSP) _25

ㅇ

아크리타크(acritarch) _42, 88, 112
아키페리디니움 속(Genus *Archaeperidinium*) _158
알렉산드리움 속(Genus *Alexandrium*) _126
암피디니움 속(Genus *Amphidinium*) _113
어류 독성(ichthyotoxins) _114
에크만형 채니기(Ekman Birge type) _60
엔시쿠리페라 속(Genus *Ensiculifera*) _163
엔치디니움 속(Genus *Echinidinium*) _198
열림판(operculum) _95
엽록체(chloroplast) _23
오브레아 속(Genus *Oblea*) _166
오스트래오프시스 속(Genus *Ostreopsis*) _149
와편모조류(dinoflagellate) _20
와편모조류의 분포도 _47
외래종 _47
외부격막(ectophragm) _90
외피낭(epicyst) _96
외피낭 발아공(epicystal archeopyle) _95, 96
운동성 감수 모세포(planomeiocyte) _154
운동성 접합자(planozygote) _38

원천시료(raw sample) __66
유각종(armored species) __26
유사 봉합선(parasuture) __86
유영세포 유사형 시스트(proximate cyst) __90
이형배우자접합(anisogamy) __38
인편모조류(coccolithophoids) __19
일시성 시스트(temporary cyst; pellicle cyst; ecdysal cyst) __40, 112, 208
일주연직운동(dieldiurnal vertical migration) __23

ㅈ

자동격막(autophragm) __90
적조(red tide) __18
점액질 시스트(agglutinous cyst) __126
정단 발아공(apical archeopyle) __95
정단뿔(頂端, apical horn) __27
정단판 발아공(apical archeopyle) __96
정중간각판(頂中間殼板, anterior intercalary plates) __27, 96
정중간각판 발아공(intercalary archeopyle) __95, 96
조합형 발아공(combination archeopyle) __95, 97
종속영양(heterotroph) __22
종자군(種子群, seed population) __47, 114, 119, 148
종편모(longitudial flagellum) __21
주변부격막(periphragm) __90
주상채니기(柱狀採泥器, core sampler) __60
중성 포르마린(neutral formarine) __64
중화제 __64
지로디니움 속(Genus *Gyrodinium*) __119
질소고정(nitrogen fixation) __19
짐노디니움 목(Gymnodiniales) __32, 112
짐노디니움 속(Genus *Gymnodinium*) __115

ㅊ

차스믹 발아공(chasmic archeopyle) __94, 98
채니기(採泥器, gravity corer) __59
체(sieve) __66
초호(礁湖, lagoon) __151

ㅋ

카초니나 속(Genus *Cachonina*) __159
카토디니움 속(Genus *Katodinium*) __120
코오리나 속(Genus *Coolia*) __159
코클로디니움 속(Genus *Cochlodinium*) __114
크립토피릭(Cryptopylic)형 __95
크립토피릭형 발아공(Cryptopylic archeopyle) __98

ㅌ

테로피릭(Theropylic)형 __95
테로피릭형 발아공(Theropylic archeopyle) __97
토라코스파에라 목(Order Thoracosphaerales) __196
토벨리아 속(Genus *Tovellia*) __200
트래믹 발아공(tremic archeopyle) __94, 99

ㅍ

파스퇴르피펫(pastuer pipette) __76
패닝(panning) __69
페리디니엘라 속(Genus *Peridiniella*) __149
페리디니움 목(Order Peridiniales) __35, 154
페리디니움 속(Genus *Peridinium*) __168
펜타파소디니움 속 (Genus *Pentapharsodinium*) __167
편모공(flagellar pore) __86
폴리크리코스 속(Genus *Polykrikos*) __121
표영 환경(pelagic environment) __18
프라질리디움 속(Genus *Fragilidium*) __138

프레파라트(preparat) __73
프레페리디니움 속(Genus *Preperidinium*) __169
프로로센트럼 목(Order Prorocentrales) __31, 195
프로토세라티움 속(Genus *Protoceratium*) __150
프로토페리디니움 속 (Genus *Protoperidinium*) __170
프리멀린(primuline) __71
플랑크톤(plankton) __16
플리머린 스토크(primuline stock) __72
피각판(皮殼板, thecal plate, or plate) __27, 86
피각판 배열(paratabulation) __86
피각판 배열(thecal tabulation) __89
피로디니움 속(Genus *Pyrodinium*) __151
피로시스티스 과(Pyrocystacea) __34
피로시스티스 목(Pyrocystales) __34
피로파커스 속(Genus *Pyrophacus*) __153

ㅎ

하각(hypotheca) __27
헤테로캅사 속(Genus *Heterocapsa*) __164
헤테로탈리즘(異株性, heterothallism) __38
헥사민(hexamin) __64
호모탈리즘(同株性, homothallism) __38
혼합영양(mixotroph) __22
화분(sporopollenin) __71
화분학(palynology) __112
환대(環帶, girdle) __21
환대전각판 (環帶前殼板, precingular plates) __27, 96
환대전각판 발아공(precingular archeopyle) __95, 96
환대후각판(環帶後殼板, postcingular plates) __27, 96
환대후각판 발아공(epicystal archeopyle) __95
황록공생조류(zooxanthella) __29
횡편모(transvere flagellum) __21
후미 홈(sulcus) __21, 86
후미 홈 새김길(sulcal notch) __96
휘스테리아 속(Genus *Pfiesteria*) __196
휴면기간 __45
휴면기의 시스트(resting cysts; hypnozygotes) __40
휴면성 접합자(hypnozygote, resting spore, resting cyst) __38
휴면포자(休眠胞子, resting cyst) __38

기타

AZP(Azaspiracid Shellfish Poisoning) __25
PET 챔버(plankton emergence trapchamber) __63
phased cell division __40
PTXs(pectenotoxins) __26
SM(Smith McLntyre) type 채니기 __61
TFO형 주상채니기 __60
YTXs(yessotoxins) __26

학명 색인

A

Amphidinium britannicum __113
Amphidinium carterae __114
Amphidinium klebssi __114
Amphidinium operculatum __114
Acartia erythraeu __148
Alexandrium affine __127
Alexandrium affinis __213
Alexandrium andersonii __127
Alexandrium angustitabulatum __132
Alexandrium catenatum __214
Alexandrium catenella/tamarense complex __62, 135
Alexandrium cohorticula __128
Alexandrium excavatum __135
Alexandrium fraterculus __128
Alexandrium fundyense __129
Alexandrium globosum __129
Alexandrium hiranoi __130
Alexandrium ibericum __132
Alexandrium lusitanicum __132
Alexandrium margalefii __131
Alexandrium minimum __45
Alexandrium minutum __132, 214
Alexandrium monilatum __132
Alexandrium ostenfeldii __133
Alexandrium peruvianum __133
Alexandrium pseudogoniaulax __134
Alexandrium sp. __214
Alexandrium tamarense __53, 135
Alexandrium tamiyavanichii __136
Alexandrium tamutum __136
Alexandrium taylorii __136
Alexandriun catenella __127
Alexandriun kutnerae __131
Alexandriun leei __131
Amphidinium carterae __114
Amylax catenata __149
Amylax diacantha __144
Archaeperidinium minutum sensu __158, 180
Archaeperidinium saanichi __158
Ataxiodinium choane __217
Ataxiodinium choanum __145

B

Bitectatodinium spongium __219
Bitectatodinium tepikiense __140
Brigantedinium asymmetricum __233
Brigantedinium auranteum __187, 233
Brigantedinium cariacoense __172, 227
Brigantedinium grande __235
Brigantedinium irregulare __176, 229
Brigantedinium majusculum __175, 232
Brigantedinium simplex __174, 228

C

Cachonina hallii __159
Cachonina illdefina __159
Calciodinellum faeroense __194
Caledodinium vermiculatum __140
Centropages abdominalis __148
Ceratium carolinianum __137
Ceratium comutum __137

Ceratium hirundinella __137
Ceratium horridum __137
Cochlodinium polykrikoides. __114, 222
Congruentidium compressum __174
Coolia monotis __159

D

Dalella chathamensis __145
Dinophysis acuta __195
Dinophysis cf. *acuminata* __195
Dinophysis fortii __195
Dinophysis norvegica __195
Dinophysis pavillardii __196
Dinophysis saccula __196
Dinophysis tripos __196
Diplopelta parva __160, 225
Diplopelta symmetrica __163
Diplopeltopsis minor __169
Diplopsalis asymmetrica __163
Diplopsalis lebourae __161
Diplopsalis lenticula __161, 163, 225
Diplopsalis lenticula f. *asymmetrica* __163
Diplopsalis lenticula f. *minor* __169
Diplopsalis minor __169
Diplopsalis orbicularis __162
Diplopsalis rotunda __167
Diplopsalis rotundata __167
Diplopsalopsis latipeltata __162
Diplopsalopsis orbicularis __162
Discosphaera regalis __191
Dissodium asymmetricum __163
Dissodium lenticulum __161
Dubridinium caperatum __169, 226

E

Echinidinium aculeatum __198, 235
Echinidinium bispiniformum __198
Echinidinium delicatum __199, 235
Echinidinium granulatum __199, 235
Echinidinium karaense __200
Echinidinium sleipnerensis __200
Echinidinium sp. cf. *delicatum* __235
Echinidinium sp./spp. __235
Echinidinium transparantum __200
Echinidinium zonneveldiae __200
Ensiculifera carinata __163, 212
Ensiculifera imariensis __164

F

Fragilidium heterolobum __138
Fragilidium mexicanum __138
Fragilidium subglobosum __138

G

Gessnerium catenella __127
Gessnerium cohorticula __128
Gessnerium fraterculum __128
Gessnerium monilata __132
Gessnerium ostenfeldii __133
Gessnerium tamarensis __135
Glenodinium acuminatum __194
Glenodinium hallii __159
Glenodinium lenticula f. *minor* __169
Glenodinium lenticula __161
Glenodinium monotis __160
Glenodinium rotundum __167
Glenodinium triquetrum __165
Glenodinium trochoideum __194
Goniodoma ostenfeldii __133
Goniodoma pseudogonyaulax __134
Gonyaulax baltica __139
Gonyaulax catenata __149

Gonyaulax catenella __127
Gonyaulax cohorticula __128
Gonyaulax diacantha __144
Gonyaulax digitalis __140, 215
Gonyaulax elongata __139, 215
Gonyaulax excavata __126, 135
Gonyaulax fraterculus __128
Gonyaulax kutnerae __131
Gonyaulax levanderi __142
Gonyaulax longispina __144
Gonyaulax membranaceae __140
Gonyaulax membranaceus __217
Gonyaulax monilata __132
Gonyaulax ostenfeldii __133
Gonyaulax peruviana __133
Gonyaulax polyedra __87, 148
Gonyaulax schilleri __152
Gonyaulax scrippsae __141, 217
Gonyaulax spinifera __142, 217
Gonyaulax spinifera complex __218
Gonyaulax tamarensis var. *excavata* __135
Gonyaulax tamarensis __135
Gonyaulax verior __144, 217
Gotoius abei __164, 226
Gymnodinium impudicum __222
Gymnodinium catenatum __45, 53, 62, 115, 118, 222
Gymnodinium corollarium __116
Gymnodinium coronatum __200
Gymnodinium fungiforme __120
Gymnodinium impudicum __116
Gymnodinium litoralis __117
Gymnodinium microreticulatum __118
Gymnodinium nolleri __118
Gymnodinium trapeziforme __118
Gymnodinum microreticulatum __118
Gyrodinium impudicum __116
Gyrodinium instriatum __119, 223
Gyrodinium iunstriatum __39
Gyrodinium resplendens __119
Gyrodinium uncatenum __120

H

Helgolandinium subglobosum __138
Heteraulacus ostenfeldii __133
Heterocapsa circularisquma __164
Heterocapsa niei __159
Heterocapsa triquetra __165, 226
Hystrichosphaera bulloideus __142
Hystrichosphaera furcata var. *membranacea* __141
Hystrichosphaeridinium centrocarpum __150

I

Impagidinium aculeatum __54, 147, 219
Impagidinium japonicum __147
Impagidinium multiplexum __147
Impagidinium pallidum __147
Impagidinium paradoxum __146
Impagidinium patulum __146, 147
Impagidinium plicatum __147
Impagidinium sp. __219
Impagidinium sphaericum __54, 147
Impagidinium spp. __147
Impagidinium strialatum __146
Impagidinium variaseptum __147
Impagidinium velorum __147
Islandinium brevispinosum __236
Islandinium cezare __182, 187
Islandinium minutum __182, 236
Islandium brevispinosum __182, 185

K

Katodinium fungiforme _120

L

Lebouraia minuta _165
Lejeunecysta aliva _236
Lejeunecysta oliva _179
Lejeunecysta paratenella _179
Lejeunecysta sablina _179
Lejeunecysta sabrina _179, 231
Lingulodinium hemicystum _148
Lingulodinium machaerophorum _54, 87, 148, 219
Lingulodinium polyedra _148
Lingulodinium polyedrum _219
Islandinium minutum _187

M

Multispinula quanta _154, 175

N

Nematosphaeropsis labyrinthus _142, 143, 218

O

Oblea acanthocysta _166, 226
Oblea rotunda _167
Obliquipithonella irregularia _88
Operculodinium israelianum _150
Operculodinium psilatum _150
Operculodinium centrocarpum _54, 150, 221
Operculodinium centrocarpum sensu _148
Operculodinium crassum _221
Operculodinium giganteum _150
Operculodinium israelianum _151, 221
Operculodinium janduchenei _150
Operculodinium longispinigerum _150
Ostreopsis monotis _1600
Ostreopsis ovata _149

P

Pentapharsodinium dalei _40, 167, 213
Pentapharsodinium tyrrhenicum _168
Peridiniella catenata _149
Peridiniopsis asymmetricum _163
Peridiniopsis lenticula _161
Peridiniopsis rotunda _167
Peridinium achromaticum _171
Peridinium americanum _171
Peridinium antarcticum _172
Peridinium asymmetricum _163
Peridinium avellana _172
Peridinium brochii _172
Peridinium catenata _149
Peridinium claudicans _173
Peridinium clavus _176
Peridinium compressum _174
Peridinium conicoides _174
Peridinium conicum f. *islandica* _185
Peridinium conicum _175
Peridinium denticulatum _176
Peridinium depressum _172
Peridinium divaricatum _176
Peridinium divergens _181
Peridinium divergens var. *conica* _175
Peridinium divergens var. *oblongum* _181
Peridinium divergens var. *obtusum* _182
Peridinium excentricum _177
Peridinium faeroense _167, 194
Peridinium gainii _176, 177
Peridinium hangoei _168, 189

Peridinium latissimum __177
Peridinium lenticula __163
Peridinium lenticulum __169
Peridinium leonis __178
Peridinium leonis f. *matzenaueri* __182
Peridinium levanderi __142
Peridinium limbatum __169, 227
Peridinium michaelis __185
Peridinium minutum __158, 180
Peridinium monospinum __180
Peridinium nudum __181
Peridinium oblongum __181
Peridinium obtusum __182
Peridinium paulsenii __169
Peridinium pellucidum __182
Peridinium pentagonoides __177
Peridinium pentagonum __182
Peridinium pentagonum var. *latissinum* __177
Peridinium ponticum __169
Peridinium punctulatum __184
Peridinium reticulatum __150
Peridinium saltans __178
Peridinium sinuosum __182
Peridinium spiniferum __142
Peridinium steinii __185
Peridinium stellatum __184
Peridinium subinerme var. *punctulatum* __184
Peridinium subinermis __185
Peridinium sympholis __185
Peridinium thorianum __185
Peridinium thulesense __186
Peridinium triquetra __165
Peridinium triquetrum __165
Peridinium trochoideum __194
Peridinium tyrrhenicum __168
Pfiesteria piscicida __196
Pheopolykrikos hartmannii __121
Pheopolykrikos hartmannii __223
Pirumella irregularis __190
Polarella glacialis __197
Polykrikos auricularia __122
Polykrikos beauchampii __121
Polykrikos hartmannii __121, 148
Polykrikos kofoidii __122, 237
Polykrikos schwartzii __122, 237
Polykrikos sp. var. *arctica* __123
Polysphaeridium zoharyi __151, 153
Polysphaeridium zoharyi var. *katana* __152
Praeperidinium asymmetricum __163
Preperidinium meunieri __169, 226
Preperidinium paulseni __169
Properidinium avellana __172
Properidinium heterocapsa __165
Properidinium thorianum __185
Prorocentrum lima __195
Prorocentrum marinum __195
Prorocentrum micans __195
Prorocentrum minimum __195
Prorocentrum pyrenoideum __195
Prorocentrum triestinum __195
Protoceratium reticulatum __150, 221
Protoceratium sp. cf. *reticulatum* __151, 221
Protogonyaulax affinis __127
Protogonyaulax catenella __127
Protogonyaulax cohorticula __128
Protogonyaulax excavata __135
Protogonyaulax fratercula __128
Protogonyaulax kutnerae __131
Protogonyaulax peruviana __133
Protogonyaulax tamarensis __135
Protoperidinium achromaticum __171
Protoperidinium americanum __171, 182, 227

Protoperidinium antarcticum __172
Protoperidinium aspidofum __154, 180
Protoperidinium avellana __227
Protoperidinium avellanum __172
Protoperidinium brochii __172
Protoperidinium claudicans __173, 227
Protoperidinium clavus __176
Protoperidinium compressum __174, 184, 228
Protoperidinium conicoides __174, 228
Protoperidinium conicum __175, 181, 228
Protoperidinium constrictum __180
Protoperidinium denticulatum __176, 229
Protoperidinium digitale __140
Protoperidinium divaricatum __176, 229
Protoperidinium excentricum __177
Protoperidinium expansum __177
Protoperidinium gainii __176
Protoperidinium grandii __177
Protoperidinium hangoei __189
Protoperidinium latissimum __40, 177, 229
Protoperidinium leonis __178, 231
Protoperidinium limbatum __169
Protoperidinium minutum __122, 158, 176, 180, 231
Protoperidinium monospinum __180
Protoperidinium nudum __175, 181
Protoperidinium oblongum __181, 231
Protoperidinium obtusum __182
Protoperidinium parapentagonum __182
Protoperidinium pellucidum __182, 185
Protoperidinium pentagonoides __177
Protoperidinium pentagonum __88, 182
Protoperidinium petagonum __232
Protoperidinium punctulatum __184
Protoperidinium steinii __182, 185
Protoperidinium stellatum __184, 232
Protoperidinium subinerme __175, 185, 233
Protoperidinium sympholis __186
Protoperidinium thorianum __185, 233
Protoperidinium thulesense __185
Protoperidinium tricingulatum __186
Pseudopfiesteria shumwayae __196
Pyrodinium bahamense f. *compressum* __152
Pyrodinium bahamense var. *bahamense* __151
Pyrodinium bahamense var. *compressum* __152, 215
Pyrodinium bahamense __151
Pyrodinium minutum __132
Pyrodinium monilatum __132
Pyrodinium schilleri __152
Pyrophacus horologicum var. *steinii* __153, 161
Pyrophacus horologium __153, 223
Pyrophacus steinii __153, 224
Pyrophacus vancampoae __153
Pyxidinopsis psilata __187
Pyxidinopsis reticulata __188

Q

Quinquecuspis concreta __178, 179, 231

R

Rhabdothorax regalis __191

S

Scrippsiella cf. *spinifera* __192
Scrippsiella crystallina __188, 213
Scrippsiella donghaiensis __188
Scrippsiella enormis __189
Scrippsiella faeroensis __194
Scrippsiella hangoei __168, 189
Scrippsiella irregularis __190
Scrippsiella lachrymosa __190

Scrippsiella minima __190
Scrippsiella patagonica __88, 190
Scrippsiella precaria __191
Scrippsiella ramonii __191
Scrippsiella regalis __191
Scrippsiella rotunda __192
Scrippsiella sp. __213
Scrippsiella sweeneyae __192
Scrippsiella trifida __193
Scrippsiella trochoidea __39, 194, 213
Selenopempbix quanta __228
Selenopemphix alticinctum __175, 233
Selenopemphix nephroides __175, 185, 233
Selenopemphix tholus __175
Selenopemphix quanta __154, 175, 181
Spiniferites asperulus __144
Spiniferites belerius __141, 142
Spiniferites bentori __140, 215
Spiniferites bulloideus __141, 217
Spiniferites cruciformis __144
Spiniferites delicatus __141, 144, 219
Spiniferites elongatus __139, 215
Spiniferites frigidus __144
Spiniferites hyperacanthus __144
Spiniferites hypercanthus __218
Spiniferites inaequalis __144
Spiniferites lazus __144
Spiniferites membranaceus __140, 217
Spiniferites mirabilis __142, 218
Spiniferites pachydermus __144
Spiniferites ramosus __141, 142, 218
Spiniferites scabratus __144
Spiniferites septentrionalis __144
Spiniferites spp. __219
Stelladinium abeii __228
Stelladinium bifurcatum __184, 236
Stelladinium reductum __184
Stelladinium reidii __174, 184, 228
Stelladinium robustum __184, 236
Stelladinium stellatum __184, 228

T

Tectatodinium pellitum __142, 143
Tovellia coronata __200
Triadinium ostenfeldii __133
Triadinium pseudogonyaulax __134
Trinivantedinium capitatum __88
Trinovantedinium applanatum __232
Trinovantedinium capitatum __183, 232
Trinovantedinium olivum __179
Trinovantedinium pallidifulvum __236
Tuberculodinium vancampoae __153, 224

V

Votadinium calvum __181, 231
Votadinium spinosum __173, 227

W

Woloszynskia coronata __200

X

Xandarodinium xanthum __176, 229

Z

Zygabikodinium lenticulatum __169, 170

■ 저자약력

윤양호

Hiroshima University 대학원 생물권과학연구과 (학술박사/Ph.D, 1989)
전남대학교 해양기술학부, 교수

저서 및 번역서

- Red Tides-Biology, Environmental Science and Toxicology. Elsevier (1989, 공저)
- 지구환경과학 Ⅱ. 대한교과서주식회사 (1994, 공저)
- 해양과학. 문운당 (1994, 공저)
- 지구환경과학 Ⅱ. 대한교과서주식회사 (2000-개정판, 공저)
- Harmful Algae 2002. FFWCC & IOC (2004, 공저)
- 가막만 - 자연환경과 산업. 구덕출판사 (2006, 공저)
- 해양환경공학. 동화기술 (2008, 공저)
- Reconciling Fisheries with Conservation. AFS (2008, 공저)
- 2012 여수세계박람회 포럼. 심미안 (2008, 공저)
- 해파리의 경고(아름답고 불가사의한 생물). 전파과학사 (2009, 번역)
- 바다의 반란 적조 (아산연구총서 304). 집문당(2010, 저서)
  - 대한민국 학술원 2011년도 우수학술도서
- 하천개발은 바다환경을 어떻게 변화시킬까? 전남대학교출판부 (2010, 번역)
- 해양생물학. 교보출판사 (2011, 공역)
- 한국연안해역의 플랑크톤생태학. 동화기술 (2011, 공저)
- 해사채취와 해저환경. 전남대학교출판부 (2012, 공역)
- 미세조류의 경이로운 세계와 산업적 이용. 전남대학교출판부 (2012, 공저)
  - 2012년 문화체육관광부 우수학술도서
- Biodiversity of Invertebrates in Korea. Magnolia Press (2012, 공저)

신현호

Nagasaki University 대학원 생산과학연구과 (학술박사/Ph.D, 2009)
한국해양과학기술원 선임연구원

저서

- Coastal Environmental and Ecosystem Issues of the East China Sea. Terrapu and Nagasaki University (2010, 공저)

해양 미소생물의 신비 세계 (1)

와편모조류 시스트

인쇄 | 2014년 1월 20일
발행 | 2014년 1월 25일

저자 | 윤양호 · 신현호
발행인 | 지병문
발행처 | 전남대학교출판부

등록 | 1981. 5. 21. 제53호
주소 | 500-757 광주광역시 북구 용봉로 77
전화 | (062) 530-0571~2 **마케팅** 530-0573
팩스 | (062) 530-0579
홈페이지 | http://www.cnup.co.kr
이메일 | cnup0571@hanmail.net

값 20,000원

ISBN 978-89-6849-076-7 (94470)
ISBN 978-89-6849-073-6 (94470) (세트)

이 도서의 국립중앙도서관 출판시도서목록(CIP)은 서지정보유통지원시스템 홈페이지(http://seoji.nl.go.kr)와 국가자료공동목록시스템(http://www.nl.go.kr/kolisnet)에서 이용하실 수 있습니다.
(CIP제어번호 : CIP2014001940)